全国注册土木工程师（岩土）继续教育必修教材（之三）

城市地下空间建设新技术

住房和城乡建设部执业资格注册中心　组织编写
朱合华　主　　编

中国建筑工业出版社

图书在版编目（CIP）数据

城市地下空间建设新技术/住房和城乡建设部执业资格注册中心组织编写；朱合华主编. —北京：中国建筑工业出版社，2014.4
（全国注册土木工程师（岩土）继续教育必修教材（之三））
ISBN 978-7-112-16690-9

Ⅰ.①城… Ⅱ.①住…②朱… Ⅲ.①城市建设-地下建筑物-新技术应用-研究-中国 Ⅳ.①TU984.11

中国版本图书馆CIP数据核字（2014）第068862号

本书对近几年来国内典型的综合性示范地下工程运用的新技术进行了介绍和分析。重点分析了地下空间开发投资模式、建筑技术、施工技术、环境质量保障技术、防灾减灾技术、地下空间建设综合技术及建养一体数字化技术在不同类型的城市地下工程中的示范性应用。本书共14章，各章除了对新技术进行综合介绍外，还详细介绍了各种新技术的工程应用范例。内容丰富，对从事地下空间建设的设计、施工、管理人员有很好的参考作用。

* * *

责任编辑：赵梦梅 王 梅 刘瑞霞
责任设计：李志立
责任校对：张 颖 赵 颖

全国注册土木工程师（岩土）继续教育必修教材（之三）
城市地下空间建设新技术
住房和城乡建设部执业资格注册中心 组织编写
朱合华 主 编
*
中国建筑工业出版社出版、发行（北京西郊百万庄）
各地新华书店、建筑书店经销
霸州市顺浩图文科技发展有限公司制版
廊坊市海涛印刷有限公司印刷
*
开本：787×1092毫米 1/16 印张：20¼ 字数：504千字
2014年7月第一版 2014年7月第一次印刷
定价：**58.00**元
ISBN 978-7-112-16690-9
（25521）

编　委　会

前　言

受住房和城乡建设部执业资格注册中心委托编写此书，作为全国注册土木工程师（岩土）继续教育必修课教材。

进入21世纪后，我国面临大规模开发利用地下空间资源、加速推进城市现代化进程的历史机遇。我国目前已成为地下空间开发利用的大国。近15年来，聚焦国家城市可持续发展的重大需求——高效开发利用城市地下空间资源、解决土地资源紧缺和日益严重的“城市病”问题，我们依托国家和地方科技攻关项目，通过大范围、多部门、高强度的产、学、研协同攻关和全方位的工程集成示范，开发了一系列具有自主知识产权的地下空间开发利用新技术，促进了地下空间学科与行业的跨越发展，提升了自主创新能力和核心竞争力，具有广阔的应用前景。

对于注册土木工程师（岩土）而言，拓宽知识面是继续教育的目的之一。针对目前我国地下空间开发利用的发展趋势，本期全国注册土木工程师（岩土）继续教育的主题选定为“城市地下空间建设新技术”，内容涵盖了大断面竖井型深基坑钢支撑复合支护技术、城市超深基坑地下工程设计与施工技术、新型盖挖法、现代气压沉箱工艺与施工技术、大面积的超深基坑逆作施工成套技术、轨道交通与商业综合开发“一体化”建造模式与施工技术、城市高密集地区地下空间开发岩土环境保护新技术、特大跨超浅埋结构扁平车站隧道开挖和支护技术、盾构穿越建（构）筑物微扰动施工控制技术、城市综合管沟建设运营技术、城市大规模地下空间建设运营技术、大型地铁枢纽站改扩建技术、城市地下空间防灾减灾技术以及建养一体数字化技术。这些新技术的推广宣传将对今后我国城市地下空间的开发建设起到非常重要的指导和促进作用。

本教材由同济大学、上海申通地铁集团有限公司、广州大学、上海建工（集团）总公司、中国建筑科学研究院、重庆大学、天津大学、上海市城市建设设计研究总院以及上海地固岩土工程有限公司等单位专家学者编写。在教材的组织和编写过程中，得到了教育部“长江学者和创新团队发展计划：城市软土地下空间与工程（IRT1029）”以及相关工程建设、管理、设计、施工、运营养护等单位的大力支持和帮助，限于篇幅，不一一列出，在此谨表谢意。

感谢中国建筑工业出版社的大力支持以及所做的辛勤工作。

不足之处，恳请读者批评指正。

编者

2014年4月

目　　录

第1章　大断面竖井型深基坑钢支撑复合支护技术应用 …… 1

1.1　概述 …… 1
1.2　技术介绍 …… 1
1.3　工程应用——北京地铁白石桥南站工程 …… 10

第2章　城市超深基坑地下工程设计与施工技术 …… 33

2.1　概述 …… 33
2.2　技术介绍 …… 34
2.3　工程应用——天津站交通枢纽工程后广场工程 …… 41
2.4　总结 …… 62

第3章　新型盖挖法 …… 63

3.1　概述 …… 63
3.2　技术介绍 …… 63
3.3　工程应用——上海轨道交通7号线常熟路车站工程 …… 69
3.4　总结 …… 76

第4章　现代气压沉箱工艺与施工技术 …… 77

4.1　概述 …… 77
4.2　技术介绍 …… 78
4.3　工程应用——上海市轨道交通7号线12A标南浦站—耀华站中间风井工程 …… 85

第5章　大面积的超深基坑逆作施工成套技术 …… 88

5.1　概述 …… 88
5.2　技术介绍 …… 93
5.3　工程应用——上海500kV世博变电站工程 …… 113

第6章　轨道交通与商业综合开发“一体化”建造模式与施工技术 …… 116

6.1　概述 …… 116
6.2　技术介绍 …… 119
6.3　工程应用——上海轨道交通七号线浦江耀华路站工程 …… 131

第7章 城市高密集地区地下空间开发岩土环境保护新技术 …… 132

7.1 概述 …… 132
7.2 全回收的深基坑围护系统 …… 132
7.3 集装箱式土方挖运方法 …… 138
7.4 地基隔振技术 …… 140
7.5 工程应用——江苏省昆山金鹰A地块项目二期基坑围护工程 …… 142
7.6 结语 …… 149

第8章 特大跨超浅埋、特大断面、高边墙、结构扁平车站隧道开挖和支护技术 …… 151

8.1 概述 …… 151
8.2 技术介绍 …… 151
8.3 工程应用——重庆轻轨佛图关—大坪区间隧道及大坪车站隧道工程 …… 160

第9章 盾构穿越建（构）筑物微扰动施工控制技术 …… 172

9.1 概述 …… 172
9.2 盾构穿越工程的难点与微扰动施工的基本原则 …… 172
9.3 盾构穿越建（构）筑物微扰动施工技术指标体系 …… 173
9.4 盾构穿越建（构）筑物微扰动施工控制方法 …… 177
9.5 工程实例——轨道交通10号线下穿越虹桥机场飞行区工程 …… 191
参考文献 …… 196

第10章 城市综合管沟建设运营技术 …… 197

10.1 概述 …… 197
10.2 技术介绍 …… 198
10.3 工程应用——广州大学城综合管沟 …… 199
10.4 总结 …… 214

第11章 城市大规模地下空间建设运营技术 …… 215

11.1 概述 …… 215
11.2 技术介绍 …… 218
11.3 工程应用——广州珠江新城核心区地下空间工程 …… 219
11.4 总结 …… 238

第12章 大型地铁枢纽站改扩建技术 …… 239

12.1 概述 …… 239
12.2 技术介绍 …… 239
12.3 工程应用——上海地铁徐家汇枢纽站工程 …… 239
12.4 工程应用——上海地铁世纪大道四线换乘枢纽站工程 …… 253

第13章　城市地下空间防灾减灾技术 …… 265

13.1　概述…… 265
13.2　地下结构防火安全技术…… 266
13.3　隧道火灾动态火灾预警救援技术…… 281
参考文献…… 285

第14章　建养一体数字化技术及其在基础设施中的应用 …… 287

14.1　概述…… 287
14.2　建养一体化的理念与实现…… 289
14.3　基础设施建养一体数字化平台…… 290
14.4　建养一体数字化技术…… 295
14.5　建养一体数字化在基础设施中的应用…… 303
14.6　结语…… 313
参考文献…… 314

第1章　大断面竖井型深基坑钢支撑复合支护技术应用

1.1　概述

随着社会经济发展，我国城市正在进行大规模地下空间建设（如：地铁、地下商场、地下车库、人防地下室和地下蓄水池等），其深基坑支护采用围护桩（墙）-钢支撑支护体系较多。由于钢支撑具有施工方便、安装拆除快捷、支护及时、可重复周转使用、不侵扰坑外空间和节能环保等诸多优点，已被广泛使用。然而，在钢支撑使用过程中，也常常遇到基坑断面突变、支撑难以布置、支撑受力不明确和支撑端部土体抗力不够等诸多难以解决的技术问题。大断面竖井型深基坑支护技术应运而生。

所谓大断面竖井型深基坑，是指在城市地下空间开发利用时，开口一般设计为方形（圆形），边长（直径）在40m左右，深度较大，侧壁竖直且无预留肥槽，开挖时受环境限制需在局部部位垂直出土，内部支撑一般以中心对称的斜支撑为主，由上而下分步架设分步明挖的基坑。

目前，城市地铁交叉枢纽车站、繁华狭窄地段地下工程、盾构始发接收井等，一般均需要进行大断面竖井型深基坑支护工程。由于大断面竖井型深基坑技术难度大，尚无一套系统成熟的技术标准，给设计和施工造成诸多困难，制约了我国城市地下空间的快速发展。由此引发的基坑坍塌事故屡见不鲜。

为了有效地解决大断面竖井型深基坑钢支撑复合支护技术难题，本章结合北京地铁9号线与6号线换乘枢纽——白石桥南站基坑工程，详细介绍一系列技术，包括：相邻建（构）筑物变形控制，周边管线保护，围护桩水平外放距离取值、隔离封闭控制和超长格构柱施工等技术，为相关类似工程提供参考。

1.2　技术介绍

1.2.1　相邻建（构）筑物变形控制标准

在建（构）筑物林立的城市地下进行地下空间施工，必然对邻近建（构）筑物地基基础产生影响，相邻建（构）筑物地基基础附加变形控制标准是确保其在地下空间施工期间既安全又能正常使用的必要条件，它直接制约着开挖支护方案的确定。

一般地，地下空间开挖引发相邻建（构）筑物地基基础附加变形，与已有地基变形的累计变形量（有时还需预留后期变形量）应小于地基变形总允许值。这样可不考虑地下空间开挖对上部复杂结构的影响情况，使控制其对相邻建筑物的影响这一复杂技术问题简化为仅对其地基基础变形控制即可。

(1) 地基变形总允许值

根据国家标准《建筑地基基础设计规范》GB 50007—2011，建筑物地基变形总控制标准如表1.2-1所示。实际应用时，应针对不同的建筑物基础形式和建筑物类型确定地下空间施工期间相邻建筑物地基基础变形控制标准。

建筑物的地基变形允许值　　表1.2-1

变形特征	地基土类型	
	中、低压缩性土	高压缩性土
砌体承重结构的局部倾斜	0.002	0.003
工业与民用建筑相邻柱基的沉降差 (1)框架结构 (2)砌体墙填充的边排柱 (3)当基础不均匀沉降时不产生附加应力的结构	 $0.002l$ $0.0007l$ $0.005l$	 $0.003l$ $0.001l$ $0.005l$
单层排架结构(柱距为6m)柱基的沉降量(mm)	(120)	200
桥式吊车轨面的倾斜(按不调整轨道考虑) 纵向 横向	 0.004 0.003	
多层和高层建筑的整体倾斜 $H_g \leqslant 24$ $24 < H_g \leqslant 60$ $60 < H_g \leqslant 100$ $H_g > 100$	0.004 0.003 0.0025 0.002	
体型简单的高层建筑基础的平均沉降量(mm)	200	
高耸结构基础的倾斜　$H_g \leqslant 20$ $20 < H_g \leqslant 50$ $50 < H_g \leqslant 100$ $100 < H_g \leqslant 150$ $150 < H_g \leqslant 200$ $200 < H_g \leqslant 250$	0.008 0.006 0.005 0.004 0.003 0.002	
高耸结构基础的沉降量(mm)　$H_g \leqslant 100$ $100 < H_g \leqslant 200$ $200 < H_g \leqslant 250$	400 300 200	

注：1. 本表数值为建筑物地基实际最终变形允许值；2. 有括号者仅适用于中压缩性土；3. l 为相邻柱基的中心距离(mm)；H_g 为自室外地面起算的建筑物高度(m)；4. 倾斜指基础倾斜方向两端点的沉降差与其距离的比值；5. 局部倾斜指砌体承重结构沿纵向6～10m内基础两点的沉降差与其距离的比值。

(2) 地基基础已发生的变形

砌体承重结构基础的局部倾斜、多层和高层建筑的整体倾斜、高耸结构基础的倾斜及其沉降量，应通过现状测量及其竣工图（很重要）准确推断。当未能搜集到竣工图时应通过上部结构底层特征部位高程差合理测判。

(3) 施工期间地基附加变形控制标准

相邻地下空间施工前要求对其周边建筑物的地基变形提出施工期间的控制标准。应从建筑物的地基变形允许值中扣除已有变形值及后期变形值来合理确定。即：

$$\xi_2 \leqslant \xi_0 - (\xi_1 + \xi_3) \tag{1.2-1}$$

式中　ξ_0——建筑物的地基变形允许值；

ξ_1——建筑物的已有变形值；

ξ_2——施工期间建筑物的地基变形控制值；

ξ_3——建筑物后期地基变形值（最小取0）。

在这一标准的控制下方可设计相邻地下空间施工支护方案；然后，采用可靠的数值模拟来预测地基基础变形；接着修正方案并形成施工图；最后，在施工中做好实时监测及反馈，实现信息化施工，确保周边建筑物及地下工程安全。

相邻地下空间施工期间其相邻建（构）筑物地基基础的附加变形控制标准值，根据现行规范应从建筑物的地基变形允许值中扣除已有变形值及后期变形值来合理确定。这样可以无须考虑对上部复杂结构的影响情况，使对相邻建筑物的影响控制技术问题大大简化。

（4）控制要点

① 对于砌体承重结构条形基础的既有局部倾斜应测定，再控制将要出现的局部倾斜。如图1.2-1所示；

② 对于框架结构独立基础的任意两个相邻柱基相对倾斜应测定，再控制将要出现的附加变形，如图1.2-2所示；

③ 对于箱形或筏板基础的整体倾斜应测定，再控制将要出现的整体附加倾斜。

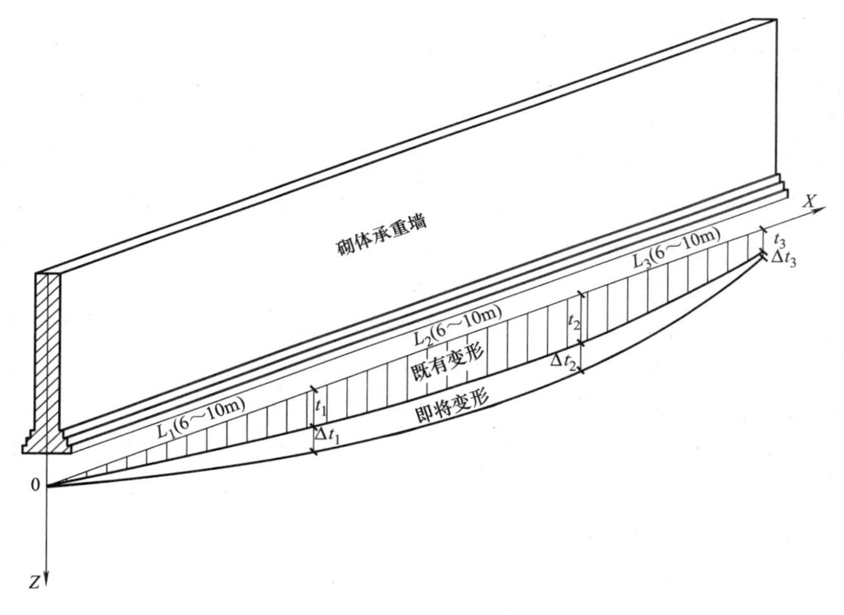

图1.2-1 条形基础控制局部倾斜

1.2.2 地下管线保护技术

1. 管线探查

（1）首先，应对施工地段地下管线设施资料进行大量而丰富的搜集工作，绘制地下管线综合分布图；

（2）其次，为进一步准确地掌握该地段地下管线的实际分布情况，需采用现场揭盖调查、管线仪探测及地质雷达多种方式进行场地管线详细探查；

（3）还有，对于人员进入地下窨井作业时，要求先揭盖通风一定时间，然后派专业探查人员佩戴防毒面具、氧气面罩等方可进入，作业人员需与地面人员保持联系畅通，必要时需系绳作业防止意外情况发生；

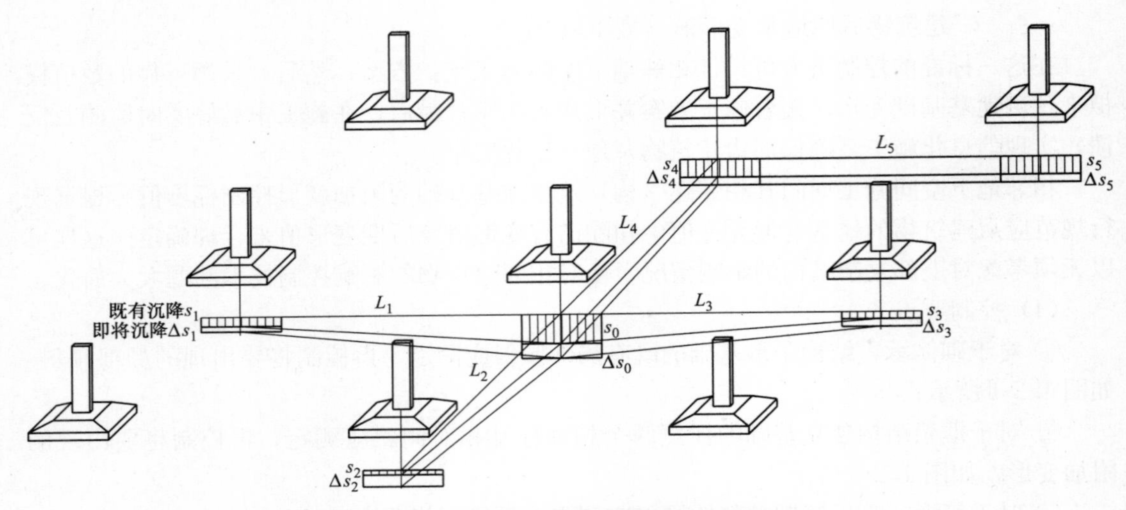

图 1.2-2　独立基础控制相邻柱间沉降差/距离

（4）最后，需沿基坑周边开挖纵横探槽直接探查，并绘制场地管线精确位置图，并提出准确探查报告。

2. 管线改移

（1）改移方案要精心设计，管线拆迁应保证管道的使用功能不受影响，并符合城市的总体规划，同时紧密结合各施工现场实情考虑；

（2）对各种地下管线拆除改移均应委托各个相应产权单位专业队伍实施后方可施工；

（3）对于各类管线一般处理方法如下：

① 对自来水、雨水、污水、热力管道的处理方法，将其改移至基坑围护桩外侧，未改移之前准确标识，做到管线部位 2m 范围严禁施工；

② 对于通讯光缆，高压电线、电缆，迁移后方可施工；

③ 对废弃的煤气、天然气管线进行切除时，需进行燃气浓度检测、减压和通风处理，以免爆炸事故发生。

3. 管线保护

（1）对基坑影响范围内地下管线，施工期应设置沉降观测点、明确标志及标识，并进行变形监测，保证其总变形在允许值范围；

（2）在打桩（墙）时，应在每一桩（墙）位置均进行人工挖探至原状土层，以免未探明管线损伤；

（3）基坑支护设计、施工均以变形控制为主，应在管线剩余变形允许值范围内；

（4）对于未能及时改移地下管线及时向有关单位提供观测资料；

（5）制订有针对性的应急预案，配备好抢修器材，做到防患于未然。一旦诱发管线事故，需立即上报，组织抢险。

1.2.3　围护桩水平外放距离取值技术

地下空间施工采用大直径围护桩-钢支撑-网喷护面复合支护体系，设计时仅考虑主体结构外轮廓与围护桩之间预留网喷护面及防水层厚度，一般为 100mm。而围护桩施工必然存在钻机定位误差 Δt 和垂直度误差，若围护桩施工控制不严格，将导致成桩偏入或偏出量较大，要么侵入结构外轮廓线需要凿除桩体可能影响基坑安全，要么肥槽过大需要大量混凝土充填而造成巨大浪费。

因此，施工图一般要求施工单位在打桩时应根据具体情况将围护桩轴线进行适当外放。目前，基坑围护桩外放尺寸尚未统一，工程中出现了大量凿除桩体或填充大量混凝土现象。需要对施工中大直径围护桩最佳水平外放距离取值问题进行专项讨论。如图 1.2-3 所示，图中 Δs 为围护桩中轴线与结构外轮廓的间距的设计值，包括：桩身截面半径、网喷护面厚度及防水层厚度等。

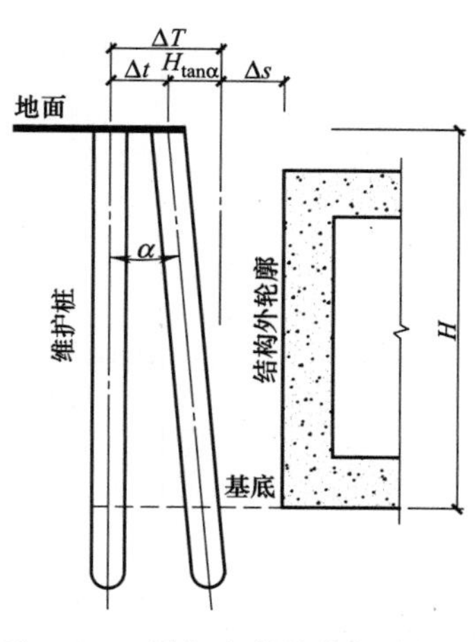

图 1.2-3 桩与主体结构位置关系

围护桩不侵犯结构线的水平最小外放距离可表达为：

$$\Delta T=k(\Delta t+H\cdot\tan\alpha) \quad (1.2\text{-}2)$$

式中 ΔT——水平外放距离；

Δt——钻机定位误差（规范一般要求小于 50mm）；

H——基坑深度（一般地下二层约为 18.0m，地下三层约为 25.0m）；

$\tan\alpha$——垂直度（地铁工程要求为 0.3%）；

k——经验系数（取 1.2）。

那么，对于 18.0m 或 25.0m 明挖深基坑之围护桩最小水平外放距离计算得：

$$\Delta T=1.2\times\left(50+0.003\times\left|\begin{matrix}18000\text{mm}\\25000\text{mm}\end{matrix}\right.\right)=\left|\begin{matrix}125\text{mm}\\150\text{mm}\end{matrix}\right.$$

通过多个工程实践经验充分表明，北京地区地铁明挖基坑围护桩最佳水平外放距离取值为（0.005～0.007）H 合理（H 为基坑深度）。施工中需严格控制桩孔定位、钻杆定位及钻杆垂直度。各地区应根据地层状况及施工水平研究适合的外放取值。

1.2.4 隔离封闭控制技术

当地铁双线“十”字交叉并在交叉部位设换乘节点时，该换乘节点平面形状因换乘要求需要扩大，基坑断面会出现突变，为保证支撑两端有可靠的侧壁，以确保基坑的安全，需采用隔离分段的基坑施作方式。换乘节点支护隔离封闭后便于支撑架设，同时为缩短工期、合理布置场地和周边环境安全等提供可靠的技术保障（图 1.2-4）。

隔离封闭施工技术如下：

（1）将周边环境复杂且基坑断面突变较大的深基坑，采用围护桩（墙）将其分割成两个或三个分别独立的基坑便于支护设计，内置撑受力均匀，工程安全性高，同时也为场区同期施工开辟出较多工作面；

（2）一般在基坑断面突变部位设隔离桩（墙）后，可分别形成封闭规则断面的基坑；

（3）单个规则断面基坑设计可简化为平面问题，地面以上附加荷载按远近、大小最不利组合工况取值核算；

（4）采用斜支撑时，桩和围檩（腰梁）间需设置抗剪蹬，以保证在围檩无水平滑移条件下垂直坑壁方向上的作用力得以发挥；

（5）围护桩墙设计时，不仅要考虑斜撑作用的法向力，同时要考虑满足斜撑作用的切向力的作用，及其在开挖和拆撑时可能出现的各工况下的不利组合；

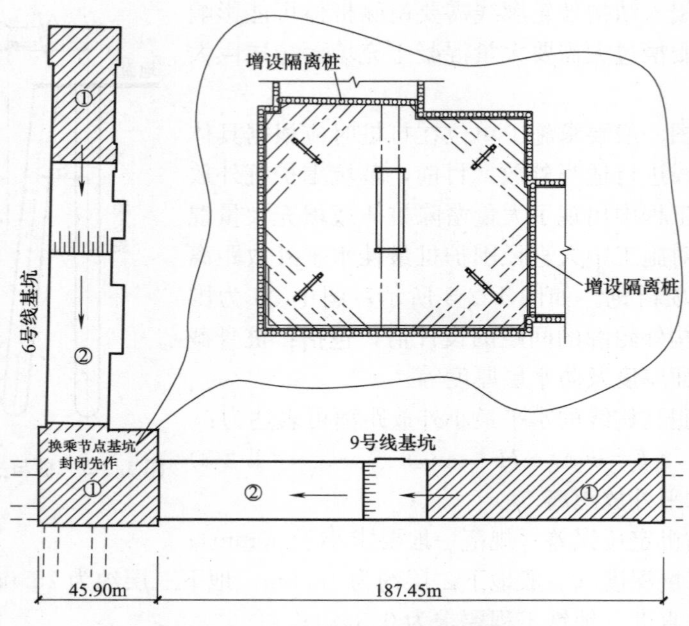

图 1.2-4　交叉枢纽车站隔离封闭

(6) 若隔离后两侧坑深不同，应先行施工较深一侧基坑，待主体结构封顶回填后，其紧邻基坑方可开挖；

(7) 主体结构钢筋混凝土的每一层水平中板，均需在其甩茬处垫设型钢等密贴坑壁，以承担拆撑后的附加转移荷载；

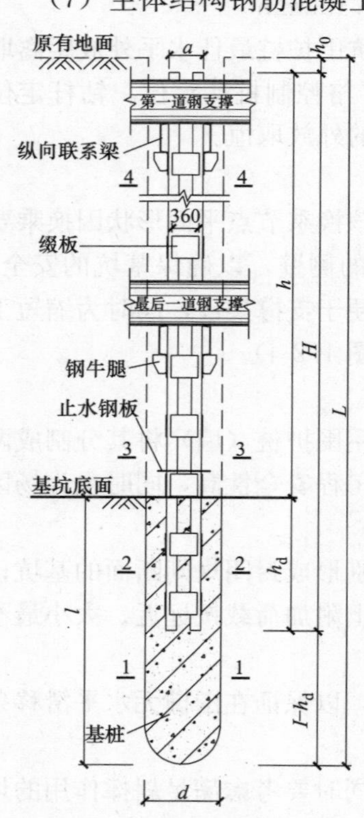

图 1.2-5　格构柱示意图

(8) 隔离桩（墙）随邻坑开挖而破除，直至邻坑基底；

(9) 主体结构施工车站连接成一体。

1.2.5　超长格构柱设计施工技术

所谓格构柱，是在开挖基坑前坑内预先制成的具有满足内支撑架设需要且具有一定承载能力的垂直钢立柱。其设置原则是既能满足基坑内支撑架设需要，又要把对主体结构施工产生的影响降低到最小。

大断面深基坑一般需要采用超长格构柱，有如下几个方面的原因：首先，会遇到钢支撑较长，易出现压杆不稳定问题，需要中部适当进行约束；其次，较长的钢支撑自身自重较大，其产生的支撑挠度易于超限，也需要中部适当托架；还有，当基坑较深时，钢支撑层数设置较多，为了加强支撑整体稳定性而设置支撑-连梁-格构柱体系；最后，因支撑装拆难于吊装，需要中部托架递接等。这些均需要在支撑中部设有格构柱（梁）进行约束或托架。其坑内结构如图 1.2-5 所示。

超长格构柱下部需要钢筋混凝土桩基一同施工，施工工艺复杂。预先在工作台应采用型钢分节制作便于吊装，就位安放时上部有两节或多节型钢柱需在孔口焊接且需保证其整体垂直度和方向性，就位后孔口固定方可在柱内下放小口径导管至孔底，进行水下灌注混凝土（控制灌注混凝土量至基底以上 500mm），待混凝土初凝再采用碎石充填上部四周空隙成柱。其主要控制技术如下：

（1）设计方面

格构柱强度和刚度需满足基坑顺序下挖、钢支撑分层架设或拆除、季节变化产生的温度应力作用、雨水浸入周边土体及积雪荷载、局部高温焊接和可能出现的轻微碰撞力等各种工况最不利组合之需求；格构柱内截面应足够大且需光滑，有严格的垂直度要求，保证整柱内可以自由提放灌注混凝土的小口径导管。临时格构柱使用时间可按一年计。

（2）施工技术控制

格构柱施工允许偏差值见表 1.2-2。

格构柱施工允许偏差 **表 1.2-2**

项 目	分 项	允许偏差
杆件	杆件弯曲矢高	≤L/1000（L-构件长度）
	连接处中心线偏移	≤2.0mm
	构件长度允许偏差	≤3.0mm
	角焊缝尺寸偏差	0～3mm
格构柱	顶标高	≤30mm
	垂直度允许偏差	≤0.3%
	孔位水平偏差	≤50mm
	孔径允许偏差	≤5mm
	孔深允许偏差	≤+150mm
基桩	顶标高	≤30mm
	底沉渣	≤50mm
	钢筋保护层厚度	≤70mm，允许偏差≤±20mm

1.2.6 钢围檩后抗剪蹬贴桩技术

除首层斜撑直接架设于桩顶冠梁处，其余各层斜撑均通过钢围檩支撑在围护桩上，因此，传递到钢围檩上的斜撑轴力可分解为垂直于围檩表面的法向力和平行于围檩表面的切向力。为避免该切向力引发围檩相对于桩发生滑移，造成支撑失效，需在围檩背后设置抗剪蹬。抗剪蹬设置部位及其与桩之间的相对位置关系如图 1.2-6 所示，受力分析如图 1.2-7所示。

抗剪蹬施工技术控制如下：

① 测量放线确定抗剪蹬安装位置；

② 在坑壁相应位置开凿坑槽安装抗剪蹬，坑槽底部需暴露桩身侧面并找平；

③ 钢围檩安装就位，及时测量抗剪蹬所需实际尺寸；

④ 所用钢板材料、厚度及抗剪蹬立面高度均应按照设计图纸严格执行；

⑤ 焊接抗剪蹬应原位作业，主钢板与次钢板交接平面形状可按照设计图纸进行相似处理，确保主钢板端部紧贴桩身；

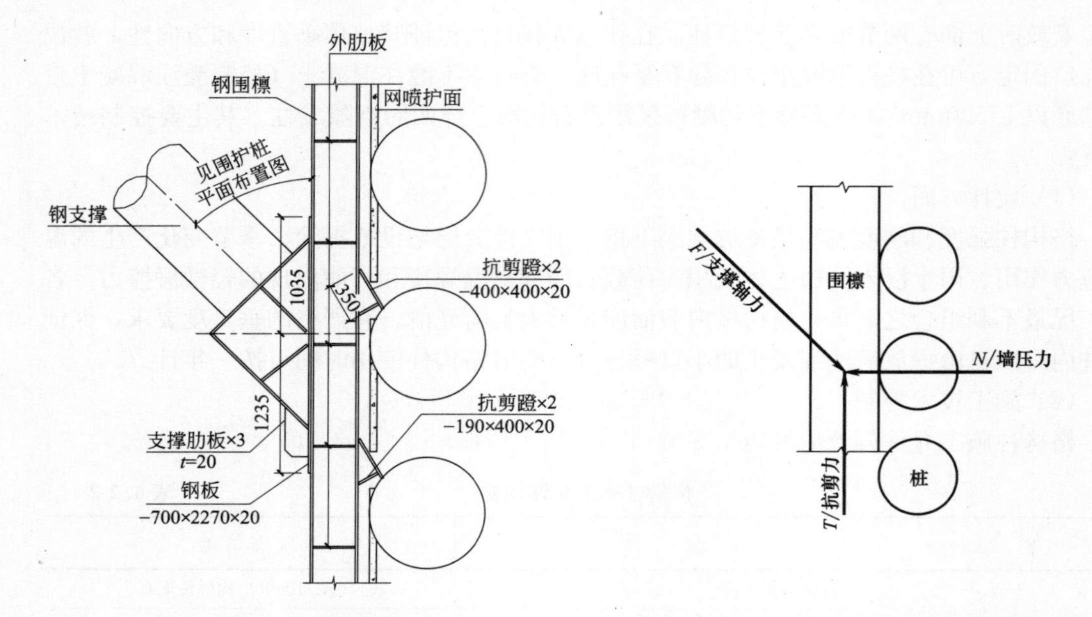

图 1.2-6　抗剪蹬平面位置图　　　　图 1.2-7　钢围檩平面受力分析

⑥ 各焊缝质量验收合格后，方可在钢围檩与围护桩之间回填细石混凝土。

1.2.7　钢支撑复合支护技术

（1）钢围檩与围护桩连接技术

一般钢围檩与桩（墙）之间采用三角托架、拉筋及充填 C30 细石混凝土进行可靠紧密连接，保证支承轴力较均匀地传递到围护结构。如图 1.2-8 所示。

（2）斜支撑与钢围檩连接技术

斜支撑与钢围檩之间平面上均近似呈 45°夹角，应采用钢板焊接而成的三角斜撑支座进行相互连接。保证支承轴力较均匀地传递到钢围檩。斜撑支座如图 1.2-9 所示。

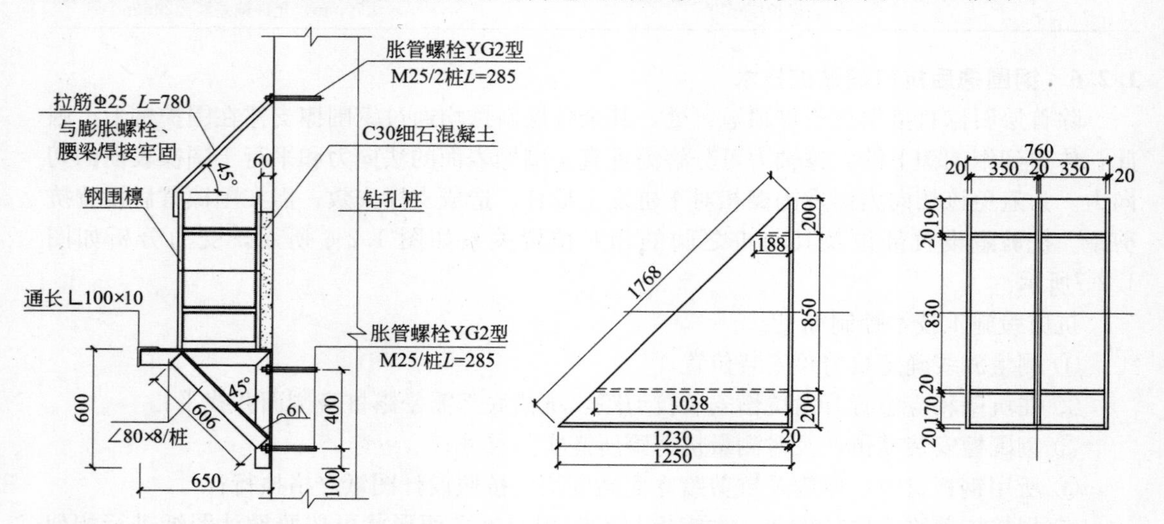

图 1.2-8　钢围檩与桩连接详图　　　　图 1.2-9　斜撑支座详图

(3) 连系梁与格构柱连接技术

以托架来约束斜撑和超长对撑，以便压杆处于稳定状态。连系梁水平架设在焊接于格构柱侧的牛腿之上。如图 1.2-10 所示。

(4) 支撑与连系梁间抱箍连接技术

在多层支撑情况下，在每层支撑与连系梁交接位置，应设置双层抱箍约束支撑，以增强较长支撑的压杆稳定性。

图 1.2-10 斜撑支座详图

(5) 钢支撑安装技术

• 在工作平台按所需尺寸拼装钢支撑，整撑轴线偏差不大于 20mm。对于超长撑可分段拼接再原位组装，段间连接部位宜设置在连系梁上；

• 支撑安装应与土方开挖密切配合，土方开挖至钢支撑轴线下 1.0m，及时架设钢支撑，以减少围护结构的变形；

• 吊装安放钢支撑，使支撑两端（活络伸缩端及不可伸缩端）准确就位，确保支撑轴线与支座面垂直，支撑安装容许偏差按表 1.2-3 控制；

• 若安置轴力监测设备，需在支撑不可伸缩端专项设计加强支撑节和加强支座；

• 轴力的加荷系统（油泵、压力表及千斤顶）应成套率定，并定期维护、校检及仪表定期检定，严禁压力超限；

• 支撑一旦就位，需按设计要求预加支撑轴力，缓慢分级加荷达预加轴力值，持续一段时间待压力稳定后，采用钢楔锁定活络端，拆除千斤顶；

• 在钢支撑两端打结保险绳，通过钢丝绳或钢筋连系在围护桩上，有效防止支撑坠落；

• 当逐根支撑加压时，应对邻近的支撑预压力复核调整。

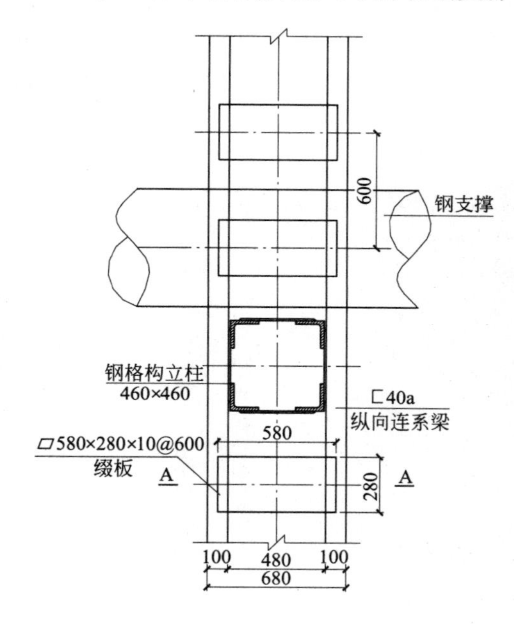

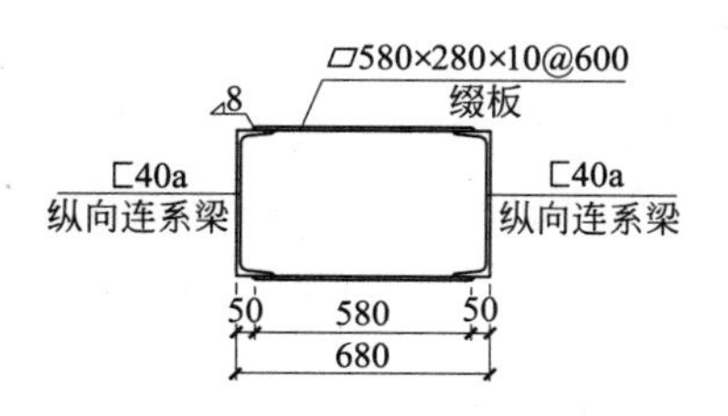

图 1.2-11 连系梁详图

支撑安装容许偏差 **表 1.2-3**

项　目	容许偏差	项　目	容许偏差
支撑中心标高	±30mm	立柱垂直度	≤3/1000
支撑两端标高差	≤20mm，且≤1/600 支撑长度	支撑与立柱轴线偏差	≤50mm
支撑挠曲度	≤1/1000	支撑水平轴线偏差	≤30mm

(6) 钢支撑换拆

- 钢支撑的拆除需严格按照设计要求的程序进行，遵循“先换撑，后拆撑”原则；
- 在对应板层混凝土达到设计要求强度、回填密实或换撑实施后方能拆除钢支撑；
- 在吊车不及地段，钢支撑拆除应采用导链葫芦、托架等工具人工进行；
- 拆除顺序为安装逆序，拆除过程中严禁碰撞。

1.3 工程应用——北京地铁白石桥南站工程

北京地铁9号线白石桥南站，呈南北向布置，位于首体南路与车公庄大街交叉口西北角，地面为人行步道、非机动车道和绿化带位置，为地下双层岛式（局部三层）车站，与同期实施的地铁6号线车站平面上呈“L”形，地铁6号线为地下三层岛式车站。交叉换乘节点9号线车站在上，6号线车站在下。该基坑工程周边环境复杂，紧邻高耸建筑物，其换乘节点为大断面竖井型深基坑（44.5m×38.5m×26.0m），施工难度大，是地下空间集成技术应用典型，具有示范作用。该工程自2009年10月正式开工，2010年7月基坑工程已分段完成（图1.3-1）。

图1.3-1　白石桥南站工程全貌

北京地铁9号线白石桥南站车站为明挖施工岛式站台车站，车站主体结构全长231.10m，为地下两层三跨两柱箱形框架结构，与地铁6号线换乘节点段为五跨四柱箱形结构，最厚覆土厚度约为3.9m。车站主体除与主语城东侧出入口交叉段采用盖挖顺作法施工外，其余均采用明挖顺作法。地铁9号线车站明挖标准段基坑宽度约22.2m，开挖深度约18.0m；与6号线换乘节点处基坑宽度为38.5～44.5m，开挖深度约26.0m。拟建场地自然地形基本平坦，自然地面标高为51.94～52.87m。基坑支护采用钻孔灌注桩—钢管内支撑—网喷混凝土护面的复合支护体系，如图1.3-2、图1.3-3所示。

1.3.1 周边环境条件

(1) 周边建（构）筑物

拟建白石桥南站场地西北角紧邻主语国际中心高层建筑林立，东北侧有国兴家园高层写字楼及住宅楼和中国机械进出口总公司等建筑，西南侧有市环境保护局、中国水利水电

图 1.3-2 换乘节点坑深−26.0m

图 1.3-3 标准段坑深−18.0m

科学研究院办公楼。

（2）地下管线

沿车公庄大街主要管线有：位于路中沟底埋深 4.4m 的 4400×2100 热力沟，与基坑净距 2.3～3.1m；路中埋深 2.7m 的 ϕ1250 雨水管；路北侧埋深 1.66m 的 ϕ400 给水管；路中埋深 11.47m 的 ϕ1050 天然气管。

沿首体南路主要管线有：位于路中管底埋深 2.7m 的 ϕ1250 雨水管，该雨水管与车站主体基坑水平净距 1.17～3.76m；路中埋深 5.75m 的 4400×2800 热力沟；西侧辅路埋深 1.2m 的 ϕ500 天然气管。

（3）道路交通状况

施工区域附近路面车流量较大，人流量一般。呈东西走向的车公庄大街：道路宽为 75m，双向 6 车道，是北京市城区交通干道；呈南北走向首体南路：道路宽 65～95m，双向 6 车道。

1.3.2 岩土工程条件

1. 地形地貌

自然地形基本平坦，地面为两条十字交叉的城市交通主干道，道路两侧高层建筑物林立。建筑物自然地面标高为 52.12～52.87m。

2. 岩土分层及其特征

本标段土层分布较为稳定，自上而下依次为厚度 0.60～5.90m 的人工堆积层及第四纪沉积层两大类，按地层岩性及其物理力学性质进一步分为 8 个大层及其亚层。根据钻孔钻探揭露与原位测试及室内土工实验结果，本车站主体及附属部分涉及的地层包括：杂填土①层，粉土填土$①_1$层；粉土③层，粉质黏土$③_1$层，黏土$③_3$层，粉砂、细砂$③_4$层；细砂、粉砂④层，粉土$④_2$层；卵石、圆砾⑤层，细砂$⑤_2$层；粉质黏土⑥层，黏土$⑥_1$层，粉土$⑥_2$层；卵石、圆砾⑦层，细砂$⑦_1$层。地层剖面如图 1.3-4 所示。

3. 水文地质概况

本车站处于工程水文地质分区Ⅲb 亚区。本场区在勘探期间（2007 年 1 月下旬～2 月上旬）于勘察深度范围内测到 1 层地下水为潜水，水位标高为 20.05～20.33m（埋深

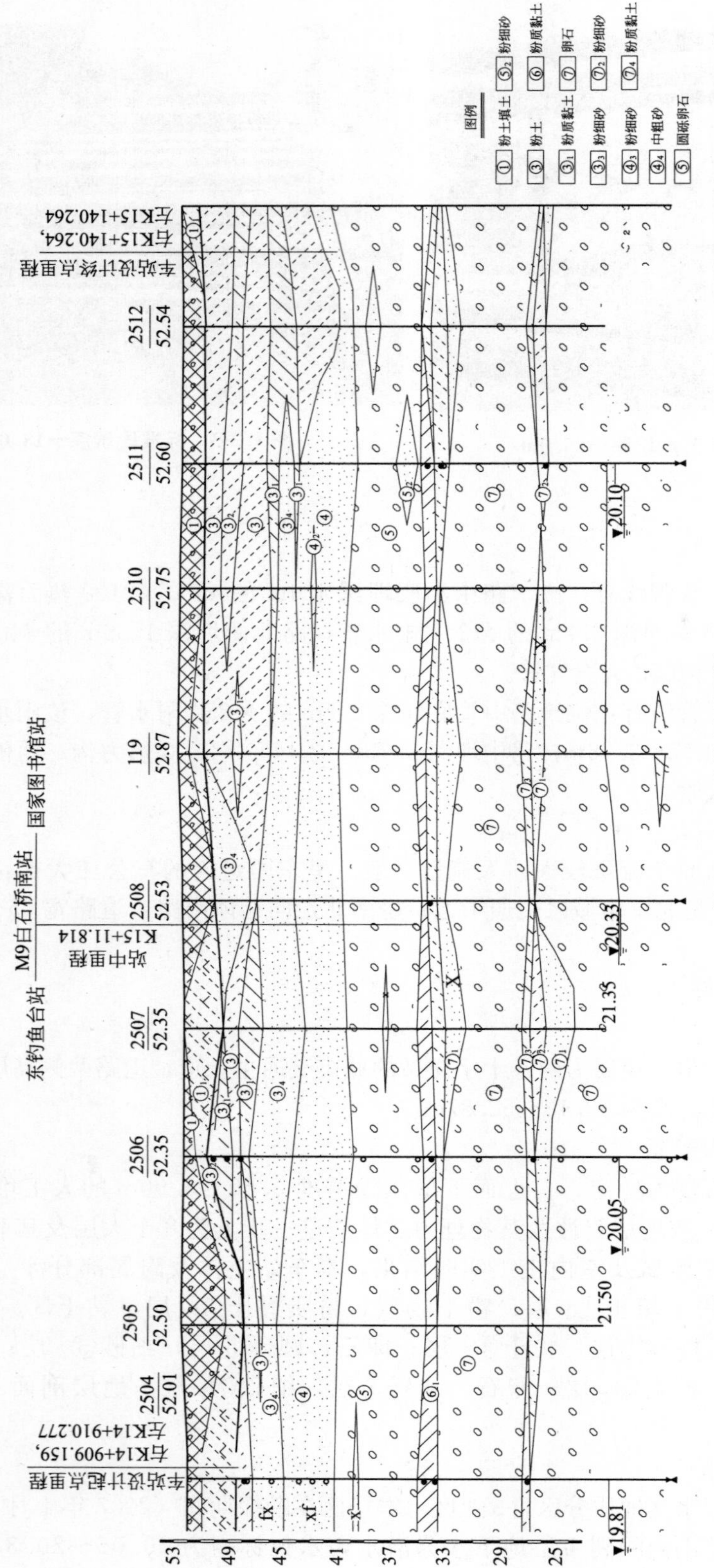

图 1.3-4 车站地层剖面图

32.20～32.50m），含水层为卵石、圆砾⑨层。受季节性降雨入渗、管道渗漏的影响，拟建场区范围内的浅部地层（主要指砂卵石层中的黏性土、粉土层）中局部地段可能会形成上层滞水。

4. 抗震设计条件

根据《中国地震动参数区划图》GB 18306—2001、《铁路工程抗震设计规范》GB 50111—2006 和《建筑抗震设计规范》GB 50011—2001，本车站场地抗震设防烈度为Ⅷ度，设计基本地震加速度值为 0.2g，设计地震分组为第一组。拟建车站自地面以下计算深度范围内（按 33m）土层的等效剪切波速 $V_{se}=323$m/s。根据《铁路工程抗震设计规范》GB 50111—2006，判别本车站拟建场地类别为Ⅱ类。

当地震烈度为 8 度且地下水位达到历年最高水位时，本场地自然地面以下 20m 深度范围内的饱和粉土及砂土不会发生地震液化。

1.3.3　设计要求及参数

1. 基坑支护结构设计基本要求

- 本车站基坑侧壁安全等级为一级；
- 桩顶水平位移控制在 10mm 以内；
- 护坡桩桩体变形最大值控制在两层段为 12mm，在三层段为 18mm 以内；
- 护坡桩桩顶沉降最大值控制在 10mm 以内；
- 车站换乘节点处基坑周边地表下沉控制在 18mm 以内；
- 车站标准段基坑周边地表下沉控制在 12mm 以内；
- 立柱沉降最大值控制在 10mm 以内；
- 基坑周边地下管线沉降、建筑物沉降、倾斜及裂缝的最大值按权属单位要求进行控制；
- 主体结构施工完成前，基坑周边地面超载不得大于 20kPa。

2. 基坑支护结构主要设计参数

基坑支护结构布置如图 1.3-5、图 1.3-6 所示，其主要设计参数如表 1.3-1～表 1.3-3 所示。

围护桩设计主要技术参数　　**表 1.3-1**

使用部位	桩型	混凝土强度等级	桩径 D (mm)	根数(根)	桩长(m)	嵌固深度 H_d(m)	水平间距 S(m)	配置钢筋		
								主筋	箍筋	加强箍
换乘节点	A	C25	1000	28	30.30	7.00	1.40	25Φ25	Φ12@100	Φ18@2000
	B	C25	1000	91	29.30	6.00	1.40	25Φ25	Φ12@100	Φ18@2000
标准段	C	C25	1000	143	19.75	4.35	1.60	22Φ25	Φ10@100	Φ18@2000
	D	C25	1000	80	20.70	5.45	1.60	22Φ25	Φ10@100	Φ18@2000
	E	C25	1000	28	19.97	4.20	1.40	22Φ25	Φ10@100	Φ18@2000
换乘节点	柱下桩基	C25	1000	13	7	7		16Φ20	Φ10@100	Φ20@2000

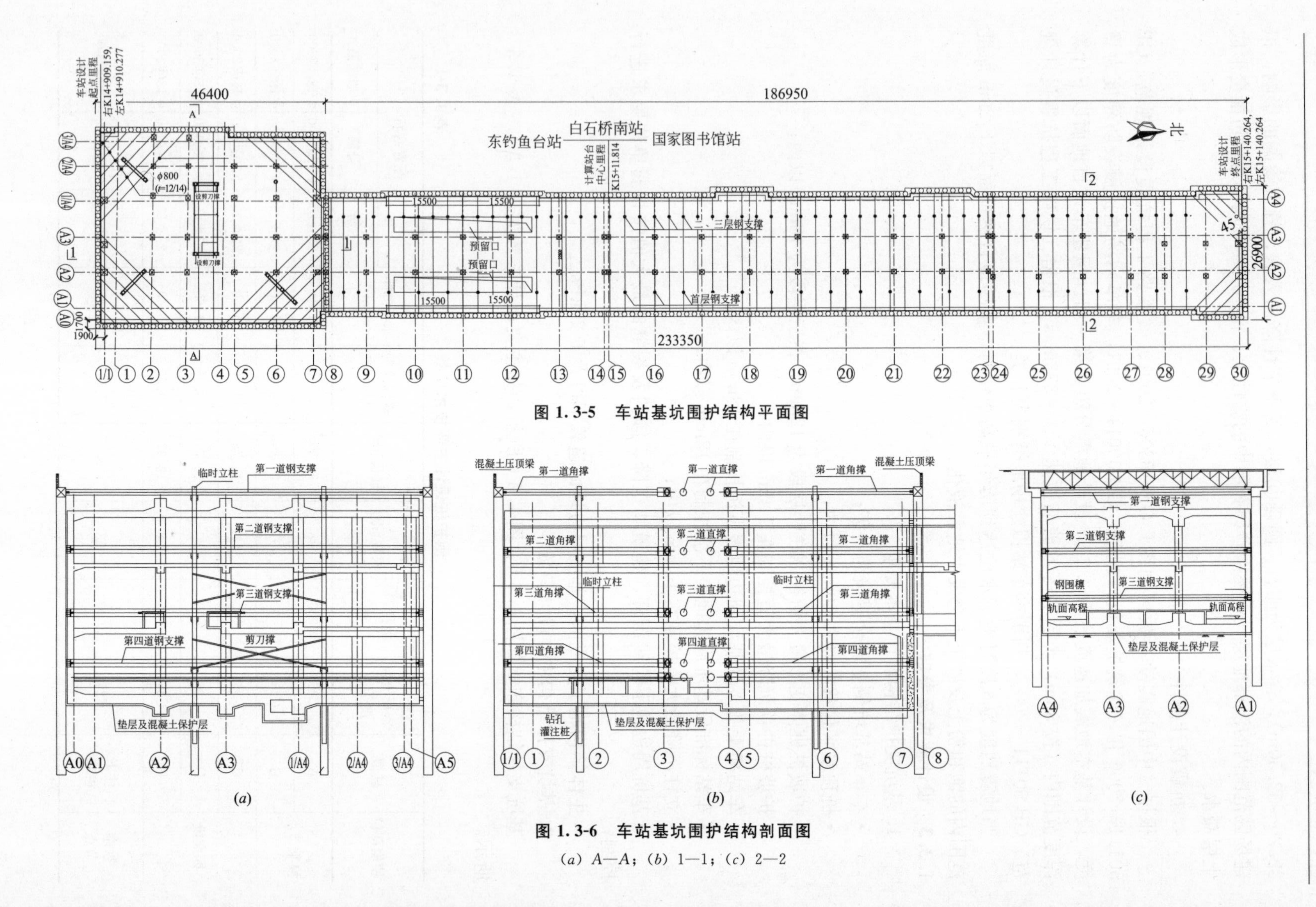

图 1.3-5　车站基坑围护结构平面图

图 1.3-6　车站基坑围护结构剖面图

(a) A—A；(b) 1—1；(c) 2—2

桩间喷射混凝土护面设计主要技术参数 表 1.3-2

部位	混凝土强度等级	喷射面积(m^2)	厚度 t(mm)	钢筋网片
换乘节点	C20	3720.28	100	Φ8@150mm×150mm
标准段	C20	6239.13	100	Φ8@150mm×150mm

钢支撑设计主要技术参数 表 1.3-3

部位	层数	层号	根数(根)	直径 D (mm)	壁厚 t(mm)	间距 s(m)	标高 Z(m)	预加轴力 N_0(kN)
换乘节点	4 层倒撑	1	27	600	16	2.5～3.0	50.244	600
		2	27	800	14	2.5～3.0	44.244	1000
		3	27	800	14/16	2.5～3.0	37.544	1200
		4	27	800	14/16	2.5～3.0	32.244	1200
		倒撑	27	800	14/16	2.5～3.0	27.734	100
标准段	3	1	39	800	12	6.0	50.70	400
		2	67	800	12	3.0	43.70	600
		3	67	800	12	3.0	38.70	600

注：表中支撑壁厚中“14/16”中的“16”为每个角部斜撑中最长一根支撑的钢管壁厚；预加轴力值为对撑预加轴力值，相应层中斜撑预加轴力值为表中数值乘以 1.4。

1.3.4 主要施工项目

地铁 9 号线 6 标白石桥南站基坑工程主要施工内容为：基坑围护桩、桩冠梁、挡墙、挖土石方、支撑、桩间护壁、检底、钎探、基底排水沟、车行便桥、基坑交验等。

根据设计要求及北京地铁 9 号线 6 标白石桥南站基坑工程特点，总体施工顺序如图 1.3-7 所示。

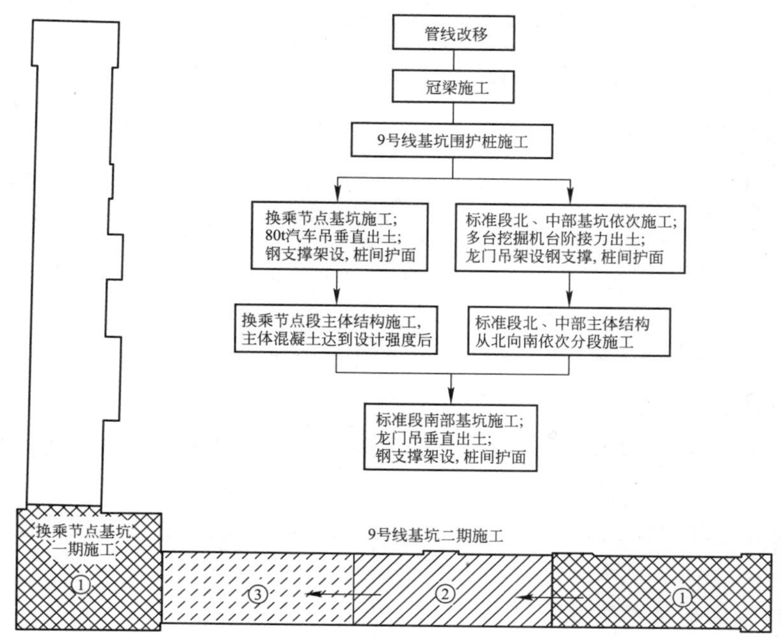

图 1.3-7 施工总体顺序

• 交通导改、场地布置及现有地下管线改移；
• 工程围护桩施工（分别从南北两端向中部顺序跳打施工）；
• 冠梁、挡土墙及压顶梁（兼做轨道基础）分段施工；
• 土方开挖及钢支撑架设施工（换乘节点与标准段北部同时进行）；
• 标准段南部紧邻换乘节点段土方开挖及钢支撑架设施工。设计要求在换乘节点主体结构混凝土达到设计强度后方可进行；
• 钢支撑分步拆除及土方回填施工。

图 1.3-8　换乘节点平面位置关系

1.3.5　技术应用

1. 相邻建筑物地基基础变形控制标准应用

(1) 相邻建筑物概况

北京地铁9号线周边建筑物仅考虑西侧仅有主语国际城的CN4、地下商业、CS2、CS3、CS4及其地下成片的车库等5幢建（构）筑物。主语国际城及其附属结构与基坑的平面位置关系详见图1.3-8，其竖向剖面位置关系见图1.3-9。

(2) 施工控制标准

确定施工附加变形控制标准如表1.3-4所示。

相邻建筑物地基基础变形控制标准　　表1.3-4

<table>
<tr><th rowspan="2">编号</th><th rowspan="2">属性</th><th rowspan="2">地上层数</th><th rowspan="2">地下层数</th><th rowspan="2">高度 h(m)</th><th rowspan="2">基础底面 $A\times B$(m²)</th><th colspan="2">规范允许值</th><th rowspan="2">控制标准（附加倾斜）</th></tr>
<tr><th>倾斜</th><th>沉降 Δs(mm)</th></tr>
<tr><td>CS4</td><td>公建</td><td>24</td><td>−3</td><td>99.90</td><td>36.7×38.4</td><td>0.0025</td><td>200</td><td rowspan="6">① 整体倾斜不得大于0.0025；
② 相邻柱基的沉降差不得大于0.002L</td></tr>
<tr><td>CS3</td><td>公建</td><td>8</td><td>−3</td><td>38.05</td><td>36.7×38.4</td><td>0.002L</td><td>200</td></tr>
<tr><td>CS2</td><td>公建</td><td>19</td><td>−3</td><td>80.00</td><td>36.7×38.4</td><td>0.0025</td><td>200</td></tr>
<tr><td>地下商场</td><td>商用</td><td>1</td><td>−3</td><td>约5.0</td><td></td><td>0.002L</td><td></td></tr>
<tr><td>CN4</td><td>公建</td><td>19</td><td>−3</td><td>80.00</td><td>36.7×38.4</td><td>0.0025</td><td>200</td></tr>
<tr><td>地下车库</td><td>公建</td><td></td><td>−3</td><td></td><td></td><td>0.002L</td><td></td></tr>
</table>

(3) 控制效果

换乘节点及北侧标准段基坑分段施工完成验收后，监测数据表明上述各项指标均控制在允许值的70%以内。对相邻建筑物地基基础按所提标准严格控制，不必再考虑上部结构的影响问题，使北京地铁9号线白石桥南站基坑相邻建筑物的影响控制技术问题变得十分简单。

2. 地下管线保护技术集成应用

(1) 管线探查

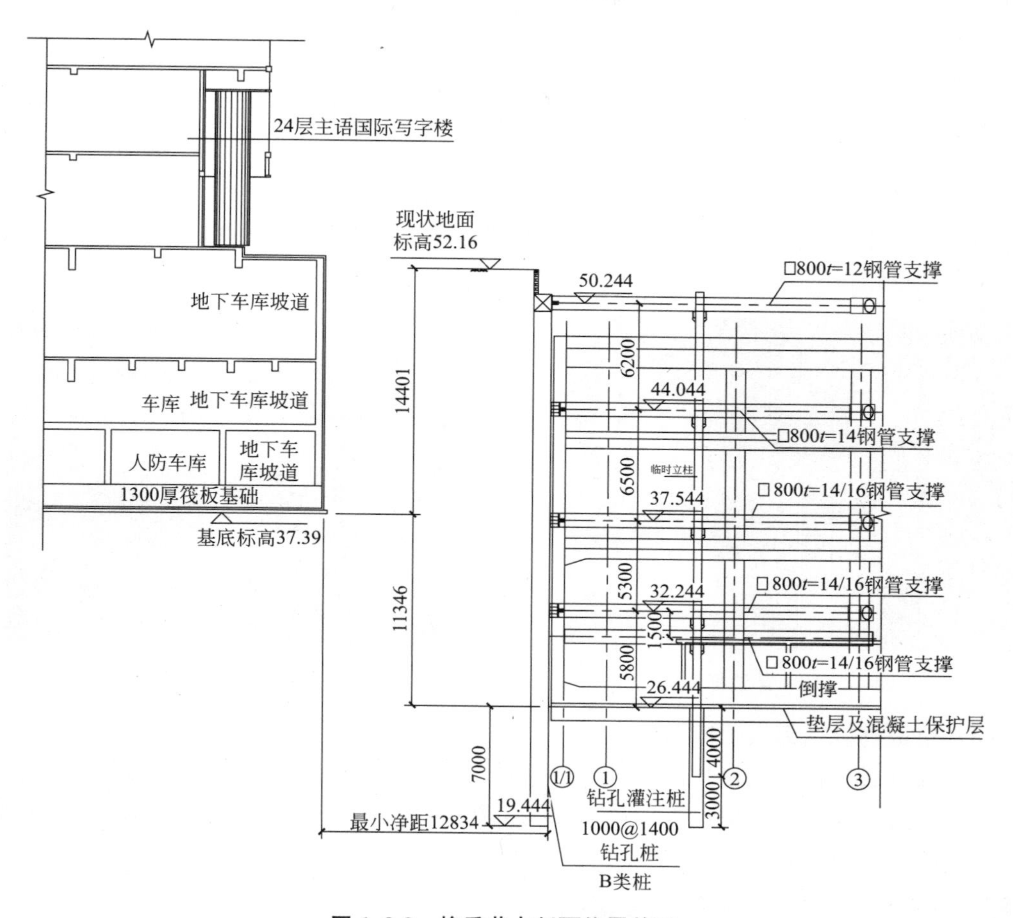

图 1.3-9　换乘节点剖面位置关系

首先，对该地段地下管线设施资料进行了大量而丰富的搜集工作，绘制完成了地下管线综合设计图；其次，为进一步准确地掌握该地段地下管线的实际分布情况，采用了现场揭盖调查、管线仪探测及地质雷达多种方式进行了场地管线详细探查；再次，沿基坑周边开挖纵横探槽直接探查；最后，打桩时在每一桩位均进行人工挖探至原状土层，现场调查如图 1.3-10、图 1.3-11 所示。

（2）地下管线保护及处理技术

① 管线拆迁应首先保证管道的使用功能不受影响，并符合城市的总体规划，同时紧密结合各施工现场实情；

② 对自来水、雨水、污水管道的处理方法是将其改移至基坑围护桩外侧，未改移之前准确标识，管线部位 2m 范围严禁施工；

③ 对于进入地下窨井作业，要求首先揭盖通风一定时间，然后派专业人员佩戴防毒面具、氧气面罩等方可进入，作业人员需与地面人员保持联系畅通；

④ 场地南北向贯穿一组军用光缆，迁移后方可施工；

⑤ 场地上空架有一组东西方向 35kV 的备用高压电线，地下南北有 10kV 主语国际城供电线路，需迁移后方可在此范围进行施工；

⑥ 对废弃的天然气管线进行切除时，需进行天然气浓度检测、减压和通风处理，以免事故发生；

⑦ 对于未能及时改移的地下管线应设置沉降观测点、标志及标识，及时向有关单位提供观测资料；

⑧ 在坑外相邻管线的位置，设置管线安全警示标牌；

⑨ 制订应急措施，配备好抢修器材，做到防患于未然。一旦管线事故发生，需立即上报，组织抢修。

图 1.3-10　雷达探测

图 1.3-11　坑周边探槽

(3) 单根桩位上部人工挖探技术

在完成管线探查、改移和标识（未能及时改移或无须改移）后，以防在钻孔过程中损伤个别未探明管线，确保地下管线及工程施工安全，仍需在每个桩位上部人工挖探至原状土层，如图 1.3-12 和图 1.3-13 所示。

图 1.3-12　桩位上部人工挖探实况

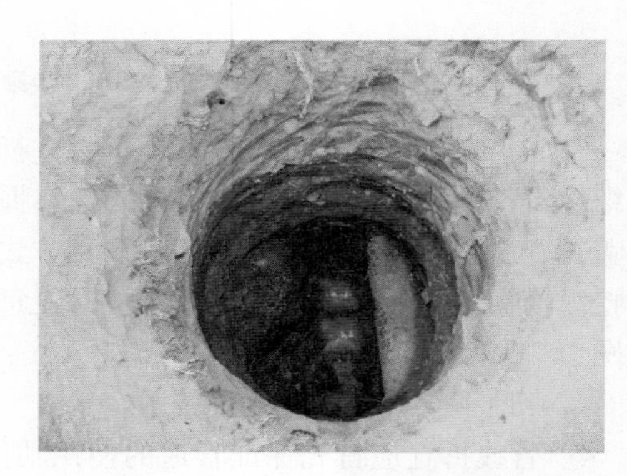

图 1.3-13　探孔内揭露管线纵横

① 在各个桩位上部管线敷设层严禁采用钻机打孔，需人工挖探至原状土层（该场地探孔深度一般为 2.5～3.0m），探孔断面不小于桩身断面（d=1.0m）；

② 若发现管线需判明类别，查清权属单位，及时委托改移；

③ 清理及封堵废弃管孔，用钢筋网箅封盖待验；

④ 未见任何管线或已处理完毕废弃管孔，验收合格后方可进行机械钻孔。

(4) 管线障碍处理技术

① 围护桩位若遇大直径废弃污水管线处理技术如下：

• 人工挖探孔揭露污水管线，查明管线内有无积水；
• 若管内有积水，应在施工段污水管线两端灌注混凝土封堵，再抽排其管内积水；
• 确定管内无水后，人工破除障碍物成孔；
• 下钢护筒封闭桩孔与污水管线通道并固定之；
• 最后再采用机械成孔、下放钢筋笼及灌注混凝土成桩。

② 围护桩位若遇燃气、电力、通信光缆等管线处理技术如下：
• 人工挖探孔揭露并判明管线类别及权属，并及时设置围护栏；
• 委托相应各专业施工队伍查明管线内有无遗留燃气、电力负荷及通信运行等事宜；
• 委托相应各个专业施工队伍改移、挖除及清理施工段内管线；
• 分层回填压实清理管沟，再次放线确定桩位；
• 重新在各个桩位上部人工挖探至原状土层，验收合格后方可进行机械钻孔。

③ 围护桩位若遇雨水管线处理技术如下：
• 人工挖探孔揭露雨水管线，查明汇水域面积，搜集当地降雨资料；
• 根据降水及汇集情况，设置集水池，配备足够的抽排水设备；
• 截断桩位雨水管线，封堵管孔后迅速进行打桩作业；
• 完成打桩后及时恢复排水管线系统；
• 雨水管横穿基坑时设置钢架梁托架跨越。

④ 围护桩位若遇小直径废弃管线处理技术如下：
• 人工挖探孔揭露废弃管线；
• 查明废弃管线种类及遗留物情况；
• 截断管线，封堵管孔，进行打桩作业。

3. 交通导改及军便桥施工技术应用

施工场地需临时占用首体南路西侧绿化带、人行步道、非机动车道、公交车道、机动车道及隔离绿化带等共宽约 40m、长约 320m 的范围。为此在施工前对该地段交通进行了导改，实现施工场地的封闭。

(1) 交通导改

白石桥南站施工总体交通导改如图 1.3-14 所示，导改后道路成为施工场地如图 1.3-15 所示。

① 交通导改基本采用占一还一的原则，新改建机动车道宽度为 3.0m 或 3.5m，非机动车道最小宽度 2.0m，人行步道最小 1.0m 宽；

② 原首体南路东侧的隔离带、步道、停车带临时取消，改为新建机动车道（工后恢复）；原车公庄西路南侧的隔离带、停车带临时取消，改为了新建机动车道（工后恢复）；

③ 道路两侧的雨水口和雨水管，根据临时道路的坡度和流向统一移置，确保路面雨水排除畅通；

④ 拐角处设置可通视围挡，坑边设置了坚固的防撞墙；

⑤ 通信、信号、电车高压线、自来水管线、隔离带、交通标志标识统一改移；

⑥ 围挡周边设置防撞信号灯、防撞墩、拐弯标识及工地标志标识等。

(2) 架设军便桥

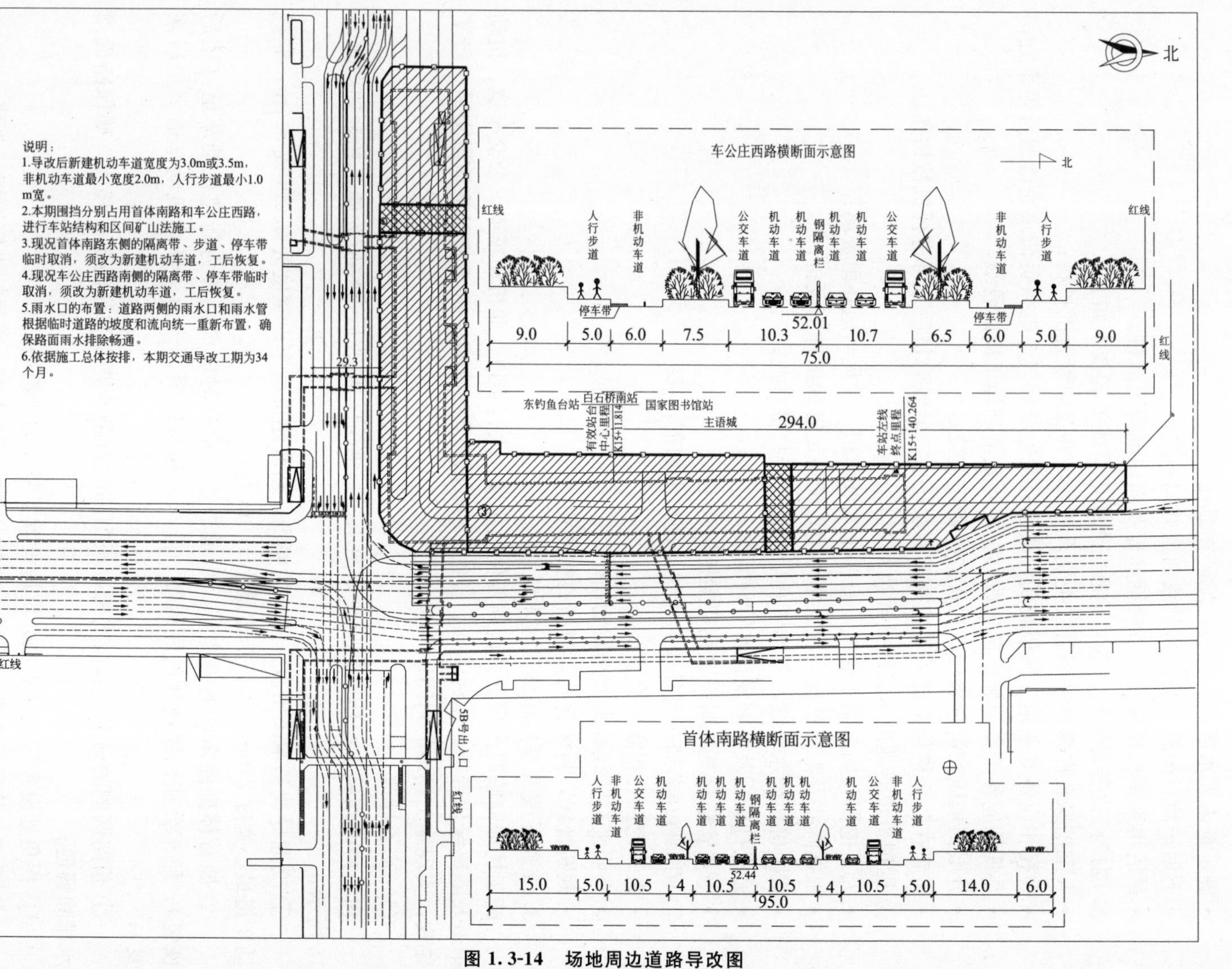

图 1.3-14 场地周边道路导改图

图 1.3-15 原道路成为施工场地

施工场地位于主语国际城东侧，占用了其东侧出入口，为保证行人出入及工程可同时顺利施工，在基坑围护桩及冠梁施工期间对该出入口进行了反复临时交通导改，并在基坑开挖前（基坑轴线 25-27 间），修建了临时军便桥作为主语国际城主要通道。如图 1.3-16～图 1.3-18 所示。军便桥架设技术要求如下：

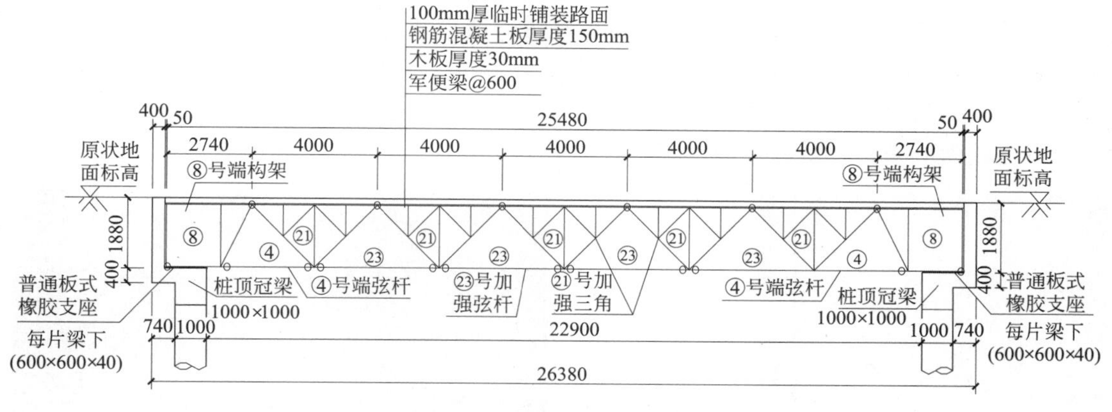

图 1.3-16 军便梁施工配置图

图 1.3-17 组装军便梁

图 1.3-18 便桥通车

① 采用加强型六四式军用梁（专桥 0153），梁跨度 24m，水平间距 600mm，就位后净间距为 80mm，架设在基坑两侧围护桩冠梁上，板式橡胶支座应符合《公路桥梁板式橡胶支座》JTT 4—2004 相关技术要求；

② 地面分别组装单榀钢梁共 13 榀，采用 25 吨汽车吊进行吊装就位，安装横联套筒螺栓，平面联结系槽钢；

③ 其上铺厚度 30mm 的木板，然后浇筑厚度 150mm 的钢筋混凝土板，最后临时铺装 100mm 厚的路面；

④ 挡板与桩顶冠梁同时浇筑，路面板混凝土采用 C30，钢筋采用 HRB335，HPB235，钢筋净保护层内外厚度均为 50mm；

⑤ 定期检查军用梁节点及各处连接螺栓是否有松动、脱落、损坏现象，并及时处理；

⑥ 在道路两侧明显位置设置车辆限速及限重标志：限速 20km/h，限重 20t。待车站主体结构施工完成，恢复路面时拆除；

⑦ 施工中采取可靠措施防止坠落。

4. 围护桩最佳水平外放距离及其环保施工技术

(1) 围护桩最佳水平外放距离

北京地铁 9 号线采用大直径围护桩-钢支撑-网喷护面复合支护体系，设计图纸表明主体结构外轮廓与围护桩之间预留围护桩变形、网喷护面及防水层厚度合计为 100mm。要求施工单位打桩时根据具体情况将围护桩轴线进行适当外放。根据围护桩不侵结构线的水平最小外放距离按 0.006H 取值，则应外放为 153mm。实际工程施工中，南侧换乘节点围护桩外放距离取 150mm。实际施工中，绝大部分围护桩均未侵占地下结构轮廓线，肥槽预留也较为适当。如图 1.3-19～图 1.3-22 所示。

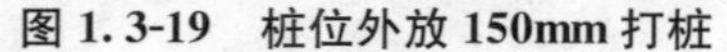
图 1.3-19　桩位外放 150mm 打桩

图 1.3-20　挖土揭露桩身垂直

(2) 砂卵石地层漏浆控制技术

北京地铁 9 号线白石桥南站围护桩施工时，采用 YTR230 旋挖钻机成孔水下灌注混凝土，该地段砂卵石层分布广，层厚较大（图 1.3-23）。施工初期数次出现泥浆渗漏现象，轻则导致孔壁局部坍塌，严重时泥浆会渗漏至周边建筑物地下室内。采用控制砂卵石地层漏浆技术后有效地控制了泥浆渗漏问题。该场地所采用的泥浆控漏技术主要如下：

① 增加泥浆中膨润土浓度至 8%，必要时掺加一定量的增黏剂（纤维素）CMC；

图 1.3-21　钢筋笼加工

图 1.3-22　保护层垫块

② 将钻孔上部旋挖出的粉质黏土作为备料堆积在钻孔附近；

③ 观察钻孔出土粒径，判断钻头位置地层状况，密切观测泥浆液面情况；

④ 进入卵石层后及时抛入粉质黏土备料；

⑤ 循环提落、缓慢旋转钻头抓斗，在孔底一定范围内形成黏稠泥浆并挤入缝隙，可形成稳定护壁，防止泥浆漏失；

⑥ 在卵石层中需采用缓慢钻进直至成孔。

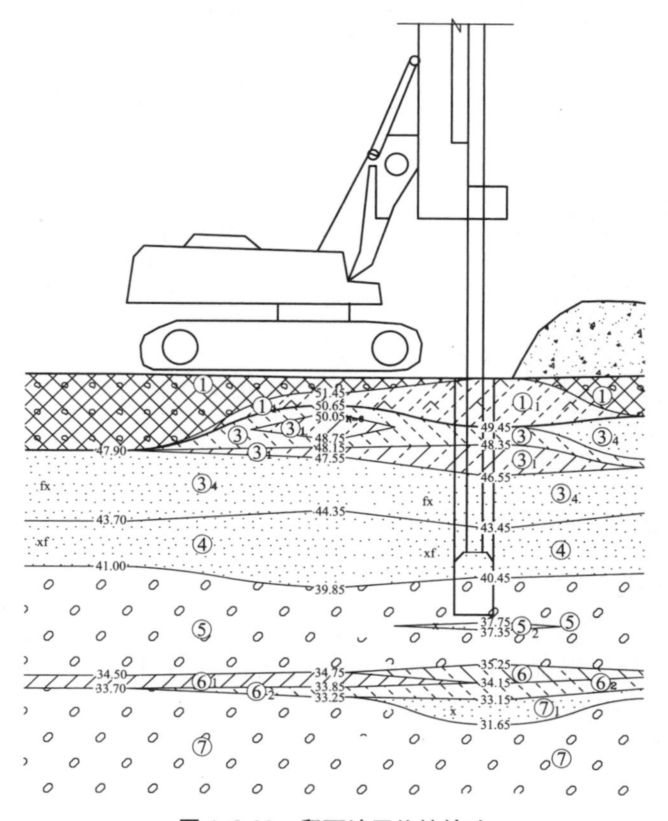

图 1.3-23　卵石地层旋挖钻孔

(3) 废弃桩基拔除技术

在换乘节点南侧东西向围护桩时，探明存在一排旧灌注桩 $\phi=450$mm，$L=8.0$m 共有50根，与拟打地铁车站围护桩位置重叠，故全部旧桩均需拔出，然后处理地层后方可进行南侧围护桩施工，具体位置见图 1.3-24。废弃桩基拔除技术如下：

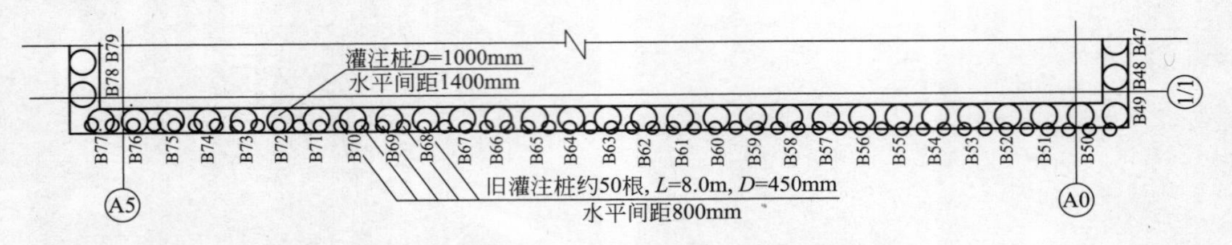

图 1.3-24　旧灌注桩与基坑围护桩位置平面关系图

① 人工挖槽，揭露旧桩头，测量桩径并采用低应变动测仪判定桩长 8.0m，预估侧摩阻力；

② 采用旋挖钻机紧贴旧桩侧面垂直向下钻孔，孔深 L 为 10m，孔径 D 为 1m。钻孔平面见图 1.3-25，钻孔与旧桩剖面见图 1.3-26；

③ 采用履带式挖掘机钩铲旧桩头，使其向孔心方向水平往复晃动，直至旧桩头可自由晃动；

④ 采用 25T 吊车垂直起吊拔出旧灌注桩，堆放在空旷场地，如图 1.3-27；

⑤ 采用 3：7 水泥土分层压实回填旋挖钻孔及旧桩孔，破碎旧桩运出场地。

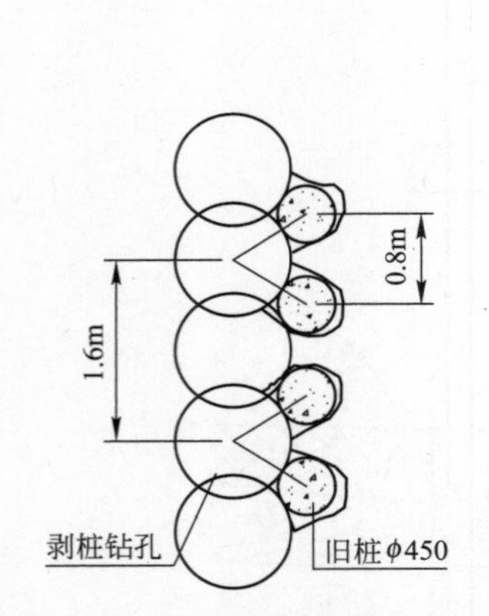

图 1.3-25　桩位平面位置示意图

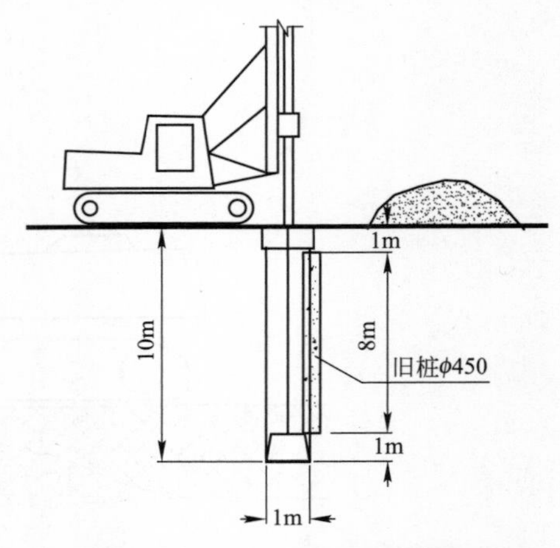

图 1.3-26　桩位竖向位置示意图

5. 换乘节点隔离封闭技术

在本示范工程中，从方便钢支撑架设及增加施工安全性的角度出发，将换乘节点与地铁 9 号线主体基坑分开施做，即在换乘节点与标准段连接处增加了一排中间桩（图 1.3-28，图 1.3-29）。换乘节点基坑被隔离封闭后，与 6 号线西侧和 9 号线北侧两个端点基坑可同期先行施作，三个基坑间隔均留有主体结构施工所需的材料堆放加工场地，换乘节点即成为一大断面矩形封闭式竖井型深基坑，坑内四角可分层中心对称各架 6 根斜支撑，大幅度地减少了超长对撑的数量，基坑四壁受力对称均匀，侧向变形、地面沉降及周

图 1.3-27　旧桩拔出

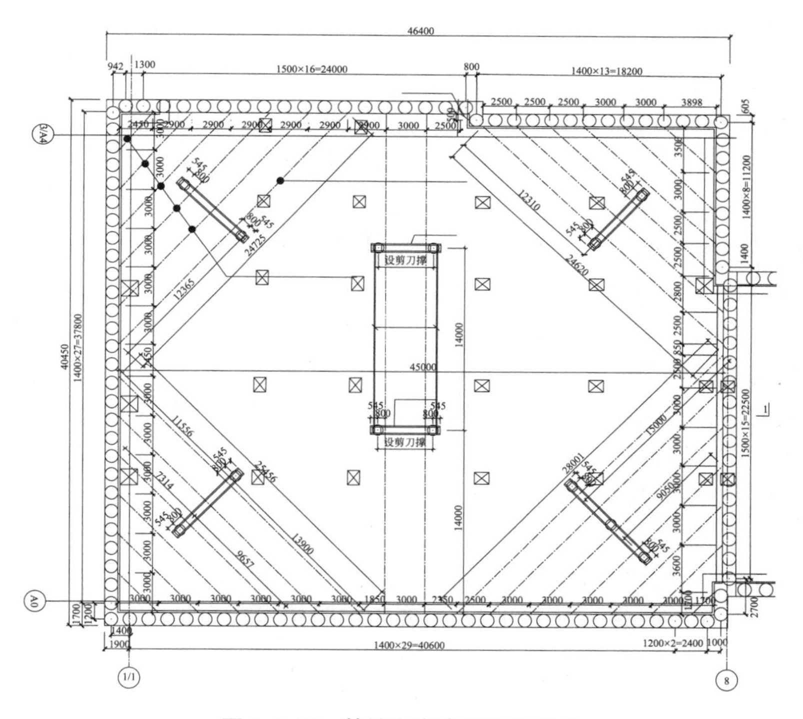

图 1.3-28　基坑隔离成封闭矩形状

边建筑物沉降均会减小，挖土、出土及结构施工吊装通道宽敞，并且给进出站端部暗挖隧道施工提前创造了施作条件。隔离封闭施工技术如下：

（1）将该枢纽车站深基坑，采用围护桩将其分割成三个分别独立的基坑便于支护设计，内支撑受力均匀，工程安全性高，同时也为场区同期施工开辟出较多工作面；

（2）换乘节点采用斜支撑时，桩和围檩（腰梁）间设置了抗剪蹬，以保证在围檩无水平滑移条件下垂直坑壁方向上的作用力得以发挥；

（3）围护桩设计时，不仅考虑斜撑作用的法向力，同时要考虑斜撑作用的切向力的作

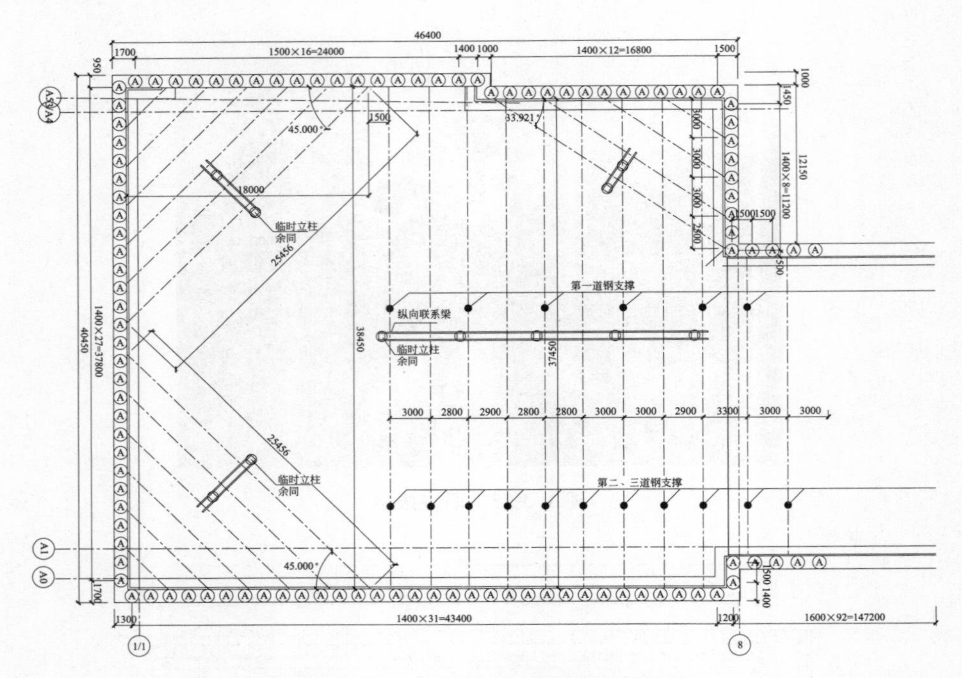

图 1.3-29　原设计与标准段连通状基坑

用，及其在开挖和拆撑时可能出现的各工况下的不利组合；

(4) 隔离后两侧坑深不同，先行施工了换乘节点大断面竖井型深基坑，其主体结构封顶回填后，其邻坑才进行了开挖；

(5) 主体结构钢筋混凝土的每一层水平中板，均在其甩茬处垫设型钢等密贴坑壁，以承担拆撑后的附加转移荷载；

(6) 在施工紧邻的标准段时对隔离桩随基坑开挖而破除，直至邻基坑底；

(7) 最终，主体结构进行了连接。

6. 超长格构柱施工技术

北京地铁 9 号线换乘节点共施工 13 根单根长为 28.4m 超长格构柱，分别由上节 12.4m 和下节 16.0m 的两节焊接组合而成。其底部基桩为直径 ϕ1000，长度为 7.0m 的钢筋混凝土灌注桩。格构柱插入桩体 4.0m。施工主要技术参数见表 1.3-5。

格构柱施工主要技术参数　　表 1.3-5

项目	材料	断面 d (mm)	根	长度(m)	嵌固 (m)	配置型钢/钢筋		
						角钢/主筋	缀板/箍筋	板/加强箍
柱	Q235	460×460	13	16.0+12.4	4.0	4∠160×160×16	360×200×10@800	200×140×20
桩	C25	1000	13	7	7	16Φ20	Φ10@100	Φ20@2000

施工中主要控制技术如下：

(1) 工艺流程：构件加工→放线定位→人工挖探并验收→钻机成孔→钢筋笼吊放→下节格构柱吊装并与钢筋笼组装→上节格构柱吊装并与下节格构柱组装放置于设计标高→灌注混凝土→静置 24h 后回填级配砂石；

(2) 单节格构柱制作应采用消除焊接应力的顺序和方式，避免单节内预应力过大；长度和重量适当、形状控制严格，截面中心对称并设有吊（点）孔，如图 1.3-30 所示。吊装前应首先在工作平台上预拼装，拼装顺直后在接头处做出标记及间距约 995mm 的刻度，再测量记录；

（3）钻孔时泥浆比重控制在 1.3～1.5；清孔时宜采用泥浆循环清孔，清孔后泥浆比重应控制在 1.15～1.2，发现渗漏应及时补浆，防止塌孔，严格控制桩底沉渣厚度小于 50mm；

（4）钢立柱下放过程中，在场地相互正交的 2 个方向上，采用 2 台经纬仪进行立柱垂直度观测，确保立柱的垂直度。下放中在格构柱钢缀板上分段焊接定位钢板；

（5）孔口安装焊接两节格构柱的顺直极为重要，预拼装时所作的标记及刻度线的距离与实际组装时吻合即为顺直，否则，点焊一角起落吊钩微作调整，焊接组装完成验收合格方可缓慢下放，下放至设计标高后固定于孔口；

（6）从格构柱中心插入直径 200mm 导管进行水下混凝土灌注，混凝土按方量控制；

（7）在混凝土浇筑完成 24h 后，在孔口内充填级配砂石，回填过程应保证均匀，用铁锹将砂石料沿钢立柱四周均匀填料，保证填料量不少于设计量 95%；

（8）格构柱施工允许偏差均在表 1.2-2 所给出的允许范围内，如图 1.3-31 所示。

图 1.3-30　格构柱制作

图 1.3-31　架立的格构柱

7. 钢围檩后抗剪蹬贴桩施工技术

北京地铁 9 号线白石桥南站钢支撑支护体系中，除首层斜撑直接架设于桩顶冠梁处，其余各层斜撑均通过斜撑支座及钢围檩作用在围护桩上。传递到钢围檩上的斜撑轴力可分解为垂直于围檩表面的法向力和平行于围檩表面的切向力，因此，需在围檩后侧与围护桩间设置系列抗剪蹬，阻止围檩相对于桩发生水平滑移，以免导致支撑失效。拆除围檩后遗留抗剪蹬如图 1.3-32 所示。

图 1.3-32　拆除围檩遗留抗剪蹬

8. 钢支撑复合支护技术

（1）钢围檩与围护桩连接技术

钢围檩与桩之间采用三角托架、拉筋及充填C30细石混凝土进行了紧密连接，保证了支承轴力较均匀地传递到围护结构。钢围檩与桩连接技术如下：

① 测量放线定出围檩安装位置；

② 采用∠80×8角钢制作三角托架，并使用膨胀螺栓安装在桩身对应位置，一桩一架，采用∠100×10角钢纵向焊接封边（图1.3-33）；

③ 吊装钢围檩准确安放在托架之上，并焊接拉筋牢固，两桩一拉（图1.3-34）；

④ 围檩间需水平首尾连接，接缝处采用20mm厚Q235钢板搭接满焊；

⑤ 待抗剪蹬安装完毕后，及时在围檩与坑壁间回填C30细石混凝土，振捣密实。

图1.3-33　钢围檩下托架

图1.3-34　钢围檩上拉筋

（2）斜支撑与钢围檩连接技术

换乘节点共设有四层支撑，每层支撑中含有24根斜支撑，支撑与钢围檩之间平面上均近似呈45°夹角，期间采用20mm厚Q235钢板焊接而成的三角斜撑支座进行了相互连接，共使用斜撑支座192个。保证了支承轴力较均匀地传递到钢围檩。

斜撑支座与钢围檩连接技术如下：

① 根据设计图纸及基坑现场施工状况，策划排列各节围檩在坑内、斜撑支座在围檩的安装位置，并编出序号及标识；

② 在加工厂实施焊接斜撑支座于围檩上，并在每个斜撑支座非架撑侧加焊3块抗剪钢板，使斜撑支座与单节围檩形成一体，见图1.3-35；

图1.3-35　斜撑支座

③ 在斜撑支座的架撑侧根据支撑活络头位置、尺寸，相应焊接足尺可靠托盘；

④ 现场根据围檩构件编号顺序安装就位，使施工工期得到大幅缩减；

⑤ 若某一斜撑支座恰巧位于两节围檩连接处，则该支座需待围檩安装连接后，再进行现场焊接。

(3) 连系梁与格构柱连接技术

北京地铁 9 号线白石桥南站，换乘节点共设有 13 根格构柱，四层钢支撑，每层设有 6 根连系梁，共 24 根连系梁，以托架约束斜撑和超长对撑。连系梁水平架设在焊接于格构柱侧的牛腿之上。连系梁与格构柱连接技术如下：

① 根据设计图纸给连系梁及牛腿裁料；

② 土方挖至相应位置后，在格构柱两侧刻画牛腿焊接标记；

③ 每根格构柱两侧各焊接 2 个牛腿并验收合格；

④ 牛腿上水平相对架设 2［40a 槽钢，上下分别焊接缀板，原位制成连系梁。如图 1.3-36 所示。

(4) 支撑与连系梁间抱箍连接技术

北京地铁 9 号线白石桥南站，换乘节点共设有四层支撑，每层支撑与连系梁均有 17 处交接位置，每一交接位置均设置了双层抱箍约束支撑，共加工制作抱箍 136 个。增强了较长支撑的压杆稳定性。抱箍连接如图 1.3-37 所示。

图 1.3-36 连系梁

图 1.3-37 抱箍约束

支撑与连系梁间抱箍连接技术如下：

① 根据设计图纸给抱箍及垫块裁料；

② 在支撑架设并加荷之后，及时在支撑与连系梁交叉位置焊接双层抱箍；

③ 在支撑与连系梁缝隙间，左右对称卡入∠45×5 角钢垫块，角钢端部与连系梁上层缀板焊牢；

④ 钢与支撑间缝隙用木条填实，以约束支撑变形。

9. 钢支撑安拆施工技术

(1) 平面位置

围护结构内支撑采用了钢管内支撑。南侧换乘节点共设置四层钢支撑（另有一层底部倒撑）。除第一层支撑 $\phi609$ $t=16$ 钢管架设于桩顶冠梁处，其余支撑均通过水平封闭的钢

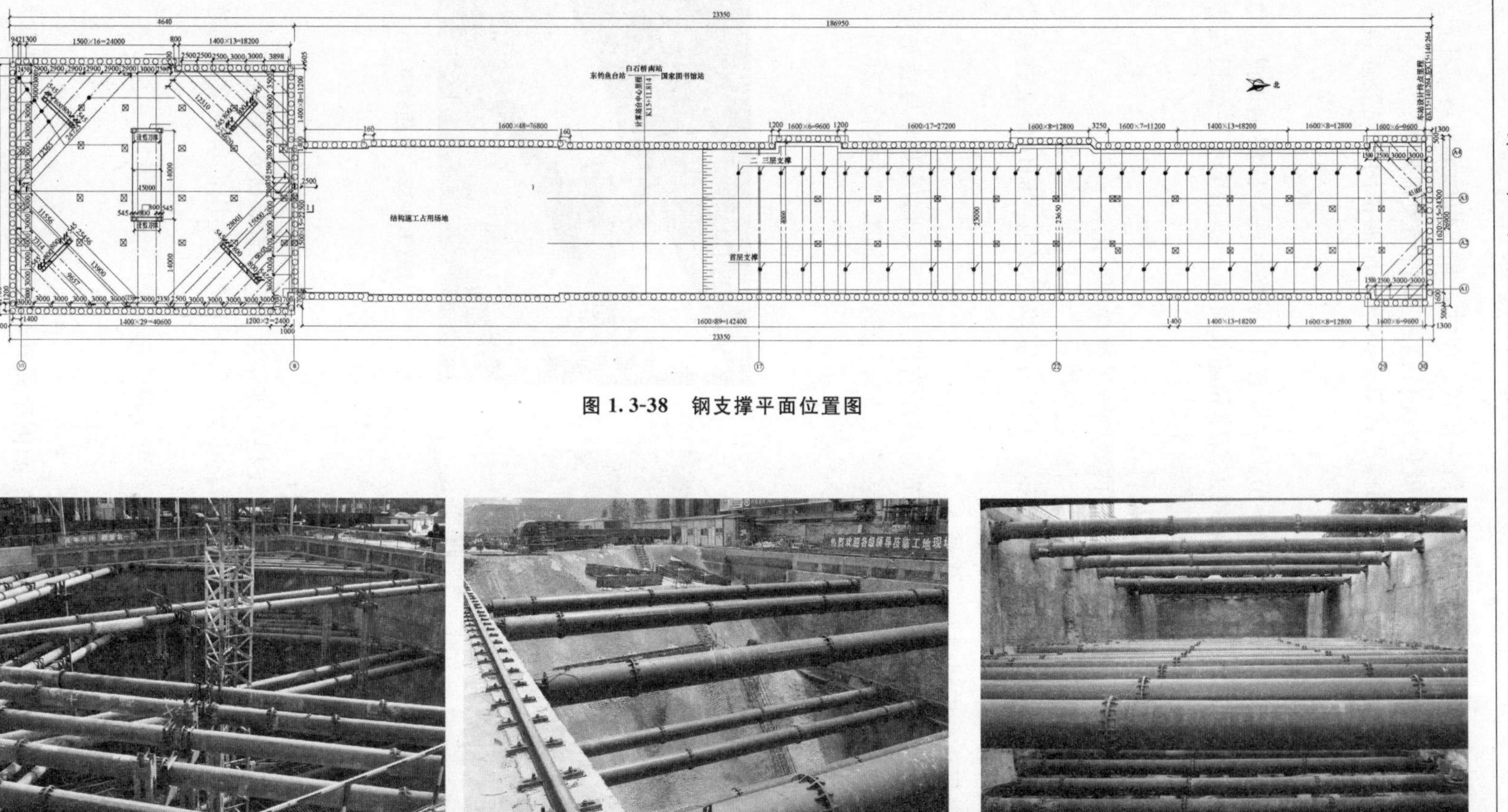

图 1.3-38　钢支撑平面位置图

图 1.3-39　换乘节点支撑

图 1.3-40　标准段南侧护坡

图 1.3-41　标准段支

围檩支撑在围护桩上。斜支撑除每层每边仅有一根最长撑采用 $\phi800$ $t=16$ 钢管外，其余全部采用了 $\phi800$ $t=14$ 钢管连接成撑，换乘节点共架设支撑 104 根，最长的 8 根对撑长达 38.50m 左右；北侧标准段共设置三层钢支撑。除北侧端部采用了 18 根斜支撑 $\phi609$ $t=16$ 钢管外，其余一般采用了 $\phi800$ $t=14$ 钢管连接成撑，通过两侧水平连续的钢围檩支撑在围护桩上。标准段已施部分对撑共架设 80 根，一般单根长度达 22.0m 左右。见图 1.3-38～图 1.3-41。

（2）钢支撑安装

钢支撑安装技术参见 1.2.7（5）小节。

活络伸缩端如图 1.3-42、图 1.3-43 所示

对于超长钢支撑须多根格构柱竖向约束，并在相邻格构柱间设置剪刀撑，如图 1.3-44、图 1.3-45 所示；

（3）钢支撑换拆参见 1.2.7（6）款内容。

图 1.3-42　单肢活络头

图 1.3-43　双肢活络头

图 1.3-44　柱间长向剪刀撑

图 1.3-45　柱间短向剪刀撑

1.3.6 本章小结

1. 北京地铁 9 号线白石桥南站地处北京市区繁华路段，周边高耸建筑物林立、地下管线纵横交错，施工场地十分狭窄，环境条件又极为复杂，且与地铁 6 号线上下交叉，使两线换乘节点成为大断面竖井型深基坑，采用围护桩-钢支撑复合支护体系具有典型示范意义。

2. 本工程主要施工任务包括：大直径围护桩、超长格构柱、挡墙、冠梁、土方挖运、

桩间喷射混凝土及钢支撑施工等。在此过程中主要集成应用技术如下：

（1）相邻建筑物地基基础变形控制标准技术；

（2）地下管线保护集成技术；

（3）交通导改及军便桥施工技术；

（4）复杂地层大直径灌注桩施工技术包括：①围护桩最佳水平外放距离取值技术，②砂卵石地层漏浆控制技术，③单根桩位上部人工挖探技术，④管线障碍处理技术，⑤废弃桩基拔除技术；

（5）大断面竖井型深基坑钢支撑复合支护技术包括：①换乘节点隔离封闭技术，②超长格构柱施工技术，③钢围檩后抗剪蹬贴桩施工技术，④钢支撑连接施工技术，⑤钢支撑安拆施工技术。

3. 经工程实践检验，上述主要集成技术均取得了良好的应用效果，但在实践过程中仍存在一定的不足，有待进一步改进：

（1）本示范工程中，大断面竖井型基坑钢支撑支护体系含有斜撑和对撑两种支撑形式，对撑仅存在于一单一方向（东西方向）上，与其正交方向上无对撑支护，对撑十字交叉连接技术未能得到考虑，有待进一步探讨研究；

（2）本示范工程中，钢支撑与桩体之间利用打结连接保险绳的方式进行了备用保险处理，以防止钢支撑发生意外坠落事故。该保险绳在钢支撑拆除时随之拆除，未能得到有效地重复利用，因此，非常有必要在后续的工程实践中创建一种高效而可靠的保险绳连接扣件，以便提高施工效率、降低施工成本；

（3）对于格构柱—连系梁体系、抗剪蹬与桩身相互作用的实际工况和受力特点尚不十分明确，有待通过整体的三维数值分析做进一步的探讨，并寻求一定规律，以便优化工程设计，提高基坑工程的安全可靠性。

4. 经过对该示范工程一年多的施工管理，深切体会如下：

（1）大断面竖井型深基坑钢支撑复合支护施工极为复杂，对于施工过程中各种可能遇到的难点，均应在施工组织设计中作超前谋划，并在施工过程中严格执行；

（2）北京地铁9号线白石桥南站基坑工程作为一项重要的市政工程，由于其自身的特点，施工及管理难度均较大，因此，建立一支认真负责、经验丰富、人才齐备的组织机构作为管理团队是该示范工程能够圆满完成的基本前提和必要保障；

（3）地铁车站工程是整条地铁线路中的一个重要组成部分，其施工进度的按期完成关系到地铁全线施工的流畅衔接和整体计划的顺利实现。因此，必须合理安排施工步序，确保在规定的有限工期内高质量地完成各项施工任务，避免因急于抢工而造成的安全质量损失。

第2章　城市超深基坑地下工程设计与施工技术

2.1　概述

进入20世纪20年代以来，世界各国城市化进程加快，城市用地紧张，基础设施落后，环境恶化等问题日渐突出，为了解决这些问题，世界上一些发达国家就开始大规模利用地下空间，开发利用较早的是欧美和日本等。其中欧洲国家对地下空间开发利用较好，广泛修建过街通道、地铁、商场、仓库和地下综合服务区等。进入21世纪，随着我国城市化进程的加快以及经济的迅猛发展，大城市的交通、环境以及文物保护等问题日益突出，为了满足城市功能的需要，我国的城市地下空间开发利用工程建设已逐渐进入高潮。世界发达国家的发展经历表明，人均GDP在3000～10000美元是城市地下工程快速发展的阶段，可以预见，在今后数十年内我国将处于城市地下工程建设的高潮，城市地下空间的利用也必将由现在的浅层空间向中浅层空间（地面以下30m）发展。我国在深度较大的城市地下空间开发涉及的地下工程建设的复杂理论和关键技术还缺乏深入、系统的研究。为此，进行超深复杂地下工程的综合技术研究成为必然，其研究成果对今后中浅层空间地下工程的设计、施工必将起到重要指导作用。

城市地下工程是一个复杂的系统工程，涉及多个学科的交叉，其工程特点表现为地下工程理论在软弱地层和极复杂环境下的应用，因此包含了地下工程经验性的特点，而且又遇到软土地层施工影响大以及复杂环境控制要求高的制约因素。由于城市地下工程所处地质环境的复杂性和不确定性、地面及地下建（构）筑物密布并且工程活动频繁，使得城市地下工程建设中存在着很大的安全风险。如，由于工程规模和基坑深度的不断加大，在水位埋藏浅、多个透水土层和弱透水土层交互成层的复杂水文地质条件以及环境效应问题日益复杂的情况下，基坑工程开挖势必引起周围环境发生变化，导致周围地基土体的变形，对周围建（构）筑物和地下管线产生影响，严重的甚至会危及其正常使用或安全。同时在施工中，施工工艺以及施工组织是否合理对支护体系是否成功具有重要作用，不合理或不恰当的施工步骤可能导致主体结构变位、过大变形，甚至引起支护体系整体失稳而导致破坏。因此，随着基坑工程向着大深度、大面积发展，对深基坑开挖设计理论和施工等均提出了更高的要求，要求必须不断改进设计计算理论，提高设计水平，改善施工工艺。

目前国际、国内对于地下工程的设计理论和施工关键技术已开展了大量的研究。设计理论方面考虑了施工过程以及支护结构-土的相互作用下土压力理论问题、开挖对环境影响的预测方法、基坑降水理论以及对环境的评价、抗震分析理论与方法等。从工期和造价的角度来看两墙合一的逆作法是今后发展的主要方向，然而由于工艺原因，逆作法亦具有局限性：如施工过程中产生的不均匀沉降对结构体系的不利影响比顺作法严重；施工缝多；多数交汇于同一节点的工程构件连接精度控制难度较大；层板混凝土的表观质量控制难度较大等等。另外，在基坑工程中还要考虑基坑时空效应与变形控制，尤其是在软土地区由于开挖和降水使得空间受力状态发生改变，因此，科学地制定考虑时空效应的开挖和支撑的施工设计方案，才能可靠、合理地利用土体本身在开挖过程中控制位移的潜力，达到控制基坑周围地层位移以及保护环境的目的，因此目前基坑工程实施中多采用信息化施工、健康监测技术来安全经济地解决深基坑施工过程中稳定和变形问题。

近年来，由于深基坑、超深基坑（深度 30m 以上）开挖引起的环境效应问题日益突出，超深地下工程设计、施工的关键技术已成为岩土工程界面临的重要研究课题。总体上看，目前对城市超深基坑地下工程设计与施工涉及的关键理论与技术的研究还不够深入。本章针对天津站交通枢纽工程后广场工程，结合该工程课题研究组的研究成果，介绍一些城市超深基坑地下工程设计与施工关键技术。

2.2 技术介绍

2.2.1 超深基坑开挖中的土力学问题

常规设计软件对土层复杂的受力条件，超深、复杂地下工程模拟施工过程的受力、变形及对环境造成的影响等已不能有效地进行分析。另外，在土工数值计算中常用的土体本构模型及模型参数，都是基于常规三轴压缩试验获取参数的，实际工程中土体的加（卸）载情况较为复杂，如何反映这种变化及对工程的影响，越来越受到岩土工作者的重视。必须采用其他得力的方法进行校核计算，提高计算分析水平，使工程的设计、施工更为合理，同时，避免重大工程风险。目前，欧美国家、日本等发达国家地下空间的开发已达地面以下 80m，已基本上不采用国内常用的直剪试验成果，更强调工程现场土的受力特点，如应力路径、应力历史、排水条件等，相应的计算参数也从一系列适应不同应力路径的特殊试验中取得。结合目前国内应用及研究现状，主要存在以下问题：

（1）基于一维压缩试验以及常规三轴试验基础建立的计算参数，属于简单情况下的加荷问题，主要是用于一般浅基础上的建筑物沉降计算。由于深基础、地下隧道、深基坑均涉及土的开挖卸荷问题，因此，采用加荷条件且不考虑应力路径的土体参数，来进行深基坑的分析设计是不严格的，会造成一定的误差。

（2）对于超深基坑开挖工程，由于卸荷幅度很大，土体处于严重超固结状态，同时由于基坑施工时降水与开挖交替进行，有效应力的增减导致土体加荷与卸荷的反复，对这样的循环荷载条件，仍然沿用加荷状态下的土的强度指标有可能导致设计安全度不足。

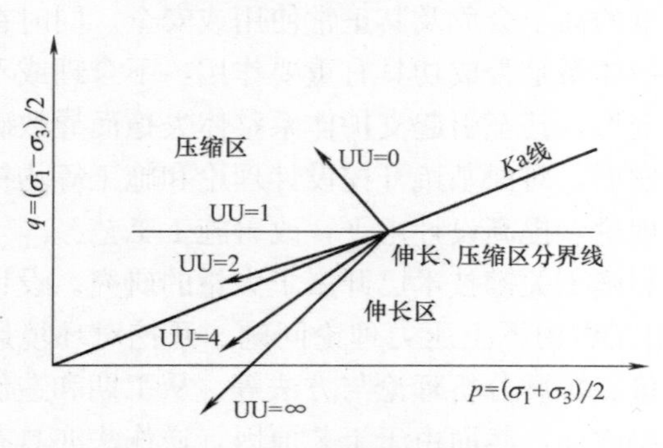

图 2.2-1 卸荷应力路径

2.2.1.1 考虑加、卸荷条件的土体特性

目前对于深基坑开挖应力路径的研究已由初始的加荷状态下的研究逐渐过渡到卸荷状态下的试验研究，因此，选取主动和被动区域分析土体不同应力路径下的变化特点。

（1）单调卸荷条件

试验按等加、卸荷应力比选取了4种有代表性的卸荷应力路径（图2.2-1），分别为UU=0，UU=2，UU=4，UU=∞，符号UU表示竖向卸荷，水平向卸荷；等号右边的数字表示竖向加、卸荷应力与水平向加、卸荷应力的比值，其中UU=0和UU=∞分别代表了主动区和被动区两种极端情况下的应力路径。由于卸荷比例的不同，表现出的性质亦不相同。同属被动区的3种卸荷路径，卸荷比直接决定着土样应变的大小，在固结状态相同的情况下，卸荷比越大，应变值越大。对于同一类应力路径试验，其应力应变曲线基本相似，都接近于双曲线，呈应变硬化状态。

考虑到被动区土样的（$\sigma_1-\sigma_3$）值可能跨越0点，采用下式表示软土固结不排水下的应力应变关系

$$\frac{\varepsilon_1}{(\sigma_1-\sigma_3)-(\sigma_{1c}-\sigma_{3c})}=a+b\varepsilon_1 \tag{2.2-1}$$

式中 σ_{1c}、σ_{3c}——固结状态下的轴压和围压；

a、b——所拟合的直线的截距和斜率。

初始切线斜率为$1/a$定义为初始切线卸荷模量$E_i=1/a$，而b与双曲线的最终渐近线有关，定义为

$$(\sigma_1-\sigma_3)_{\text{ult}}=1/b \tag{2.2-2}$$

在同一类型的应力路径条件下，不同固结压力的应力应变曲线形状基本相似，说明同一类型的应力路径条件下土样的应力应变曲线可能存在着归一化性状。将固结围压进行归一化，则关系式可改写为

$$\frac{\varepsilon_1\sigma_{3c}}{(\sigma_1-\sigma_3)-(\sigma_{1c}-\sigma_{3c})}=\bar{a}+\bar{b}\varepsilon_1 \tag{2.2-3}$$

式中，$\bar{a}$、$\bar{b}$为上式拟合的直线的截距和斜率，且$\bar{a}=a\sigma_{3c}$。

初始切线卸荷模量值可用如下关系式进行拟合：

$$E_i=\overline{E}_i\cdot\sigma_{3c} \tag{2.2-4}$$

式中，$\overline{E_i}$为归一化无因次卸荷模量系数。

（2）考虑开挖、降水交替施工过程

由于降水作用使土体压密，因此考虑开挖降水作用比仅考虑开挖时土体总的回弹值要小。降水后土体的强度显著提高，对于黏性土，主要是内聚力与有效应力增长所致，对于砂性土，则主要是有效应力的增加；降水后的土体，在以后的受荷条件下，有效应力的增长总是在整个应力增长过程中占据主要地位，这与降水前的土体应力增长情况明显不同；降水后，在相同应力水平下，土体呈现较小的应变和变形量。

降水与开挖交替作用对不同土体有相似的影响。降水开挖路径下由于降水对土的压密作用使得土体强度峰值高于仅考虑开挖作用土体的强度峰值。k_0固结抗剪强度主要由于存在较大的初始主应力差使其剪切峰值明显高于其他路径。经历降水开挖路径与仅经历开挖路径的土体相比明显呈现超固结土的性质。

2.2.1.2 考虑土体应力路径下的强度指标选取

采用不同的试验方法，可得出截然不同的土体抗剪强度参数。对于基坑支护设计的土压力计算究竟选取何种参数，目前仍存在一定的争论，我国的国家规范、行业标准和地方标准的相关规定并不统一。《建筑地基基础设计规范》规定：对于饱和黏性土应采用在土

的有效自重应力下预固结的三轴不固结不排水试验确定抗剪强度指标。《岩土工程勘察规范》中则没有明确采用何种参数，但规定土的抗剪强度试验方法应与基坑工程设计要求一致，符合设计采用的标准。建设部行业标准《建筑基坑支护技术规程》采用三轴固结不排水试验强度指标，且当地有可靠经验时允许采用直剪试验强度指标。冶金部行业标准中规定，采用水土分算时应选取有效应力强度指标，也可采用三轴固结不排水试验强度指标；采用水土合算时应选取三轴固结不排水试验强度指标，并应乘以0.7的折减系数。上海市工程建设标准《地基基础设计规范》规定：当采用水土分算时，取三轴固结不排水试验或直剪固快试验的峰值；当采用水土合算时，取直剪固快试验的峰值。

就总应力强度指标而言，常规三轴试验条件下的内摩擦角小于k_0固结条件下主动区、被动区排水卸荷应力路径下的结果，尤其是和被动区排水卸荷路径下土体的内摩擦角相比减小幅度较大。常规三轴试验的总应力强度指标与有效应力强度指标间相差较大，而k_0固结、不排水卸荷应力路径下土体的总应力强度指标与有效应力强度指标间相差小得多。应力路径对有效应力强度指标影响不大，这和有效应力强度指标的唯一性理论是一致的。

若采用直剪快剪试验指标设计支护结构，则较保守，且随着基坑深度的增加，将造成不必要的浪费。基坑工程设计时，土的抗剪强度的试验方法不宜采用直剪试验。在计算主动区土压力时采用固结不排水试验强度指标是比较合理的。被动区土体的强度指标一般也采用固结不排水剪强度指标，尚需指出，应适当考虑被动区应力路径与应力历史的不同所造成其强度指标的差异。对于砂土和碎石土，计算支挡结构物上的主、被动土压力时应当使用土的有效应力强度指标。可以通过三轴固结排水试验、直剪的慢剪试验确定，也可通过现场的标准贯入试验或其他动力触探的结果用经验公式来确定。对于饱和黏性土的情况，在基坑开挖、支撑过程中，必将产生超静孔隙水压力，由于基坑属于临时工程，所以在计算和分析中一般使用总应力强度指标，如固结不排水（CU）和不固结不排水（UU）试验的强度指标等。

2.2.2 超深基坑降水设计与施工技术

超深基坑开挖过程中，由于含水层被基坑切断或增长地下水的渗透路径，但在压力差的作用下，地下水还会不断渗入基坑，如不进行基坑的排水处理，将会造成坑底浸水，降低地基的承载力，使施工现场条件变差，在动水压力作用下还可能引起流砂、管涌和边坡失稳等现象。因此，为确保基坑坑底施工安全，必须采取有效地降水措施。对于超深基坑工程，为满足施工作业需要、保证施工安全、减少对结构影响和保护环境，基坑降水工程需要达到以下几个目的：

（1）疏干基坑内储水，创造干式开挖作业条件；

（2）降低坑底承压含水层水头，防止突涌发生，避免渗流破坏；

（3）控制降水引起的地面沉降，避免较大差异沉降；

（4）控制降水对坑内梁、柱等围护、支护结构体的影响。

基于上述要求，需要制定科学合理的基坑降水方案。基坑降水要进行疏干井设计、减压井设计和地面沉降计算三方面的工作。所需资料包括基本水文地质资料（含水层厚度H、含水层的渗透系数K和影响半径R、含水层的补给条件，地下水流动方向，水力梯度等等）、基坑工程平面位置以及周边环境资料。

为获取基坑降水方法所需要的水文地质参数，如渗透系数K、弹性释水系数S_s或给

水度 S_y 等，需要对工程现场地下含水层进行专门抽水试验以确定。通过现场抽水试验可了解各含水层组的水位状况，测定承压水水头埋深，获取各含水层组的水文地质参数以及含水层之间的水力联系，为工程降水、基坑支护及桩基础施工提供数据。

随着基坑开挖深度的逐步增加，基坑降水工程施工难度和制约因素亦日益增大。之前的基坑降水大多只涉及潜水层疏干或承压含水层适当降压，因施工场地空旷，很少考虑地面沉降等环境影响，对含水层之间水力联系关注很少。如今基坑工程施工环境越来越复杂、基坑深度越来越大、环境保护要求越来越高，导致深基坑降水工程往往涉及多个含水层，既要疏干上部潜水层，还要对坑底承压含水层进行很大幅度降压，于是含水层之间的水力联系成为一个非常重要的影响因素。含水层之间的水力联系关系到上部潜水层疏干后下部弱透水层和承压含水层内水位降低幅度。如果水力联系较小，潜水层疏干对承压含水层几乎没有降压效果，则需要对承压含水层专门设置减压井降水，若承压含水层单独减压降水所产生的地面沉降超过限值，还需要对承压含水层设置止水帷幕，极大增加工程造价。如果水力联系较大，可能当潜水层疏干后承压含水层水位已经满足抗突涌稳定验算要求，则不需要对承压含水层进行减压措施，也不需要设置止水帷幕。所以随着基坑深度加大和降水幅度增加，含水层水力联系关系到浅层降水对深层含水层的影响，从而影响到地面沉降、减压井布置数量和止水帷幕设置深度等因素，越来越受到基坑降水研究、设计和施工人员的重视。

针对含水层水力联系的抽水试验需要在所考察的含水层和弱透水层内布置监测水位变化的孔隙水压力计或水位观测孔，制定合理的抽水方案和进行长期的抽水和监测作业。对含水层水力联系的分析，目前除应用越流承压含水层井流解析解之外主要采用全面的数值模拟分析，反演各含水层和弱透水层的水文地质参数，进而可以推测未来长期抽水时各层水位变化。

对于潜水层，若土层渗透系数较小（0.01～0.1m/d），潜水层井流抽水试验时会表现为流量小，降水漏斗尖、陡，短期影响范围极小，以致在抽水试验中不易找到合适的小流量抽水泵以形成稳定持续抽水。为了使井内水位“稳定”，可采用回灌的措施往抽水井内倒水，也可采用冲击试验（slug test）的方法和理论分析手段。

由抽水试验中井流曲线反演各含水层水文地质参数，选择适当的含水层井流类型，通过调整参数使理论曲线与实测曲线尽量拟和，根据参数组合与井流时间一降深的唯一对应关系而确定试验点水文地质参数。经过对各含水层性质与参数的反演判定，可以基本概括出水文地质模型。

地面沉降控制主要依靠控制井流抽水量以及采用刚性地连墙支护体系来实现，井流降水按照“分层降水、按需降水、动态调整”的原则实施。当坑底没有可靠的弱透水层阻隔，那么单纯依靠加深地连墙对地面沉降控制作用甚微。坑底有较厚的弱透水层阻隔，则地连墙深度必须深入到弱透水层内部，才会对地面沉降控制起到较好控制，否则若地连墙和弱透水层之间留有空隙，难以有效控制地面沉降。回灌井对地面沉降有很好的控制效果，回灌能力越大则控制效果越好，回灌能力减小则控制效果也减弱。基坑开挖时可先设置最上层水平支撑，然后开始进行坑内降水；宜采用分层、分段降水与分层、分段挖土的施工方法以减小降水引起的变形。

总体上说，在进行超深基坑承压含水层的降压设计并确定降压井数量、抽水量时，应考虑疏干对承压含水层水头影响的有利作用。同时，在分析降压对环境的影响（地面沉降）时，也必须考虑疏干井疏干降水运行对承压含水层的水头有显著降低作用带来的地面沉降。工程施工中可根据场地地下水分布特点、基坑开挖深度及承压水控制要求，制定承压水的控制策略。可采用基坑分块开挖至设计坑底标高、分块打设基础的方案，减少基坑开挖到底后的突涌风险。

2.2.3 超深基坑工程地下连续墙施工技术

地下连续墙是区别于传统施工方法的一种较为先进的地下工程结构形式和施工工艺。它是在地面上用专用的挖槽设备，沿着深开挖工程的周边（如地下结构物的边墙），在泥浆护壁的情况下，开挖一条狭长的深槽，在槽内放置钢筋笼，并浇灌水下混凝土，筑成一段钢筋混凝土墙段。将若干墙段连接成整体形成一条连续的地下墙体。地下连续墙可供截水防渗或挡土承重之用。由于地下连续墙的造价高于钻孔灌注桩和深层搅拌桩，因此，对其选用需经过认真的技术经济比较后才可决定采用。一般说来在以下几种情况宜采用地下连续墙：

（1）处于软弱地基的深大基坑，周围又有密集的建筑群或重要的地下管线，对周围地面沉降和位移值有严格限制的地下工程。

（2）既作为土方开挖时的临时基坑围护结构，又可作为主体结构的一部分的地下工程。

（3）采用逆作法施工，地下连续墙同时为挡土结构、地下室外墙、地面高层房屋基础的工程。

虽然地下连续墙的施工过程较为复杂（图 2.2-2），施工工序颇多，但其中修筑导墙，泥浆的制备和处理，钢筋笼的制作和吊装以及水下混凝土浇灌是主要的工序。现分述如下：

1. 导墙施工

导墙作为地下连续墙施工中必不可少的构筑物，它是地下连续墙挖槽前沿两侧构筑的临时构筑物。可控制地下连续墙施工精度，具有挡土作用和维持稳定液面的作用，同时还可以作为重物支承台。导墙一般采用现浇钢筋混凝土结构。但也有钢制的或预制钢筋混凝土的装配式结构，目的是想能多次重复使用。但根据工程实践，采用现场浇筑的混凝土导墙易使得底部与土层贴合，防止泥浆流失。而预制式导墙较难做到这一点。

导墙一般为 C20 混凝土，厚度一般为 0.15～0.2m，墙趾一般不宜小于 0.2m，配筋常采用 $\phi12$～$\phi14$，@200，水平钢筋必须连接成整体，导墙埋深一般为 1.2～2.0m。导墙上皮应高出地面 50～100mm，以防止地表水流入。槽内泥浆液面高出地下水位不小于 0.5m，以保证泥浆对槽壁产生一定的静水压力防止槽壁滑塌。导墙底部应坐落于较密实的土层以下 10～15cm。导墙墙面净距等于地下墙的厚度加施工余量（40～60mm）。导墙每隔 20～40m 设置变形缝，且两导墙的变形缝不在同一平面位置。现浇钢筋混凝土导墙拆模后，应沿其纵向每隔一米左右加设上下两道临时横撑。待导墙混凝土达设计强度的 80%时方可进行成槽施工。

导墙的施工顺序：测量定位—挖槽—绑扎钢筋—支模板及对撑—浇筑混凝土—拆模加横撑—墙两侧回填土夯实。

2. 泥浆

泥浆在地下连续墙的施工过程中具有重要作用。除了护壁之外，泥浆还有携带泥渣、

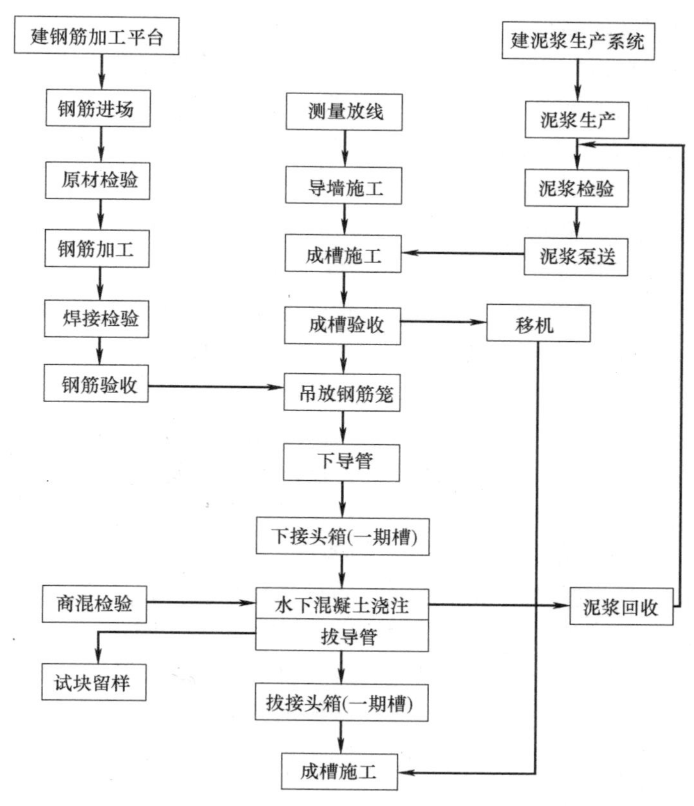

图 2.2-2 地下连续墙施工流程图

冷却和润滑挖槽机械等作用。我国工程中使用最多的护壁泥浆是膨润土泥浆，此外还有聚合物泥浆、盐水泥浆、CMC 泥浆等。拌制泥浆的水应呈中性，pH 值 7～8，不含杂质。泥浆必须有适当的比重，良好的流动性和形成泥皮的性质。为保证混凝土浇筑质量，施工中可采用高分子无固相泥浆。高分子无固相泥浆具有护壁性能好，利于钻渣快速沉淀，不污染环境的突出优点。

泥浆的搅拌设备有螺旋桨式搅拌器、喷射式搅拌器等。搅拌时，搅拌筒中先加水 1/3，开动搅拌机，在不断加水的同时，加入膨润土、CMC、分散剂、其他外加剂。由于 CMC 溶液可能妨碍膨润土的溶膨，最好先将其溶解成 1%～3%的溶液，再掺入泥浆，并宜在膨润土之后投入。按规定时间拌好后应在贮浆池内静置一段时间，一般在三小时以上，待膨润土颗粒充分溶胀后方可使用。施工过程中应对泥浆的技术性能进行检查。泥浆经适当处理后可重复使用或废弃。

3. 成槽

成槽是地下连续墙施工中决定墙体施工进度和质量的关键工序。目前常用的挖槽机械有：吊索式蚌式抓斗机、钻抓式挖槽机、多头钻成槽机等。施工中，槽段开挖的单元长度（即槽段划分）决定了施工接头的位置。地下连续墙施工的接头位置一般要避免设置在地连墙转角处及地连墙与内部结构的连接处。挖槽时要加强观测，重点应注意控制挖槽的垂直度、倾斜度和深度，要采取措施防止槽壁塌方。成槽时，应采用合理的挖槽速度，挖槽时要求连续作业，如因故中断，应迅速提出挖掘机具，防止塌方。挖掘过程中保持泥浆液面不低于导墙顶面规定的高度。

槽段挖至实际标高后，可采用吸力泵、空气压缩机等进行排渣清槽，并对邻段混凝土的端面进行刷洗。要求槽底沉淀物淤积厚度不大于 20cm，置换水泥浆结束 1h 后，槽底 20cm 处的泥浆重度不大于 12kN/m³。

4. 钢筋笼加工与吊放

钢筋笼的长度应根据单元段的长度、墙段的接头形式和起重设备能力等因素确定，其端部与接头管和相邻段混凝土接头面之间应留 150～200mm 的间隙。钢筋笼的下部在宽度方向宜适当缩窄，其底部做成稍向内弯曲的闭合状。钢筋笼与墙底之间应留 100～200mm 的空隙。钢筋笼的主筋应伸出墙顶并留有足够的锚固长度，纵向钢筋的净距不得小于 100mm。

制作钢筋笼时，要预先确定浇筑混凝土用的导管的位置，保证这部分要上下贯通，在其周围应增设箍筋和连接筋加固，钢筋笼的钢筋配置，除考虑设计结构要求外，尚应考虑吊装的受力要求。当地下墙深度较大时，往往受到吊机能力、作业场地面积和空间，以及搬运方法等限制，需将钢筋笼竖向分成二段或三段。

吊装钢筋笼前，应对挖槽质量和钢筋笼质量进行全面检查，符合质量标准后才可吊钢筋笼入槽。起吊时，钢筋笼顶部用工字钢固定，钢丝绳吊住四角，用两副吊钩分别吊住钢筋笼的顶部和中部。钢筋笼离地时不可有明显的挠度，否则会造成大面积焊点拉开。入槽时应对正、缓缓下放，以避免钢筋笼变形或碰撞槽壁引起坍塌。钢筋笼就位后检查其两端的标高是否一致，位置是否与导墙上的槽端线相符并应再次测槽深及沉渣，合格后才可浇筑混凝土。

5. 水下混凝土灌注

混凝土浇筑是地下连续墙施工中的重要质量控制点。地下连续墙的混凝土浇筑应符合一般水下混凝土浇筑要求。施工中，混凝土配合比的设计应比其结构设计强度等级提高一级。坍落度宜为 18～20cm，混凝土配合比中水泥用量不宜小于 400kg/m³，最小水灰比 0.6。石子的粒径不大于 25cm（最好用卵石），当采用碎石时，可适量增加水泥用量和砂率，尽量采用外加剂改善混凝土流动性等性能，以保证所需的坍落度和和易性。槽底混凝土一般采用导管法浇注。导管间距不宜大于 3.0cm，且导管与接头管的距离不宜大于 1.5m，首次埋管深不得少于 1.0m，一般控制在 2～6m 为宜，最大埋深不得大于 6.0m，混凝土顶面的上升速度不得小于 2m/h，各导管处混凝土表面高差不宜大于 0.3m。

混凝土浇筑高度一般宜高出墙顶设计标高 0.5～0.8m，保证凿除废浆层后，墙顶标高应符合设计要求。施工接头处应按要求放置接头管（箱），并对接头进行处理，保证接头部位的混凝土质量。混凝土要不间断连续浇注。混凝土搅拌好后，应在 1.5h（夏季在 1h）内浇注完毕。

6. 地连墙后压浆工艺施工

地连墙在成形过程中不可避免地产生墙底沉渣，对墙的承载能力会产生影响。地连墙后压浆法施工，可减小地连墙的沉降从而保证墙的承载力。后压浆法施工的基本方法是将压浆管与钢筋笼焊接在一起，插入墙槽底一定深度，在混凝土浇筑后一定时间内将水泥浆注入压浆管，水泥浆在压力作用下劈裂墙底端承土，并向墙底四周渗透扩散，浆液与墙底沉渣及加固土体发生化学反应后固化，在墙底部形成水泥结石，使墙底端承土密实，墙底端受力面积增大起到扩底效应，增加了墙底端阻力。地连墙后压浆还使浆液沿墙侧上扩，使在墙底一定范围内的墙周土的摩阻力提高，增强土的密实度从而达到提高地连墙的承载力减小的沉降的效果。同时在开挖过程中，土得到密实，也起到抗渗作用。

压力控制及灌入量根据地质条件，注浆部位有关，先做工艺试验确定灌浆压力。施工时严格控制灌浆量，注意灌浆压力的变化范围，确保注浆泵的压力表正常读数，并控制压力在允许范围内。地连墙的进度与灌浆要保持协调同步，做好施工计划，不能影响各方面施工，保证在工程桩全部完成后 7 天内完成最后一幅地连墙的压浆。当灌浆量压力过大时，或灌浆时水泥浆液沿桩侧壁冒出地面时即可终止灌浆。

2.3 工程应用——天津站交通枢纽工程后广场工程

2.3.1 工程简介

天津交通枢纽工程是集普通铁路、京津城际高速铁路、城市轨道交通、公交和周边市政道路于一体的特大型综合项目。以天津站前后广场为核心，集中在东至李公楼立交桥，西至五经路，南至海河，北至新开路区域范围内，总占地面积为 94.46m²。天津站交通枢纽工程按照位置和功能划分为前广场工程、后广场工程和周边市政交通工程。其中，后广场交通枢纽工程是天津地铁 2 号线、天津地铁 3 号线、天津地铁 9 号线（津滨轻轨）、京津城际铁路及国铁的换乘枢纽。天津站交通枢纽工程后广场场区平面位置如图 2.3-1 所示。主要包括轨道换乘中心、公交中心和停车楼，共分为四个标段，其中Ⅰ、Ⅱ标段采用盖挖逆作法施工，Ⅲ、Ⅳ标段为明挖法施工。其中轨道换乘中心（图 2.3-2）。由 2、3、9 号线的车站建筑主体部分（地下 1、2、3、4 层）、地下停车库及配套区和附属部分（出入口通道、出入口及风亭）组成。其中建筑主体部分见图 2.3-3。

天津站交通枢纽工程Ⅰ标段长 264m，宽 73～105m，占地面积 23500m²，建筑面积 70000m²，为地下 3 层结构，结构总高度为 20.84m。工程竖向支撑结构采用 207 根钻孔

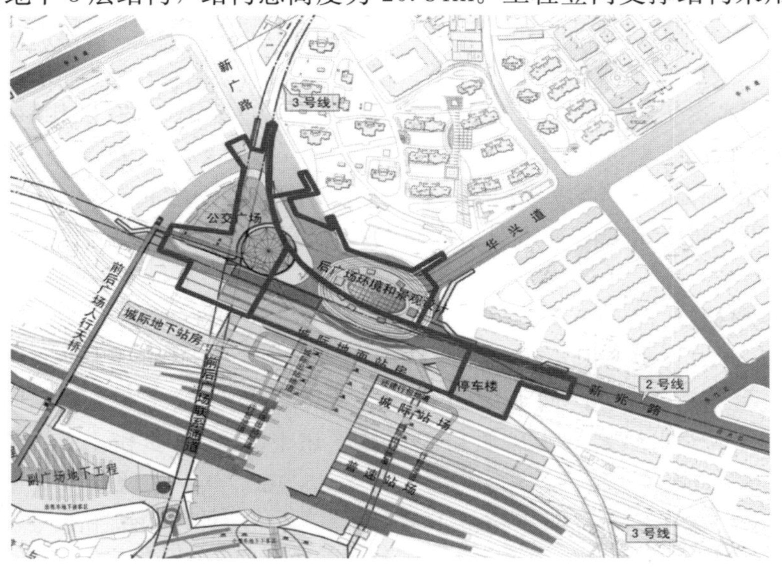

图 2.3-1 天津站交通枢纽工程平面位置

灌注桩和207根钢管混凝土柱，为单桩单柱体系。灌注桩的直径分别为2.0m、2.2m，有效桩长为45～52m，成孔深度最大达87m；圆形钢管混凝土柱直径为1m，长度为23～29.9m；基坑四周是采用结构和围护二合一的钢筋混凝土地下连续墙结构体系，地下连续墙共192幅，1.2m厚，最大深度为55m，墙底标高分段分别至－40.5m、－45.5m和－49.9m；结构顶板厚1m，中板厚0.6m，结构底板厚1.8m，工程采用盖挖逆作法工艺施工，基坑开挖深度25m，共需挖土超过60m³，是国内罕见的大型地下工程。针对车站抗浮问题，本工程采取主体结构下设抗拔桩措施。

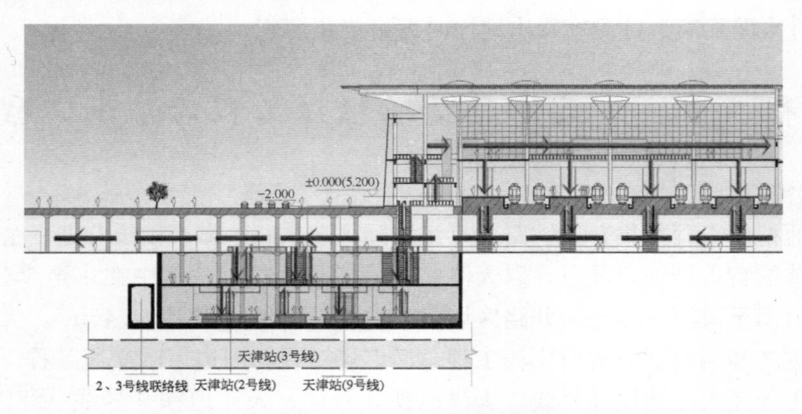

图2.3-2　天津站交通枢纽工程轨道换乘中心剖面图

2.3.2　岩土工程条件

场地地处燕山山地向滨海平原过渡地带，从10万年前至今的期间内，曾有三次海进和海退，最后一次海退距今约5000年左右，历次海进海退形成海、陆相层往往交互出现的地质特征。天津市第四系地层分布广，厚度大，市区及郊区大部分面积为全新世地层。场地地面高程1.72～3.81m。场区地层为第四系全新统人工填土层（人工堆积Qml）、第Ⅰ陆相层（第四系全新统上组河床～河漫滩相沉积$Q_4{}^3al$）、第Ⅰ海相层（第四系全新统中组浅海相沉积$Q_4{}^2m$）、第Ⅱ陆相层（第四系全新统下组沼泽相沉积层$Q_4{}^1h$、河床～河漫滩相沉积$Q_4{}^1al$）、第Ⅲ陆相层（第四系上更新统五组河床～河漫滩相沉积$Q_3{}^eal$）、第Ⅱ海相层（第四系上更新统四组滨海～潮汐带相沉积$Q_3{}^dmc$）、第Ⅳ陆相层（第四系上更新统三组河床～河漫滩相沉积$Q_3{}^cal$）、第Ⅲ海相层（第四系上更新统二组浅海～滨海相沉积$Q_3{}^bm$）、第Ⅴ陆相层（第四系上更新统一组河床～河漫滩相沉积$Q_3{}^aal$）、第Ⅳ海相层（第四系中更新统上组滨海三角洲相沉积$Q_2{}^3mc$）。岩性主要为淤泥质土、黏性土、粉土、粉砂及细砂。

2.3.3　水文地质概况

勘察结果显示，在约100m勘察深度范围内主要有一个潜水层与四个承压含水层组成。第一含水层组（潜水），地下埋藏较浅，地下水位埋深1.900～1.968m（标高为0.704～0.824m），含水层岩性为砂质粉土、黏质粉土③$_2$、砂质粉土、黏质粉土④$_2$层，含水层平均厚度7.00m，层底标高为－12.43～－9.09m，其下伏地层粉质黏土⑥$_1$层为相对隔水层。含水层水平、垂直向渗透性差异较大，当局部地段夹有粉砂薄层时，其富水性、渗透性相应增大。

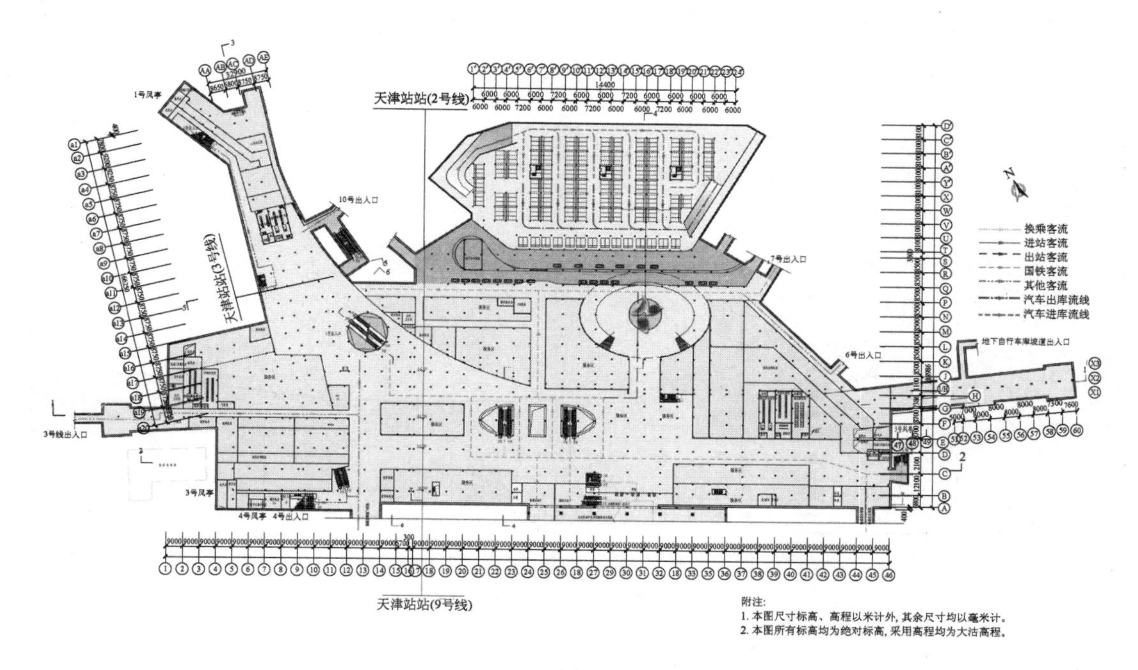

(*a*)

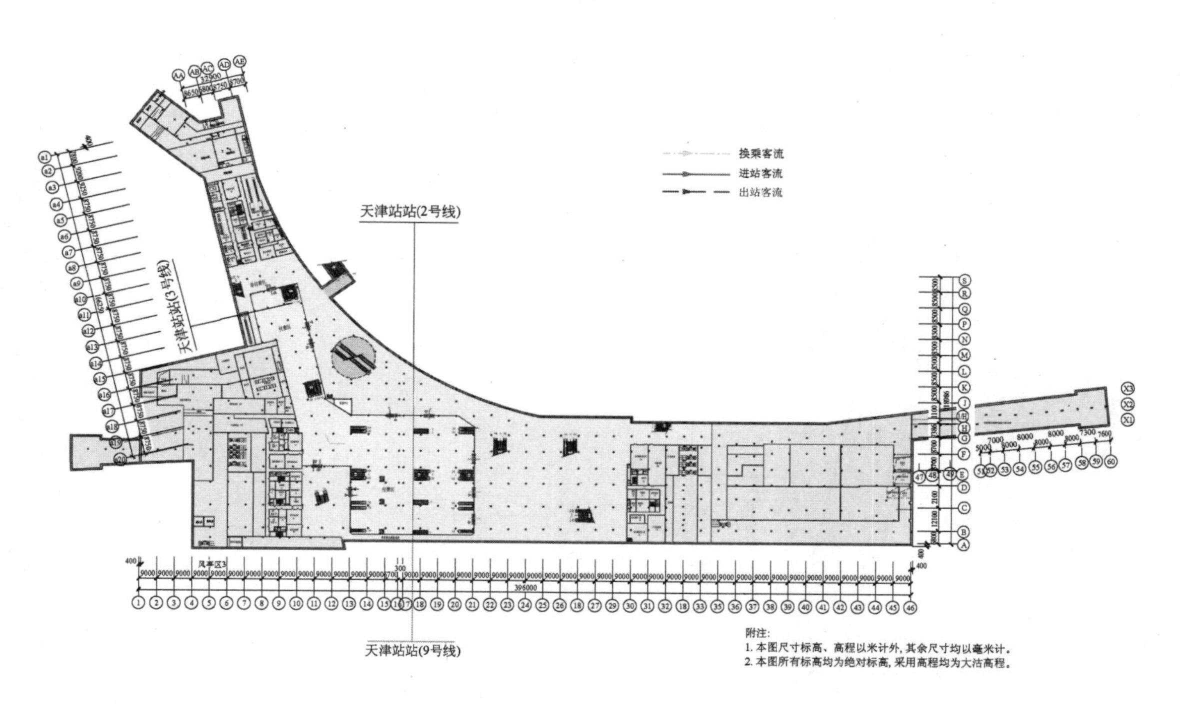

(*b*)

图 2.3-3　天津站交通枢纽工程轨道换乘中心各层平面图（一）

（*a*）地下一层；（*b*）地下二层

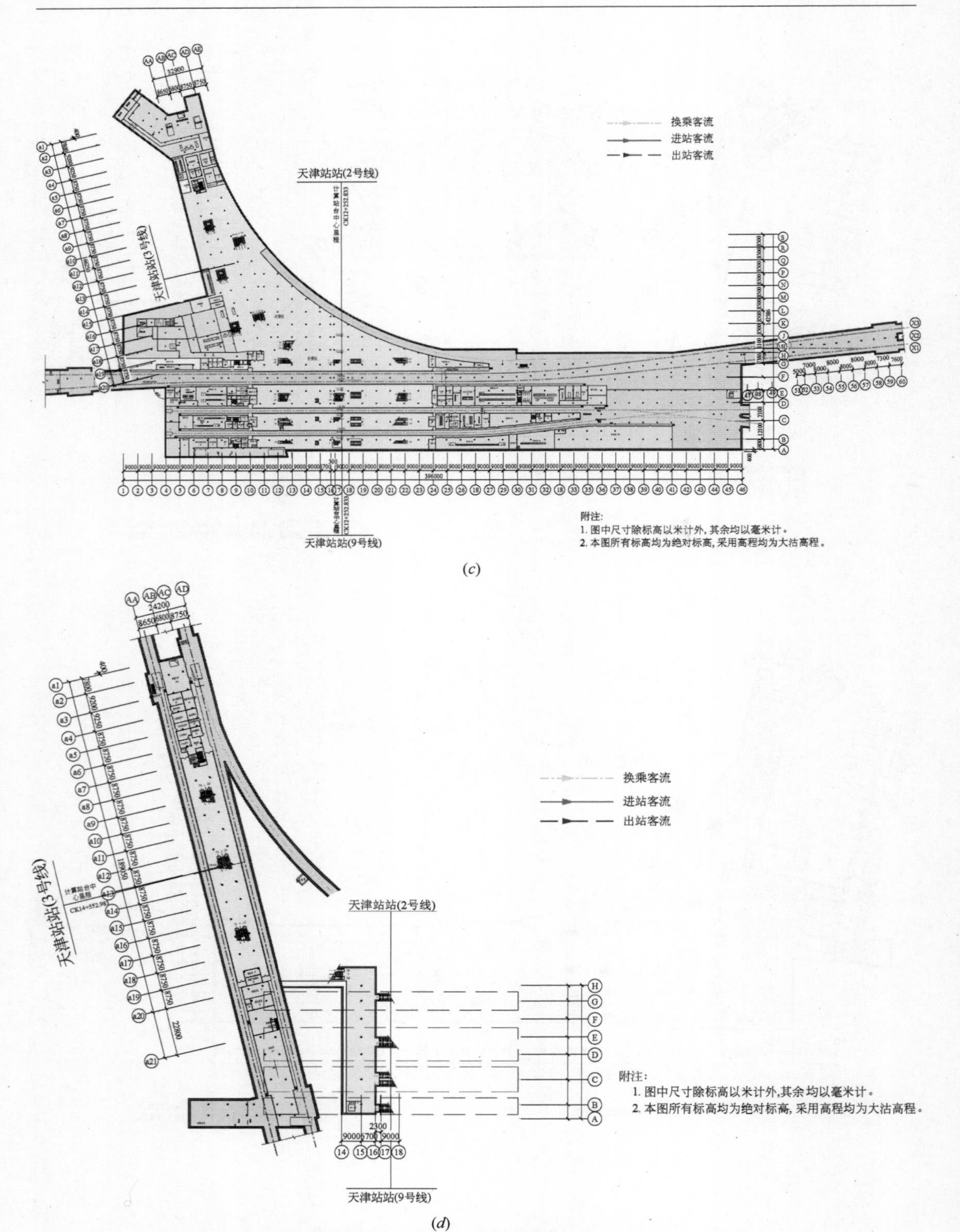

图 2.3-3 天津站交通枢纽工程轨道换乘中心各层平面图（二）

(*c*) 地下三层；(*d*) 地下四层

第二含水层组（微承压水）地下水埋深 2.79～2.839m（标高为－0.122～－0.118m），含水层岩性为⑦$_4$ 粉砂层，含水层平均厚度 5.00m，层底标高为－29.68～－26.70m，下伏地层粉质黏土⑧$_3$、⑨$_1$ 层为相对隔水层。主要接受上层潜水的渗透补给，与上层潜水水力联系紧密，排泄以相对含水层中的径流形式为主，同时以渗透方式补给深层地下水。

第三含水层组（微承压水），地下水埋深 3.073～3.38m（标高为－0.710～－0.433m），含水层岩性为⑨$_{21}$砂质粉土、黏质粉土层，含水层平均厚度 2.00m，层底标高为－46.65～－44.39m，下伏地层粉质黏土⑩$_1$、⑪$_1$ 层为隔水层。主要接受侧向径流补给及越流补给，排泄以相对含水层中的径流形式为主，同时以渗透方式补给深层地下水。

第四含水层组（微承压水），地下水埋深 12.245～12.355m（标高为－9.622～－9.50m），含水层岩性为⑪$_4$ 粉砂层，含水层平均厚度 4.00m，层底标高为－67.11～－66.05m，主要接受侧向径流补给及越流补给，排泄以相对含水层中的径流形式为主，同时以渗透方式补给深层地下水。

2.3.4 施工中面临的主要岩土工程问题

本工程属于软土地区超深、超大、多跨大面积盖挖逆作基坑工程，在国内尚无可供借鉴的经验，在施工中将面临多项技术难题。

（1）天津站交通枢纽工程具有工程规模巨大、环境条件复杂、施工要求较高等特点。场区内浅部粉土或砂土层中的地下水具有微承压性，深部影响范围内存在承压水头较高的承压含水层。潜水与微承压水的相互渗透补给进一步增加了地质条件的复杂性。容易出现因流砂、管涌、坑底失稳、坑壁坍塌等而引起重大工程事故，造成周围地下管线和建（构）筑物不同程度的损失。选取何种降压方式能够有效地控制对环境的影响；如何分析弱透水层各水文地质参数及这些参数对沉降的影响关系；针对超深开挖降水和深层承压水降压，如何评价其对围护结构的影响及控制措施；这些超深大面积复杂地下工程基坑深层地下承压水引发的工程问题对基坑工程的安全性和经济性影响重大。

（2）超深、超厚地下连续墙成槽开挖在天津这样复杂的软土地层中施工还是第一次。如何保证槽壁稳定，制备适合地质特性的泥浆和采用可靠的技术参数；怎样选择适用的挖槽机械；钢筋笼如何制作、选择起吊设备、确定起吊专项技术方案以及如何使幅段接头处既能满足变形和抗渗要求又能满足施工工艺的需要，这些都是工程的难点和亟待解决的问题。

（3）超深超大的灌注桩直径 2.2m、孔深 87m，在天津地区尚无施工实例。灌注桩施工遇到了极大的技术挑战：如何保证灌注桩的平面定位和垂直度控制；如何根据地质情况控制钻机钻进速度；如何进行超深孔的清渣、清孔；如何对护壁泥浆的制备及技术参数进行调整。上述问题都是成桩质量控制的关键。

2.3.5 技术应用情况

2.3.5.1 抽水试验分析及参数反演

纵观全国基坑工程的事故，尤以对地下水问题处理不当导致的工程事故占首位。像天津站交通枢纽这样的软土地区超大型深基坑工程的地下水系统研究尚属空白。为满足施工作业要求、保证抗突涌稳定安全、避免渗流破坏、减少对结构影响和保护环境，进行了现场抽水试验。包括地下连续墙施工之前对潜水层和 3 个承压含水层的分层单井抽水试验以及第二组承压含水层减压井群井抽水试验。

整个抽水试验过程流程和相关资料如图 2.3-4、图 2.3-5 所示。

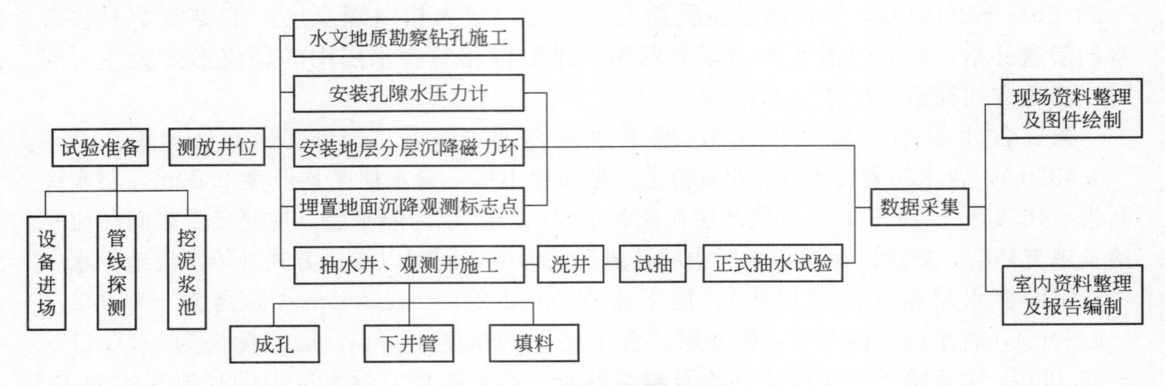

图 2.3-4　抽水试验流程图

(*a*)　(*b*)　(*c*)　(*d*)

图 2.3-5　抽水试验现场图片资料（一）

(*a*) 泥浆池开挖；(*b*) 仪器安装孔施工；(*c*) 桥式滤水管；(*d*) 包裹滤网

(e) (f) (g) (h) (i) (j)

图 2.3-5 抽水试验现场图片资料（二）

(e) 井管；(f) 井管焊接；(g) 孔隙水压力计安装；(h) 分层沉降的安装导管和磁力环；
(i) 空压机洗井；(j) 化学洗井

利用现场抽水试验初步得到相应含水层的水文地质参数值，将该值作为反演分析的初始值开始迭代循环，最终得到天津站地下潜水层和三组承压含水层的水文地质参数值，包括渗透系数 K、弹性释水系数 S_s 或给水度 S_y。汇总结果如表 2.3-1 所示。该值不仅应用于天津站交通枢纽工程，同时也可供将来天津市类似工程参考。

地层岩性特征表 **表 2.3-1**

含水层	参数	取值范围
潜水层	K(m/d)	0.1～0.6
	S_y	0.02～0.08
第一组	K(m/d)	2.0～10.5
承压层	S_s	5×10^{-5}～3×10^{-4}
第二组	K(m/d)	0.3～1.5
承压层	S_s	4×10^{-5}～5×10^{-4}
第三组	K(m/d)	0.5～2.5
承压层	S_s	1.76×10^{-3}

2.3.5.2 天津站交通枢纽工程后广场Ⅰ标段的降水分析及应用

天津站交通枢纽工程后广场Ⅰ标段基坑地下连续墙围护结构墙底标高分三段：－40.5m、－45.5m、－49.9m。墙底标高达-40.5m 和-45.5m 处未完全截断第二承压含水层，坑内减压井抽水时会有坑外水流补给。计算区域设为 900m×700m，中心 300m×100m 基坑开挖区域加密平面视图及井位布置如图 2.3-6～图 2.3-8 所示。

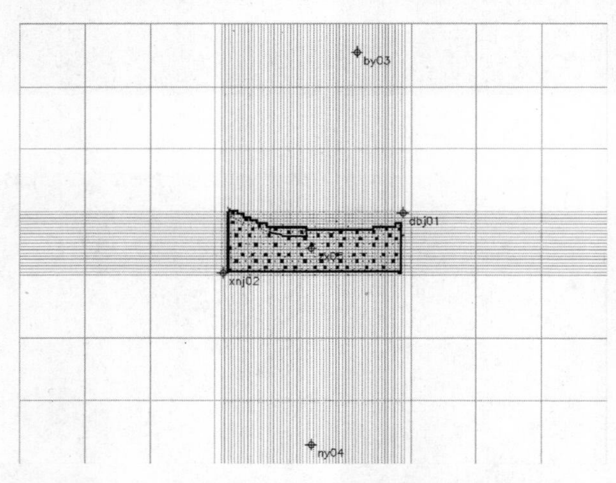

图 2.3-6 数值模型平面视图及潜水层井位布置

模型中考虑了地下连续墙的水平流动障碍影响与井流影响，边界模拟地下连续墙，方块单元格模拟井。结合地层与结构分层布井，基坑内针对潜水层与第一承压含水层布置 70 眼混合疏干井；针对第二承压含水层布置 21 眼减压井，另加 10 眼应急备用井。

井流量的设定，根据抽水试验结合考虑群井影响，潜水层—第一承压含水层混合疏干井为 33（m^3/d）持续一个月降低水头，之后 2 个月的水位保持期内为 2（m^3/d）；第二承压含水层减压井为 24（m^3/d）持续半个月降低水头，之后 2.5 个月的水位保持期内为 12

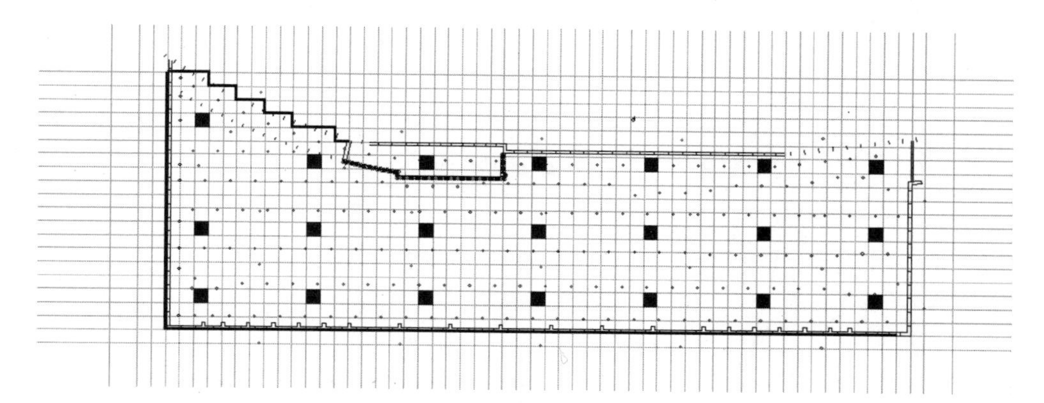

图 2.3-7 第二承压含水层减压井井位布置

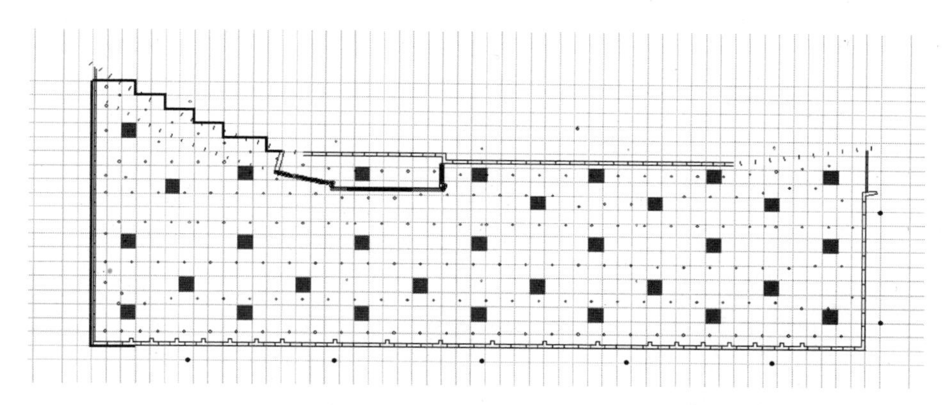

图 2.3-8 第三承压含水层减压井加 10 眼应急备用井井位布置

(m^3/d)。

根据抽水试验结果提供的初值，应用数值计算方法反演优化后，模型中水文地质参数设定值如表 2.3-2 所示。

数值模型各层水文地质参数　　表 2.3-2

含水层类型	K_h(m/d)	K_v(m/d)	S
潜水层	0.5328	0.6624	0.091
第一承压含水层	8.784	6.48	0.00014
弱透水层	0.02232	0.042768	0.000986
第二承压含水层	0.92016	0.8064	0.000148
弱透水层	0.0278	0.043632	0.00144
第三承压含水层	4.1472	6.0624	0.000019
弱透水层	0.038448	0.05	0.001

根据降水计算分析结果，基坑降水工程中疏干井与减压井布置如图 2.3-9、图 2.3-10 所示。减压井开启方案如表 2.3-3 所示。

根据承压水的水位状态，静止水位在地下 13.0m 左右，工程施工到第二道底板之前不需要降承压水。第三道底板开挖挖土施工时，基坑开挖深度达 25.80m 左右，要求水位控制在地下 14.80m 左右。以坑内 J2、J3、J9、J10、J15、J16、J18 抽水，预测基坑内承

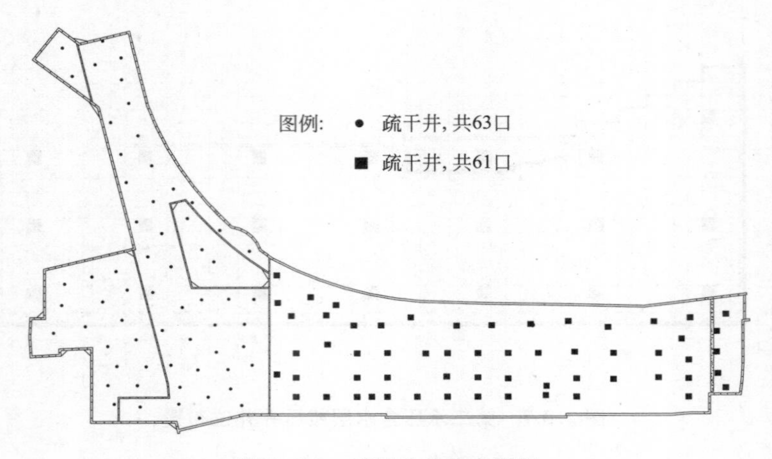

图 2.3-9 疏干井井位布置图

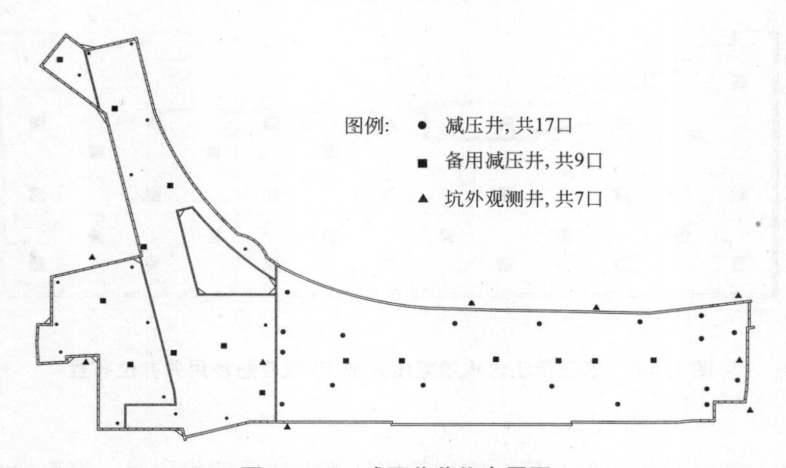

图 2.3-10 减压井井位布置图

压水水位埋深 14.8m 以下，满足基坑安全。

减压井运行方案 表 2.3-3

序号	结构板层	开挖深度(m)	水位控制深度(m)	是否降承压水	拟开启井数
1	顶板	3.50	—	否	—
2	第一道中板	10.00	—	否	—
3	第二道中板	16.60	—	否	—
4	大底板	25.80	−14.8	是	7口
5	3号线及与2、9号线交叉换乘、联络通道处	28.00	−18.5	是	11口
6	电梯井	29.00	−20.9	是	15口

结合Ⅰ标段基坑盖挖逆作的特殊施工方式，为预防断电、管涌等突发事故，采用了应急预案，以求在短时间内控制局势，避免事故发生。应急预案具体内容包括：

(1) 双电源保证措施

在有一路工业用电的同时配备足够的柴油发电机，发电量为 100kW。为了保证柴油发电机处于完好状态，还应定期（1～2 周）试运行一次，发电机进行模拟演习，保证应急时柴油发电机必须能够即时发动供电，同时建议总包在电路设计时采用双向闸刀，确保工业电与柴油发电机供电自由切换，保证应急时必须全部发动供电，同时在线路设计时必须保证在5～6min内能将降水井的电源全部得到更换，保证在基坑开挖过程中降水不得中断。

（2）排水保证

排水是否正常将直接影响降水运行，根据降水最高峰分析，每天最高排水量大约为5000t，要求总包方在施工区域内合理布置排水沟，能够迅速将大量地下水排入城市管道中。

（3）井管保护

基坑开挖时注意保护承压水井管，降压深井管一般直径273mm，壁厚4mm，管材强度经不起一些机械设备的碰撞和冲击，降水单位必须保证井管连接的焊接质量。坑内挖土时，挖机等不要直接碰撞坑内井管，井周边的土不得用挖机操作，可以人工扦土，并要有专人指挥。

坑内所有降压深井的孔位根据深基坑的支撑图正确定位，不能与设计的支撑相碰，并最终固定在支撑附近，并且要在井口搭设平台。坑内的疏干深井随基坑开挖深度逐步割除多余的井管。对每口井设置醒目标志，并且对可能受车辆行走的电缆线以及管路部位加以防护，并且抽水人员加强对现场的巡视力度。

（4）挖土工序

2、9号线基坑开挖深度约为25.80m，3号线及其与2、9号线交叉换乘、联络通道处开挖深度约为28.00m，电梯井开挖深度29.50m。不同挖深需要的安全降深见表2.3-4。

各开挖深度处所需安全降深表　　表2.3-4

序号	开挖深度(m)	安全水头埋深(m)	需要降深(m)(考虑越流效果后)
1	25.80	14.73	11.53(8.53)
2	28.00	18.43	15.23(12.23)
3	29.50	20.96	17.76(14.76)

负三层开挖采用先中间、后两边的开挖顺序，每一步开挖长度为32m，挖方示意图如图2.3-11所示，挖方区域可简化为$30\times32m^2\times3m$高矩形方坑。

（5）监测措施

委托专业监测单位对基坑围护结构和周边环境进行监测，加强信息化施工，监测数据必须提交一份给降水单位，对周边环境出现异常情况，监测单位必须通知降水单位，从而使降水单位根据数据实时调整抽水井数以及抽水井位置。

（6）紧急情况的应对措施

坑底若出现局部冒水、涌砂现象，开启附近的减压深井，降低水头；现象严重时，立即停止基坑开挖，在开启附近减压井降压的同时采用沙袋压重或往冒水孔覆土。由于该地区地层较为复杂，如果出现局部地层与布井位置地层水力联系不大而发生冒水、涌砂的情况，即停止该局部范围内的开挖，同时立即补井减压。地下连续墙渗漏处，及时封堵（连续墙接缝处提前采用高压旋喷加固措施）。

2.3.5.3 超深基坑施工环境与结构稳定基准建议

1. 地表沉降控制基准的确定

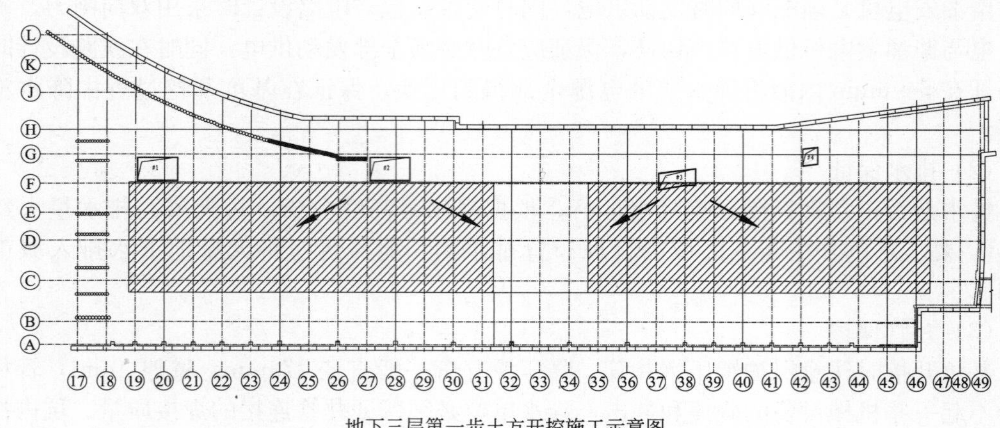

地下三层第一步土方开挖施工示意图

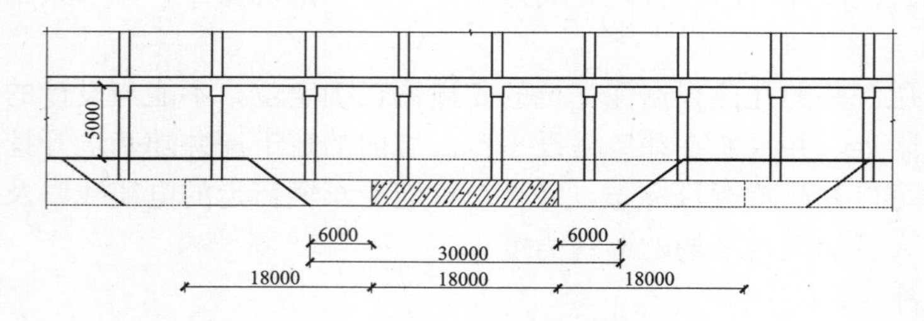

地下三层挖槽纵剖面示意图

图 2.3-11　挖方示意图

本示范工程周边大楼一般为钢筋混凝土结构，为保证建筑物不出现裂缝，其容许倾斜取为 $\xi=0.2\%$ 。根据该工程地表沉降监测数据分析得到，变曲点 i 约为 8～10m，建筑物距沉降最大点的最小距离 l_1 为 5m，根据公式：

$$S_{\max}=\frac{\xi i^2}{l_1\exp(-l_1^2/2i^2)} \tag{2.3-1}$$

计算可得 $S_{\max}=31.2$～44.1mm。

由于本示范工程存在有雨水管、污水管，上水管等网状布设的管线，因此工程施工必须考虑对地下管线的影响。而地下管线的材料多为混凝土结构（C25 混凝土结构的允许拉应变 ξ 为 1.78/28000＝0.0000636），根据管线在地层沉降时产生的变形应小于（或等于）其允许应力的相应变形范围，并按管线走向垂直于地下工程纵向考虑，按公式 $S_{\max}=\sqrt{(\xi i+i)^2-i^2}$，可计算沉降允许值 $S_{\max}=31.9$～35.7mm（式中 i 取 8～10m）。

由于场区土层多为粉质黏土，并夹杂着部分的粉土和砂土。地层情况偏软，与上海、深圳两地较近似，同类情况（一级）的工程在上海的沉降控制标准为 30mm，因此，天津可以参照取地表沉降控制基准值为 30mm。

根据上述三种情况，对天津超基坑施工的地表沉降控制基准值的建议是 30～35mm。

2. 围护结构变形控制基准值的确定

天津地区的土质情况与上海，深圳两地较近似，同类情况（一级）的工程在上海的围护结构变形控制标准为 60mm，而在深圳，其围护结构变形控制基准为 $0.0025H$，天津超深基坑最大深度按30m计算，因此，参照上海与深圳两地标准及计算方法，天津站深基坑的围护结构变形控制基准值可以考虑为60～75mm。

参照数值计算结果提出控制的变形量为基坑开挖深度的0.4%。由于数值模拟过程中忽略了许多因素，并对其中的一些结构进行了简化，因此数值计算的结果用于实际的工程施工中需进行一定安全系数的折减，取安全系数为1.5，则根据数值分析提出的围护结构的变形控制基准为0.0027H。

通过上述两种情况的确定，提出的围护结构变形控制基准值为60～75mm。

3. 支撑内力与土压力控制基准值的确定

支撑一般属于杆状结构，其在工程中发生失稳破坏的临界力要小于发生强度屈服破坏的力，因此支撑内力控制基准的确定与支撑发生失稳破坏的临界力有着直接的关系。假设支撑与两端的连接关系定为铰接，根据两端铰支压杆的欧拉公式：

$$F_{cr}=\frac{\pi^2 EI}{l^2} \tag{2.3-2}$$

式中　F_{cr}——临界力；

EI——支撑的刚度，钢支撑的弹性模量E为210GPa，混凝支撑弹性模量E为30GPa；钢支撑截面惯性矩I取0.0013038m^4，混凝土支撑截面惯性矩I取0.01272m^4；

l——支撑长度，本工程取10～15m。

求得最小临界力F_{cr}为12000kN，为保证基坑的安全，选稳定安全系数为1.5，则可以取本基坑的支撑内力控制基准为12000/1.5=8000kN。

土压力控制基准值的确定涉及土的抗拉强度、抗剪切强度等方面的内容，而目前土的本构模型相对较复杂，同时工程对土压力的控制要求较低。因此天津土压力基准值的确定可以按《建筑基坑工程监测技术规范》GB 50497—2009中的规定取值，为（60%～70%）f（f为荷载设计值）。

参照现行相关规范和规程，采用工程类比法，提出天津站基坑工程控制基准如下：

（1）天津超深基坑施工过程中的地表沉降控制基准值建议为30～35mm；

（2）天津超深基坑施工过程中的围护结构变形控制基准值建议为60～75mm；

（3）天津超深基坑施工过程中的支撑内力控制基准值建议为8000kN；

（4）天津超深基坑施工中的土压力控制基准值建议为0.6f～0.7f（f为荷载设计值）。

2.3.5.4　超深、超厚地下连续墙施工技术应用

本示范工程采用盖挖逆作法施工，围护结构采用地下连续墙，地下连续墙墙深分为43.6m、48.6m、53m三种，墙厚800mm、1200mm，混凝土为C30抗渗混凝土，抗渗等级为S10。本工程中难点在于地下连续墙深度厚度大，“＋”字钢板接头施工复杂以及钢筋笼重量大。施工中采用高分子无固相泥浆来维护槽壁稳定，利用具有纠偏装置的真砂液压抓斗（图2.3-12），配备具有丰富施工经验的操作手来施工。

1. 导墙施工

在地下连续墙导墙施工时，将各类已切改完毕且已报废的管线全部封堵，对于管径小于400mm的雨水、污水管直接用混凝土封堵；管径大于400mm的雨水、污水管先管内

图 2.3-12 真砂液压抓斗机具设备

砌砖再挂钢筋网，用混凝土封堵。如图 2.3-13 所示。

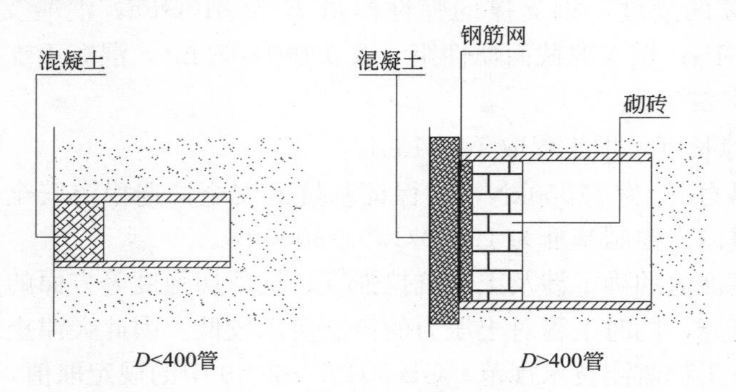

图 2.3-13 管线的封堵

导墙采用现浇钢筋混凝土结构。导墙沟深 1.5～1.8m，截面形状为梯形。厚 15cm，顶板宽 40～80cm，底板宽 50～120cm。导墙内侧宽为设计地下连续墙宽加 6cm 施工余量，墙面与纵轴线距离的允许偏差±10mm，内外墙间距允许偏差±5mm，墙顶保持水平。导墙混凝土强度等级为 C15，内配 ϕ8@150 钢筋网；导墙高 1.5m。由于施工沿线地表土质较杂并有路面及邻近建筑物，所以为保证导墙稳定以及有足够的承载力，并能抵抗泥浆面起落的冲刷，截面形状采用“］［”型。

导墙的施工技术标准如下：

① 导墙为钢筋混凝土结构，混凝土强度 C15，钢筋保护层 35mm；

② 相对应导墙两侧高程基本相等；

③ 导墙与地连墙纵轴线距离允许偏差为 10mm；

④ 内、外导墙间距允许偏差 5mm；

⑤ 导墙内壁垂直度<1/500，内部不平整度应小于 3mm；

⑥ 导墙拆模后在内、外导墙之间及时架设支撑和回填土，以防止导墙发生位移现象。

为保证混凝土浇筑质量，施工中采用高分子无固相泥浆，该泥浆具有利于钻渣快速沉淀，不污染环境的优点。要求达到的泥浆性能指标及其测定方法如表 2.3-5 所示。

新浆液性能指标及其测定表 **表 2.3-5**

序号	项目	性能指标	检验方法
1	比重	1.01～1.05	比重计
2	黏度	20～30s	漏斗黏度计 500ml/700ml
3	pH 值	7～9	pH 试纸
4	含砂量	<4%	含砂量测定仪

2. 成槽施工

地下连续墙成槽施工中抓槽顺序如图 2.3-14 所示。

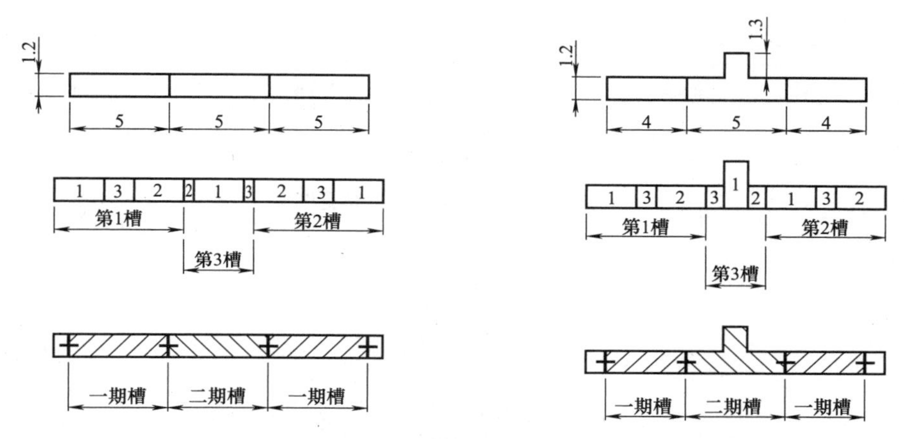

图 2.3-14 成槽施工中的抓槽顺序

先抓两侧的一期槽段，再施工中间的二期槽段。每一槽段都采用三抓成槽的方法，三抓的先后顺序按图中的数字编号顺序。

地下连续墙每单元槽段均进行成槽质量检测，试验槽段不少于三个断面，后续施工槽段不少于一个断面。用测锤实测槽段两端的位置及槽底深度，两端实测位置线与该槽段分幅线之间的偏差以及槽段的深度偏差。

采用日本 KODEN 公司的 DM-684 型超声波测井仪在槽段内左右位置上分别扫描槽壁壁面，扫描记录中壁面最大凸出量或凹进量（以导墙面为扫描基准面）与槽段深度之比即为壁面垂直度。左右位置同步获取端面垂直度数据。以实测槽段的各项数据，评定该槽段的成槽质量等级。

3. 钢筋笼吊装

以 B-2′钢筋笼为例介绍钢筋笼的吊装。B-2′钢筋笼总长度为 46.756m，重 45.91t。吊装时将钢筋笼分为两节，实测上节长 41.18m，包含钢筋和两侧十字钢板；下节长 5.276m，主要是两块钢板，钢板中间采用钢筋拉结，吊装时先将下节钢筋笼吊放入槽孔。

吊装设备采用 65t 和 250t 液压履带吊车各一台。250t 吊车配 54.8m 桁架，65t 吊车配桁架 36m，250t 吊车主、副双钩同时工作，65t 吊主钩工作。下节 5.276 m 长钢板的吊装较简单，采用 65t 履带吊车双钩直接起吊；上节长 41.48 m 长钢筋笼采用 65t 和 250t 液压履带吊车双车 6 点吊放。吊点与吊车布置如图 2.3-15 所示。

钢筋笼吊点焊吊环钢筋，吊点周围100%点焊，吊点上下设置对拉钢筋。

主吊点用卸扣，副吊点采用钢丝绳穿铁杠与钢筋笼连接。如图2.3-16所示。钢筋笼竖起后，65t吊放绳，在地面摘掉65t吊的吊钩，250t吊将钢筋笼吊放入槽，在钢筋笼下放过程中摘掉吊具。

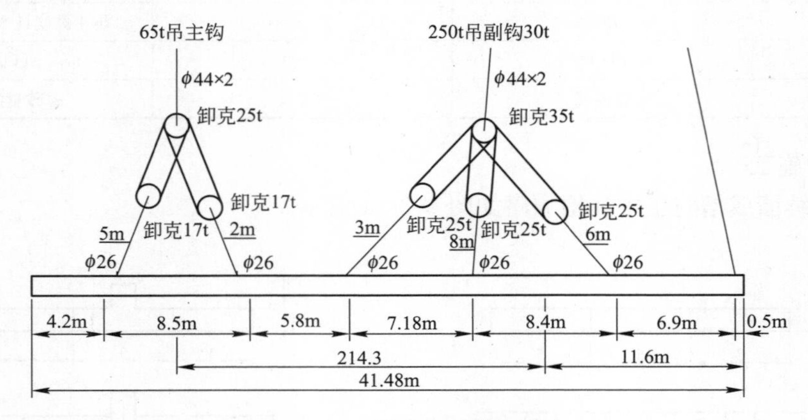

图2.3-15 吊点与吊车布置图

图2.3-16 钢筋笼吊装

4. 灌注混凝土

混凝土浇筑是地下连续墙施工中的重要质量控制点。本示范工程中混凝土的设计指标为C30，S10防水混凝土，碱骨料含量不大于3kg/m³。

(1) 对混凝土的技术要求：粗骨料（碎石）最大粒径不得大于25mm，坍落度18～22cm，扩散度为34cm～40cm，采用普通硅酸盐水泥，可适当掺加高效减水剂或缓凝剂，掺量根据试验确定，缓凝时间6h。

(2) 吊装钢筋笼后立即灌注混凝土，导管下口与槽底距离一般不大于35cm。混凝土面上升速度不小于2m/h，直到灌注到墙顶设计标高以上50cm左右。

(3) 设专人经常测定混凝土面高度，并记录混凝土灌注量。要随时测混凝土面高度。其目的是确定拔管长度，首次埋管深不得少于1.0m，一般控制在2～6m为宜，导管埋深最大不超过6m。

（4）混凝土必须连续灌注，不得中断；为防止意外发生，至少选定两家混凝土搅拌站。现场备一台柴油发电机，以防停电。接近墙顶时，导管内超压力减少，为此可将泥浆及时抽出槽孔外。

（5）地下连续墙顶部浮浆层控制采取以下四个方面的措施：

① 根据实际槽深计算混凝土方量；

② 用测绳量测混凝土面深度；

③ 到上部时，可用钢筋标出尺寸，向下探测混凝土面层；

④ 由于灌注混凝土到达顶部时会把泥浆排出来，因此，施工时要及时抽泥浆，以防止泥浆外流。通常混凝土最后浇筑高程要高出设计高程 50cm，然后将浮浆凿去；

（6）导管布置方法如图 2.3-17 所示。

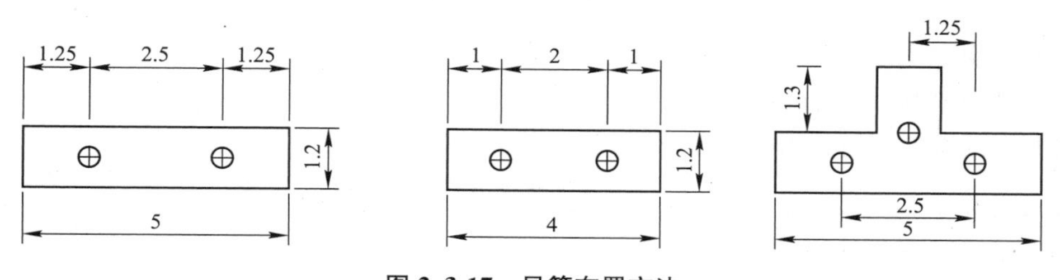

图 2.3-17 导管布置方法

（7）导管拆除时绘制混凝土浇筑图进行指导。

（8）清槽方法及混凝土灌注注意事项

成槽后沉淀 30min，然后用抓斗直接捞渣清淤。当成槽后沉渣厚度和孔底附近泥浆达不到规范要求时，在导管中下入风管清渣，并更换槽孔内的稠泥浆，使泥浆比重小于 1.2，沉渣厚度小于 100mm。

混凝土灌注关键在于首浇灌，要保证 100%成功率，必须采取如下措施：

在承料斗内先置一球胆于导管口，然后两辆混凝土车放料口对准承料斗口，两车同时放混凝土，让商品混凝土迅速灌满承料斗，使料斗内混凝土始终保持装满条件下继续浇灌。

5. 地下连续墙接头施工

（1）接头钢板加工：接头钢板加工在钢构件厂内完成，钢板下料切割采用轨道式火焰切割机，十字接头钢板的连接采用机械半自动焊接。

（2）接头钢板与钢筋笼的连接：主筋铺筋完成后，将钢板在钢筋加工平台上定位，然后将接头钢板与箍筋及连接钢筋焊接。

（3）接头钢板安装：将焊接在一起的钢筋笼和接头钢板同时下入槽孔。

（4）安装接头箱：在接头钢板安装完成后，在十字接头钢板两侧安装钢制接头箱，顶住接头钢板外侧。如果两端施工余量较大，还需要在接头箱外回填土料，如图 2.3-18 所示。

（5）拔接头箱：混凝土浇筑完成并具有一定强度后利用 400t 液压千斤顶将接头箱拔出。

（6）刷接头：相邻二期槽段混凝土浇筑前，采用接头刷子清刷钢板接头。

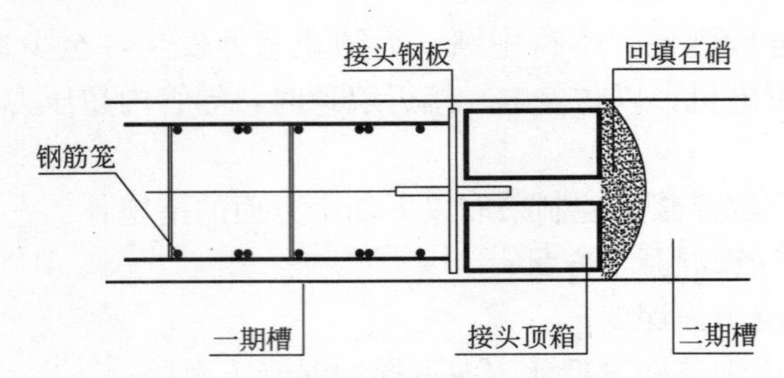

图 2.3-18　地下连续墙接头施工

(7) 素混凝土地下连续墙接头的施工

素混凝土地下连续墙的深度为53m，不宜采用接头管进行施工，所以拟采用少量配筋的预制钢筋混凝土接头。在一期槽段中下设，在二期槽段混凝土浇筑前清刷干净即可。但预制接头不能重复使用。

6. 地下连续墙质量标准

地下连续墙质量标准和综合验收见表 2.3-6～表 2.3-11。

导墙质量标准表　　**表 2.3-6**

序号	项目	允许偏差(mm)	检验方法
1	全长范围内高差	＜10	水准仪
2	局部高差	＜5	水准仪
3	轴线偏差	0～+30	经纬仪
4	竖墙内宽	+30～50	钢尺

泥浆质量标准表　　**表 2.3-7**

序号	项目	性能指标	检验方法
1	相对密度	1.01～1.05	泥浆比重计
2	黏度(s)	20～30	500/700mL 漏斗法
3	pH 值	7～9	pH 试纸
4	含砂率	＜4%	量筒法

成槽允许偏差表　　**表 2.3-8**

项　目		允许偏差	检查频率		检查方法
			范围	点数	
成槽垂直度	液压抓斗法	1/300	每幅3线	每线每m一个点	测斜仪
接头相邻两槽段的中心线		0～+50mm,并不能影响内部限界			
挖槽深度		扫孔后不小于设计深度			测探吊线
清孔及槽底淤泥厚度(mm)		100			

槽段开挖后的质量标准表　　**表 2.3-9**

序　号	项　目	质量标准
1	垂直度(‰)	≤3‰
2	槽深(mm)	不小于设计深度
3	槽宽(mm)	0～+50
4	沉渣厚度(mm)	≤100

钢筋笼制作允许偏差表 表 2.3-10

项目	偏差	检查方法
钢筋笼长度(mm)	±50	钢尺量，每片钢筋网检查上中下三处
钢筋笼宽度(mm)	±20	
钢筋笼厚度(mm)	0～10	
主筋间距(mm)	±10	任取一断面，连续量取间距，取平均值作为一点每片钢筋网上测四点
分布筋间距(mm)	±20	
预埋件中心位置(mm)	±10	抽查
接驳器标高(mm)	±10	水准仪全数检查

地下连续墙各部位允许偏差表 表 2.3-11

项目	序号	检查项目		允许偏差或允许值		检查方法
				单位	数量	
主控项目	1	墙体强度及抗渗压力		设计要求		检查件记录或取芯试压
	2	垂直度			3‰	测声波测槽仪或成槽机上的检测系统
一般项目	1	导墙尺寸	宽度	mm	W+40	用钢尺量；W 为地下墙设计厚度
			墙面平整度	mm	<5	用钢尺量
			导墙平面位置	mm	±10	用钢尺量
	2	沉渣厚度		mm	≤100	重锤测或沉积物测定仪器
	3	槽深		mm	+100	重锤测
	4	混凝土坍落度		mm	180～220	坍落度测定仪
	5	钢筋笼尺寸		见相应规范		见相应规范
	6	地下墙表面平整度		mm	<30	此为均匀黏土层，松散及易坍土层由设计决定
	7	永久结构时的预埋件位置	水平向	mm	≤10	用钢尺量
			垂直向	mm	≤10	水准仪

2.3.5.5 永久钢管柱施工技术应用

工程结构抗浮桩采用 ϕ2000mm、ϕ2200mm 钻孔灌注桩，孔深 65～87m，有效桩长 45～52m；由于采用盖挖逆作施工，桩上设 205 根 ϕ1000mm、δ18～22mm 钢管柱作为竖向支承结构，柱内灌 C50 微膨胀混凝土。同时考虑施工期间的荷载很大，增加 48 根 ϕ800mm、δ16mm 空心钢管柱补充竖向支承能力。

永久钢管柱安装的两点定位是本工程施工的重点和难点。钻孔灌注桩直径达到 2m、2.2m，桩长达到 80m。在实际施工中根据规范要求的泥浆比重为 1.15，黏度为 25s，无法满足施工要求，在施工过程中总结出了满足要求的超大超深灌注桩的泥浆比重和黏度。

根据设计图纸要求，钢管柱与中间桩连接时，混凝土浇筑至桩顶标高后继续超灌 1.5m 混凝土。设计要求钢管柱长度为 23.94～29.14m，使用钢护筒作为井下施工的围护结构。中间支撑柱钢管定位方法见图 2.3-19。

1. 护筒的长度与直径的确定

(1) 护筒长度：地面以上部分 700mm，地面至钢管柱顶 3000mm，钢管柱全高 22640mm，钢管柱锚深 2500mm，定位器锚固 150mm，护筒埋入灌注桩 2500mm，全长 31490mm。

(2) 护筒直径：A 型桩孔 2200mm，护筒上节直径 1940mm，l=24000mm，护筒下节直径 2140mm，l=7500mm；B 型桩孔 2000mm，护筒直径 1940mm，上节 l=24500mm，下节 l=7000mm。

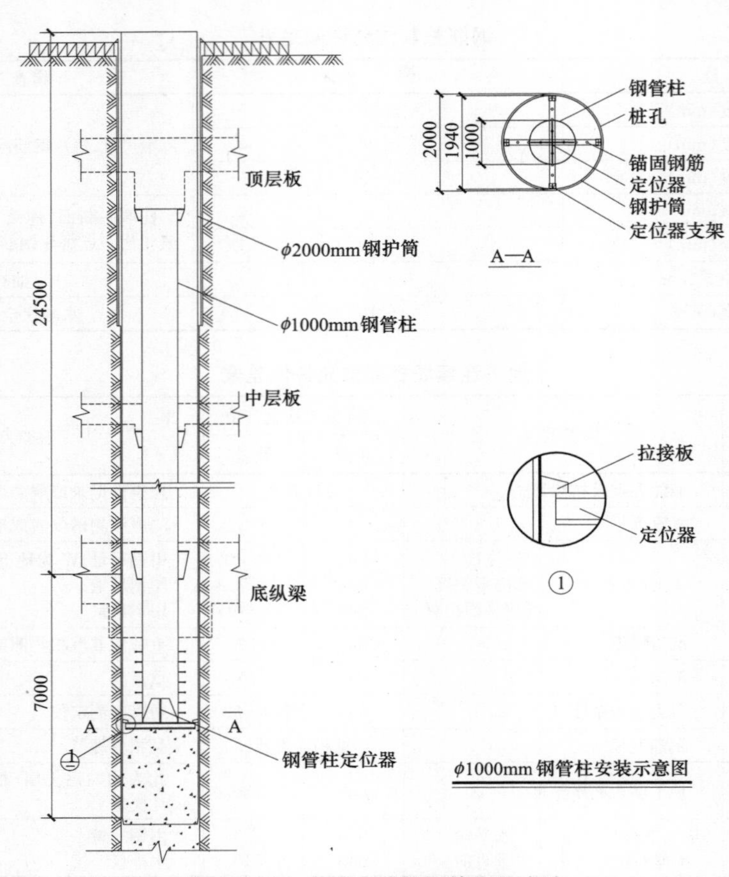

图 2.3-19　中间支撑柱钢管定位方法

2. 护筒壁厚的确定

考虑到护筒为临时性设施，选定壁厚为 10mm，内设 22×40×1920 环形肋板支撑，并进行了刚度及稳定性计算。

3. 护筒的分节与连接

施工中将 31.5m 长的等截面护筒分为两节，上节 24.5m，下节 7m。需要在钢筋笼入孔后，使用 80t 吊车将上节 24.5m 长的护筒吊装至下节护筒上，在保证同心圆形的条件下，在孔口进行二次护筒焊接，当连接为一体后，再吊装至设计标高。

4. 吊点的设计

由于护筒上节上端对称，焊接加劲板做吊点两个，上节 15m 处掏孔焊接对称吊点两个。护筒下节焊接口处焊接加劲板做吊点两个。

5. 钢管柱安装的质量控制

依照现场半永久性水准点，将桩柱标高控制点倒测到护筒上口的内壁上，并做出明显标识。按照护筒内壁水准标高倒测到孔底护筒内壁上，作为定位器安装控制标高基准点使用。

依地面放线定位的控制桩，在孔口处做十字线，确定桩柱中心点。按照此中心点用线锤垂至孔底定位，将此点用两条线分别引测到护筒壁上做临时校准用。按工程工序要求随时将孔口的原始中心点投测到工作面上。

本工程中钻孔灌注桩直径达到 2m、2.2m，桩长达到 80m 的深度。在施工实践过程中，泥浆比重要达到1.4～1.5，黏度控制在40～50s左右才能对灌注桩的孔壁达到有效的、稳定的护壁。正是因为灌注桩泥浆比重和黏度的增大，为下一步人工井下掏除泥浆施工制造了困难。根据现场的实际情况，采用大功率泥浆泵，使用一台8t吊车将水泵吊入井中抽泥浆，该水泵及时解决了钻孔灌注桩施工完成后因静停时间太长导致泥浆沉积过厚的问题，因大功率泥浆泵的及时排浆，对工程进度及施工成本都能做到很大节约。

水泵抽泥浆至沉淀固化标高后，需要人工挖至桩头超灌混凝土标高。由人工挖泥浆的高度约10～15m，钢护筒中每一米泥浆约3.1～3.8m^3，共有35～50m^3的泥浆需要使用人工掏出。由于处理桩头的周期过长，而灌注桩施工的速度也很快，如何能保证钻孔灌注桩完成后及时插入成为急需要解决的问题。在施工中采用物料提升机，解决了现有的困难，物料提升机高1.5m，重200kg，底座固定在钢护筒上，它的回转半径为0.7m，由卷扬机带动物料提升，这样不仅可以大批量生产，还可以循环使用，节省了空间，节约了吊车租赁的成本。

灌注桩超灌部分的混凝土用人工剔凿。剔除标高按护筒内壁的标高基准点进行控制。剔除超灌混凝土分为粗剔、细剔两步施工。施工中混凝土方量宁可多浇筑也要杜绝“短桩”隐患的出现，使用测绳这种方法与预算混凝土浇筑方量相结合的方法，尽量减少混凝土超灌量。超灌混凝土剔凿后用清水反复清洗工作面，标高挂线检查，平整度用水平尺检查，合格后进行定位器安装。

6. 钢管柱加工及进场验收

钢管柱加工完毕出厂应检收中间立柱加工质量，验收内容包括中间立柱的材质、物理力学性能指标、构件长度、垂直度、弯曲矢高等项目。经检验合格的钢管柱出厂运入工地后，查验钢管柱的材质单、物理力学性能试验报告、质检证明、出厂合格证等质量保证资料。

钢管柱的装卸及运输过程中，要采取支顶、加固、捆绑等有效措施防止钢管变形、滚动。工地内设堆场放置钢管柱。钢管柱上设篷布遮盖防雨，以防其锈蚀。

7. 定位器安装

影响中间钢管柱施工质量的因素大致有四个方面：一是钢管柱的钻孔灌注桩桩基质量；二是钢管柱本身加工的制作质量；三是钢管柱的安装定位精度；四是柱内混凝土的浇筑质量。其中柱的安装精度最难控制，而且一旦工作有闪失难以补救；钢管柱的位置（平面位置、标高、垂直度）、混凝土的浇筑质量等，都直接影响钢管柱的承载能力。

标高：依照护筒内壁上的基准点进行控制，误差小于2mm。

定位：依据桩孔上口中心点进行控制，误差小于2mm。

定位器托架由吊车从孔口送至孔底，在不脱钩的情况下进行标高、定位校准，校准无误后落实，用拉接板将定位器托架与护筒焊接牢固，检验无误拆除吊具。

定位器托架底部与混凝土表面有缝隙时，用楔形钢板填充、背实，每点垫板层数不得超过两层，每点间距不得大于200mm。其他缝隙用CGM灌浆料填平。托架稳固后，依地面定位中心点安装定位器十字板，焊接牢固。定位器安装后，要进行定位、标高、安装节点等方面的检验，无误后进行钢管柱安装。

8. 钢管柱安装

钢管柱安装为整柱一次吊装。钢管柱起吊至孔口，在孔口处对准桩孔口十字线中心点，然后慢慢下放。下放过程中，随时观测中心偏移情况。待钢管柱下口套住引渡板后快速插入，此时钢管柱下端已准确定位。

上口定位时在不脱钩的情况下，进行钢管柱上端找正、定位：分别将四个微调校准器呈四边对齐置于钢管柱顶部加强环上，对照桩孔口十字定位线中心点进行调整校准。待完全对零时，用短钢筋将钢管柱顶端与护筒焊接连接牢固。此时钢管柱上端已定位固定完毕，拆除吊具。全部校验定位点、垂直度，无误报监理复核。无误后浇筑钢管混凝土。

9. 混凝土浇筑

C50自密实混凝土浇筑采用导管输入法进行施工，导管直径20cm，长3m/节，从钢管柱芯内接导管至距桩顶2.5～3m处准备进行高抛混凝土浇筑。设计要求钢管柱与钢护筒之间、桩顶上部2.5m范围内浇筑C50混凝土进行埋深固定。钢管柱的直径为1m，在钢管柱负三层节点法兰盘的位置上，周圈外探出30cm法兰盘作为结构支撑，这样钢管柱的最大直径变为1.6m。由于钢管柱下到井底使钢管柱与桩主筋之间的每侧最小间隙只有10cm，因此导管只能通过钢管柱与桩顶间15cm的缝隙，由钢管柱内部通过15cm的缝隙向外部返混凝土，因为担心高抛混凝土没有足够的推力将混凝土顶至2.5m高，所以在吊装钢管柱之前在距钢管柱底部2m位置处切割10cm×20cm洞口3个（每个间距1m），并且控制C50混凝土坍落度不小于20cm，这样就可以保证外返混凝土顺利达到2.5m的埋深高度。

钢管柱混凝土分两步浇筑，第一步浇筑9m^{3}混凝土，直接浇筑到设计埋深标高处；第二步混凝土浇筑间隔时间控制在8小时左右，导管距离混凝土浇筑液面间距小于1.5m，混凝土坍落度控制在18cm，并且在浇筑混凝土过程中随时使用测绳对钢管柱外侧超灌混凝土标高进行测量。混凝土在浇筑过程中，要严格控制混凝土坍落度、导管高度，及时提升导管，避免导管在混凝土中埋置，以保证高抛混凝土的自密实度。

为保证钢管柱混凝土与桩顶混凝土连接密实，采用C50混凝土对C30桩顶混凝土进行补偿浇筑。本工程对于钢管混凝土质量的检测采用超声波检测，共抽取13个样本进行检测。对于灌入钢管内的混凝土如出现孔洞等不密实情况，采用钻孔压浆法进行补强，然后将钻孔补焊封固。

2.4 总结

由于我国仅是近年来才涉及城市超深基坑地下工程设计与施工（特别是盖挖逆作法），对涉及的理论与关键技术的研究还不够深入。总体上看，上海地区90年代中期才涉及15m深以上的深基坑，由于基础研究不够（并由此制约了对潜在问题的认识）、经验不足，导致了一些重大工程事故的发生，甚至最迟至2003年还依然有重大事故发生。在我国上海、北京、深圳、广州、台湾地区以及新加坡等的深基坑施工过程中均出现过严重的事故，造成周围地下管线和建筑物不同程度的损失，在人员和经济上造成不可估量的损失。天津21世纪初才涉及深度不超过20m的地下工程，而且，天津地区土层的变化比较复杂，渗透系数变化大，属软土地区，由于地质条件的不可替代性，目前已有的研究成果和经验不能照搬，必须结合天津市的工程地质、水文地质条件对深基坑工程开展深入研究，通过解决天津站交通枢纽工程后广场的轨道换乘中心工程在设计施工中遇到的大量技术难题，如软土地质条件下超深地下工程深埋承压水工程特性及降压对环境影响的控制方法问题；解决大面积不规则盖挖逆作法工法施工关键技术问题，不断地总结经验不仅可以弥补本地区规范和设计施工的缺陷，同时可以保证工程的安全与经济性。

第3章　新型盖挖法

3.1　概述

为了最大限度降低对路面交通的影响，新型盖挖法施工借鉴了日本的盖挖施工技术，建立了一个标准化、模数化的临时路面体系。但本工法突破日本盖板体系和支撑体系是相互独立的概念，结合国内地铁基坑施工的特点提出将盖板体系与基坑的支撑体系相结合的设计施工理念，即在地面标高位置，借助基坑的第一道混凝土支撑，于其上架设H型钢梁，并在H型钢梁上架设可拆卸的钢盖板，一方面可供社会交通车辆行走；另一方面，钢路面结构作为施工场地的同时，在开挖过程中，可及时拆卸，以满足土方和材料运输的要求。结合相应的临时路面体系的施工来保障交通以及施工的顺利进行。

3.2　技术介绍

3.2.1　新型盖挖法施工流程

新型盖挖法临时路面体系的建立及其相应的施工流程主要包括：临时路面构建时的平面翻交流程（包括围护结构的施工及临时路面体系构建），以及临时路面构建完成后竖向基坑开挖及结构（包括支护体系）的回作，如图3.2-1所示，施工工序为：

（1）施工北侧基坑围护结构、中间立柱及基底土体加固，预留南侧保持交通运行；

（2）恢复北侧路面交通，施工南侧围护结构、基底土体加固；

（3）开挖南侧基坑土体，构建南侧临时路面体系支承结构（首道支撑），铺设盖板梁、盖板；

（4）恢复南侧交通，开挖北侧基坑土体，构建北侧临时路面体系。

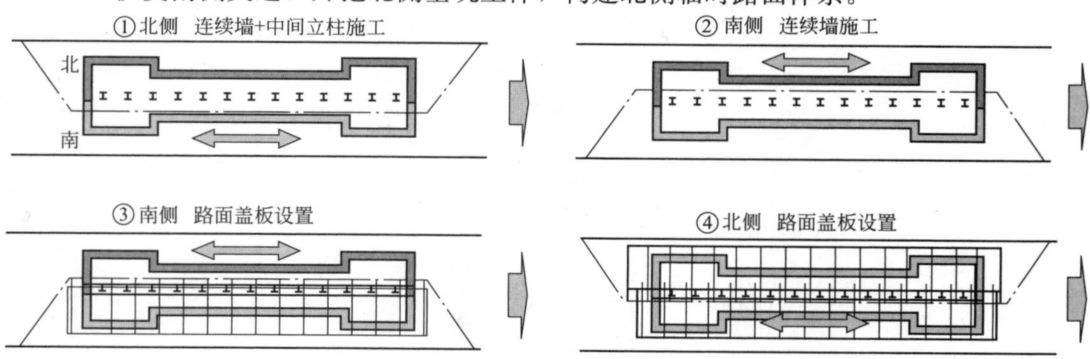

图3.2-1　围护结构、立柱及盖板铺设流程示意图

其中，临时路面体系的构建是区别于以往基坑施工工艺的一个重要部分。图3.2-2示

意了新型盖挖法中临时路面体系构建过程中的交通组织及施工组织的大致流程。在临时路面体系构建完成后，可以占用临时路面一侧作为施工场地和出土位置，在临时路面盖板的遮护下开挖基坑土体并进行支撑架设及结构回作。

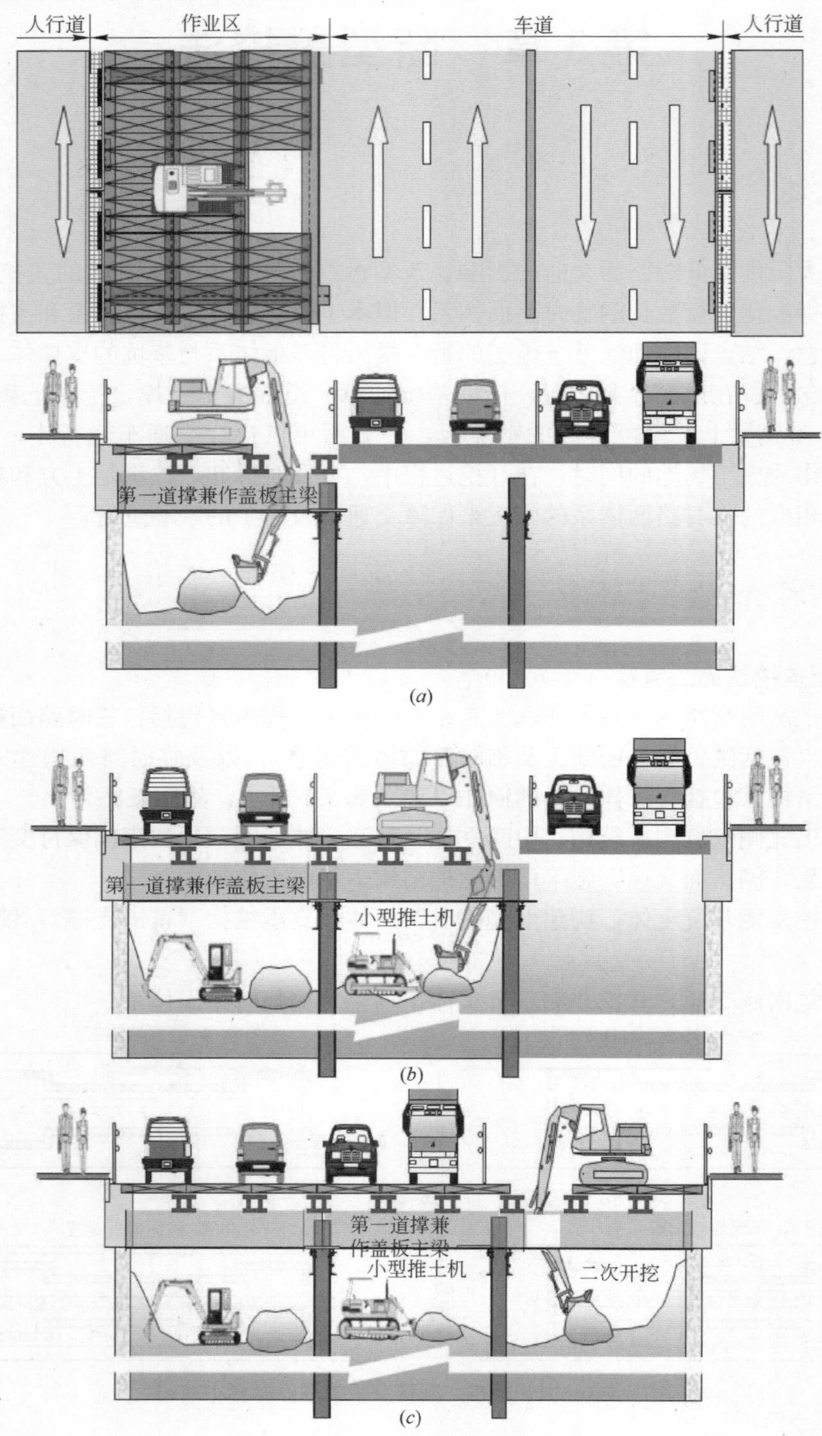

图 3.2-2 盖挖法路面体系施工示意

在临时路面体系构建完成后，则可以占用临时路面一侧作为施工场地和出土位置，在临时路面盖板的遮护下开挖基坑土体并进行横向支撑的施作，如图 3.2-3 所示。整个基坑开挖、支撑架设及结构回作的整体流程见图 3.2-3：

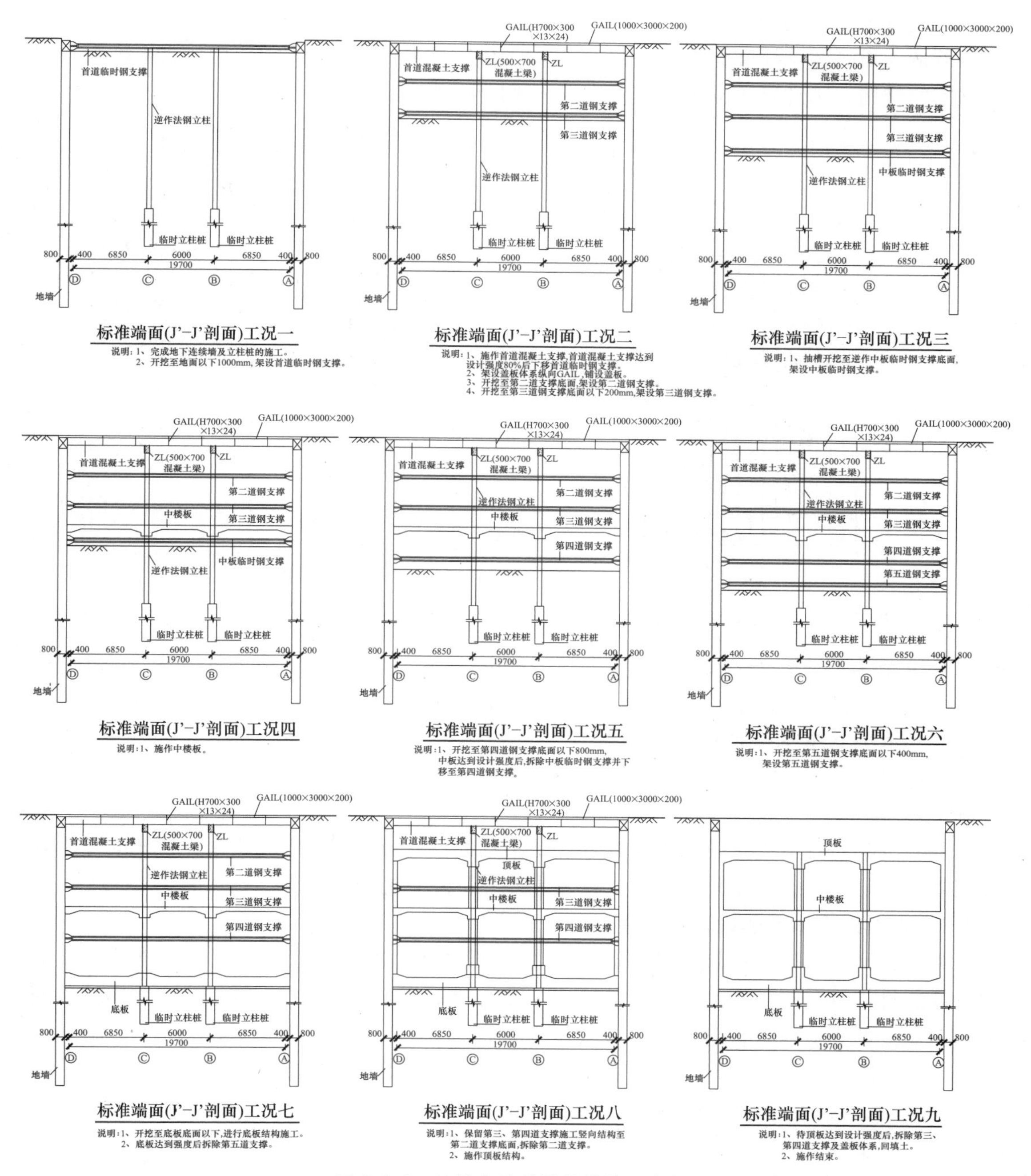

图 3.2-3 地铁车站基坑盖挖施工步骤

3.2.2 水平支撑体系的设计

（1）首道支撑选型

钢筋混凝土和型钢作为首道支撑进行比较得出：在上海软土地层，盖板梁首道支撑采用合设方式且采用钢筋混凝土支撑，具有更好的整体性，能较好地控制围护结构的变形，减小基坑工程对环境的影响。

（2）首道支撑的设计

首道支撑既要承受竖向荷载，起到盖板梁的作用，又要承受围护结构的水平推力，起到支撑的作用，因此首道支撑的布置方式，需同时满足盖板梁和支撑的要求。

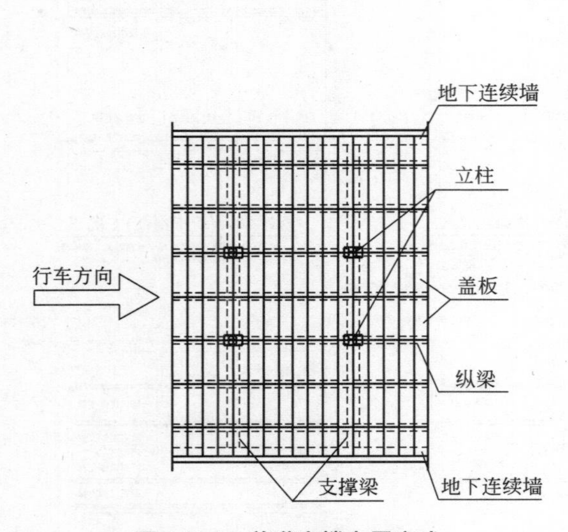

图 3.2-4 首道支撑布置方式

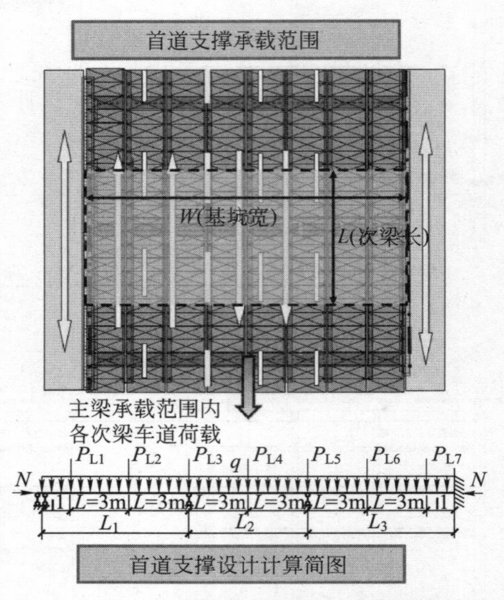

图 3.2-5 首道支撑承载范围及计算简图

首道支撑同时承受次梁传递的竖向荷载和围护墙变形产生的轴力。该构件的设计应按弯压混凝土结构进行设计，最大设计载荷下的挠度应小于 L/500。

（3）水平支撑体系的设计研究

立柱之间以及立柱和围护结构之间的差异沉降，会对首道支撑的弯矩、变形产生影响。

差异沉降对首道支撑的内力和变形都是不利的，从应力角度看，两个立柱同时发生差异沉降时的应力状态优于只有一个立柱发生差异沉降时的应力状态。

3.2.3 临时路面体系的设计及构建

临时路面体系的设计包括盖板以及盖板梁的设计，需遵循三个原则：标准化、模数化，低造价，可重复利用。考虑到盖板的可重复利用性及承载能力，推荐采用型钢拼装而成的钢盖板，其盖板材料来源简单，无须特殊工艺加工，制作简单，承载力可靠，耐久性远比钢筋混凝土盖板要高，可重复利用多次，且在报废后亦能回收利用。

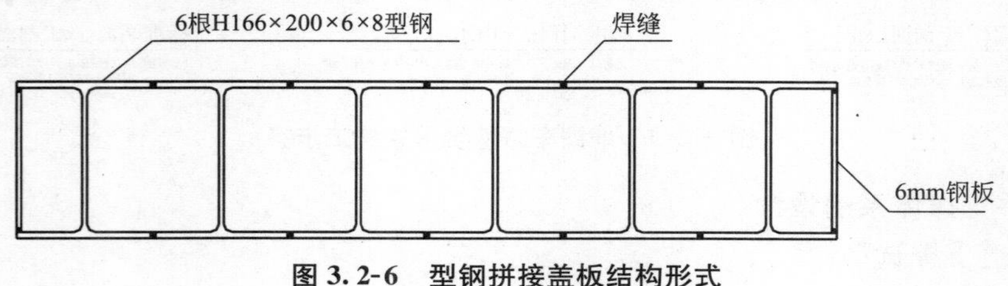

图 3.2-6 型钢拼接盖板结构形式

(1) 盖板设计

为利于安装及通用性，盖板设计成标准化尺寸的盖板及一些其他尺寸满足一定模数的盖板。盖挖法中，考虑盖板标准平面尺寸为3000mm×1000mm，其他附属盖板尺寸为2000mm×1000mm，1000mm×1000mm，从而可以满足各种铺设要求。

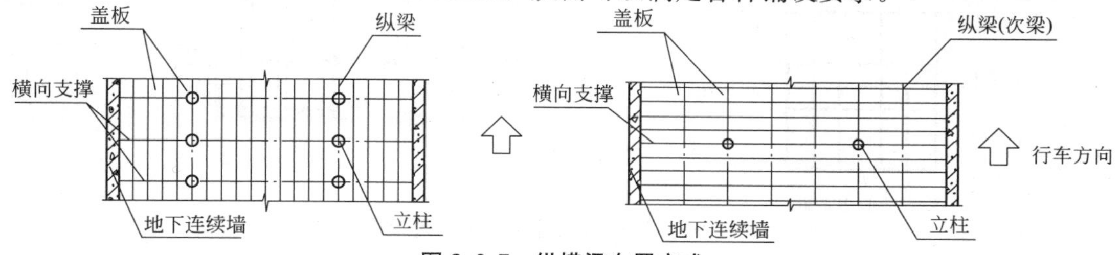

图3.2-7 纵横梁布置方式

路面盖板的类型一般考虑有钢筋混凝土盖板和钢盖板两大类，对钢盖板进行试验测试，以建立一套标准化、模式化的盖板，其制作、安装需要满足一定的检验控制标准，以求构筑的临时路面能达到一般城市交通路面的正常要求，保障路面交通的顺畅通行。

盖板主体结构制作完成之后在未施作面层之前，在设计荷载作用下，为检测钢盖板的强度和刚度，对盖板的承载、变形性能做了详尽的室内载荷试验研究。采用的盖板的规格主要分两种：①3000mm×1000mm×200mm；②2000mm×1000mm×200mm。钢材质选用Q235－A。采用5根H型钢并排对焊而成，其端部用钢板补强，盖板表面铺设一层钢丝网，并浇筑一层3cm厚的纤维混凝土层作为盖板防滑面层。

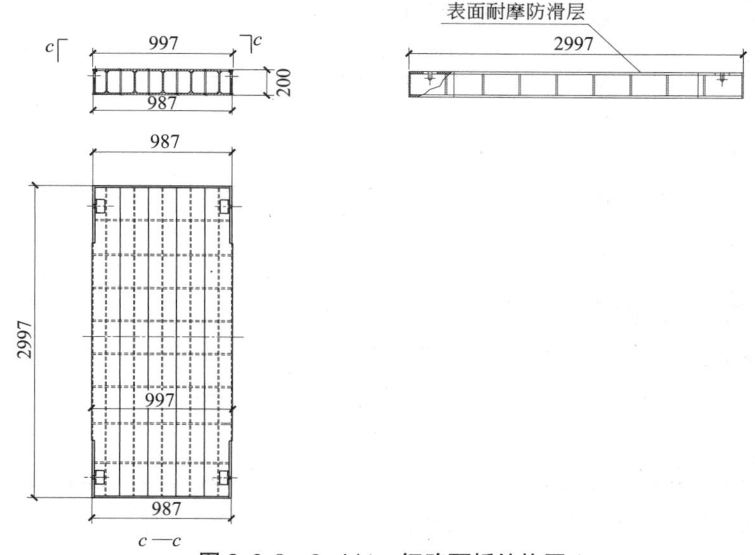

图3.2-8 3m×1m钢路面板结构图

为增加车辆通行的舒适性以及减小噪声等问题，需要考虑临时路面体系的减振降噪等构造设计。一般考虑在盖板四个角点处设置减振橡胶垫来降低车辆通行时的噪声。盖板在铺设时应严格控制相邻盖板间高差，控制标准为相邻高差<3mm。

(2) 盖板梁设计

盖板梁采用标准化、模数化的构件，一般采用H型钢，可采用双拼H型钢作为盖板梁，亦可采用单品H型钢梁作为盖板梁。

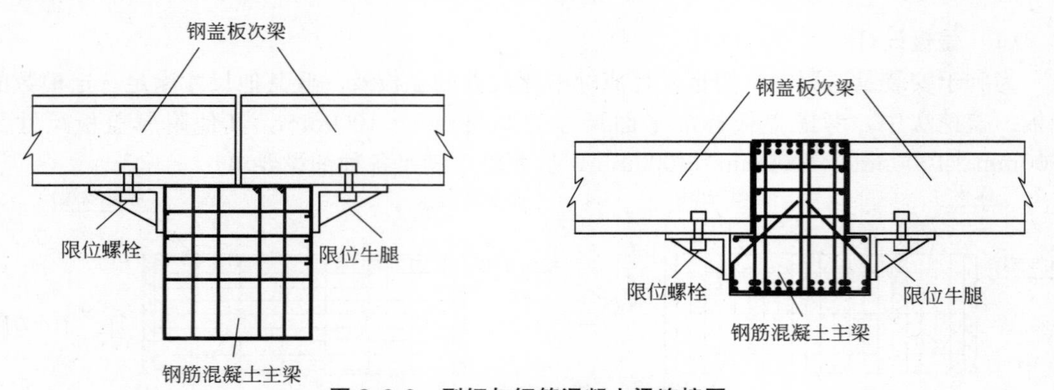

图 3.2-9 型钢与钢筋混凝土梁连接图

3.2.4 管线保护技术

在盖挖法中，由于考虑到首道支撑采用钢筋混凝土梁，而该梁所在位置与管线位置比较接近，可以考虑将其作为管线悬吊及搁置的支承结构，因此，在综合考虑不同管线、不同要求的前提下，可考虑将管线原位悬吊或搁置保护（图 3.2-10）。

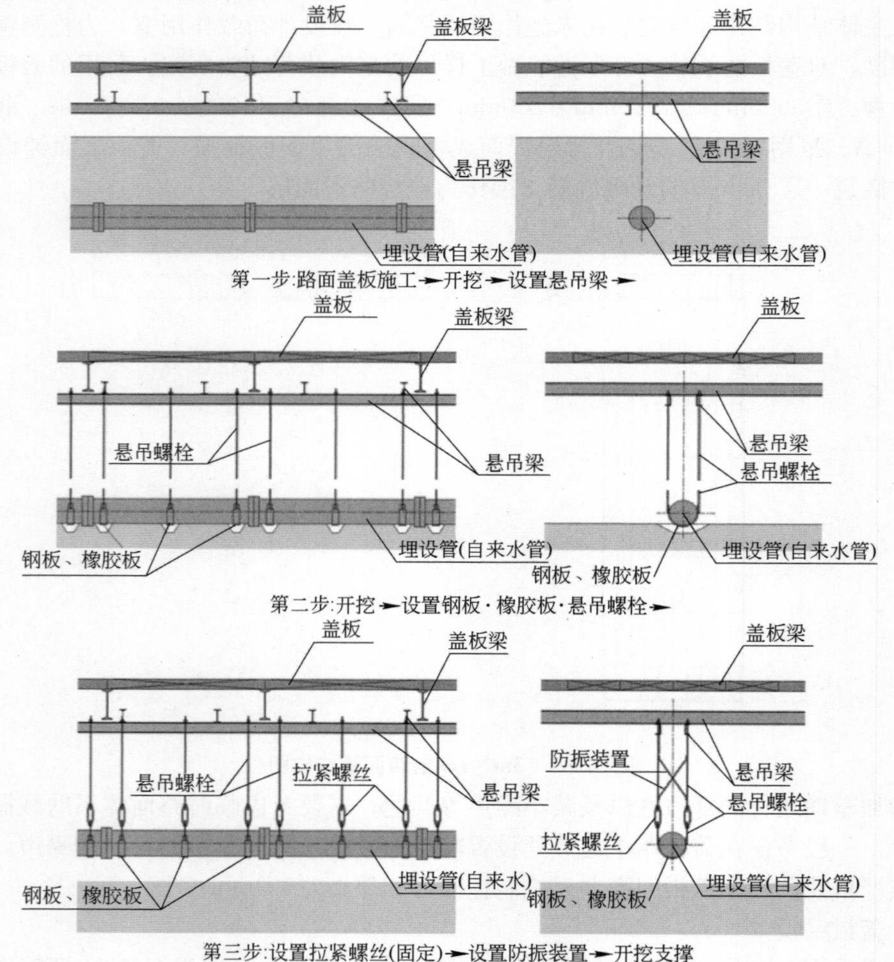

图 3.2-10 管线的悬吊保护施工顺序

3.2.5 钢支撑复加轴力技术

针对上海主要采用圆钢支撑的现状，研究出一套可用于上海基坑工程和其他工程的钢支撑复加轴力装置，包括1型钢法兰转接头、2外套筒、3内置作动器、4轴力计、5内置支架、6油压伺服器、7轴力监测仪等几个主要部分，如图3.2-11所示。

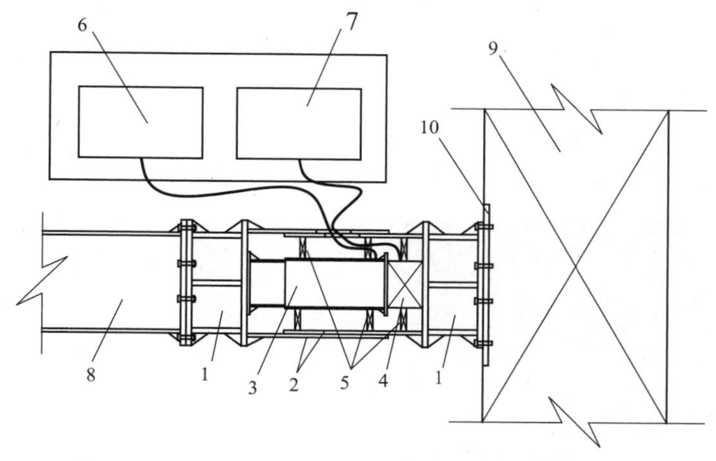

图3.2-11 支撑轴力复加系统工作原理

该系统的应用能消除初始安装构件与结构之间的间隙的影响，亦能在施工过程中全程监控轴力的变化，并根据轴力和变形的变化情况对支撑轴力进行适时加载或卸载。系统的应用能更有效地控制轴力并由此控制基坑变形，使得基坑开挖对周围环境的影响降到最小。

3.3 工程应用——上海轨道交通7号线常熟路车站工程

3.3.1 工程概况

上海轨道交通7号线常熟路车站位于常熟路南端，与淮海中路上的1号线常熟路车站形成L形换乘。4个出入口位于延庆路、五原路及淮海路上。周围多为商铺及多层住宅楼，其中局部距常熟路203号市级重点保护建筑物仅3m左右；二号出入口和换乘通道相接，紧邻淮海大楼，周围地下管线众多（图3.3-1）。

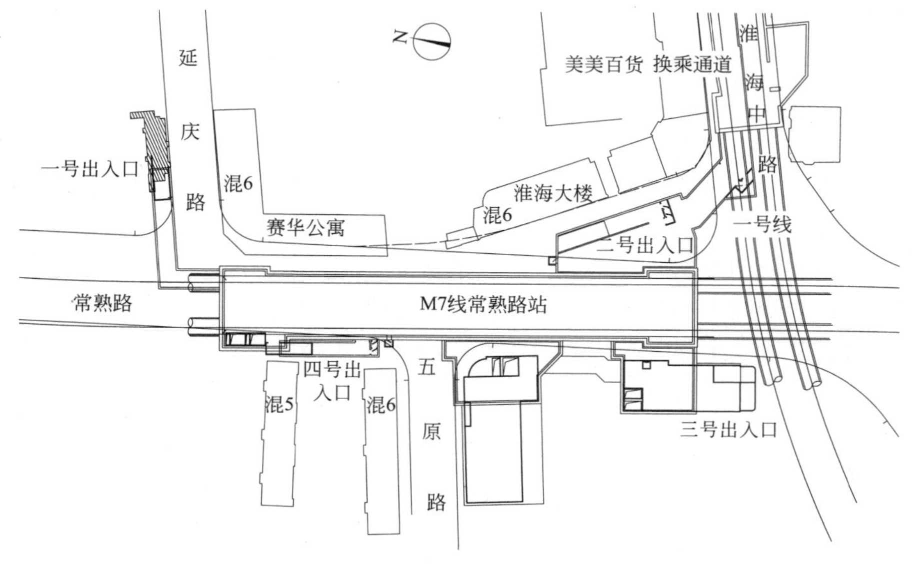

图3.3-1 常熟路车站位置平面图

车站为地下三层岛式车站，车站主体为双柱三跨结构。车站结构长157.2m，标准段宽22.8m，站台宽度12m。顶板覆土厚度约4.736m，标准段基坑开挖深度约24.3m，端头井基坑开挖深度约25.9m。

车站共设4个出入口。其中1号出入口预留，2号出入口从换乘厅直接出地面并可通过换乘通道，与地铁一号线常熟路站实现换乘。3号出入口、中间风井和南侧风井与卫生监督所回搬重建的建筑合建。4号出入口和北侧风井位于常熟路五原路西北角独立设置，如图3.3-2所示。

图3.3-2　常熟路车站施工现场全景

在车站结构的南侧，有运营中的上海轨道交通1号线；基坑的东侧有赛华公寓、淮海大楼以及赛华公寓与淮海大楼之间的一幢独立别墅；在基坑的西侧有外贸局工艺品常熟路住宅楼、中波海运公司职工住宅三号楼和二号楼、上海市疾病预防控制中心三号楼等建（构）筑物，周边环境要求非常严格。

另有多条市政管线：基坑南侧主要有ϕ1200雨水管、ϕ300和ϕ500煤气管；基坑北侧主要有ϕ400雨水管、ϕ300上水管及ϕ150煤气管及通信电缆等管线。

常熟路是上海市中心的一条重要南北交通道路，为减小地铁车站施工对交通的影响和控制邻近建筑物及地下管线的沉降，车站工程采用新型盖挖法技术。

3.3.2　技术应用情况

3.3.2.1　常熟路地铁车站盖挖法施工流程

常熟路车站开挖施工期间须保障原有路面交通，交通组织按照“借一还一”的原则进行组织，主要分为三个阶段：

第一个阶段：本阶段主要进行现状常熟路以西的围护结构及19轴以北B轴西侧的顶圈梁及首道混凝土支撑、钢盖板施工和南端头井基坑开挖和结构回筑。因此常熟路基本保持交通现状双向4机动车道通行能力，常熟路禁止非机动车通行。

第二阶段：本阶段主要进行主体基坑东侧剩余地下连续墙施工、北区段基坑开挖和结构回筑和南端头井段剩余部分结构回筑。本阶段将常熟路翻交到基坑西侧，14轴以北常熟路部分机动车道路在钢路面盖板上通行，14轴以南常熟路部分机动车道路在西侧基坑外通行。

第三阶段：本阶段主要进行西侧2个出入口和两组风井施工，以及剩余的换乘通道施工。

其中，标准段临时路面以下的基坑开挖及结构（包括支护结构）回作流程如图3.3-3所示。

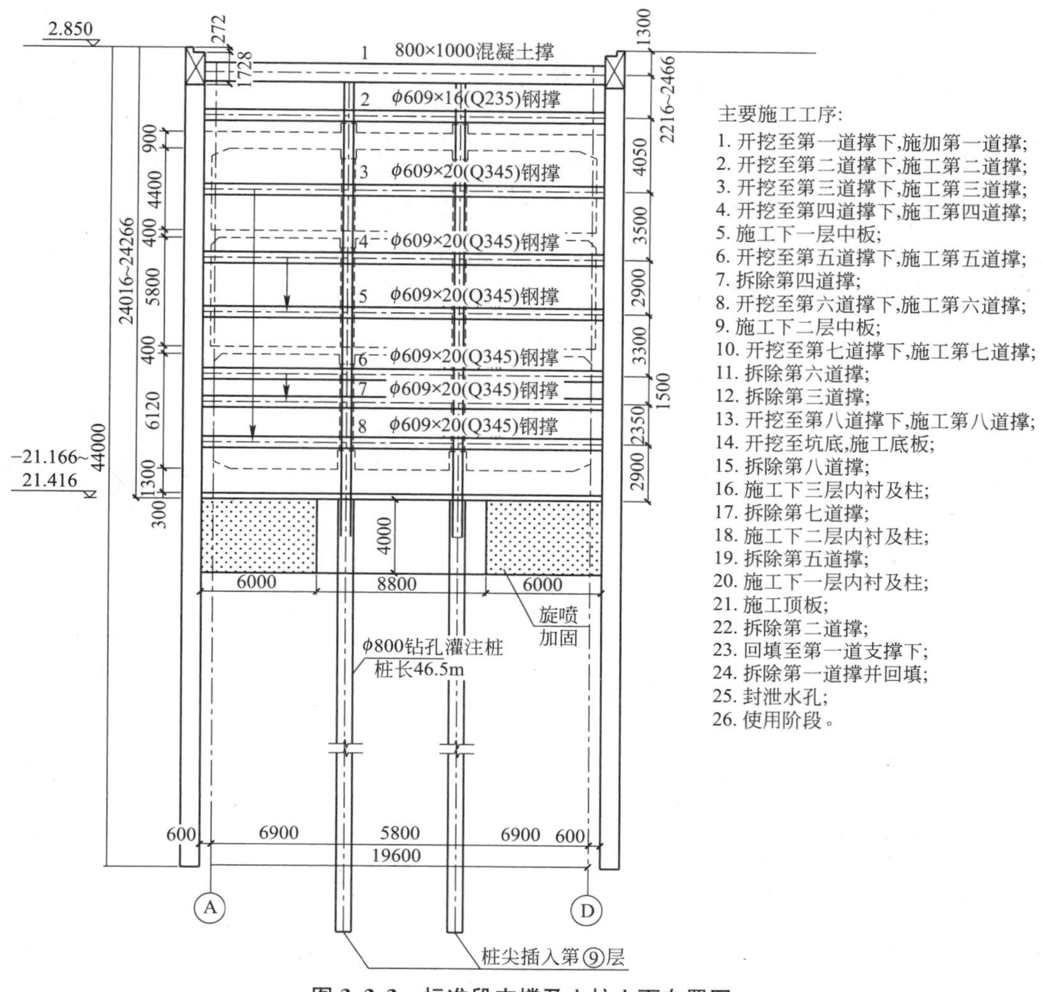

图 3.3-3 标准段支撑及立柱立面布置图

3.3.2.2 水平支撑体系

水平支承体系主要分为两个部分：

(1) 首道支撑

首道支撑采用钢筋混凝土 800mm×1000mm，兼作盖板主梁，间距 7～9m，首道支撑截面设计图如图 3.3-4 所示。

(2) 其他支撑

采用钢支撑结合楼板局部逆作的方式，钢支撑采用 ϕ609 圆钢撑，水平间距 2.2～3.6m，竖向间距根据中板逆作采取换撑方式。支撑详细布置如立面图 3.3-3 所示。

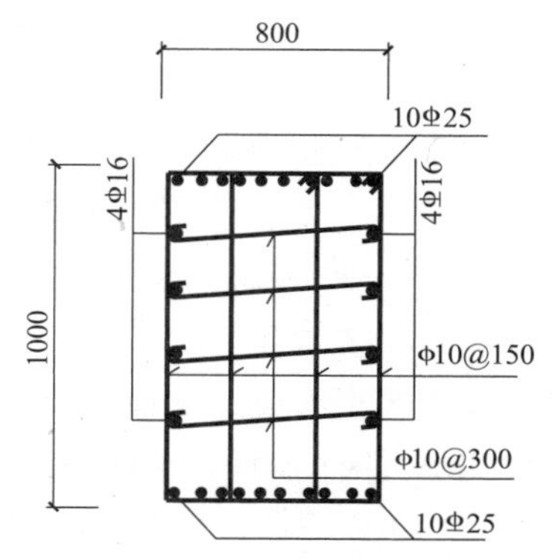

图 3.3-4 首道支撑截面及配筋设计图

3.3.2.3 竖向支承体系

立柱桩采用 1000mm 钻孔灌注桩；立柱采用 H 型钢 H458×413×30×50mm，纵向间距与首道支撑间距一致 7～9m，横向标准段分为三跨两柱，立柱间距为5.8m。钻孔灌注桩施工选用GPS-20型钻机，原土自然造浆护壁法钻进，钻至设计标高后进行清孔，吊放钢筋笼，放入导管后进行第二次清孔，检验钢筋笼的长度与焊接质量、孔底标高、泥浆指标等均符合设计的规范要求后，进行混凝土灌注，直至达到设计标高。钻孔中及混凝土所排出的泥浆抽入泥浆罐车运弃。

H型钢立柱采用“后插法”施工，待钻孔灌注桩混凝土浇筑到设计标高后，将H型钢立柱根部插入钻孔灌注桩的混凝土中，由两台经纬仪分别在H型钢的X和Y轴方向定位，缓缓插入H型钢立柱至预定标高后，将H型钢立柱焊接在预先在平面位置上定好位的钢板上，待钻孔灌注桩内的混凝土达到初凝强度后割除定位钢板，如图3.3-5所示。

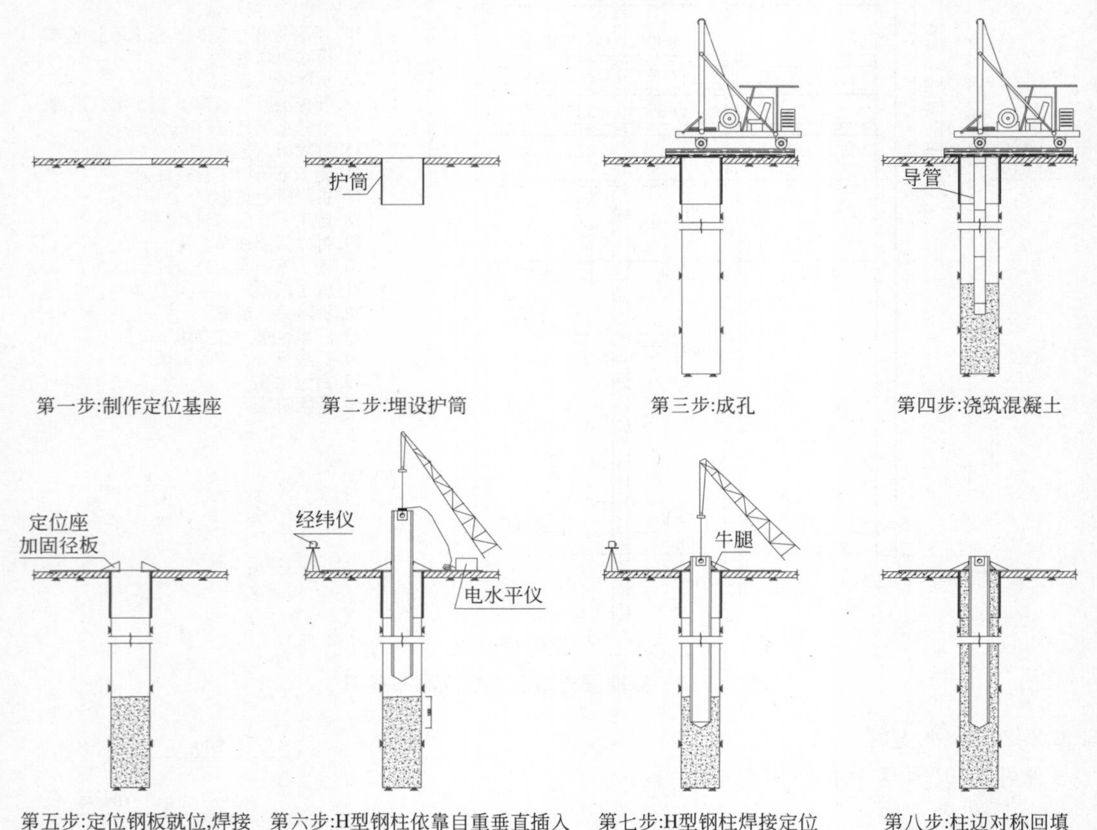

图3.3-5　“后插法”施工H型钢立柱桩工艺流程图

3.3.2.4　临时路面系统

（1）布置方式

设置盖板次梁，盖板主梁与首道支撑合设；盖板次梁沿基坑纵向（长度方向）布置，间距3m；路面盖板长轴向与次梁垂直布置。

（2）路面盖板：采用20号工字钢拼接盖板3000mm×1000mm×200mm，施作钢丝网水泥混凝土面层作为防滑面层3mm，实际板厚为203mm；盖板与盖板之间采用预留螺栓孔用螺栓连接限位；盖板与盖板梁之间铺设废旧橡胶皮带作为减振降噪措施，见图3.3-6。临时路面铺设效果见图3.3-7。

（3）盖板次梁：采用双拼H型钢H488×300×18×11mm，沿基坑纵向布置，梁长

7～9m，间距3m；加工小块倒L型钢与首道支撑上预留小型钢板或钢筋焊接对型钢梁进行限位处理。

图3.3-6　盖板、盖板次梁及首道支撑

图3.3-7　地铁常熟路站临时路面铺设

3.3.2.5　管线保护

常熟路车站北端头井管线保护如图3.3-8所示。

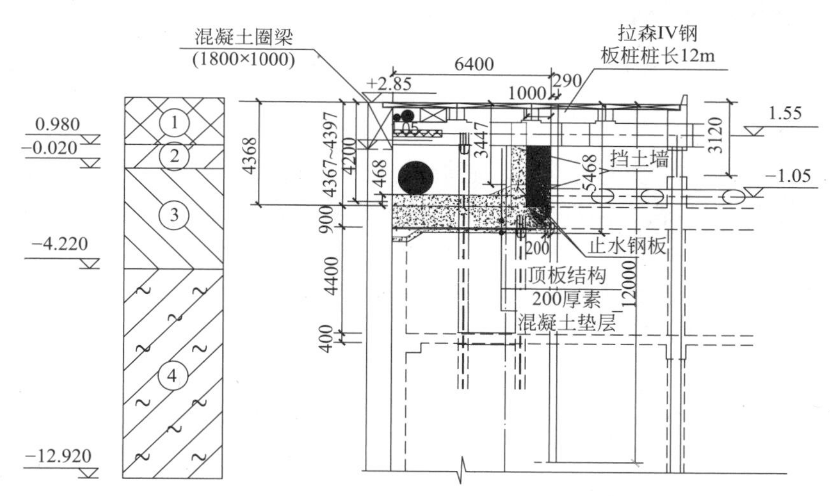

图3.3-8　常熟路车站北端头井管线保护剖面图

3.3.2.6　基坑开挖和结构回筑

基坑开挖和结构回筑可采用顺筑和逆筑方式进行。在钢盖板盖挖工法中，可采用长臂挖掘机或者伸缩臂挖掘机与坑内小型挖掘机的配合来进行土体挖掘及取土装车工作。这种取土方式工作效率相对较高，但其长臂挖掘机所需要的空间较大，这种取土方式一般应用在取土孔较大、开挖深度较小（开挖深度<18m）的情况。此时可利用钢盖板拆卸方便的特点，扩大取土孔，提高出土效率。

对于深基坑，开挖深度超过18m的土方，如采用履带吊挖机进行垂直土方运输。履带吊抓斗在抓土的过程中，控制抓斗方向和定位的缆风绳不可避免地会碰到钢盖板、已完成的结构板及钢支撑等障碍物，影响抓斗的定位，导致抓斗无法正常垂直挖土作业同时还会碰撞钢支撑造成安全隐患。通过运用定滑轮原理，对挖土作业设备进行改造，在结构下二层中板出土孔与基坑表面设置钢丝绳和滑轮组改变履带吊抓斗的受力方向，通过履带吊缆风绳上增设的滑轮可较好地控制抓斗沿基坑竖直方向进行挖土作业，解决了履带吊挖机在小尺寸出土孔垂直运输土方作业的难题，又避免了抓斗施工过程中对钢支撑的碰撞，确保了施工安全，如图 3.3-9 所示。

图 3.3-9　深基坑挖土施工

3.3.3　施工监测

对基坑结构施工期间混凝土支撑、盖板梁、立柱的隆沉情况等进行测量，以及时和全面地反映它们的变化情况。盖挖法施工监测针对常熟路车站盖挖法的实际实施进行相关监测，主要包括：首道支撑混凝土钢筋应力量测、首道混凝土支撑竖向位移量测、盖板梁竖向位移量测、立柱隆沉量测（图 3.3-10～图 3.3-12）。

（1）盖板梁跨中竖向位移（图 3.3-10）

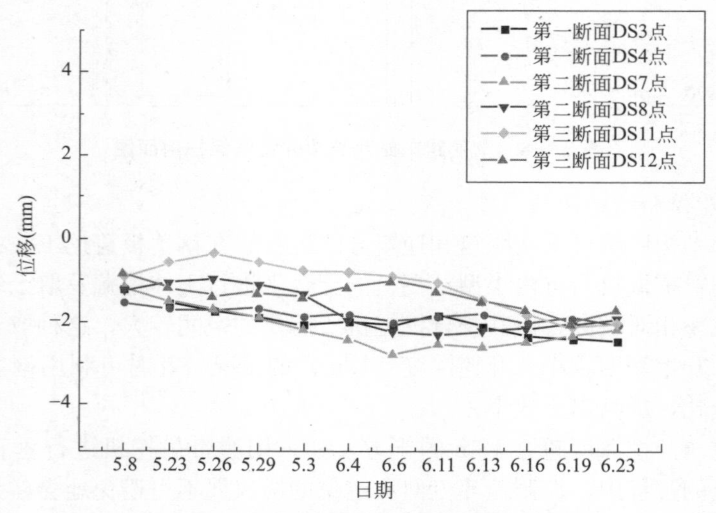

图 3.3-10　盖板梁跨中竖向位移变化曲线

常熟路现场所采用的盖板梁为双拼 H500×300×11×18mm，根据现场监测结果，跨中最大竖向位移小于 3mm，表明盖板梁能较好地满足结构设计要求<L/500=16mm。

（2）首道支撑竖向位移（图 3.3-11）

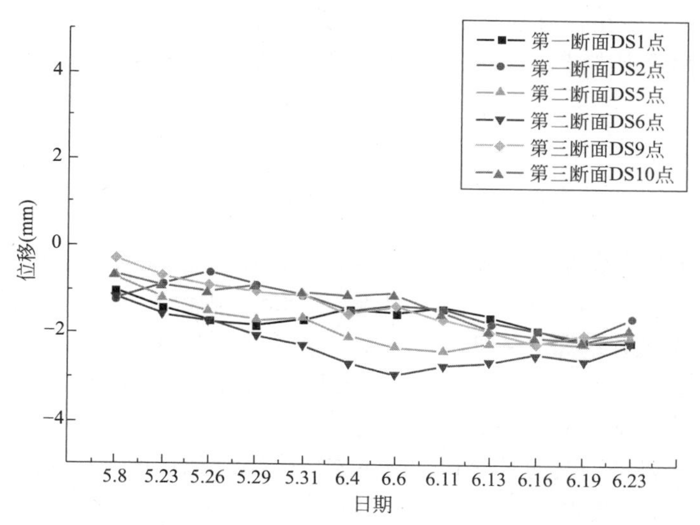

图 3.3-11 首道支撑竖向位移变化曲线

常熟路现场所采用的首道混凝土支撑为 800mm×1000mm，首道支撑跨中最大竖向位移小于 3mm，表明首道支撑能较好地满足结构设计要求<L/500=12mm。

（3）立柱隆沉

在监测时间段内，立柱的隆沉基本上处于稳定，保持在隆起状态，但其变化幅值小于 3mm，立柱隆沉较小，说明由于临时路面体系及结构局部逆作部分荷载的存在，导致立柱隆起受到限制，另外，也说明采用钻孔灌注桩能有效地减小隆沉（图 3.3-12）。

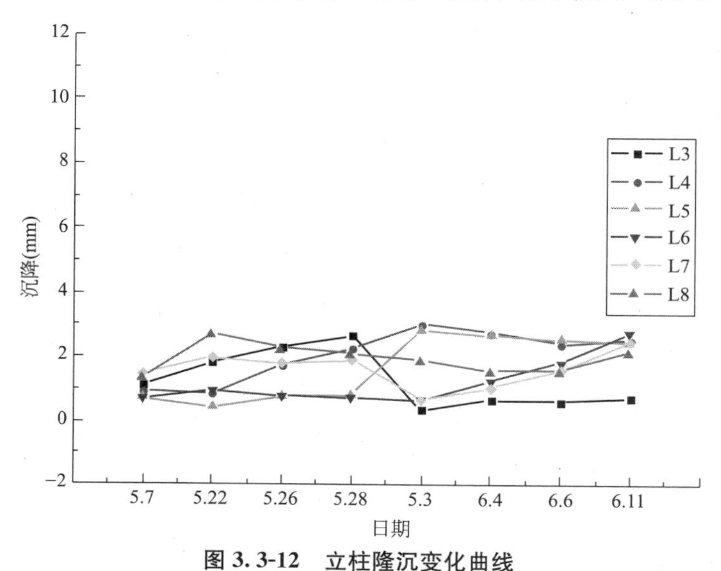

图 3.3-12 立柱隆沉变化曲线

实际监测结果显示：盖板梁、首道支撑的轴力以及变形等都比较小，在结构设计所允许的范围，能较好地承担路面盖板传递的路面载荷，小变形则保证临时路面的平顺程度，也证明了该体系是安全稳定的。另外，立柱的隆沉很小，都在3mm之内。立柱的沉降表明在上覆路面荷载和结构局部逆作荷载的作用下，使得立柱隆起量减少，从而减少了差异沉降，使得次生应力较小，有利于临时路面体系包括首道支撑的安全稳定性问题，亦能大大减少差异沉降对逆作结构的影响，有利于车站结构的整体性，保证结构的长期使用安全。

3.4 总结

上海轨道交通7号线常熟路站位于常熟路上，为地下三层岛式车站，车站主体为双柱三跨结构，车站结构长157.2m，标准段宽22.8m，站台宽度12m，顶板覆土厚度约4.736m，标准段基坑开挖深度约24.3m，端头井基坑开挖深度约25.9m。常熟路站工程于2006年8月开工，2007年8月在主体结构基坑上方铺设钢盖板体系，作为基坑施工场地。2007年9月社会交通翻交到基坑西侧钢盖板上方通行。2008年10月常熟路站主体结构封顶，2009年3月社会交通翻交到车站主体结构顶板上方通行，钢盖板拆除。

盖挖法的使用，使得地铁车站工程施工对原有地面交通的影响降到最低，在施工过程中无须中断原有交通，减少了由于施工造成的交通拥堵，盖挖法采用钢筋混凝土首道支撑，并考虑采用半逆作（即结构局部逆作）方式施工，楼板逆作兼作支撑具有很大的平面支撑刚度，能更有效地控制基坑变形，减少由于基坑开挖产生的变形对周围环境的影响。并且，由于采取新型管线保护措施，使得一般管线在施工过程中基本得到妥善保护，因而对周围地区居民生活影响较小。另外，由于盖挖法施工在临时路面体系建设完成后转入地下，在盖板遮护下进行施工，一方面使得施工场地相比明挖法美观，一方面能减少施工噪声对周围居民的影响。

第4章 现代气压沉箱工艺与施工技术

4.1 概述

气压沉箱工法最早诞生在法国，1841 年该国的一个煤矿竖井建设中应用了压气方法，使其下沉到水下 20m。随后该方法在欧洲、北美得到了迅速推广和应用，如 1869～1872 年间，美国纽约修建的连接纽约与布鲁克林的布鲁克林桥（Broklyn Bridge）基础，1885 年在法国巴黎修建的埃菲尔（Eiffel）铁塔的基础，以及 1901 年在美国纽约中心的曼哈顿修建的摩天大楼（sky-scraper）的基础等都是利用气压沉箱法修建的。

日本在 20 世纪初期引入气压沉箱工法以后，在桥梁基础及地下工程实践上对该工法进行了一些技术革新，使气压沉箱工法的技术水平有了进一步的提高。近年来日本开始将无人沉箱工法应用于施工实践中。所谓无人沉箱工法是通过机器人或机械手、水力吸泥机（带监视器）而不是人工在沉箱内开挖土体，避免操作工人在高气压下的作业，且可以全自动控制。最大深度达到 90m（日本东京都中央区），最大面积达 3150m^2（日本首都高速道的彩虹桥）。

气压沉箱工法在我国的工程应用比日本还要早 29 年，最早也主要用在桥梁基础上。1894 年 2 月竣工的天津滦河大桥是我国最早采用气压沉箱法施工的铁路桥，该桥是在我国铁路工程先驱詹天佑亲自主持下，在外国人屡筑屡塌的背景下，分析原因重新选址，采用“气压沉箱”法建造基础，沉箱刃脚嵌入岩石，基础全部用混凝土浇筑，墩身石砌，工程浩大，历时 32 个月建筑而成，为中国人争得了荣誉。

1935 年 4 月动工的杭州钱塘江大桥，是我国第一座自行设计的桥梁，由桥梁泰斗茅以升先生设计，主桥承包商为康益洋行（上海建工集团基础工程公司前身），桥基即是采用气压沉箱，基础深达 47.8m，工程历时不到二年半，于 1937 年 9 月通年。自 20 世纪 50 年代至 60 年代，我国先后在北京、上海、四川、安徽、江西、黑龙江等地施工了十来个气压沉箱工程。

气压沉箱工法，利用气压平衡箱外水压力，沉箱底土体在无水状态下进行开挖，沉箱在下沉过程中能处理任何障碍物，施工中可以直接鉴定和较方便地处理地下障碍物，可直接观察到地基原形，不用灌注水下混凝土，质量比较可靠。但施工者需要在高压空气中工作，不但效率不高，而且对身体有害。自 20 世纪 70 年代以后的近三十多年，由于其在人力操作上的低效率、施工高成本以及对工人人身安全及施工管理上的风险，并随着其他特种地下工程施工技术如地下连续墙、灌注桩、盾构等工法的快速发展，气压沉箱工法在我国应用越来越少，进而趋止。

4.2 技术介绍

4.2.1 气压沉箱工艺原理

气压沉箱工法的原理是在沉箱下部设置一个气密性高的钢盘混凝土结构工作室，并向工作室内注入压力与刃口处地下水压力相等的压缩空气，使在无水的环境下进行无人化远程遥控挖土排土，箱体在本身自重以及上部荷载的作用下下沉到指定深度后，在沉箱结构面底部浇筑混凝土底板，最终形成地下沉箱结构。

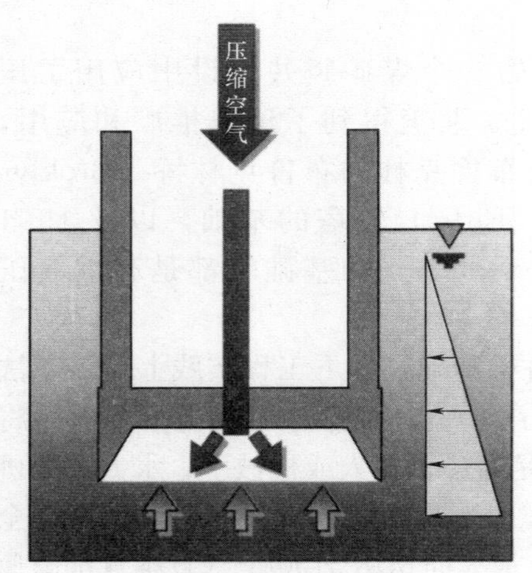

图 4.2-1 气压沉箱工法原理图

由于工作室内的气压的气垫作用，可使沉箱平稳下沉。同时由于工作室气压可平衡外界水压力，因此，沉箱下沉过程中可防止基坑隆起、涌水及涌砂现象，尤其是在含承压水层中施工时，工作室内气压可平衡水头压力，无需地面降水，从而可显著减轻施工对周边环境的影响。沉箱底土体在无水状态下进行无人化远程遥控开挖，通过远程监视系统，沉箱在下沉过程中可以直接辨别并较方便地处理地下障碍物。

现代气压沉箱工艺主要包括：现代气压沉箱设备系统（远程遥控智能化挖掘及出土、高气压环境下生命保障）、3D 地貌与信号监测技术、气压沉箱结构设计技术、现代气压沉箱施工技术等。

4.2.2 现代气压沉箱设备系统

尽管我国气压沉箱施工已有相当久的历史，但对现代新型气压沉箱成套设备的研制还是第一次，在国内的施工中应用新的沉箱设备技术也是空白。气压沉箱的施工工艺有其特殊性，因此相应的设备及配套也比较特殊，有些设备也比较复杂，多种设备相互配合使用才能形成系统。

主要设备系统研制成果：

（1）完全拥有自主知识产权的现代气压沉箱遥控液压挖机，并成功应用于示范工程，填补了国内现代气压沉箱施工设备方面的空白（图 4.2-4）。

（2）完全拥有自主知识产权的现代气压沉箱的无排气螺旋出土机，填补了国内现代气压沉箱的施工设备的空白。这种新型无排气螺旋出土机设备，打破了气压沉箱吊桶充气排气气压转换出土施工常规，真正做到了连续出土，消除了排气噪声对城市的环境污染，从而大大提高了出土设备的可靠性，简化了操作过程，提高了施工效率，节约了能源。已成功应用于示范工程（图 4.2-5）。

（3）物料出入塔、人员出入塔、液压升降出土皮带运输机、地下（挖掘操作）监视系统、供排气系统、3D 地貌显示系统、移动氧舱及其他辅助设备的成套设备系统成功通过了工程应用检验，具备产业化推广条件（图 4.2-2、图 4.2-3）。

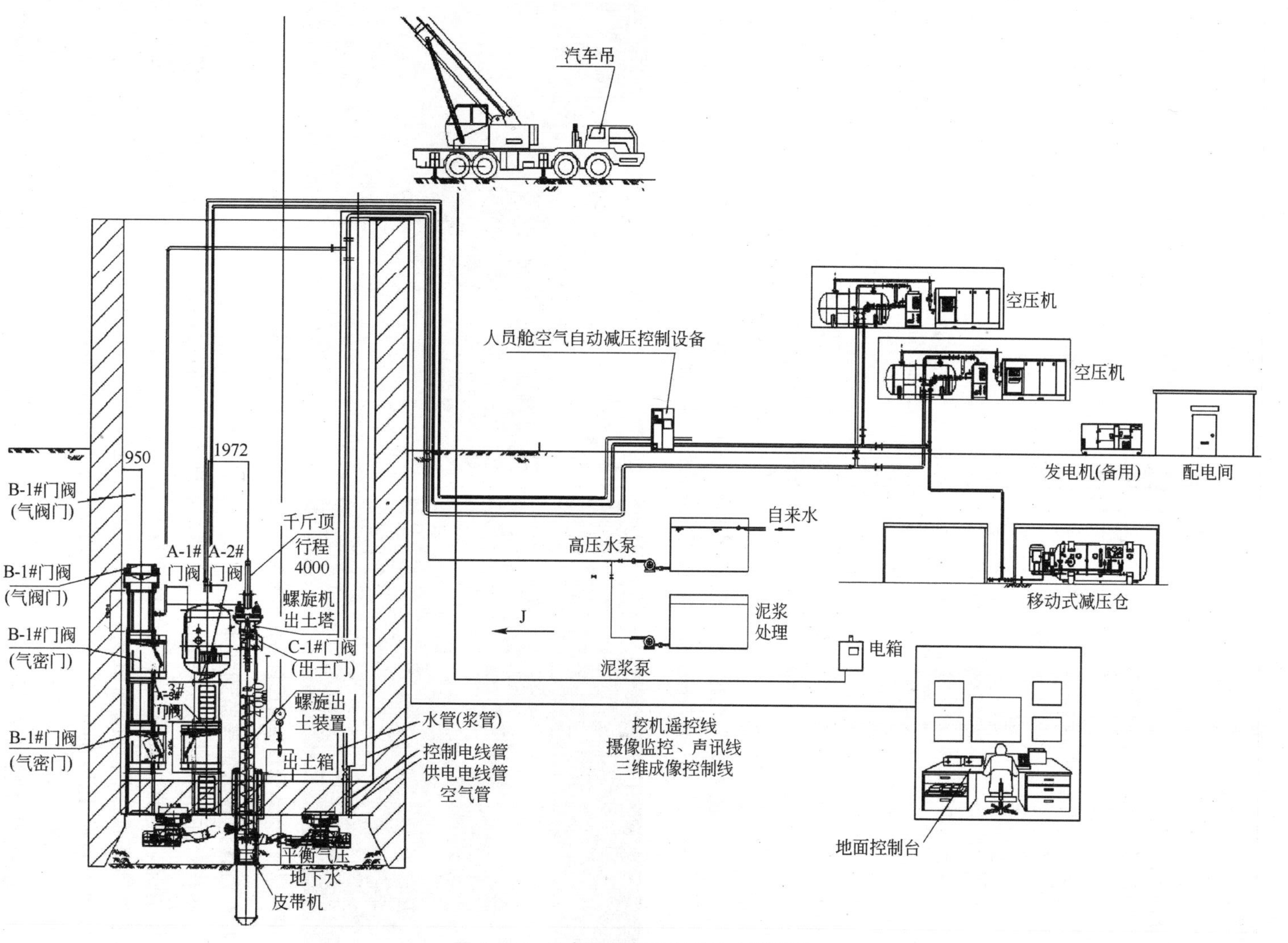

图 4.2-2 压气沉箱的设备总体布置示图

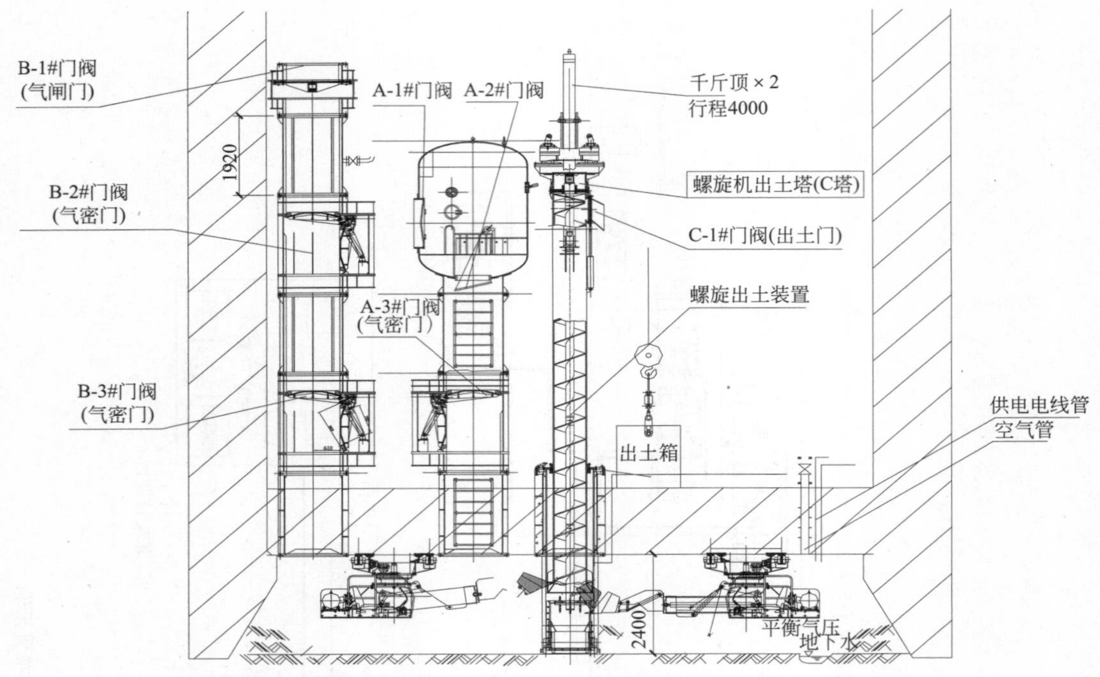

图 4.2-3 沉箱内主要设备：物料塔、人员塔、螺旋出土机、遥控挖机、皮带出土机、地下监控系统设备、地下照明、通信设备

图 4.2-4 无人化远程遥控自动挖掘机施工

图 4.2-5 无排气螺旋出土机

4.2.3 3D 地貌与信号监测技术

现代气压沉箱施工过程中无人进箱，管理人员仅通过摄像机传来的图像来观察沉箱工作情况，不能对沉箱工作室内地貌挖掘情况进行有效测量，也无法形成真实感的沉箱工作室场景。同时挖掘机操作人员是通过观察摄像机二维图像来操纵挖掘机，操作人员缺乏身临其境的感觉。其次在多部挖掘机协同作业的过程中，挖掘机容易发生碰撞。

通过对 3D 地貌与信号监测系统的开发，可对沉箱工作室内地貌挖掘情况进行有效测量和三维显示，并有效警示多部挖掘机协同作业中的相互碰撞。

3D 地貌与信号监测主要技术成果：

（1）利用激光扫描技术，开发了一套三维激光扫描系统，该系统可适用沉箱环境，实现沉箱3D地貌数据扫描功能。在国内首次将激光扫描技术引入到无人化沉箱领域中（图4.2-6）。

（2）开发了气压沉箱3D地貌建模系统，提出了气压沉箱三维地貌建模优化算法，该系统使用OpenGL实现了3D地貌的实时建模，并可实时测量沉箱工作室地面任意处的挖掘深度（图4.2-7～图4.2-9）。

（3）采用倾角传感器，实时测量沉箱体的X和Y轴的倾角值，利用此值实时测量沉箱体的四角高差，实现了对沉箱体姿态的实时监视。

（4）采用激光测距仪等传感器实时测量挖掘机的位置，实现了挖掘的实时位置显示和挖掘机避碰智能语音报警。

（5）开发了3D地貌显示系统、数据处理系统、控制系统等一整套软件。引入了数据库技术，实现了信息集成，将四角高差、压力、三维地貌数据等传感器数据实时保存和查询（图4.2-10）。

（6）该3D地貌与信号监测系统硬件软件经过工程应用检验了其成效，为工程的顺利实施提供了信息保证。

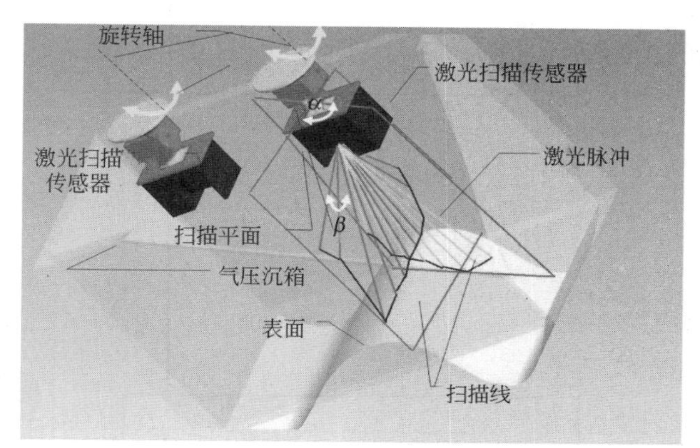

图4.2-6 沉箱激光扫描原理示意图

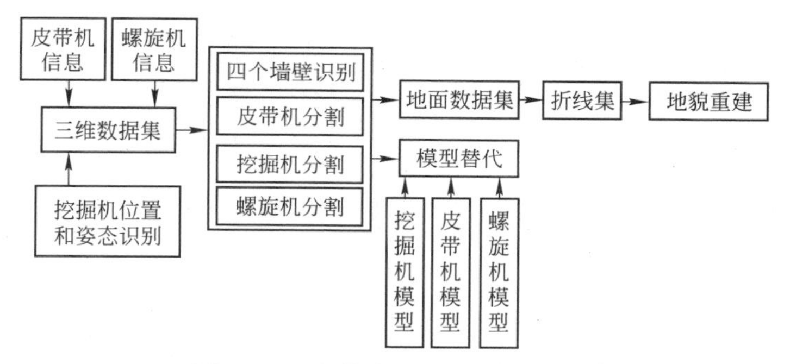

图4.2-7 沉箱地貌三维建模流程图

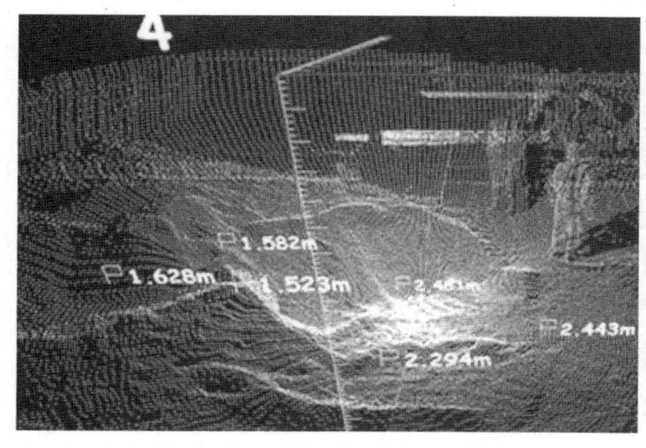

图4.2-8 云图像及深度测量

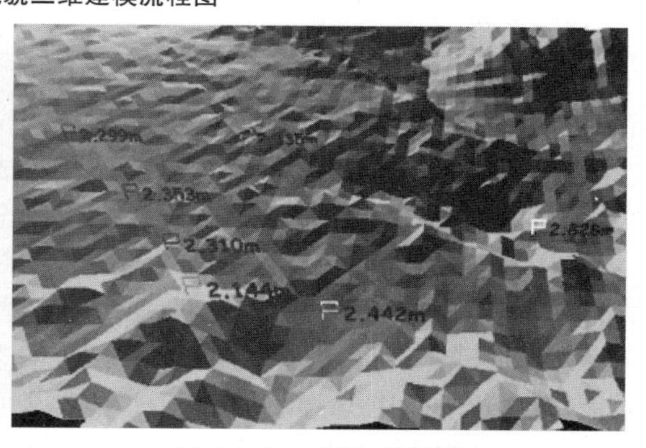

图4.2-9 三维面及测量

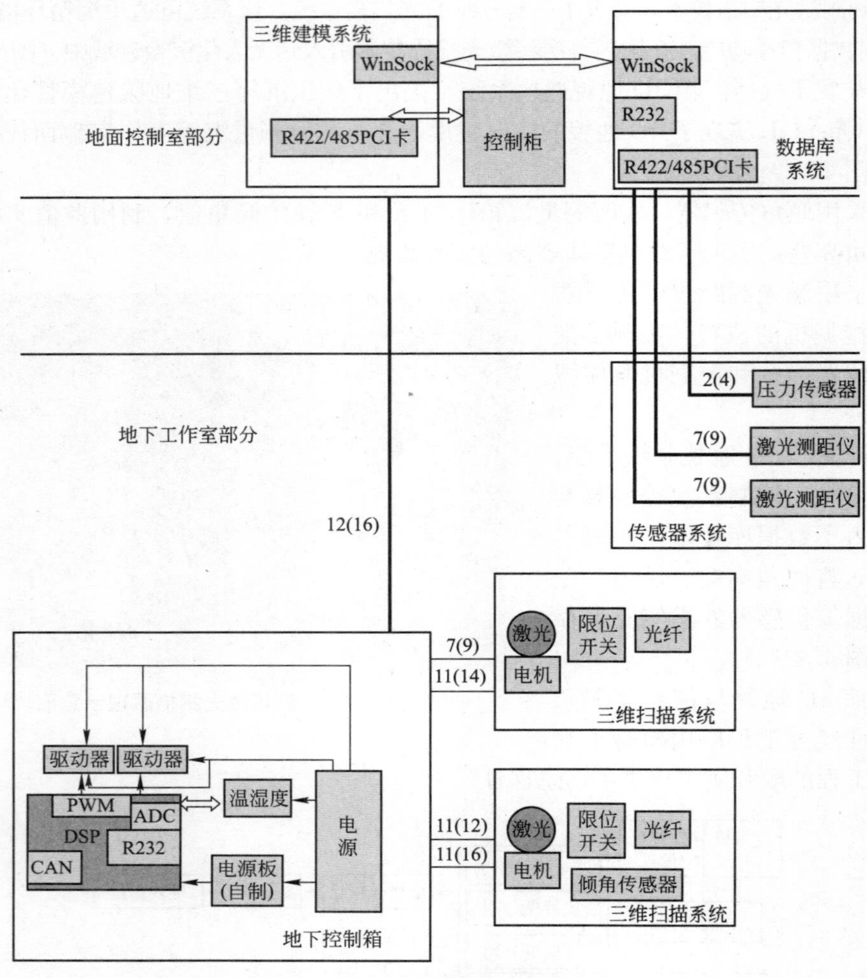

图 4.2-10 数据库系统

4.2.4 气压沉箱结构设计技术

沉箱结构的设计，重点要解决强度、变形、稳定等安全性，设计研究主要包括沉箱结构尺寸确定、下沉稳定性分析与结构内力变形分析，并首创了沉箱支承、压沉及自主纠偏一体化系统。

沉箱结构设计成果：

(1) 沉箱结构设计。通过对气压沉箱的设计研究积累，完成了适应现代气压沉箱施工工艺的沉箱结构设计工作。并经工程应用的成功实施，保证了沉箱在气压下沉这一较不利工况阶段结构的强度、变形与稳定性等的安全。

(2) 下沉稳定性计算与抗浮验算。根据对沉箱下沉及下沉稳定性的分析，创造性地设计了气压沉箱支承、压沉自主纠偏一体化装置。该套装置通过简单转换，解决了沉箱下沉阶段从初期的下沉过快至后期的下沉困难的难点问题，并能实现沉箱的自主纠偏。同时，该装置的成功应用也表明各构件设计的安全可靠性。

(3) 结构分析、沉箱支承、压沉装置的设计与研究。开发利用大型结构分析有限元程序，对沉箱做整体结构分析。并模拟制作下沉工况，分步骤建模计算，较好地掌握了沉箱下沉不同阶段各部位内力变形规律。

(4) 对施工反馈的设计修正与总结，发挥设计的指导作用。根据监测反馈与理论研究成果，对气压对土体侧摩阻力及刃脚地基承载力的增大效应有了进一步的设计认识，并及时调整下沉计算分析，给出了对施工需重点克服下沉困难的建议，使其在原有助沉措施的基础上增加沉箱壁泥浆套助沉措施，保障了沉箱的顺利下沉。同时实测反映出的土侧压力的分布规律与计算选用比较符合，印证了设计研究的部分成果，对以后的沉箱设计有一定的指导性（图 4.2-11）。

图 4.2-11 施工现场

4.2.5 现代气压沉箱施工技术

我国过去的气压沉箱施工以人工为主，工人要在 2～4 个大气压下的地下作业室内进行挖掘工作，条件艰苦、危险，工作效率低下。沉箱下部工作空间小、气压高、温度高、噪声大，在其内工作，使人有压迫感、紧张感，且由于减压顺序的控制不当易患较严重的职业病（称为沉箱病）。由于国内现代气压沉箱施工技术几乎为空白，因此针对试点工程，结合我国过去的沉箱施工经验，分析国外相关技术优缺点，进行了我国气压沉箱施工技术改进。

现代气压沉箱施工步骤简略描述如下：

1. 现场准备

(1) 场地布置时应根据现场情况合理布置水、电线路，施工临时设施，地面控制室等。还应注意空压机停放位置，移动氧舱停放位置，供气管路的布置等，其中空压机的配置应考虑备用。现场并应配备应急发电机。

(2) 对高气压作业人员必须提前进行培训。

(3) 据现场土质情况及结构形式合理开挖基坑，铺设砂垫层，素混凝土垫层，并应注意砂垫层的排水。

图 4.2-12 基坑开挖

图 4.2-13 铺设垫层

2. 沉箱地面制作

(1) 沉箱可根据结构高度分为多次制作，多次下沉。地面制作时应包括刃脚制作、底板制作，以便下部形成密闭空间。底板制作时应考虑相关设行预埋件和预埋管路的布置。

(2) 底板制作完毕后进行工作室内以及底板上施工设备的安装。主要包括：自动挖掘机、皮带运输机、螺旋出土机、人员进出塔、物料进出塔以及工作室内照明、通讯、摄像等设备。同时现场应打设水位观测井，以观测地下水位变化情况。

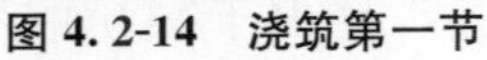
图 4.2-14　浇筑第一节

图 4.2-15　浇筑第二节

3. 沉箱第一次下沉

(1) 在设备安装完毕后可进行沉箱第一次下沉，由于此时沉箱刃脚入土深度浅，前期下沉可采取无气压出土形式。待沉箱刃脚插入原状土 2～3m 后，即可向工作室内充入气压，进行气压下沉施工。

(2) 沉箱工作室内气压大小应以平衡开挖面处外界水压力大小为限，不应过高或过低。

(3) 沉箱出土采用遥控出土形式。其中出土采取螺旋出土机自动出土，使得出土过程不需经过繁琐的充、放气过程，提高了施工效率，同时也可将物料塔吊斗出土形式作为备用措施。

(4) 为防止沉箱初期下沉速度太快，我们在沉箱外围设置了多个支撑砂桩，作为辅助支撑来控制沉箱下沉速度。砂桩可根据沉箱下沉需要，通过适当泻砂来自由调节支撑点的高度，并可分别调节各支撑点高度，从而起到控制沉箱下沉姿态的作用。

4. 沉箱接高

由于沉箱分为多次制作，多次下沉，在下沉时需进行结构接高（最后一次下沉除外）。为提高施工效率，上节井壁的接高可与下沉同时进行。此时脚手体系可采取在外井壁上悬挑牛腿的方式搭设外脚手架，内脚手可直接在沉箱底板上搭设。随后上节井壁的接高与下沉同时进行施工。

5. 沉箱后期下沉

(1) 随着沉箱下沉深度的增加，工作室气压应不断调高，以便平衡开挖面不断增加的外界水压力。但工作室气压大小应以平衡开挖面处外界水压力大小为限，不应过高或过低。

(2) 沉箱下沉到后期，由于气压反力等因素的作用，沉箱下沉系数会减小，使沉箱下沉困难，此时可利用外加多个压沉系统进行强制压沉。压沉系统动力系统可采用千斤顶，并通过地锚进行压沉。同时可利用各个千斤顶施加不同压力来控制沉箱姿态。

图 4.2-16　第一次下沉并接高

图 4.2-17　浇筑第四节

（3）同时可通过设置外围泥浆套减阻，灌水、砂压重等方式进行辅助下沉。

（4）一般应慎用减压下沉工艺，尤其是在砂性土、承压水层中更应慎用。

6. 封底施工

沉箱下沉到最终标高后进行封底施工。预先在沉箱底板（即工作室顶板）制作时即按一定间距预埋的导管（导管直径与混凝土泵车尺寸相对应），在沉箱下沉过程中，导管上端先采用闸门封堵，当沉箱下沉到位准备封底施工前，在沉箱底板上采用一长导管一段与底板预埋导管连接，另一段与地面泵车导管连接，即可采用泵车直接向工作室内浇筑混凝土。

封底混凝土要求采用自流平混凝土，以保证混凝土可以在工作室内一定范围内自然摊铺。当一处浇筑完毕后，泵车移到下一导管处继续浇筑，直至封底混凝土充满整个工作室空间。封底混凝土达到强度后，再对其与底板之间的空隙处进行压注水泥浆处理。

图 4.2-18　封底施工

4.3　工程应用——上海市轨道交通7号线12A标南浦站—耀华站中间风井工程

本工程为浦江南浦站—浦江耀华站区间的一个中间风井工程，位于原上海浦东钢铁

（集团）有限公司内材料场，风井主体为全埋地下四层结构，平面外包尺寸为25.24m×15.6m，风井顶板以下高度为27m，结构顶板面标高3.938m。主体结构采用气压沉箱施工工艺，总下沉深度29.062m（图4.3-1～图4.3-3）。

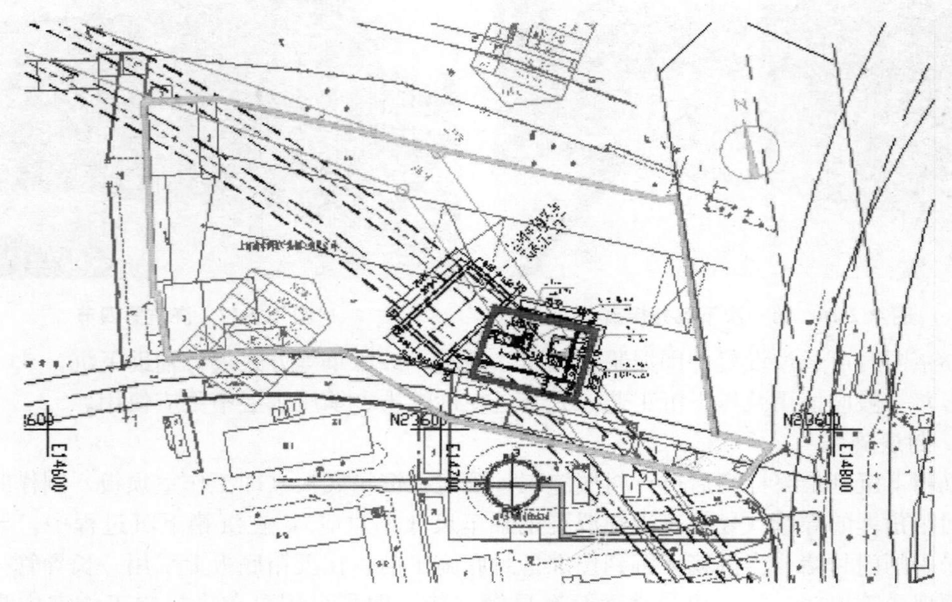

图4.3-1 现场位置图

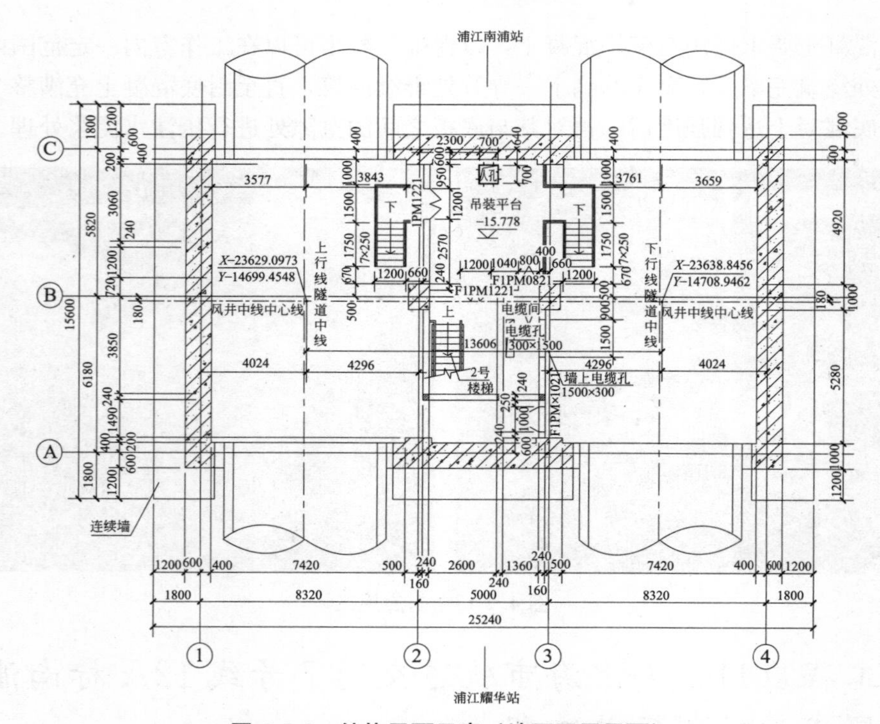

图4.3-2 结构平面示意（地下四层平面）

工程自沉箱首节制作开始，历时近10个月完成封底顺利竣工，情况可控良好。沉箱

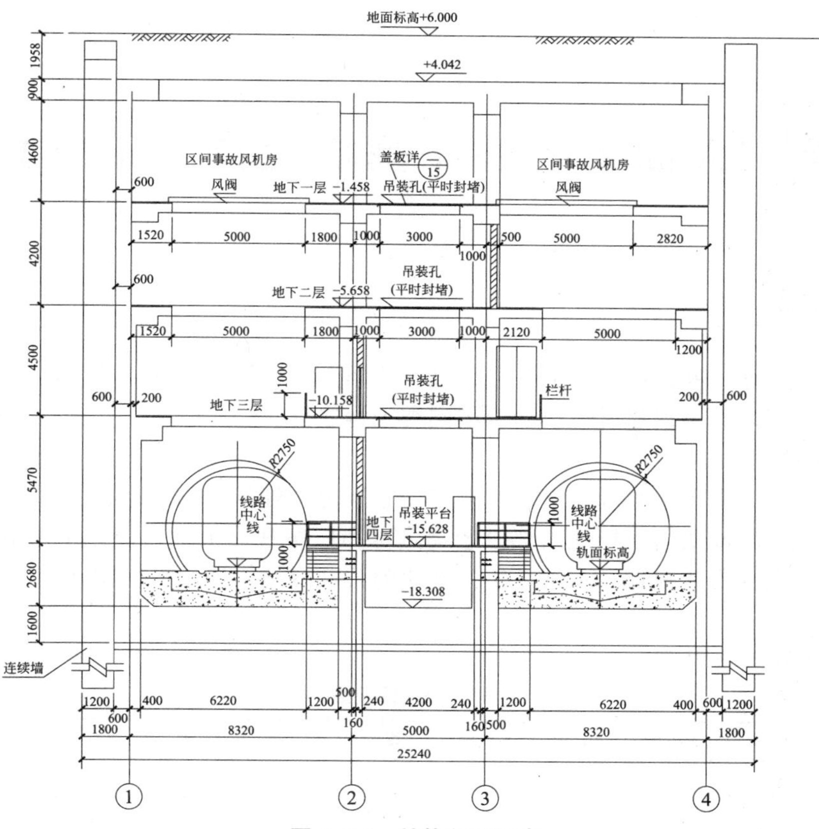

图 4.3-3 结构剖面示意

下沉平稳连续、有关平面与标高偏差控制均好于沉井；从对沉箱本体及周边环境的监测反馈表明，沉箱本身以及周边环境在整个施工过程中完全处于安全状态，尤其是周边建构筑物的沉降量明显低于围护明挖。这一结果表明，新技术的工程应用是非常成功的，取得了经济效益与社会效益的双赢。

新技术在首例工程中得到了成功应用，与常规施工方法—地下连续墙围护支撑明挖顺作方案相比，该项工程主要节省费用测算如下：

① 节省地下连续墙 1∶0.8 插入深度及内衬费用计：679.5 万元；

② 节省十道支撑围檩费用（4 道混凝土、6 道钢）计：283.2 万元；

③ 节省坑底地基加固费用计：32.3 万元；

④节省坑内外降水费用计：18.6 万元。

共计节约工程投资达 1013.6 万元。

气压沉箱技术有效解决了常规施工方法难以突破的应对大深度与管涌、流砂及承压水等不利条件的技术难关，其在周边环境影响上对城市密集建筑群区的地下空间开发有着不可替代的优越性和竞争力；而且，采用了遥控技术、计算机技术、自动控制、生命科学等高新技术集成的现代无人化可遥控气压沉箱技术，符合“以人为本、追求环保”的施工新理念，为城市大深度、大规模的地下空间开发提供了新思路和新出路。该技术的突出优点是对周边环境影响小，能最大程度地保障城市环境和居民生活的安全。

第5章 大面积的超深基坑逆作施工成套技术

5.1 概述

500kV（世博）输变电工程项目为500kV大容量全地下变电站，作为2010上海世博会重要配套工程，其工程建设规模列全国同类工程之首。

5.1.1 周边环境

本工程位于上海市中心静安区，本期工程施工范围处于北京西路、成都北路、山海关路和大田路所围的地块内，场地内部原老式民房和厂房现已拆除，但地下基础未予挖除，场地已整平。根据市政规划，本站址所处地块为公共绿地，地面部分将建设上海市“雕塑公园”。

（1）周边管线（表5.1-1）

周边管线情况表 **表5.1-1**

山海关路侧	管线	供电	供电	供电	煤气	污水	雨水	煤气	配水	电车
	距离(m)	16.6	17.7	18.8	19.6	20.3	21.1	21.6	23.1	25.3
成都北路侧	管线	供电	信息	煤气	配水	雨水	合流	雨水	雨水	煤气
	距离(m)	23.0	24.6	26.5	28.9	31.3	35.2	44.9	54.5	57.0
	管线	信息	煤气	配水	配水	电力				
	距离(m)	58.8	60.7	62.2	63.2	66.8				
大田路侧	管线	供电	供电	污水	雨水	配水	煤气	信息	供电	供电
	距离(m)	最近的一条供电线路距离基坑边缘的距离超过58m								
北京西路侧	管线	信息	电车	配水	供电	煤气	煤气	供电	雨水	供电
	距离(m)	最近的信息关系距离将近150m								

（2）周边建（构）筑物

山海关路侧：隔山海关路与本工程相对的是一、二层的老式民房，按照预定的工程实施计划，本工程地下部分施工期间，该侧民房尚未拆除。根据以往的总承包管理经验，该民房一般应为天然地基，基坑开挖引起的土体的沉降和位移将直接影响该区域民房的变形。山海关路向西延伸段有规划地铁线路通过，地铁控制线距本基坑外边界最近点距离超过150m。

成都北路侧：成都北路中部为南北高架路，城市高架路下设置了桩基础。由于南北高架路属于城市交通主干道之一，本工程地下结构施工期间，应严格控制该侧土体的变形和位移，并严格监控高架沉降情况（图5.1-1）。

5.1.2 工程地质条件

（1）工程地质

拟建场地属滨海平原地貌，自地表至100m深度范围内所揭露的土层均为第四纪松散沉积物，按其成因可分为10层，其中第①、⑤、⑦、⑧、⑨层按其土性及土色差异又可分为若干亚层，所见土层自上而下分述详见表5.1-2。

图5.1-1　工程实际位置图

土层特性表　　**表5.1-2**

土层编号	地层名称	颜色	平均层厚(m)	平均埋深(m)	q_c(MPa)	土层描述
①1	人工填土	杂	1.67	1.67		由碎砖、水泥、木桩和塘泥等组成
②	粉质黏土	褐黄—灰黄	1.51	3.18	0.66	含氧化铁斑点和铁锰质结核，土质随深度变软
③	淤泥质粉质黏土	灰	7.01	10.69	0.55	含云母、局部夹层状粉砂，土质不均匀
④	淤泥质黏土	灰	6.93	17.12	0.53	含贝壳和云母片，夹薄层粉砂
$⑤_{1-1}$	黏土	灰	4.25	21.37	0.72	部分为黏土，含钙质结核及少量腐殖质和砂质粉土
$⑤_{1-2}$	粉质黏土	灰	5.38	26.75	0.98	含钙质结核及少量腐殖质，夹薄层粉砂，含云母片
⑥1	粉质黏土	暗绿	3.94	30.68	1.94	含少量腐殖质，夹较多的钙质斑点
⑦1	砂质粉土	灰黄—草黄	6.51	37.20	9.71	夹薄层黏性土及大量氧化铁斑纹，含多量粉砂和少量云母片
⑦2	粉砂	灰黄—草黄	8.32	45.52	19.28	夹薄层黏性土及大量氧化铁斑纹，含多量粉土和少量云母片
⑧1	粉质黏土	灰	14.76	60.28	1.41	局部为黏土，夹薄层粉砂
⑧2	粉质黏土与粉砂互层	灰	13.08	73.36	2.35	夹薄层粉细砂，呈千层饼状，局部砂性重
⑧3	粉质黏土与粉砂互层	灰	3.99	77.35	6.00	粉质黏土与粉砂呈互层状，局部含砂量和砾砂较多
⑨1	中砂	灰	4.90	82.26	标贯50击以上	上部含粉质黏土，下部以中粗砂为主，含砾、云母屑
⑨2	粗砂	灰	15.11	101.70	标贯50击以上	夹粉细砂，局部为砾砂，含云母屑
⑩	黏质粉土	青灰	未穿	未穿		夹杂色条纹，可见结核硬块，部分为砂质粉土

（2）水文地质

根据勘察资料显示，目前已有勘探孔静止地下水埋深一般0.5～1.0m。根据上海市相关规范，上海地区潜水水位埋深一般为0.3～1.5m。建议对抗浮验算、支护设计时采用水位埋深值0.5m，本场地浅层地下水对混凝土无腐蚀性。

本场地承压水分布于⑦土层和⑨层砂性土中。本地下工程底板位于第⑦，层承压水层中，因此底板设计时，需针对底板抗渗以及底板与地下连续墙交界面位置防渗漏进行专项的防水设计。此外，由于本工程埋深较深，基坑开挖过程中存在上覆土层厚度不足以抵抗承压水的压力的问题，因此围护设计需采取有效措施保证基坑的安全（图5.1-2）。

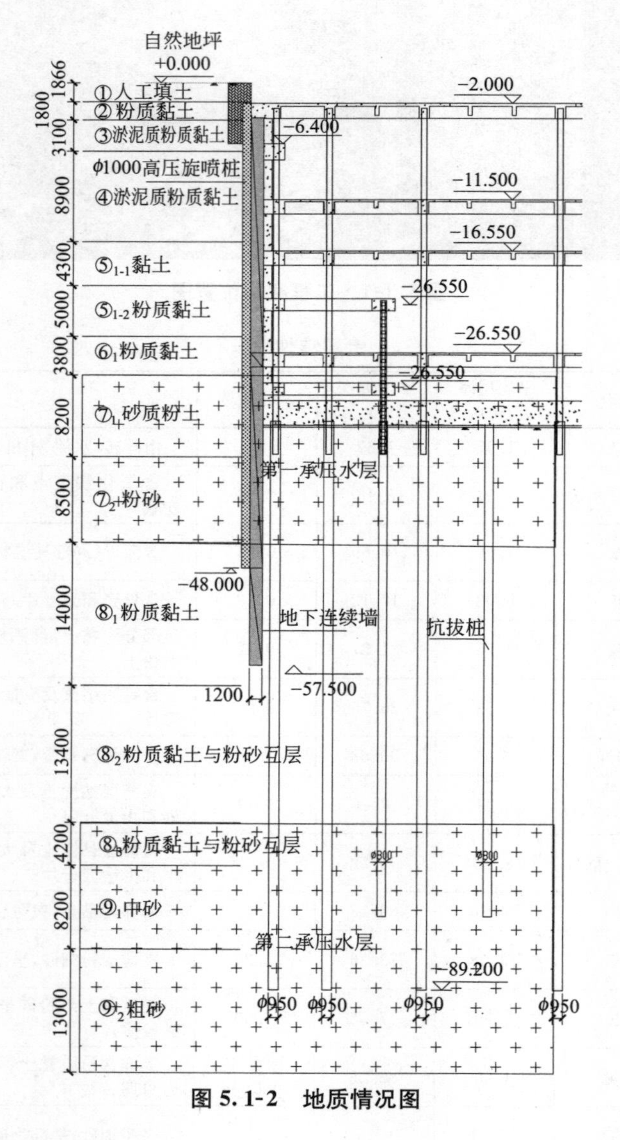

图5.1-2 地质情况图

5.1.3 工程特点

本工程采用框架剪力墙结构体系，其中主体结构外墙与内部风井隔墙构成主体结构的剪力墙体系，其余部分的内部结构为框架结构。地下四层，底板下设置抗拔桩。

（1）地下连续墙：1200mm 宽，墙顶标高－3.500m，墙底标高－57.500m，墙底注浆，墙外接头处采用高压旋喷桩止水。

（2）工程桩：抗拔工程桩采用 ϕ800 钻孔灌注桩，有效桩长 48.6m，桩底标高为－82.000，桩身混凝土强度为 C30，共 651 根；逆作支撑柱下桩采用一柱一桩和临时立柱桩两种形式，一柱一桩直径 ϕ950 钻孔灌注桩，有效桩长 55.8m，桩底标高为－89.200，并采用桩端后注浆施工工艺，桩身混凝土强度为 C35，共 201 根。

（3）逆作梁板结构：本工程结构施工采用逆作法施工，结构外墙为 1200mm 厚地下连续墙＋800mm 厚内衬墙的两墙合一结构，地下结构内部采用框架结构作为结构竖向受力体系，地下各层结构采用双向受力的交叉梁结构体系，本工程共 4 层，1～4 层层高分别为 9.5m、5m、10m 及 4.8m，在－7.00、－22.00 及－30.30m 处共设置 3 道环型混凝土支撑。

5.1.4 工程难点

本工程地下混凝土结构圆柱形筒体直径为 130m，基坑面积达 13300m^2，最大开挖深度达 35.25m，为目前国内最深的逆作法施工项目。在地墙的深度、宽度、超深钻孔灌注桩、一柱一桩的控制、机械设备的选择、逆作法施工的组织等众多方面的技术难度都是超常规的。而且，本工程又建在市中心和居民密集区位置，稍有闪失，其经济、社会影响都是巨大的。因此，在确保工程在进度、质量、安全等方面万无一失，整个逆作法施工过程，必须考虑周全，具有非常大的施工难度。

（1）周边环境复杂、变形控制要求高

本工程位于市中心及成都路南北高架旁，距山海关路民房 20m，距南北高架约为 30m，地下有较多地下管线，基坑施工中需确保高架的安全以及山海关路邻房的安全。因此，整个基坑施工对各道施工工序、各种施工工艺、方法都必须紧紧围绕变形控制要求展开。

（2）超深地下连续墙，设备特殊、技术难度大

本工程地下连续墙厚 1.2m，深度为 57.5m，因此对地墙的成槽、槽壁稳定及垂直度控制 1/600、超宽超长钢筋笼吊装、槽幅间的防水连接、成槽质量的控制要求高，对机械设备、施工工艺提出了极高的要求。

（3）细长钻孔灌注桩及扩底桩技术控制要求高

本工程采用的 201 根 ϕ950、89m 深钻孔灌注（承压桩）和 665 根 ϕ800、82m 深的钻孔灌注（抗拔桩）均为细长型的超深钻孔桩。细长钻孔灌注桩及扩底桩技术控制要求高，且均进入⑨1、⑨2 中粗砂性层土中，其桩身的垂直度的控制（1/300），桩底的沉渣厚度小于 5cm，都有极大的难度。

（4）顶板落深的超大型逆作法基坑施工难度大

本工程地墙的顶标高地面低约 3.5m，混凝土不浇筑至地面。而导墙没必要也不可能做得这么深，混凝土面与导墙底间高度内为原土，地面上的超载容易使这部分原土变形，从而使导墙变形，影响后续槽段施工。本工程逆作顶板低于自然地面约 2m，圆形基坑面积达 13300m^2，基坑实际开挖深度达 34.05m。其综合控制技

术难度大。

(5) 超深逆作钢管立柱桩垂直度控制要求更高（1/600）

本工程由于采用逆作法施工，设计对于立柱桩垂直度要求达到1/600。且一柱一桩桩身混凝土为C35，钢管内混凝土为C60，因此对超深立柱桩的定位、垂直度控制要求及孔下混凝土的浇灌要求都非常高。

(6) 超深逆作施工中结构差异沉降控制更严格

按照逆作法施工的特性，在逆作法施工基础大底板浇捣之前，其全部结构施工荷载全面主要靠一柱一桩及周边地下连续墙来承担，随着地下室开挖深度逐步增加，土体卸载，桩侧摩擦力损失，增设梁板结构自重及中间边跨一柱一桩受力是不均衡的，从而使整个逆作过程不同阶段结构产生差异沉降。始终将差异沉降控制在一定程度内，是保证结构不产生结构裂缝与结构破坏的关键。为此从一柱一桩及地墙的均衡特点的质量控制、均衡开挖的流程控制及应急局部一柱一桩的加荷、卸荷的措施，确保相邻一柱一桩差异沉降控制在设计要求的范围内，以确保结构安全。

(7) 逆作清水混凝土结构体量大、构件特殊、质量要求高

本工程清水混凝土体量达55000m^2，约20000m^3，而且构件特殊。由于逆作清水混凝土结构与常规清水混凝土结构施工不同，梁板逆作与墙柱顺作带来施工缝多，后作柱、墙模板及振捣工艺复杂的特点，本工程设置800mm厚的内衬复合墙，无法采用通常的对拉螺栓结构，需要用到特殊的模板体系。结构及后作外包柱的高度最大达到10m，给逆作清水混凝土结构带来难度，必须针对本工程逆作结构的特点，对梁、墙、板、柱的钢筋模板、混凝土施工的节点与工艺进行专项设计，确保工程逆作结构达到清水混凝土要求。

(8) 环形超长、大面积内衬钢筋混凝土裂缝控制要求高

本工程800mm厚内衬混凝土结构墙呈圆形封闭结构，长度达408m左右，且为整体结构设计，纵横方向均不留缝，对裂缝控制带来了极大的难度，需要特别的施工措施加以保证。

(9) 超深基坑降水及承压水处理复杂

本工程基坑开挖深度进入第⑦$_1$层，地下连续墙深度进入第⑧$_1$层。第⑦层为第一承压含水层，第⑨层为第二承压水层，第⑧层土的渗透性能从地质报告提供的信息和以往的工程经验存在不确定性，对降水方案的确定影响较大。施工中必须考虑降承压水对基坑及周边环境的。特别是施工到基坑底部时，需考虑第二承压水层可能带来的不利影响。因而必须采取必要的应急预案及有控制降水监控措施，确保基坑及周边环境的安全。

(10) 地下变电结构防水施工要求高

本工程为全地下变电站工程，顶板、底板及内衬墙防水为一级，属于特大型重要的地下构筑物，具有永久和不可恢复的特点。其结构防水要求特别高，难度特别大。

(11) 超深地下逆作结构施工作业环境安全措施复杂

由于逆作法施工与常规施工有所区别，本工程为超深超大地下逆作结构，逆作地下空间通风条件差，用电照明危险性大，废气产出量多而排气难，开挖及拆模交叉作业，安全危险大。且本工程有可能随时存在地下不明气体的侵害，必须采用专项通气、照明、开

挖、拆模及应急措施，以确保施工人员的安全。

（12）超深逆作大底板大体积混凝土施工控制技术复杂

本工程大底板厚达 2.5m，混凝土方量约 33000m^3，且位于地下 34m 深处，属于超深度的大体积混凝土施工，综合控制技术复杂。

5.2 技术介绍

5.2.1 超深地下连续墙施工技术

本工程基坑围护体系采用地下连续墙两墙合一，地下连续墙墙厚为 1200mm，深 57.5m（穿透⑦$_2$ 层，进入到⑧$_1$ 层），共 408m。地下连续墙槽段分为 A、B、C、D、E、F 六个区，共 80 幅。一期槽段有 6.2m 和 6.3m 两种类型，二期槽段有 6.5m、3.75m 和 3.85m 三种类型（3.75m 为"T"形幅），另外有四个特殊槽段，分别为 6.58m、6.22m、6.69m、6.53m。地下连续墙体混凝土设计强度为 C35（施工时提高一个等级），抗渗等级为 S12（施工时提高一个等级），槽段接头采用 H 型钢刚性接头。

图 5.2-1 MBC30 铣槽机

（1）由于成槽难度大，施工中采用抓—铣相结合的成槽施工工艺。针对不同土层的情况，分别采用一台 BC40 液压铣一台 MBC30 液压铣和 2 台 CCH500-3D 真砂抓斗成槽机配套进行地下连续墙成槽施工（图 5.2-1）。

（2）为了控制成槽垂直度，主要采取如下措施应对：

① 本工程地质⑦$_2$ 层粉砂层由于强度比较高，成槽垂直度控制难度比较大，因此采取抓-铣相结合的成槽工艺。

② 工程中采用的成槽机和铣槽机均具有自动纠偏装置，可以实时监测偏斜情况，并且可以自动调整。

③ 每一抓到底后（到砂层），用 KODEN 超声波测井仪检测成槽情况，如果抓斗在抓取上部黏土层过程中出现孔斜偏大的情况，可采用液压铣吊放慢铣纠偏。

(3) 施工中拟采取在“H”型钢边缘包0.5mm厚铁皮，一期槽段空腔部分采用石子回填等措施防止混凝土绕流。

(4) 为了控制槽壁稳定，主要采取如下措施：

① 根据实际试成槽的施工情况，调节泥浆比重，一般控制在1.18左右，并对每一批新制的泥浆进行泥浆的主要性能的测试；

② 地下连续墙外侧浅部采用水泥搅拌桩加固；

③ 对于暗浜区，采用水泥搅拌桩将地下墙两侧土体进行加固，以保证在该范围内的槽壁稳定性；

④ 另外，控制成槽机掘进速度和铣槽进尺速度，施工过程中大型机械不得在槽段边缘频繁走动，泥浆应随着出土及时补入，保证泥浆液面在规定高度上，以防槽壁失稳；

(5) 针对沉渣控制要求，施工中采用液压铣及泥浆净化系统联合进行清孔换浆，将液压铣削架逐渐下沉至槽底并保持铣轮旋转，铣削架底部的泥浆泵将槽底的泥浆输送至泥浆净化系统，由除砂器去除大颗粒钻渣后，进入旋流器分离泥浆中的细砂颗粒，然后进入预沉池、循环池，进入槽内用于换浆的泥浆均从鲜浆池供应，直至整个槽段充满新浆。

经检测，地下连续墙垂直度均小于1/600，达到了设计要求，成槽效果良好。

5.2.2 超深高压旋喷桩旋喷注浆施工技术

本工程开挖深度33.4m，地下墙深达57.5m，在地墙槽段与槽段之间的接缝外侧土体采用二重管高压旋喷桩进行防渗加固，高压旋喷桩采用42.5级普通硅酸盐水泥，桩径1000mm，旋喷桩与地下连续墙搭接300mm，旋喷桩标高范围－3.50～－49.50m（其中砂层为－37.20～－49.50m）水泥掺入量650kg/m^3（水泥：粉煤灰＝1：0.3）。

由于旋喷桩最大加固深度达50m，就国内外旋喷桩施工的现状来说，超深旋喷桩的施工经验还较少，而且大深度旋喷桩在施工过程中会受到多种因素的影响（穿越地层第$⑦_1$、$⑦_2$层土，该层为砂质粉土与粉砂土质，同时该层为承压水层，该土层易发生流砂），为了确保施工质量以及制定的技术措施是否该可行，高压旋喷桩注浆方案确定后，在现场进行了试验性施工，并掌握相应的施工参数与工艺。

最终采用套管对导引孔进行护壁防塌，以保证旋喷桩正常施工。即在引导孔施工结束后，立即全孔下入ϕ110mm×2PVC套管。利用ϕ110mm×2PVC管在15～20MPa高压冲击下立即粉碎的原理，达到既保证导引孔不坍塌，又保证二重管在套管内正常旋喷成桩。旋喷施工中为了防止埋管，采取了以下技术措施：

1. 保证引导孔质量的技术措施

(1) 采用性能较好的GXY-2型钻孔，采用ϕ60mm钻杆，长岩芯钻管和金刚石钻头钻进。该钻机扭矩大，保证成孔垂直度≤1/300。

(2) 孔径：将钻孔直径加大到150mm，可以使浆液易于排出地面，从而使孔内压力快速释放，并能解决成孔垂直度的偏差影响。

(3) 钻孔施工中，泥浆炉壁选用膨润土配置优质泥浆护壁，泥浆黏度控制在22″～25″，密度1.05～1.10，确保孔壁不塌。

(4) 钻孔达到设计孔深后，用配制泥浆进行循环清孔 20～30min，使孔内沉渣全部带出孔外，及时清除，保证孔内沉渣厚度小于 20cm。

2. 旋喷过程中保证孔壁稳定性的技术措施

(1) 在引导孔施工结束后，立即全孔下入 ϕ110×2PVC 套管，PVC 管每根长 4m，采用直插式接箍连接。为保证 PVC 管连接牢固，连接处用自攻螺钉加固。

(2) 为了保证在不同土层和不利因素影响下，旋喷桩达到比较均匀的直径，采用了不同的施工参数（表 5.2-1）。

不同土层的施工参数 **表 5.2-1**

土层	标高(m)	转速(r/min)	提升速度(cm/min)	泵压(MPa)	泵量(L/min)
黏性土	−3.50～−30.60	12	14～18	20～25	90
砂性土	−30.60～−45.50	10	10～14	25～30	90
黏性土	−45.50～−49.50	10	10～14	25～30	90

3. 其他相应技术措施

为防止产生埋管现象，施工中采取加长双重管的分节长度，减少拆管的次数，以保证连续喷浆，防止埋管。即每次拆管长度为 12m。保证在砂层施工中只拆一次管。拆管时应缩短作业时间，尽量减少停泵时间。若施工中发生停电等意外，应尽快用吊车将双重管拨至孔深 30m（砂层顶面）以上，以避免发生埋管。

5.2.3 超长钻孔灌注桩施工技术

本工程钻孔灌注桩采用正循环回转钻进，自然造浆护壁成孔，一、二次清孔（泵吸反循环清孔），导管水下混凝土灌注成桩工艺。整个工艺分成孔及成桩二大部分，成孔部分包括回转钻进成孔，泥浆护壁及一次清孔，成桩部分包括钢筋笼、导管安放、二次清孔、水下混凝土灌注。本工程采用商品混凝土，钻孔和混凝土浇灌中所排出的废浆输入泥浆池，经沉淀处理后，由专用泥浆车外运。

采用的防斜梳齿钻头，既增加钻头工作的稳定性和刚度，又增加其钻头耐磨性能。该钻头可用于钻进 N 值 50 以上的较硬土层、带砾石的砂土层。钻头上面直接装置配重块，既保证钻头压力，又提高钻头工作稳定性和钻孔的垂直精度。钻头直径为 ϕ800mm。采用 6BS 泵吸反循环二次清孔，并在成孔过程中采用除砂器。清孔时入孔口的泥浆比重宜控制在 1.20，黏度 18～22 度，钻进过程中采用除砂器保证浆内含砂率在 4%范围内。泵吸反循环清孔应注意保证补浆充足与孔内泥浆液面稳定，使用时还应注意清孔强度以免造成孔底坍塌（图 5.2-2、图 5.2-3）。

5.2.4 超长桩侧壁注浆技术

桩侧后注浆是目前继桩底注浆后新起的一种施工技术，它是在灌注桩成桩后，通过预埋在桩体不同部位处的特殊注浆器向桩侧注入水泥浆液，水泥浆液渗扩、挤密和劈裂进入土体，形成包围桩身横向及纵向一定范围强度较大的水泥土加固体，它不仅消除了附着桩表面泥皮的固有缺陷，改善了桩土界面，而且使桩侧一定范围的土体得到加固，土体强度增强，增大桩侧摩阻力，同时桩侧阻力因桩径扩大效应而增大，从而大幅度提高单桩抗压承载力和单桩竖向抗拔承载力。

图 5.2-2　GPS-20 型回旋钻机

图 5.2-3　清孔及除砂

本工程桩侧后注浆为 P1 和 P2 桩，共 665 根，每根桩沿桩长设置五道注浆断面，每道注浆断面注浆孔数量不少于四个，且应沿桩周均匀分布，每道断面水泥用量为 P42.5 新鲜普通硅酸盐水泥 500kg，单桩水泥用量为 2.5t（图 5.2-4）。

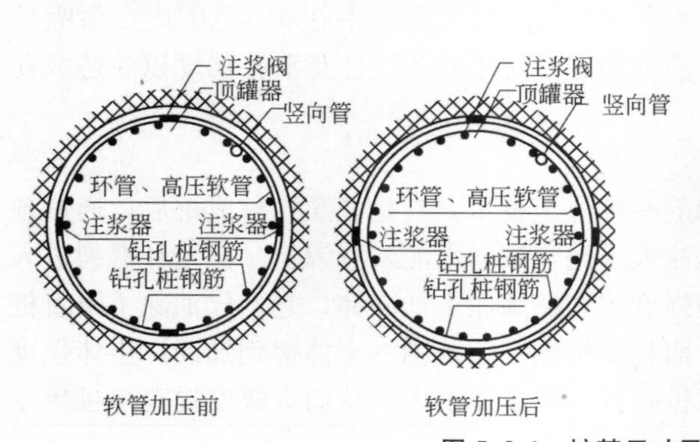

图 5.2-4　桩基尺寸及现场绑扎图

本工程桩侧实施五道压浆断面，压浆阀设置位置分别为－40.0m、－45.9m、－67.2m、－72.4m、－77.6m。后压浆技术要求如下：

(1) 后压浆质量控制采用注浆量和注浆压力双控方法，以水泥注入量控制为主，泵送终止压力控制为辅；

(2) 水泥采用 P42.5 水泥，注浆水灰比为 0.6～0.7。桩侧压浆水泥用量为每道 500kg，实施五道压浆，每道注浆孔数量不少于 4 个；

(3) 后压浆起始作业时间一般于成桩 7 天以后即可进行（清水劈裂时间一般在成桩后 6-8 小时），具体时间可视桩施工态势进行调整；

(4) 桩侧压浆压力不宜小于 1.0MPa。当水泥压入量达到预定值的 70%，而泵送压力已超过 5.0MPa 时可停止压浆。

5.2.5 一柱一桩施工技术

本工程桩基包括逆作施工阶段一柱一桩的抗压桩和正常使用阶段工程桩的抗浮桩。桩底标高均为－89.5m（桩端进入持力层⑨2 灰色粗砂层约为 5m），成孔深度将达 90m，所遇地层土质结构变化大，特别是⑦$_2$ 灰色粉砂、⑨$_1$ 灰色中砂、⑨$_2$ 灰色粗砂，其 N 值远远大于 50，土质非常硬，采用常规型号钻孔机成孔非常困难。

一柱一桩 P3、P4、P5 采用 ϕ950 钻孔灌注桩，桩身混凝土设计强度等级 C35（水下混凝土提高一级），有效桩长 55.8m。一柱一桩桩身内插立柱钢管采用 ϕ550×16，钢材设计强度等级 Q345B，内填混凝土设计强度等级 C60（水下混凝土提高一级），钢管立柱中心定位偏差不大于 10mm，垂直度要求为 1/600（为保证钢管立柱底端的调垂空间，标高 ±0.00～－36.80m 范围内采取扩孔形式，孔径为 ϕ1200mm）。

本工程钢管柱的垂直度要求 1/600，远大于规范要求 1/100，且由于钢管长度大，最长达 33.045m，需要分两段到现场焊接成型，通过优化方案和强化现场管理保证了焊接过程及吊装过程的垂直度，同时采取措施对地面以下垂直度进行有效检测并调整，满足了本工程钢管柱的垂直度要求（图 5.2-5）。

(1) 钢管柱总长 33.045m、32.545m 两种（不含 4m 工具管长度），钢管构件组装在工作平台胎模上进行，以确保对接（焊接）的准确性与垂直度。

图 5.2-5 钢管桩吊装图

(2) 钢管立柱现场检查、拼桩措施

钢立柱进场需有质量合格证，进场使用前对外观尺寸及本身的垂直度平整度严格控制。钢立柱其本身质量的好坏将直接影响到监测系统监测数据的准确性。钢管构件外形尺寸的允许偏差详见表5.2-2。

钢管构件外形尺寸及允许偏差表　　**表5.2-2**

项目	允许偏差(mm)	检验方法	图例
直径	$\pm d/500$ ± 5.0	用钢尺检查	
构件长度 L	± 3.0		
管口圆度	$d/500$ $\leqslant 5.0$		
管面对管轴的垂直度	$d/500$ $\leqslant 3.0$	用焊缝量规检查	
弯曲矢高	$L/1500$ $\leqslant 5.0$	用拉线、吊线、钢尺检查	
对口错边	$t/10 \leqslant 3.0$	用拉线、钢尺检查	

(3) 钢管构件组装应在工作平台胎模上进行，预对接后应有相应的固定措施和标记，以确保对接（焊接）的准确性和方便性（图5.2-6）。

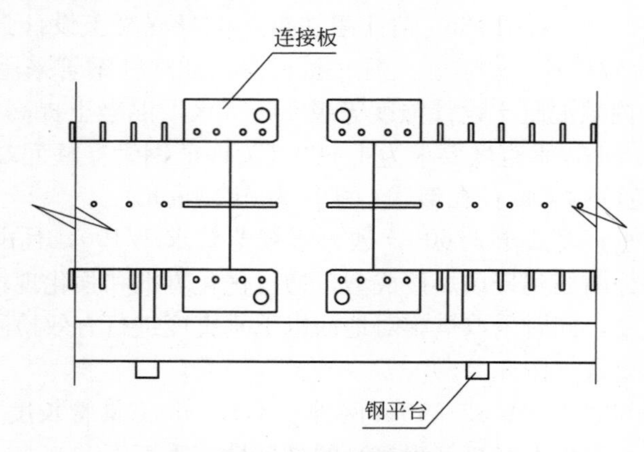

图5.2-6　钢管构件焊接图

(4) 钢管构件预拼桩的允许偏差详见表5.2-3。

钢管构件预拼桩允许偏差表　　**表5.2-3**

序号	项目	允许偏差(mm)	检验方法
1	预拼装总长	± 5.0	用钢尺检查
2	预拼装弯曲矢高	$L/1500$，且不应大于10.0	用拉线和钢尺检查
3	对口错边	$T/10$，且不应大于3.0	用焊缝量规检查
4	坡口间隙	$+2.0$ -1.0	

(5) 利用重心原理，在钢管柱顶端设计了专用吊耳与平衡器（吊点与铁扁担），以确保钢管柱在自由状态下保持垂直度（图5.2-7）。

(6) 最后采用地面调节系统调节钢管的垂直度，主要由地面定位架、横梁、10t千斤顶与5m校正杆组成。

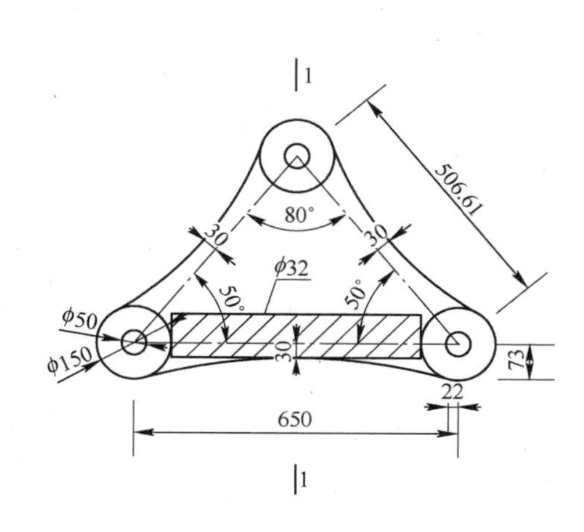

图 5.2-7 钢管柱专用吊耳装置

（7）由于钢管柱的顶标高在地面以下 4m 和 3.5m 处，为了便于地面调垂和固定，将采用可拆卸工具管延长至地面约 50cm。可拆卸工具管采用与 ϕ550×16 钢管立柱等截面钢管，工具管质量需严格控制，确保接管后钢立柱的垂直度、平整度等，以利于监测的准确性。可拆卸工具管与钢管立柱采用法兰连接，连接件采用四根 ϕ28 直螺纹钢筋，并用 ϕ48 钢管延长至地面（图 5.2-8、图 5.2-9）。

（8）地面定位架加工与设置

钢管定位架必须有足够的刚度，定位架采用 10 号槽钢或 10 号角钢加工而成。定位架设置顺序：桩位测量、放线→预埋件设置→护筒埋设、检验→定位架校正、固定。定位架制作完成后，应标注明显的中心线标记，中心线标记偏差≤2mm。预埋件设置必须在一柱一桩开工前 14 天内完成，以保证有足够的强度。钢管定位架铺设应根据定位架上中心线标记与地面桩位控制线为准，实际中心点累计偏差≤5mm。

5.2.6 超深地下空间逆作法取土技术

根据工程实际情况，在施工时共分为 A、B、C、D、E、F、G 七个区。A 区面积为 3600m^2，B，D 区面积为 1100m^2，C，E 区面积为 1200m^2，F，G 区面积为 1600m^2，总土方量为 43 万 m^3（图 5.2-10）。

（1）逆作取土开挖流程

根据工程实际情况本工程土方开挖共分八个阶段。

第一阶段：主要施工内容为第一层土开挖和 B0 板施工。

第二阶段：主要施工内容为第二层土开挖、单环支撑及夹层施工。

第三阶段：主要施工内容为第三层土开挖和 B1 板施工。

第四阶段：主要施工内容为第四层土开挖、B2 板及 B1 板以上内衬墙施工。

第五阶段：主要施工内容为第五层土开挖、第一道双环支撑、夹层及 B2 板以上内衬墙施工。

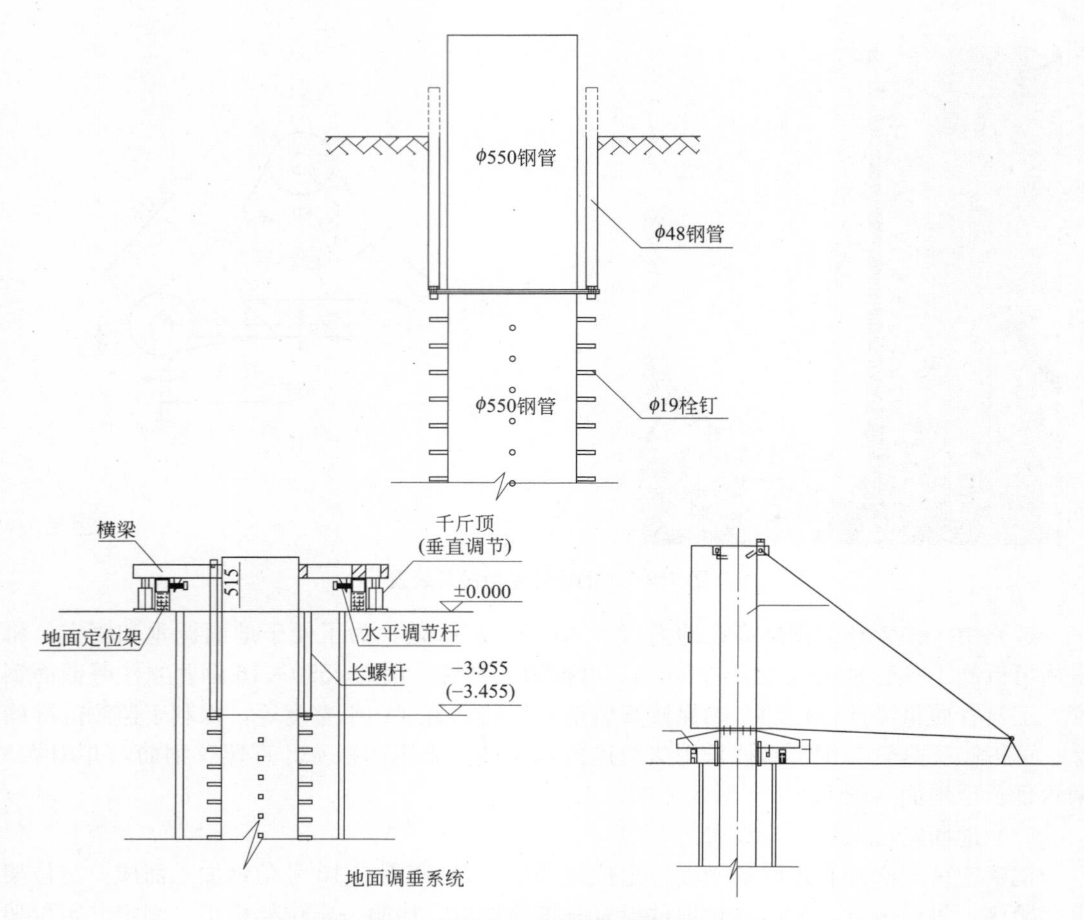

图 5.2-8 可拆卸工具管与钢管立柱示意图

图 5.2-9 可拆卸工具管与钢管立柱现场图

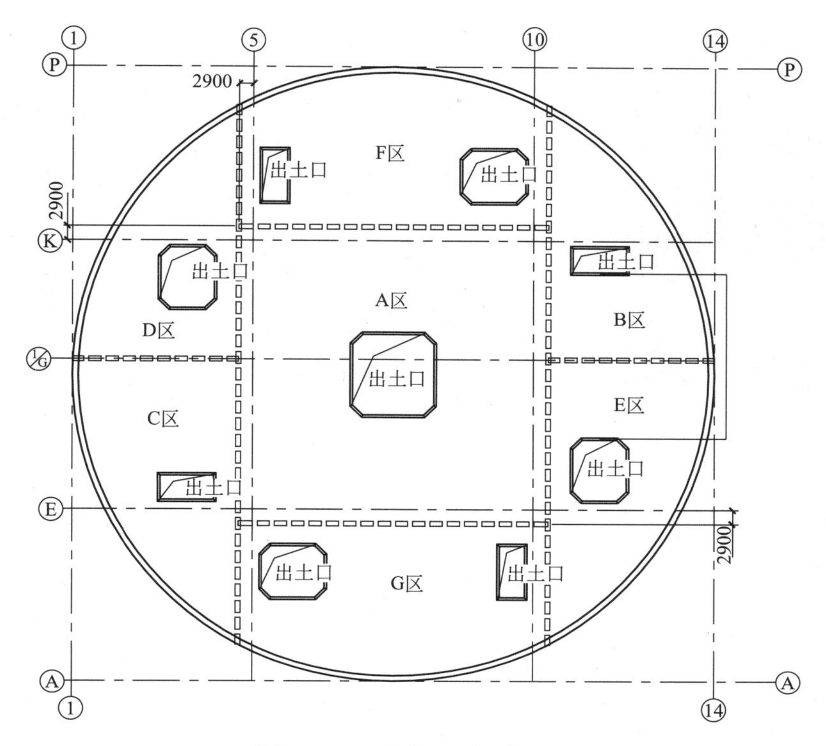

图 5.2-10 出土口平面布置图

第六阶段：主要施工内容为第六层土开挖和 B3 板施工。

第七阶段：主要施工内容为第七层土开挖、第二道双环支撑及 B3 板以上内衬墙施工。

第八阶段：主要施工内容为第八层土开挖和大底板施工。

(2) 根据楼层和环形支撑的施工需要，每个阶段分七个层区进行开挖，具体开挖流程：A 区⟶F、G 区⟶D、E 区⟶B、C 区。挖土时应按“分层、分区、分块”的原则，利用土体“时空效应”的原理，限时、对称、平行开挖，取得了预期的效果（图 5.2-11～图 5.2-14）。

图 5.2-11 伸缩臂挖掘机

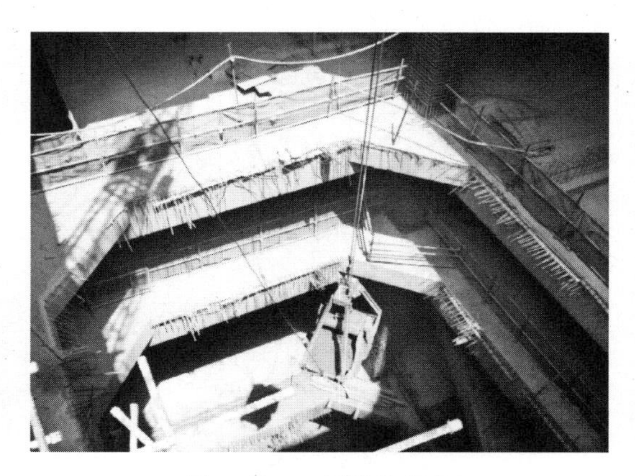

图 5.2-12 抓斗挖掘机

图 5.2-13　B0 板 A 区施工

图 5.2-14　大底板混凝土养护

5.2.7　超深基坑降水和承压水控制技术

本工程基坑开挖深度为 35.25m，坑底已进入到⑦$_1$ 层砂质粉土中。基坑围护结构采用地下连续墙，墙厚 1.2m，深度为 57.5m，进入到⑧$_1$ 层粉质黏土中。本基坑工程面积大，水位下降幅度大，且地处闹市区，环境复杂，结构施工采用逆作法施工，对减压降水工程提出了更高要求。

本场地承压水分布于⑦土层和⑨层砂性土中，地下工程底板位于第⑦层承压水层中，地墙底位于第⑨层承压水中，为充分考虑地下连续墙和钻孔灌注桩对降水工程的影响，为了观察和掌握群井抽水引起的承压含水层地下水位变化特征，在正式开始降水前，进行了群井抽水试验。取得科学数据后实施按需降水（图 5.2-15、图 5.2-16）。

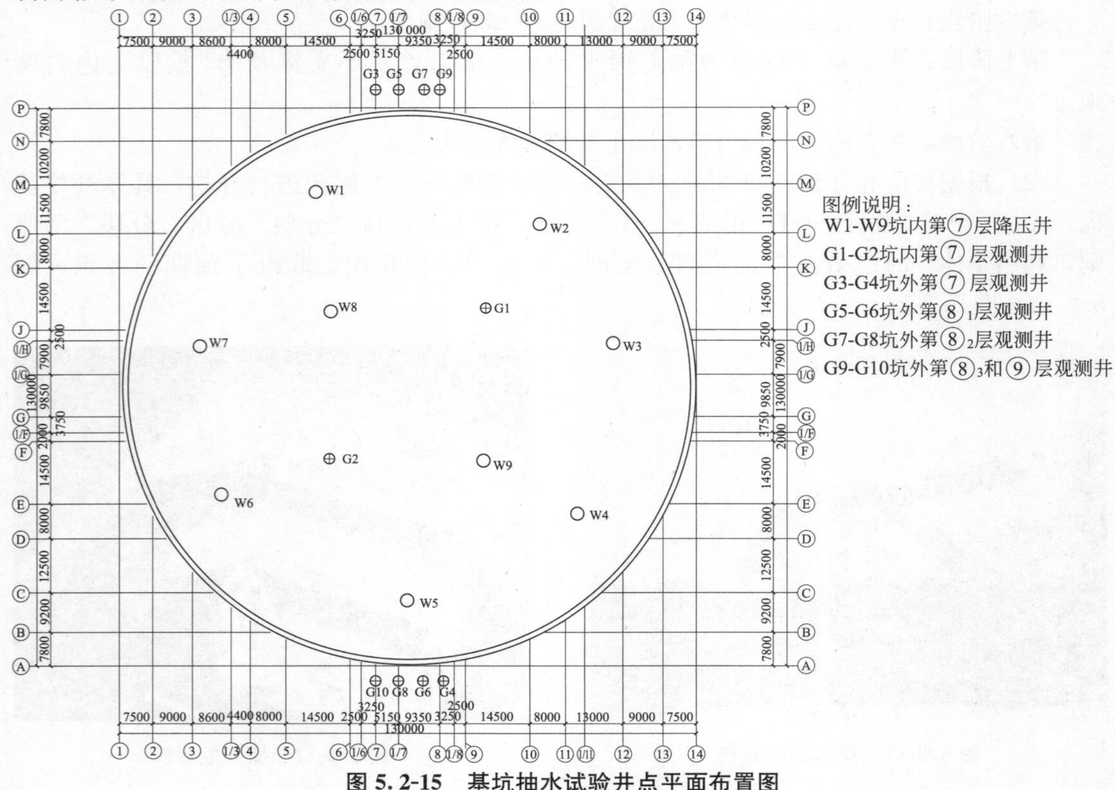

图 5.2-15　基坑抽水试验井点平面布置图

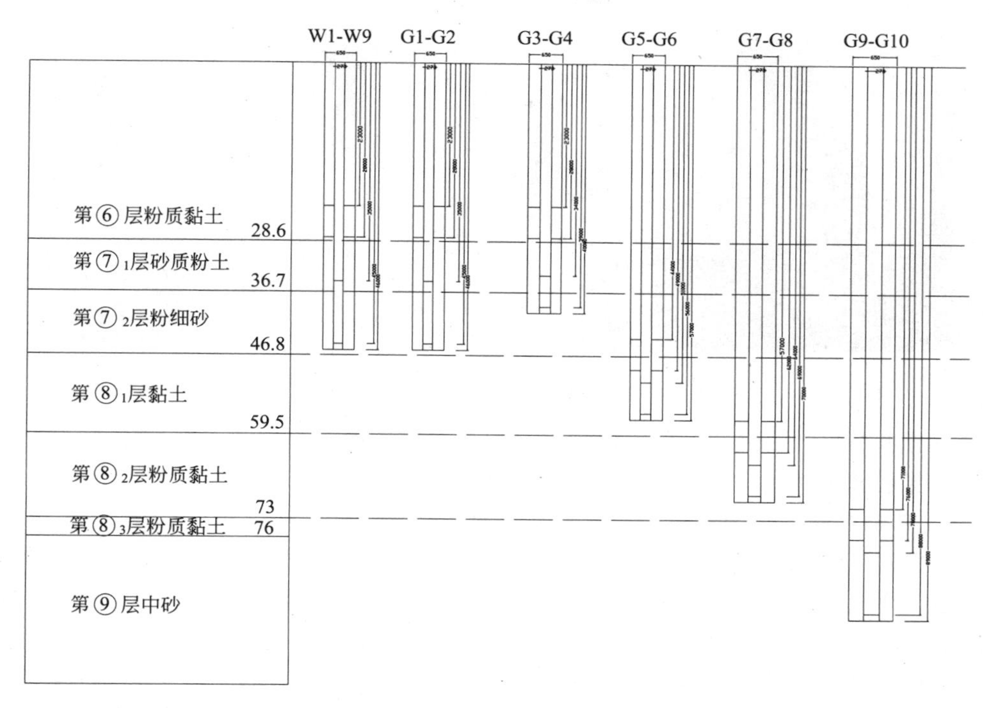

图 5.2-16 基坑抽水试验井点结构剖面图

（1）通过本次群井抽水试验，表明坑内降水设计方案是可行的，根据设计的工作量是能够将水位降到最终开挖面以下，确保底板的稳定和结构施工安全。

（2）本次群井抽水试验表明，坑内第⑦层抽水对坑外⑦层影响明显。坑内第⑦层抽水对基坑外⑧$_2$ 层水位变化比较明显和特别，开始水位上升，最大上升 0.64m，后又开始下降，最后下降达 0.33m。

由于第⑦层土坑内外已经被地下连续墙隔断之间的水力联系，而且根据抽水试验的结果表明第⑦层和第⑨层为 2 个承压水层之间的第⑧层土的渗透系数较小，可以作为 2 个承压水层之间的隔水层，因此第⑦层降压疏干井以疏干坑内第⑦层水为主。

根据初步估算，基坑内布置 14 口第⑦层降压井，另有 2 口兼作坑内观测井，井深 46m，过滤器位置在基坑开挖面以下，即 35～45m。

在开挖前期，为降低基坑内被开挖土层浅层地层的含水量，在基坑内设置疏干井群，疏干浅层地下水。疏干井群的平面布置按每 300m^2 设置一口井考虑，同时浅层疏干井井深不超过第⑥层，井身长 26.0m，滤管埋深 4～25m，沉淀管埋深 25～26m，坑内共布置 32 口。

500kV（静安）世博输变电站工程在基坑降水的过程中，根据现场施工的工况及对周边环境监测的数据分析，按降水方案开抽承压水的时间和水量。通过根据实际施工工况和监测数据分析对承压水的水位控制，很好地保证了结构和周边环境的稳定（图 5.2-17）。

5.2.8 大面积逆作清水混凝土施工技术

本工程结构施工采用逆作法施工，结构外墙为 1200mm 厚地下连续墙＋800mm 厚内衬墙的两墙合一结构，地下结构内部采用框架结构，地下共四层。内衬墙、外包柱及混凝

图 5.2-17　基坑降水信息化实时监控系统

土隔墙为清水混凝土结构，整个工程清水混凝土面积超过 55000m²，方量超过 20000 m³，内衬墙长度超过 400m。

5.2.8.1　*环形超长、大面积内衬清水钢筋混凝土单侧支模模板技术*

本工程内衬墙断面尺寸为：长 408m、厚 800mm、最大高度 4m。内衬墙一侧紧贴地下连续墙，模板排架体系只能在一侧支模，只能采用单侧模板体系。如果外龙骨采用桁架支撑体系，需要具有比较大的刚度，经济性以及可操作性均不是十分合理。故本工程采用植筋的方式支设模板，模板体系面板采用黑木模板，内龙骨布置间距为 200mm，内龙骨材料型号采用方木 50mm×100mm。外龙骨间距 500mm，最上的两道螺栓间距可适当调节，使第一道螺栓至墙顶距离不大于 300mm。外龙骨采用双拼 ϕ48×3.5 钢管。对拉螺栓布置由下至上间距为 150mm，500mm，500mm，500mm，500mm，600mm，800mm 共 7 道，在跨度方向间距每 500mm 一道。内衬墙对拉螺栓采用可拆防水型穿墙螺栓，螺栓外端采用植筋的方式植入地下连续墙体，局部焊接于地墙工字钢上，在对拉螺栓上焊接 2 道 50×50×4 止水钢板（图 5.2-18、图 5.2-19）。

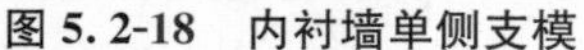

图 5.2-18　内衬墙单侧支模

图 5.2-19　内衬墙照片

5.2.8.2　*环形超长、大面积内衬清水钢筋混凝土抗裂施工技术*

由于每层楼面内衬墙周长为 408m，围成一个完整的圆形。因结构楼层支撑环梁的存在，内衬墙被分隔成 7 段施工，其中内衬墙最大净高度 4m。内衬墙－11.5m 以上混凝土强度等级采用 C35，P8，内衬墙－11.5m 以下混凝土强度等级采用 C35，P12，根据清水混凝土要求设计出混凝土配合比：普通硅酸盐水泥 335kg，中砂 795kg，5-25 石子 1020kg，水 170kg，粉煤灰 80kg，外加剂 4.69kg。为防止内衬墙混凝土产生收缩裂缝，提高内衬墙混凝土的抗裂性，在混凝土中掺加超纤维，同时将每层的混凝土划分为 20 个施工段，并在浇捣混凝土时间隔浇捣，以减小混凝土收缩应力的影响。

（1）内衬墙总体施工流程

根据工程实际情况本工程共分十个阶段施工。

第一阶段：主要施工内容为 B0、单环支撑、B1 板结构施工完成后施工 B0、单环支撑、B1 板之间的内衬墙；

第二阶段：主要施工内容为 B2 板结构施工完成后施工 B1、B2 板之间的内衬墙；

第三阶段：主要施工内容为第一道双环支撑、B3 板结构施工完成后施工 B2、第一道双环支撑、B3 板之间的内衬墙；

第四阶段：主要施工内容为第二道双环支撑、大底板结构施工完成后施工 B3、第二道双环支撑、大底板之间的内衬墙。

（2）内衬墙逆作结构预留浇捣孔设置

在支撑环梁和结构层施工时，在内衬墙位置预留 ϕ220 浇捣孔，间距 1500mm（图 5.2-20）。

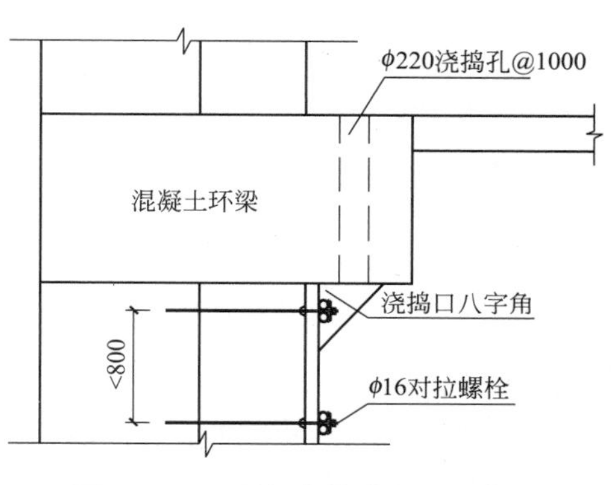

图 5.2-20 预留浇捣孔设置示意图

（3）内衬墙施工缝的设置

内衬墙每隔约 20m 设置一道施工缝，施工缝应设在一幅地墙的中心处，施工前根据此原则确定施工缝位置，将内衬墙分为 20 个块，依次编号 1～20 号。混凝土浇捣时分 4 次施工，第一次 1、3、5、7、9 号块混凝土浇捣，第二次 11、13、15、17、19 号块混凝土浇捣，第三次 2、4、6、8、10 号块混凝土浇捣，第四次 12、14、16、18、20 号块混凝土浇捣。两幅内衬墙施工缝应留设于地墙的中间位置，必须与地墙的施工缝错开（图 5.2-21）。

（4）混凝土浇捣技术措施

在浇捣前，应先将地墙侧面凿毛，基底的泥土、垃圾清理干净，并用水冲洗。

参加浇捣混凝土的人员，必须听从现场总指挥的统一调度，按照分工的职责，对号就位，做到有条有理。

对所有模板的制作、预留洞、预埋件的位置，必须确保无误，柱墙插铁位要准确，固定牢固。支撑稳定，整体性好。

混凝土应按设计要求控制好配合比，混凝土浇筑过程中，严禁加水，如发现加水现象，将严厉处罚，混凝土到现场后应做好坍落度试验，抗压或抗渗试块。

开浇前全面检查准备工作情况并进行班组交底，明确各班组分头、分区次序，混凝土浇筑前应清除各种垃圾并浇水湿润，施工中严格控制施工节奏，杜绝冷缝出现。底板混凝土浇筑采用商品混凝土泵送，水平输送混凝土采用硬管，布到所需位置，混凝土输送泵管随混凝土浇筑速度，随时拆装。

浇捣必须连续，不得间隙时间过长，所以必须安排好振捣器的操作人员交接班，硬管

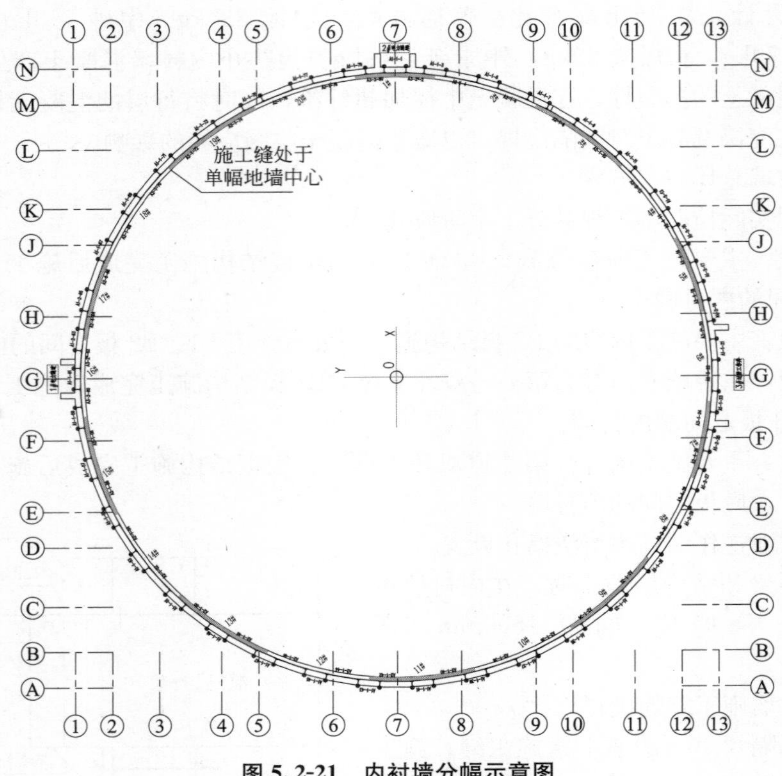

图 5.2-21　内衬墙分幅示意图

之间混凝土不得漏振。

浇捣前先要看清浇捣部位的预埋管、模板位置，注意不要在浇捣中产生位移。

钢筋密集处加强振捣，分区分界交接处要延伸振捣 1.5m 左右，确保混凝土外光内实，控制相对沉降。

混凝土浇捣期间，施工现场需有钢翻、木工翻值班，发现问题及时处理，保证正常施工，交接班时应交代清楚情况后才能离岗。

混凝土浇捣之前，对混凝土班组进行仔细交底，明确浇捣顺序。

混凝土浇捣前必须配置备用泵，没有备用泵严禁进行混凝土浇捣。

5.2.9　地下变电站结构防水施工技术

本工程采用 1.2m 宽、57.5m 深地下连续墙作为围护结构，结构外墙为 1200mm 厚地下连续墙＋800mm 厚内衬墙的两墙合一结构，本工程共 4 层，1～4 层层高分别为 9.5m、5m、10m 及 4.8m。顶板混凝土采用 C40，P8，内衬墙混凝土采用 C35P12，大底板混凝土采用 C35，P12，顶板、内衬墙和大底板均采用超纤维混凝土。

（1）地下连续墙防水技术

本工程基坑围护体系采用地下连续墙两墙合一，地下连续墙墙厚为 1200mm，深 57.5m（穿透⑦$_2$ 层），进入到⑧$_1$ 层，共 80 幅，地下连续墙体混凝土设计强度为 C35，抗渗等级为 P12。根据抽水实验⑧$_1$ 层土的透水系数很小，可以作为一个不透水层，则地墙外侧的水压力较大。为保证工程的防水等级在地墙施工时采取了以下措施：

① 本工程成槽采用铣削式成槽机和抓斗式成槽机相结合的工艺，可有效地提高地下

连续墙的施工效率，确保地下连续墙的施工质量；

② 地下连续墙采用止水可靠性高的工字形刚性接头；

③ 在地墙槽段分缝外侧设置品字形高压旋喷桩以提高接缝处抗渗能力（图 5.2-22）。

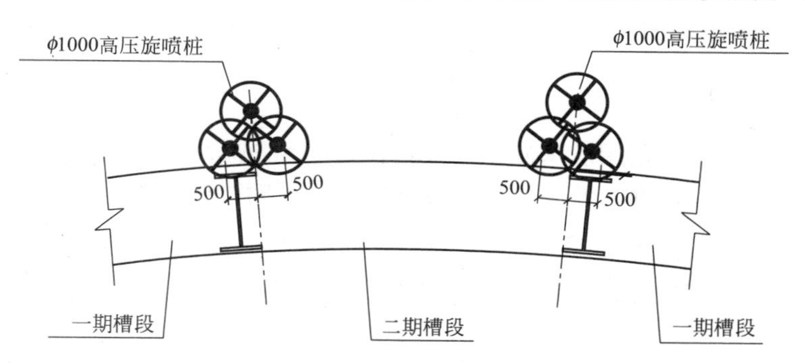

图 5.2-22 高压旋喷桩与地下连续墙接头关系图

④ 在地墙接缝处刷水泥基结晶型防水涂料，地墙内侧增设了一道现浇的钢筋混凝土内衬墙，衬墙的设置增加了地下室外墙的有效厚度，有助于保证渗透稳定，消除了地下连续墙接缝处易渗漏的弱点。由于衬墙随开挖随施工，因此衬墙与地下室各层结构周边的环梁以及临时圆环支撑之间的交界面是防水的一道薄弱环节，因此环梁及圆环支撑施工时，其上下位置预留通长的刚性止水片和预埋注浆管，保证衬墙与圆环以及混凝土支撑之间的止水可靠性（图 5.2-23）。

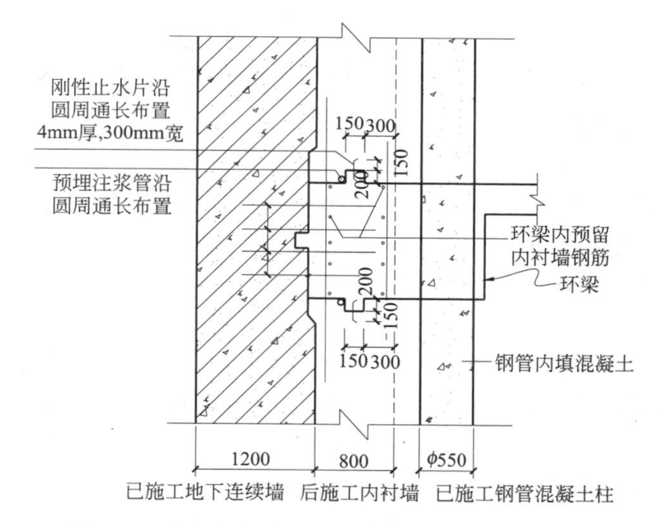

图 5.2-23 环梁与地下连续墙、内衬墙接头关系图

（2）大底板防水技术

本工程底板面积为 12800m²，底板厚 2.5m，整个底板混凝土体积在 32000m³ 左右，浇捣时共分为 7 个区域，其中以 1m 宽的后浇带作为分隔。浇捣顺序为 A ⟶F、G ⟶C、D ⟶B、E，混凝土强度等级为 C35、S12，后浇带处采用 C40S12 补偿收缩混凝土。底板底部深度为 34m，处于第⑦层土体（第一层承压水层）位置，坑底水压力很大。本工程在底板施工时不仅考虑了在混凝土掺加超纤维以提高其自防水性能，还采用了聚醚

MDI 防水涂料、三元乙丙卷材作为迎水面防水。

① 底板后浇带部位加强层 400mm 宽二布五涂聚醚 MDI 型防水涂料

在防水层养护固化后，将底板施工缝的位置标明，在防水层表面，并以后浇带为中线，两侧各 200mm 范围内涂刷二布五涂聚醚 MDI 型防水涂料，厚度为 5.5mm，施工方法同前。

② 桩头与底板连接处防水处理

桩头与底板连接处阴角用防水砂浆抹成半径为 5cm 的凹圆角，二布五涂聚醚 MDI 型防水涂料应施工至桩头根部，并采用密封油膏密封，同时涂刷宽聚醚 MDI 防水厚浆涂料，作为封口，厚度为 2.0mm，宽度为 100mm，其中翻高 50mm，在桩顶刷一层专用渗透涂料，最后在上部刷两层聚醚 MDI 防水厚浆涂料（图 5.2-24）。

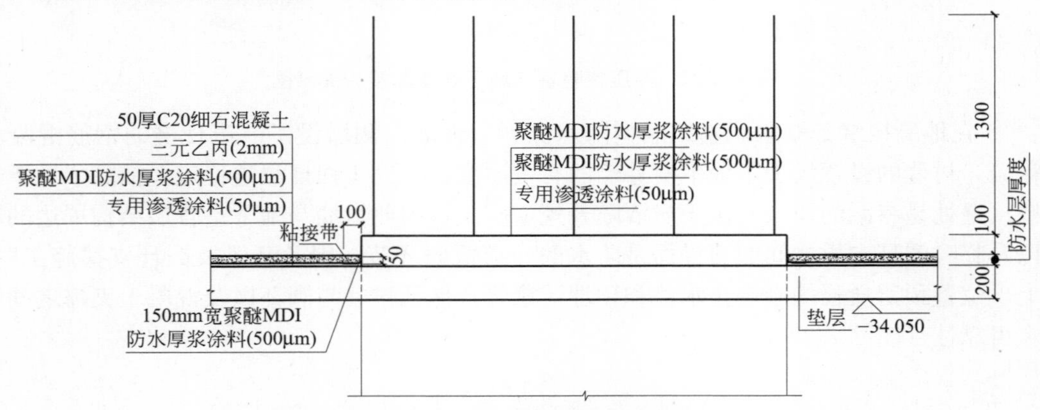

图 5.2-24　垫层与桩头防水节点

③ 大底板与地墙接触面

大底板与地墙接触面是底板防水的一个薄弱环节，底板与地墙接触部位挖出 600mm×300mm 地沟，在地墙 300mm 高度范围内用 70mm 厚防水砂浆粉刷，并将防水砂浆与底板垫层相交部位粉成半径为 50mm 的圆角，然后将垫层表面的防水卷材上翻至防水砂浆上部并用橡胶压条压紧。底板与地墙之间的接触面设置了 2 道通长注浆管和 2 道通长遇水膨胀橡胶止水条（图 5.2-25）。

（3）首层楼板防水技术

按中心向四周铺贴卷材工艺流程，整个顶板分为五个区域：施工顺序由第一区域->第二区域->第三区域->第四区域->第五区域顺序施工（图 5.2-26～图 5.2-28）。

5.2.10　深基坑数字化技术

本项目的先进性还在于采用深基坑数字化远程监控系统、远程数据自动采集与传输技术和施工过程力学分析方法，对深基坑的施工进行安全性控制。

项目过程中解决的关键技术：

（1）深基坑工程基础数据的可视化与数字化技术研究

深基坑工程施工安全控制首先要求对地层状况、设计、施工、监测、周边环境等数据进行高效的集成管理，因此研究深基坑工程基础数据的数字化、可视化技术，对深基坑地质条件、周边环境、基坑设计等基础数据进行可视化展现，并通过网络传递到工程技术人员的桌面计算机，使管理人员准确直观地了解深基坑工程建设过程，主要包括：

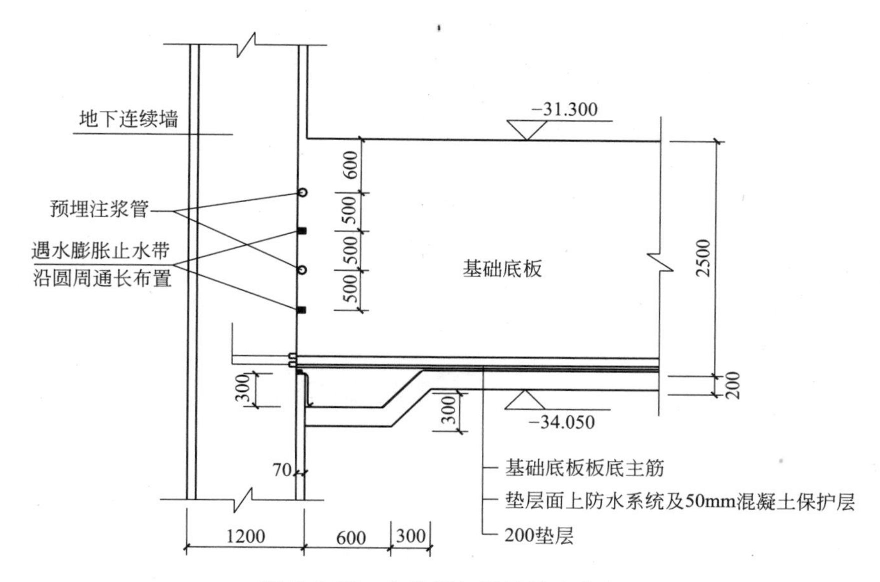

图 5.2-25 大底板与地墙防水节点

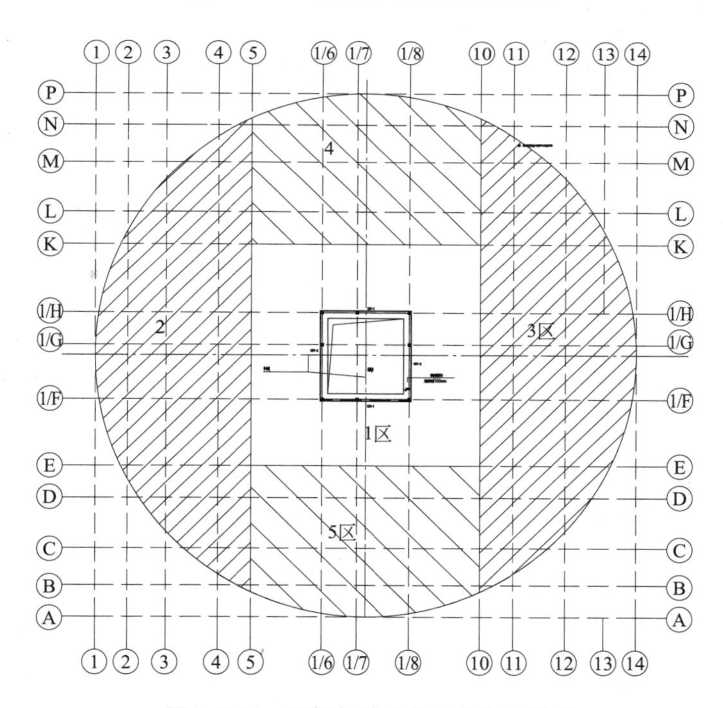

图 5.2-26 顶板与防水施工分区示意图

① 数据标准化研究，实现深基坑基础数据的通用化与标准化；

② 三维建模技术研究，实现地上、地下及周边环境的三维可视化，如图 5.2-29 所示；

③ 数据可视化查询技术研究，通过三维模型即可查询和管理基础数据，达到真正的数据所见即所得；

④ 数据网络管理技术研究，实现随时随地能通过因特网对深基坑数据进行全面了解。

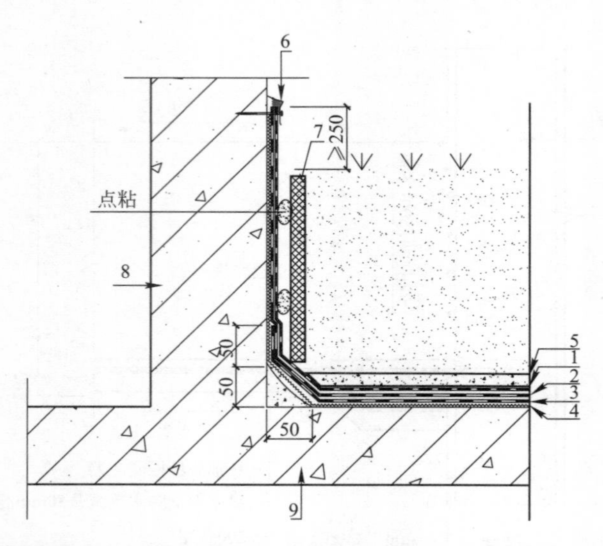

1—4.0mm板岩面铜聚酯胎基改性沥青（SBS）耐根穿刺防水卷材——Vedaflor WS-I（RC）；
2—3.0mm砂面搭接边自粘、底层用改性沥青（SBS）根阻防水卷材——Vedaflor U；
3—3.0mm砂面热熔性优质聚酯胎基改性沥青（SBS）防水卷材——Vedatect PYE PV 180 S3；
4—基层处理剂；
5—80厚C20混凝土；
6—收口采用宽80mm，厚1.0mm铝压条钉距400mm，聚氨酯密封胶收边；
7—50厚EPS保温板保护层，密度18kg/m³；
点粘法粘结保温板，（点径100，厚10）801胶加42.5＃水泥1∶1略掺水小于5%；
8—出顶板建筑物墙体；
9—地下结构顶板

图5.2-27　出顶板墙体防水节点详图

（2）深基坑施工安全远程自动化监控技术研究

研究深基坑施工过程中的关键性安全指标（如基坑最大变形、支撑最大轴力）的全自动采集技术，并研究经由GPRS网络全自动发送到监控系统的无线传输技术。对于施工过程中的人工监测数据，建立Internet网络录入接口，及时将数据录入到监控系统中。这样管理人员就能通过网络随时随地掌握深基坑施工的关键性安全指标及监控量测数据，如图5.2-30、图5.2-31所示。

（3）深基坑施工数字化分析技术研究

在施工期数据全面集成、数字化管理的基础上，利用GIS技术和深基坑施工力学分析基本原理，开展数据可视化分析和力学分析技术研究，揭示深基坑施工过程对周边环境影响规律和发展趋势，使得施工安全控制和管理更加科学、有效、及时。主要包括：

施工数据三维可视化分析技术研究，包括基于监测数据的施工影响范围可视化分析、施工影响区域内建构筑物影响程度可视化分析、施工过程中地表沉降及其与施工参数关系的可视化分析（图5.2-32）。

基于数字模型的施工过程力学分析研究，包括施工过程数字化模型与数值分析模型一体化技术研究，施工过程荷载-结构法、地层-结构法力学分析集成技术研究、施工力学动态反馈与预测技术研究，最终实现施工对周边环境影响力学分析与安全控制（图5.2-33）。

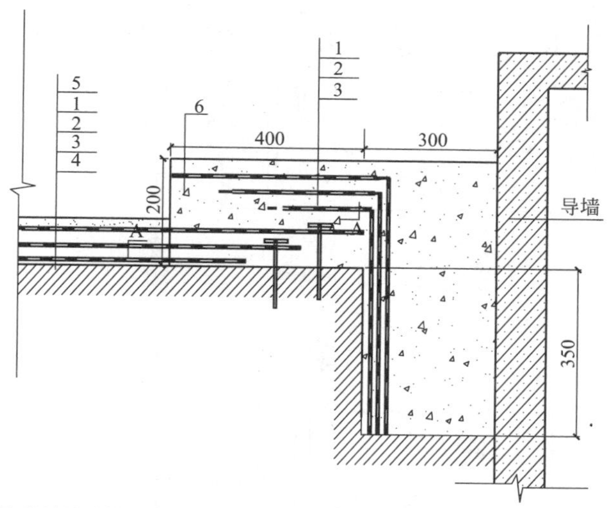

1—4.0mm 板岩面铜聚酯胎基改性沥青（SBS）耐根穿刺防水卷材——Vedaflor WS-I（RC）；
2—3.0mm 砂面聚酯胎基改性沥青（SBS）根阻防水卷材——Vedaflort U；
3—3.0mm 砂面热熔聚酯胎基弹性改性沥青（SBS）防水卷材——Vedatect PYE PV 180 S3；
4——基层处理剂；
5——保护层；
6——C20 混凝土压顶圈

图 5.2-28 顶板周边防水节点详图

图 5.2-29 深基坑施工开挖过程可视化

图 5.2-30 深基坑施工过程中的关键性安全指标自动采集和传输

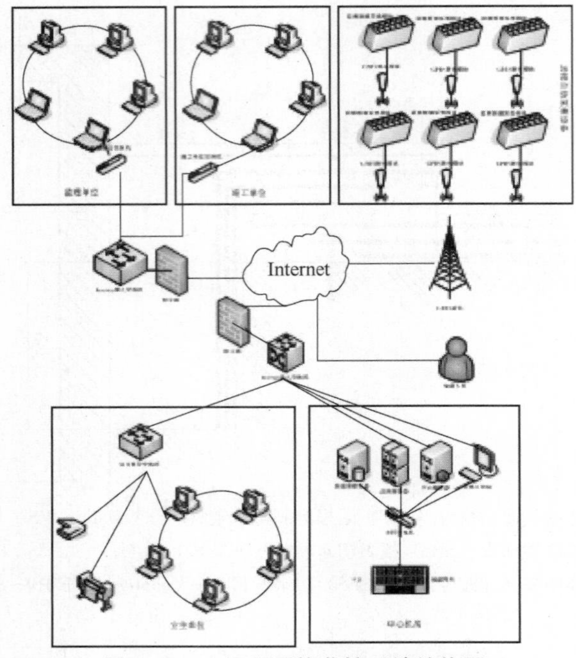

图 5.2-31　远程网络监控系统结构图

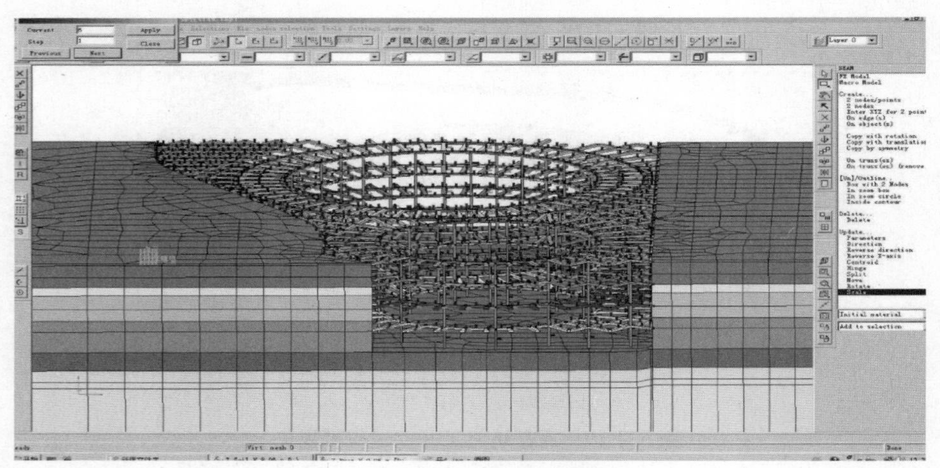

图 5.2-32　施工数据的三维可视化分析

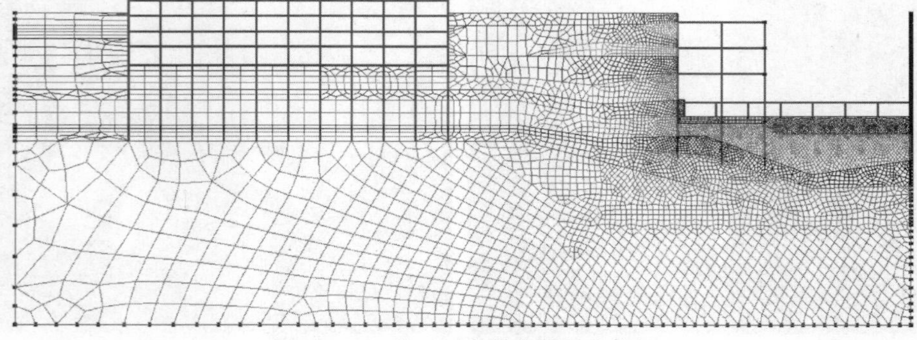

图 5.2-33　施工过程的力学行为分析

目前的工程施工以经验管理为主，应用深基坑远程监控系统就可以实现工程施工的可视化、定量化管理，使工程安全始终处于可控状态。本工程紧密围绕施工安全控制这一核心问题，开展施工数字化安全监控技术，本工程取得的数字化成果主要有：

① 实现深基坑工程地设计、施工、监测以及周边环境信息的可视化和网络化管理，使工程技术人员和管理人员直观准确地了解工程特点、地层特点和周边环境特点，工程技术人员可以随时随地掌握工程实时情况，从而提高工程管理的信息化水平，有效地保证了施工安全，降低工程风险。

② 实现深基坑工程监测数据的全自动采集与传输，使工程技术人员和管理人员对施工过程中的关键性安全指标做到实时掌控。

③ 实现深基坑过程中数据的三维可视化分析，包括：基于监测数据的施工影响范围可视化分析、施工影响区域内周边环境影响程度可视化分析、施工过程中地表沉降及其与施工参数的可视化分析等，以及施工过程的力学分析。通过数据可视化分析和力学分析，揭示深基坑施工过程对周边环境影响规律和发展趋势，使得施工安全控制和管理更加科学、有效、及时。

④ 在施工结束后，数字化安全监控能积累大量宝贵的工程数据，便于日后对工程数据进行分析和处理，为积累工程经验奠定坚实的基础。

世博500kV地下变电站三维数字化地下工程研究中实现了施工工况的实时模拟和显示、监测数据的可视化工作，施工情况和监测数据变得更加的直观生动，对于安全施工管理具有重要的示范效应，对今后类似工程具有较高的推广价值（图5.2-34）。

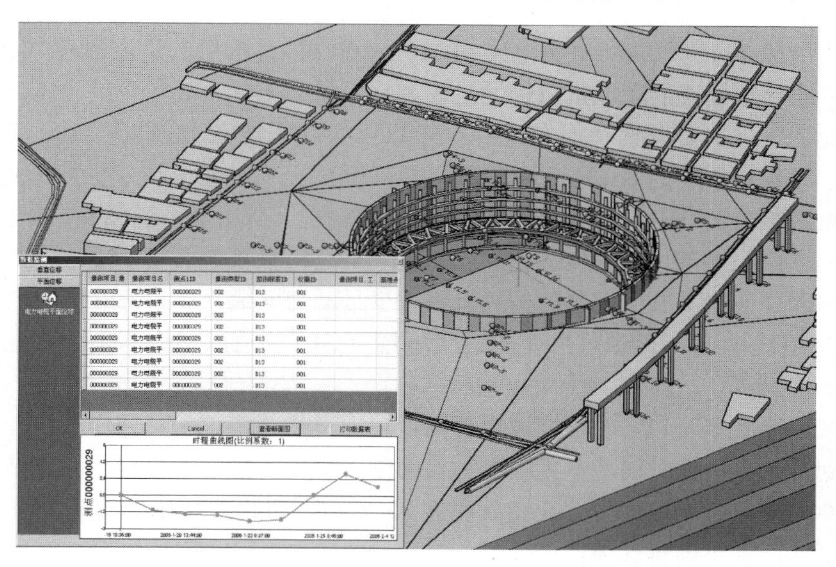

图5.2-34 上海世博500kV地下变电站基坑三维数字化及监测数据的可视化查询

5.3 工程应用——上海500kV世博变电站工程

本工程为全地下四层筒形结构，地下建筑直径（外径）为130m，地下结构最大开挖深度约35.25m，基础底板埋深为34m，顶板落深为2m。

图5.3-1　全地下四层筒型结构效果图

本工程地下共四层，具体标高如下：顶层－2.000m，地下一层－11.500m，地下二层－16.500m，地下三层－26.500m，地下四层－31.000m。

（1）正常使用阶段，顶层上覆土并建设“雕塑公园”。

（2）地下一层主要电气功能布置有：220kV GIS室、110kV GIS、35kV GIS、＃2继电器室、户内型冷却塔、部分水工设施、本层的进出风房（井）和生产辅助设施等。

（3）地下二层主要电气功能房布置有：电缆隧道接口、电缆层（处理大量的35kV～220kV动力电缆170～220kV动力电缆约170～200根）、本层的进出风房（井），还有部分为地下一层冷却装置的送风机房管（量较大）。

（4）地下三层主要电气功能布置有：500kV主变压器室、500kV GIS室、220kV主变压器室、500kV主变的66kV配电装置（包括低压无功补偿装置、66kV油浸所用电）、220kV变电所部分的35kV电抗器室、35kV接地变室、所用电系统和＃1继电器小室等。

（5）地下四层主要为：主变、油抗基础、油池、水工辅助泵房、本层的进出风房（井），还有部分为地下三层设置的送风机房、少量动力电缆（GIS管道）的敷设，电缆主要为500kV进线电缆、220kV主变的进线电缆（GIS管道）、站内部的设备间联络电缆（66kV、35kV电缆）。

随着城市地下空间利用的程度越来越高，地下室也越来越深，逆作法这一绿色施工技术也将得到进一步快速发展。本工程作为目前国内最大、最深的全地下变电站，单层建筑面积达13000m^2，地下结构最大开挖深度达35.25m，如此大面积的超深基坑逆作施工在国内实属罕见。主要创新点为：

（1）本工程中采用了抓铣结合的成槽工艺，经过工程实践验证，这种成槽工艺在上软下硬的土层中成槽是合理而有效的。工程中，地下连续墙的高垂直度、沉渣厚度等方面均较好地达到了设计要求，同时成槽效率也大大加快。

（2）工程中采用的专用泥浆处理循环系统，能控制泥浆指标、槽底沉渣厚度，并提高泥浆的循环使用与回收，解决了第⑦层砂性土破坏泥浆的问题。泥浆循环系统确保了成槽的顺利进行，槽壁的稳定性得到有效的保证，各阶段的泥浆性能及沉渣厚度均符合设计要求。

(3) 工程中采用的H型钢接头形式，经实践证明，效果较明显，缩短处理头时间，节约工期与成本，产生了较好的经济效益。

(4) 工程中采用的防混凝土绕流措施起到了良好的效果，有效地解决了H型钢接头容易产生混凝土绕流的弊病，保证了工程二期槽段的顺利施工，确保了地下连续墙的施工质量。

(5) 地下连续墙接缝采用高压旋喷桩止水帷幕，深度达49.5m，在上海地层这属于最深止水帷幕，施工中解决了钻孔时钻杆被埋及成孔后严重缩孔而无法进行施工的情况，因此在本工程中采用了钻孔用人造泥浆进行护壁，然后下PVC塑料管确保孔体完整，然后再进行高压旋喷的办法，工程实践效果良好，这样的超深旋喷并用PVC管护套防埋管施工技术尚属首次使用。

(6) 本次钻孔灌注桩施工难度较大，工艺复杂，通过优选施工设备，优化钻速、钻压要求、泥浆比重、黏度等参数控制施工，桩基工程于2006年12月20日全部结束，通过跟踪数据检测，桩基质量均达到设计要求，垂直度均满足设计要求值，符合设计、施工要求。

(7) 在逆作土方开挖过程中合理安排挖土流程、设置取土口和选择挖土设备，工程在施工中综合应用多项施工技术措施，确保了该工程取得圆满成功。

(8) 在深基坑降水的过程中，根据现场施工的工况及对周边环境监测的数据分析，按需降水，通过根据实际施工工况和监测数据分析对承压水的水位控制，很好地保证了结构和周边环境的稳定，为今后的承压水处理提供了宝贵的经验。

① 超深基坑的承压水问题是关系整个基坑能否安全施工的重要问题，必须认真对待，承压水的渗透系数需经现场非稳定流抽水试验确定。

② 降承压水时间需与挖土、结构密切配合，通过按实计算来确定承压水抽取和停抽数值。

③ 抽取承压水对周围环境的影响虽然并不直接，但是影响的范围比较大，施工时必须慎之又慎。

(9) 作为全地下逆作法施工的清水混凝土大型建筑，它的实施为下一步进行超深地下空间的开发总结逆作清水混凝土施工技术，积累宝贵经验。

(10) 为保证超深基坑在如此巨大的侧向水力渗透作用下以及承压水水头压力作用下保证地下结构不渗不漏，满足地下变结构极高的防水要求，在本工程中针对地下连续墙、大底板和落低顶板采用相应的防水施工技术保证本工程防水施工的可靠性，为深基坑结构防水施工技术积累了一定的施工经验。

(11) 监测是施工的眼睛，对本工程全方位、全过程的监测显示：基坑围护施工过程中，各类变形量比同类基坑要小，特别是围护墙体水平位移及土体位移变化量较小，逆作法施工对保护周围建筑物、地下管线的安全起到了很大的作用。

(12) 在整个超深地下结构逆作施工时采用专用通风设备、照明设施、垂直交通设施、卫生设施，保证了超深地下结构逆作法施工时施工作业环境的安全。

第6章　轨道交通与商业综合开发“一体化”建造模式与施工技术

6.1　概述

6.1.1　工程简介

本工程为轨道交通七号线浦江耀华站与所在街坊综合开发项目，位于浦东新区耀华支路80号，基地面积26705.4m²，其中基坑面积约2m²，基坑围护总长约600m，拟建的耀华路地铁站从基坑中横穿而过。为了满足区间隧道提前掘进，因此两边端头井结构提前施工完毕。

6.1.2　建筑与结构概况

本工程是集高档办公、五星级酒店、商场、会议、餐饮、娱乐等多功能为一体的现代化、智能化综合体建筑。轨道交通七号线从地块中间穿过，并在地下室内设耀华站。工程以地铁为界分南北两区，北区为办公及商业，一幢26层办公楼，地下5层。南区为东西两幢酒店，分别为23层和17层，均为地下三层。中间地下为地铁站的标准端，其中地下三层为站台层，地下二层为站厅层。本工程总建筑17.3万m²，地下建筑面积约为6.5万m²（图6.1-1、图6.1-2）。

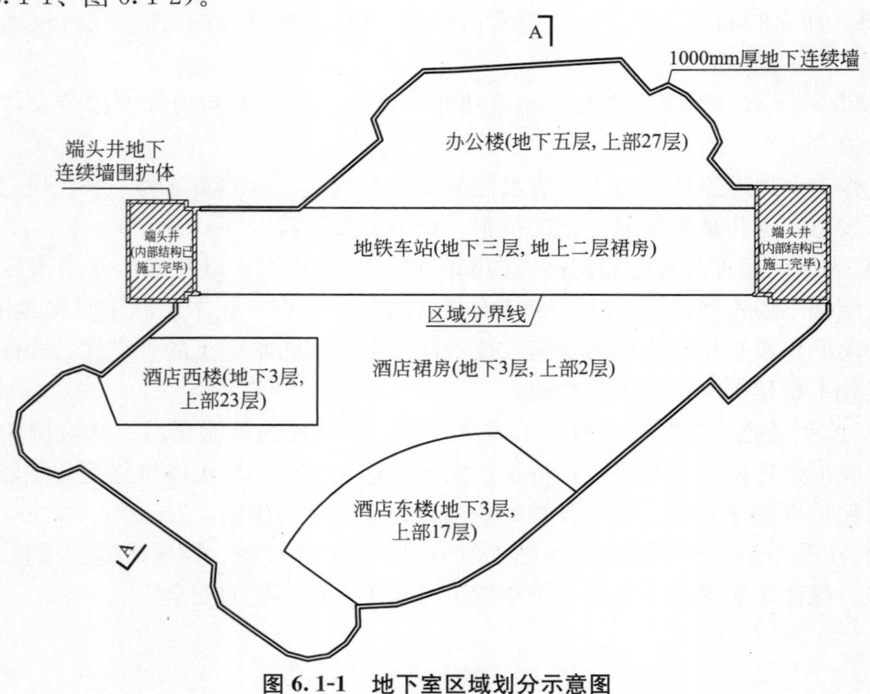

图6.1-1　地下室区域划分示意图

采用桩筏基础，基础埋深20.4～19.5m。地下室外墙与地下连续墙两墙合一，并设内衬墙，三幢高层结构体系为框架核心筒，裙房区域为框架结构体系。

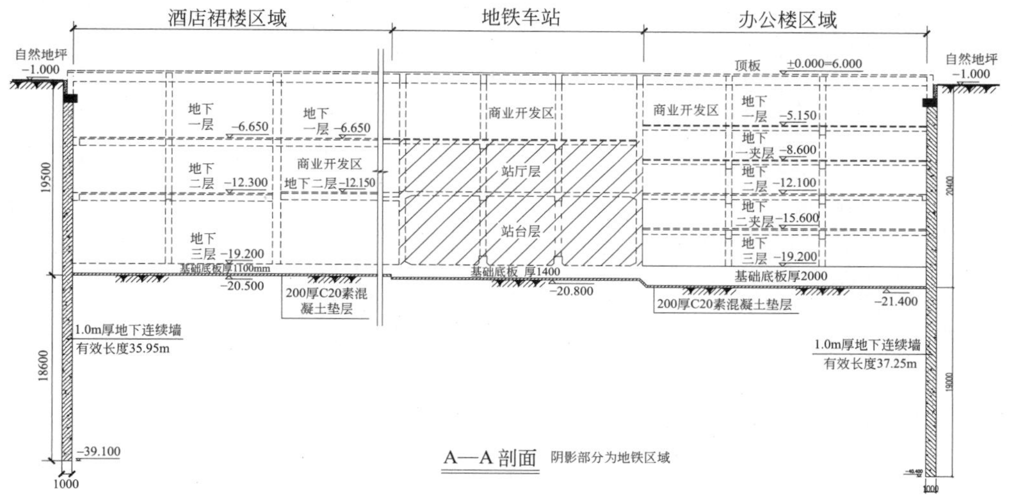

图 6.1-2 地下室剖面示意图

6.1.3 围护概况

（1）地下连续墙

本工程选用地下连续墙作为周边的基坑围护结构兼作永久使用阶段的地下室结构外墙。采用1000mm厚地下连续墙，混凝土设计强度等级C35（水下混凝土提高一级），本基坑工程开挖深度约为19.5～20.4m，根据场地内的土层和挖深的分布，地下连续墙的有效长度如表6.1-1所示。

地下连续墙信息表 表 6.1-1

分区	开挖深度(m)	地下连续墙厚度(m)	有效长度(m)
办公楼区	20.4	1.0	37.25
车站区	19.8		36.45
酒店西楼	20.1		36.45
酒店东楼	20.0		36.45
裙楼区域	19.5		35.95

（2）水平支撑体系

本工程基坑平面形状较不规则，采用钢筋混凝土桁架式支撑。共设置四道整体钢筋混凝土水平支撑，在拆撑阶段基础底板上设置钢管斜坡换撑。每道水平支撑均为对撑结合角撑、边桁架的形式布置，在平行于基坑短边方向设置对撑，控制基坑长边和圆弧转角位置的位移。由于基坑长边长度达到180m，如设置对撑杆件，则支撑长细比较大，支撑刚度较小，因此沿基坑长边方向不设置对撑，而采用在角部设置角撑来控制短边的位移（图6.1-3）。

（3）立柱和立柱桩

土方开挖期间需要设置竖向构件来承受水平支撑的竖向力，本工程中采用临时钢立柱及柱下钻孔灌注桩作为水平支撑系统的竖向支承构件。临时钢立柱采用由等边角钢和缀板焊接而成的4L180×18角钢格构柱，其截面为460mm×460mm，型钢型号为Q345B，钢立柱插入作为立柱桩的钻孔灌注桩中不少于3m。支撑立柱桩尽量利用主体结构工程桩，减少加打立柱桩。加打的支撑立柱采用ϕ800钻孔灌注桩（图6.1-4）。

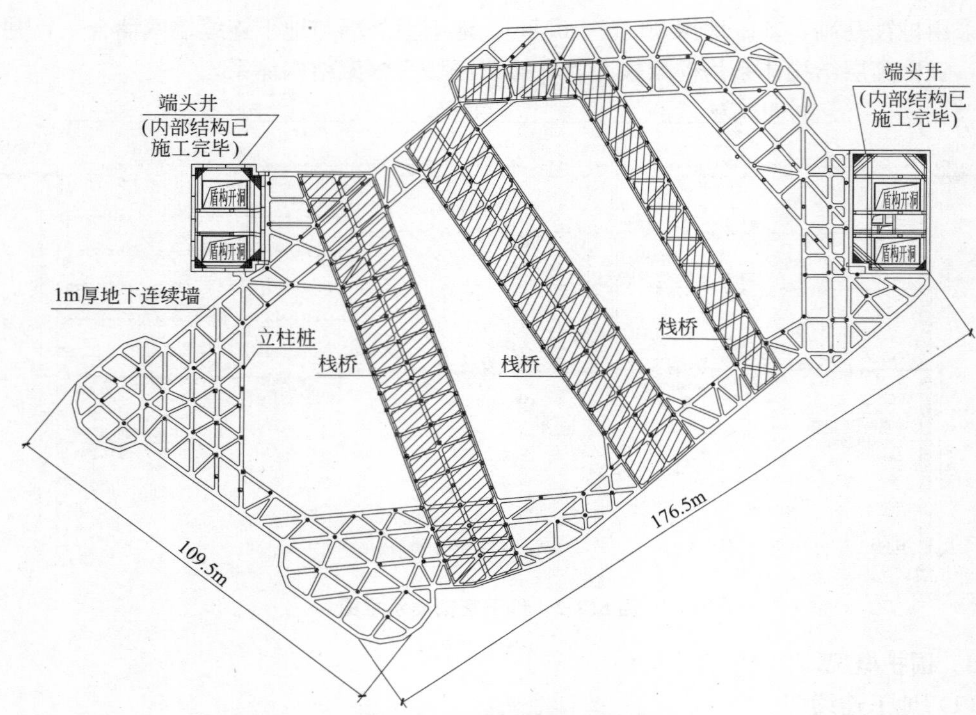

图 6.1-3　基坑围护平面图

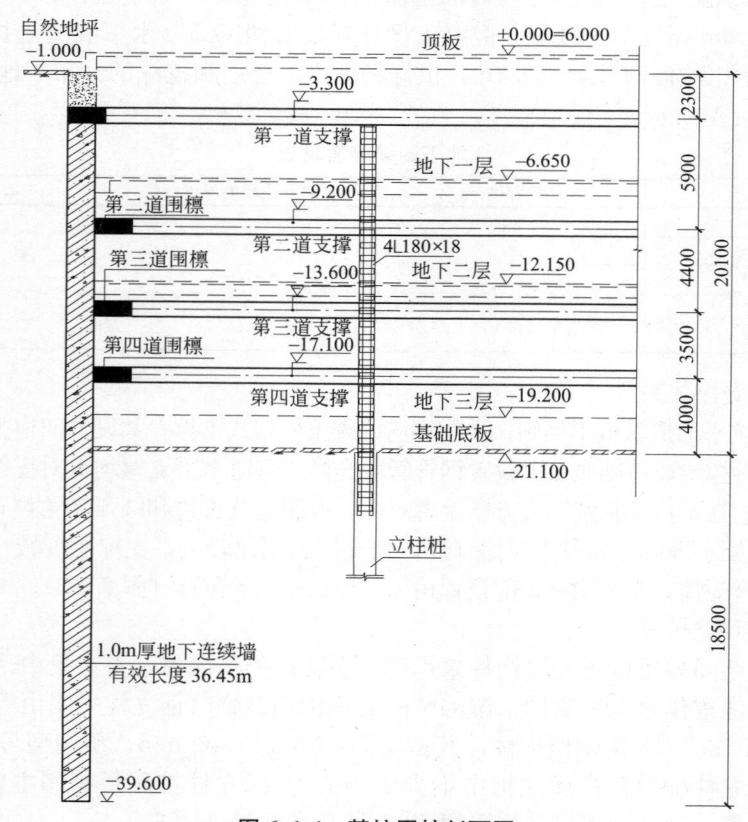

图 6.1-4　基坑围护剖面图

由于在地铁铺轨时，支撑体系尚不能完全拆除，因此，支撑立柱需避开时铺轨范围设置，以确保基础底板施工结束后可以进行铺轨施工。

6.2 技术介绍

6.2.1 一体化围护模式施工技术

（1）新建地墙与原端头井地墙连接技术

由于在本工程地下连续墙施工前，端头井地下连续墙及其内部结构均已施工完毕，且需利用端头井部分地下连续墙作为围护体共同形成封闭的围护体系，因此本工程地下连续墙需与端头井地下连续墙进行连接。

① 新老地墙连接方案

从基坑平面图中可看出，地铁已施工完毕的两个端头井基本上位于基坑的东西两端，与新作地墙的接口共有四个。其中两个接口是平直连接，另两个接头是转角接头。

在平直段后施工地下连续墙可直接与端头井地下连续墙连接，由于端头井地下连续墙放置时间较长，在施工时应对端头井地下连续墙接头进行认真清刷，防止接头位置因夹泥而产生渗漏。在坑外接口处设置旋喷桩止水，同时在基坑内部设置钢筋混凝土内衬墙以增加连接位置的强度和止水性能。

在端头井转角位置，地下连续墙无法与端头井地下连续墙直接连接，后施工地下连续墙应尽量与端头井地下连续墙紧贴施工，设置转角槽段，并采取在基坑外侧增加旋喷桩止水，基坑内侧采取设置钢筋混凝土内衬墙等措施增加连接位置的强度和止水性能。

② 连接方案的调整

在端头井转角位置，由于地质条件较差，在地表下 4～6m 处原端头井地墙施工时有塌方现象，存在较大混凝土凸块，因此新施工地下连续墙无法与原端头井地下连续墙紧靠连接。在围护设计中，后施工地下连续墙应尽量与端头井地下连续墙紧贴施工，在新施工地墙与原有地墙空挡处设置直径 1200mm 的钻孔灌注桩，深度同地下连续墙，同时设置两排直径 1000mm 的旋喷桩止水。

在实际施工中，新老地墙间的空当约有 1m 左右，原有地墙塌方范围比较大，在空当处引孔非常困难，因此调整了该接口的处理方案，通过实际勘察，钻孔灌注桩外移约 1m，由于开挖较深，增加高压旋喷排桩，扩大止水帷幕范围，旋喷桩增加到四排（图 6.2-1）。在开挖过程中对该空档的地墙采用逆作法施工给予补缺，开挖一层土后，对空档的地墙补缺施工，依次从上而下，随挖随补，直至坑底。所补地墙的水平筋必须与已施工的地墙水平筋相连，把已施工的地墙水平筋驳出来，采取焊接连接。

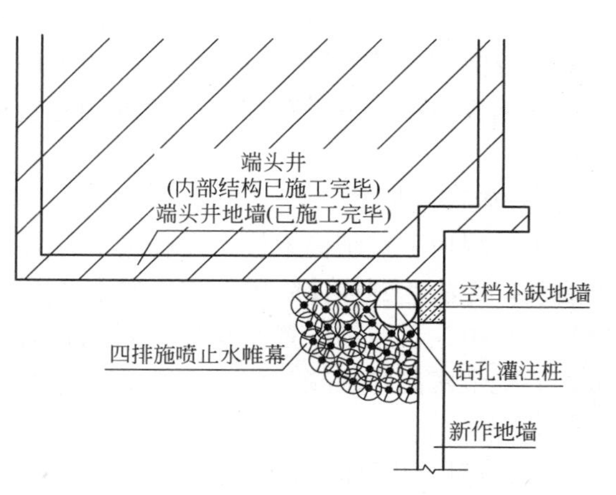

图 6.2-1 新老地墙接口处理

(2) 地下结构换撑技术

为了确保在施工阶段形成可靠的换撑体系，在换撑阶段采取如下针对性的技术措施。

① 底板斜坡撑

本工程南区为地下三层，地下三层底板标高为－19.20m，地下二层板标高为－12.15m。在围护支撑系统中，第四道支撑标高为－17.1m，第三道支撑标高为－13.6m，第二道支撑标高为－9.2m。在施工地下二层板（－12.15m）时，需拆除第三道支撑（－13.6m），第三道支撑一拆除，基础底板面至第二道支撑净空将达10m，无法满足围护拆撑计算工况。因此必须在拆第三道支撑之前，设置临时换撑系统。为了便于施工，在第三道支撑下方（－15.60m）与基础底板间设置钢管斜坡撑。钢管撑采用ϕ609×16钢管，支撑间距在4～6m间，尽量避开结构柱和剪力墙等，当无法避开时，该钢管撑改为型钢支撑，与墙体整浇（图6.2-2）。

图6.2-2　底板斜坡撑

首先在基础底板施工时设置混凝土牛腿，并在牛腿斜面上预埋700×700×20钢板，牛腿间距同钢支撑。其次，在第四道支撑拆除后，在地墙侧－15.60m标高处施工混凝土围檩，在对应牛腿位置处预埋700×700×20钢板，为了确保内衬墙的防水效果，内衬墙与围檩同时施工，在围檩上方设置施工缝，内设止水钢板，待换撑工况完成后，突出内衬墙的部分围檩进行凿除。最后拼装ϕ609×16钢管，两头设置封头板与底板牛腿以及围檩上预埋钢板焊接，由于存在支撑角度问题，钢管与牛腿存在空隙采用钢板塞紧焊牢（图6.2-3）。

② 施工后浇带

本工程地下室结构梁板内设有施工后浇带，在后浇带位置结构梁板仅钢筋连通，混凝土后浇，无法达到换撑阶段有效传递水平力的要求。为了确保结构梁板水平方向传力的可靠性，采用在后浇带位置结构主次梁内设置型钢传力杆件，型钢两端各设置一个封头钢板，后浇带两侧梁混凝土浇至封头钢板，并与封头钢板紧贴密实，以确保传力的可靠性（图6.2-4）。

③ 结构大开口的处理

本工程地下一层和地下二层结构梁板上设有中庭和地铁车站玻璃采光开口等结构永久大开口，为了确保在拆撑换撑阶段结构梁板传力的可靠性，在结构永久大开口位置设置钢

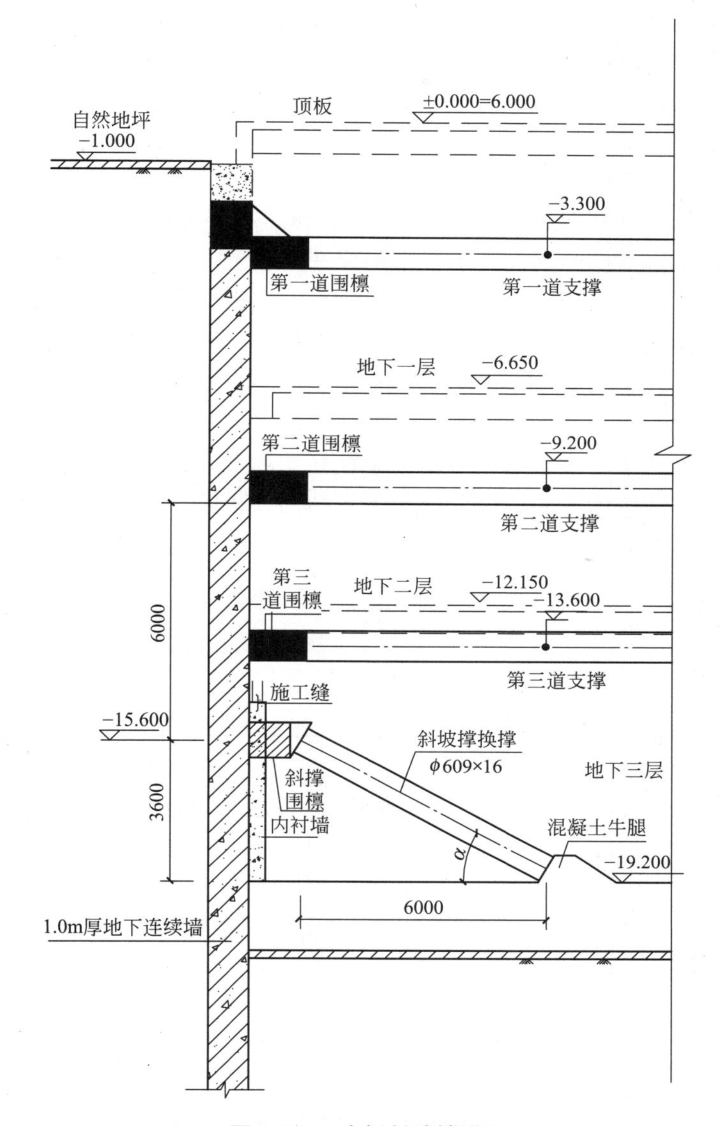

图 6.2-3 底板斜坡撑详图

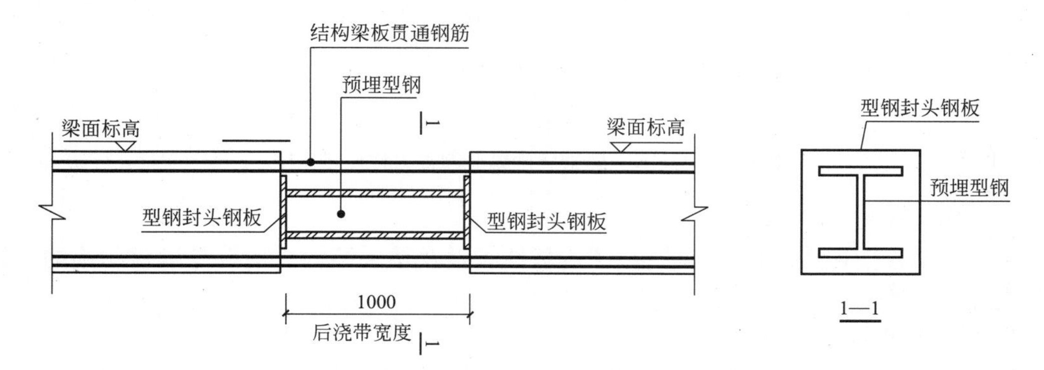

图 6.2-4 后浇带位置结构梁内型钢传力杆件详图

筋混凝土杆件或型钢杆件等作为水平传力构件，与结构梁板共同形成完整的水平传力体系，确保在换撑阶段形成可靠的水平支撑体系，约束地下连续墙的水平位移。待地下室结构顶板施工完毕并达到设计强度后由下向上逐层拆除临时换撑构件。

④ 结构变标高的处理

本工程地下一层结构梁板存在高差和错层，办公楼区域板面标高与裙楼区域板面标高高差达到1.6m，对换撑阶段水平力的传递极为不利。本方案拟在地下一层办公楼与裙楼交界处设置型钢斜撑，斜撑一端撑在裙楼结构梁端柱面上，另一端撑在办公楼结构梁底柱根部。地下连续墙传给办公楼区地下一层结构梁板的水平力由办公楼结构剪力墙承担，另一部分通过型钢斜撑传递给裙楼区地下一层结构梁板。

对于结构高差不大于1.0m的位置，结构梁板通过转换梁传递水平力，主体结构设计根据施工阶段的受力要求对结构转换梁予以加强处理，以确保水平力的有效传递。

在结构车道位置，车道梁板与楼层结构梁板存在高差，在车道位置在结构板面标高设置钢筋混凝土换撑杆件作为传力构件。待地下室结构顶板施工完毕并达到设计强度后由下向上逐层拆除临时换撑构件（图6.2-5）。

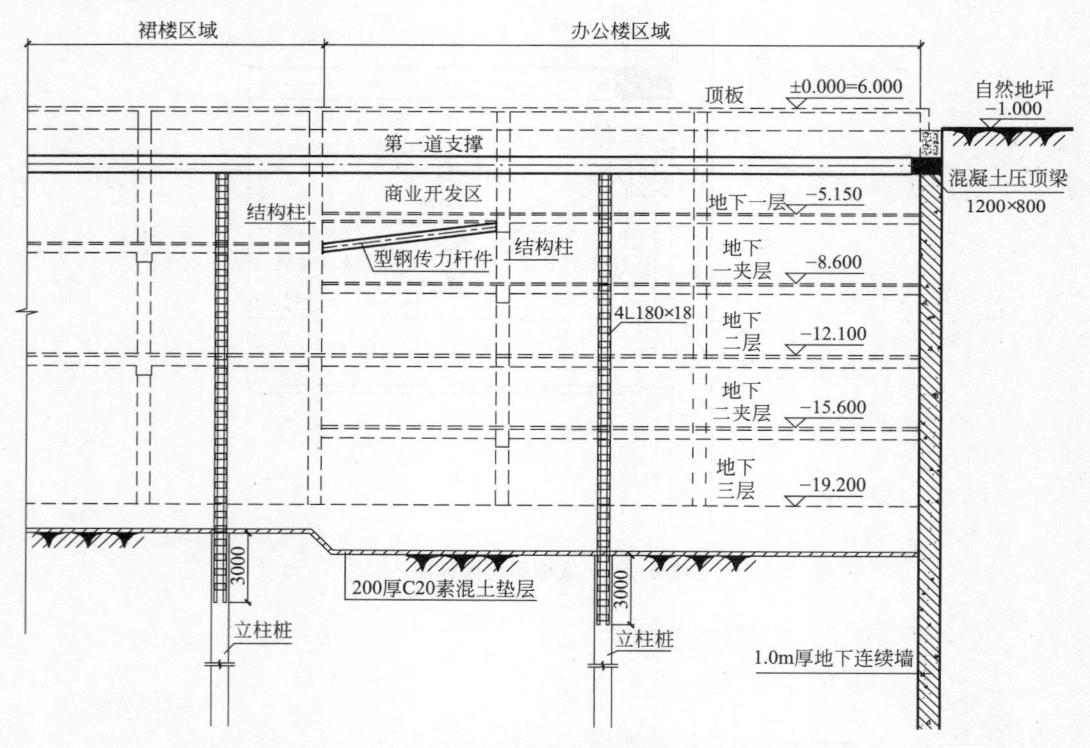

图6.2-5　地下一层错层位置型钢传力杆件示意图

（3）端头井封堵墙处结构连接及换撑技术

由于本工程围护墙体是“二墙合一”，基础底板及楼层结构与地墙是紧密相连的。但在端头井侧的地墙是临时封堵墙，今后封堵墙凿除后，再与端头井结构连接起来。

① 底板结构连接与换撑

已建端头井底板结构在靠封堵墙侧预埋钢筋器，如果在本工程底板施工时也预留钢筋接驳器，这样今后底板连接存在一定困难。首先，两边底板都留接驳器，钢筋是无法连接的；其次，封堵墙厚 1000mm，该连接部位钢筋接头难以错开，无法满足规范要求；另外，在两边底板夹缝中间的封堵墙凿除是比较困难的。

为了解决今后底板结构连接的问题，同时又能满足底板换撑传力的要求，在本工程开挖至基底后，在靠近封堵墙侧再挖深 800mm，形成 800mm 厚暗牛腿，一边支撑在封堵墙上，另一边与底板连成整体。上部底板与封堵墙留 1000mm 宽空档，并留出底板钢筋，今后封堵墙凿除后，再将钢筋连接起来，然后补浇空档处及封堵墙处底板混凝土。为了确保底板与地墙间隙的防水效果，在暗牛腿与封堵墙侧设置两道膨胀止水带（图 6.2-6）。

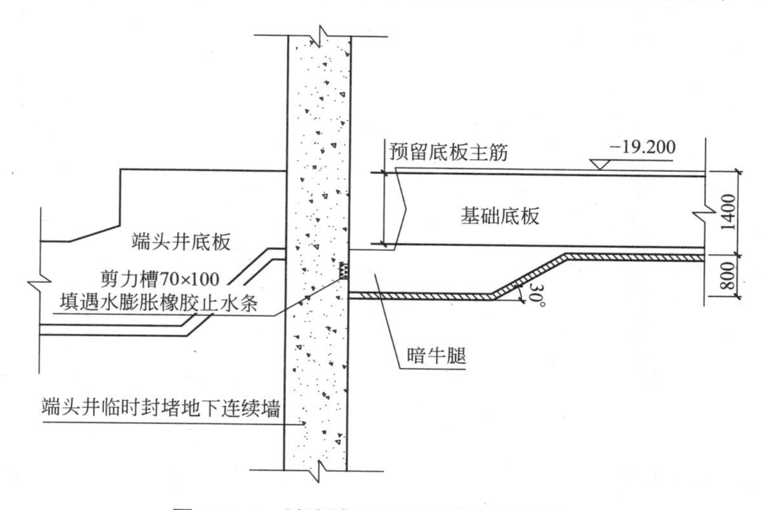

图 6.2-6　封堵墙处底板连接与换撑详图

② 楼层结构连接与换撑

楼层结构的连接也是同样的问题，因此也在离封堵墙部位 1000mm 处留出空当后浇。但同时需解决楼层结构换撑传力，在楼层标高处设计 400mm 宽围檩，用型钢支撑进行换撑传力，型钢支撑一边锚入结构梁板中（地铁区域板厚 400mm），另一侧支撑在围檩上，以此通过临时型钢解决换撑传力。

（4）封堵墙凿除技术

本工程部分支撑杆件支撑在端头井封堵墙上，为确保支撑传力体系的完整性，支撑全部拆除后方可从上到下凿除端头井封堵墙，与端头井梁板结构随拆随接，即封堵墙凿一层，结构接一层。

由于地铁铺轨进度要求较高，在地下室基础底板达到一定强度后，在地铁轨道中心区域交付相关单位实施铺轨作业。为了满足铺轨要求，因此封堵墙需铺轨区域提前开洞，满足铺轨车辆可以通行。铺轨车辆通行和作业最小空间大小为净宽 3m，净高 4.2m。并采用钢筋混凝土梁柱框架加强洞口，以支承上部地下连续墙。

针对本工程的特殊性，因此制定封堵墙开洞的严密步骤，以确保工程安全。

第一步：在开洞前，确定好轨道中心线，划出开洞的具体方位。

第二步：先在开洞范围内，对称开两条 500mm 宽槽，槽内用 400mm×400mmH 型钢临时支撑好上部混凝土墙。

第三步：开洞净高上方凿除500mm高梁的位置，同时在门洞净宽两边开凿500mm宽混凝土柱的位置。

第四步：绑扎框架梁柱钢筋，现浇框架梁柱混凝土。

第五步：在框架梁柱达到一定强度后，可拆除临时型钢支撑，并从上至下开凿开洞范围内的地墙混凝土。

第六步：开洞范围内底板结构连接，侧向预留钢筋接驳器并设置止水钢板。

通过上述步骤操作，在地下结构没有完成之前，可满足提前进行铺轨的要求。在本工程所有支撑全部凿除后，再将封堵墙自上而下逐步进行拆除，实现地铁端头井与站台层的结构贯通（图6.2-7、图6.2-8）。

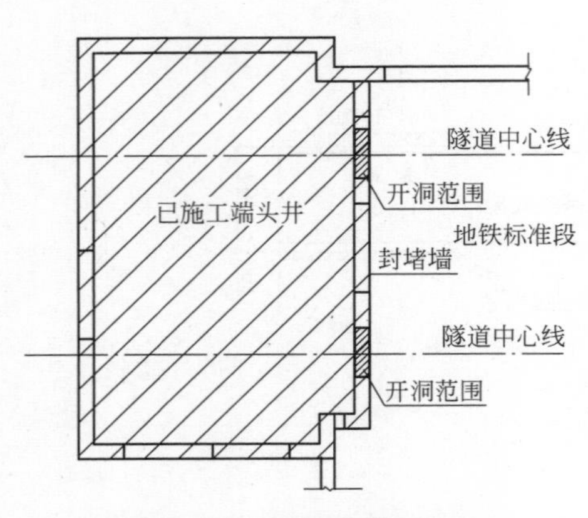

图6.2-7　封堵墙开洞平面

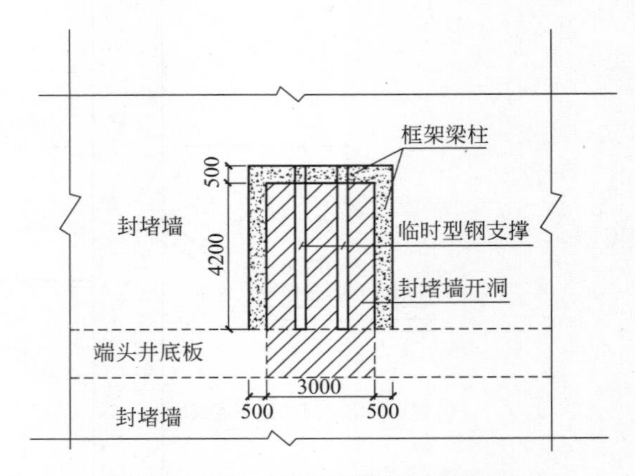

图6.2-8　封堵墙开洞立面详图

6.2.2　对已建端头井结构及区间隧道的保护技术

（1）端头井侧支撑水平传力措施

本工程基坑开挖前，端头井内部结构已施工完毕。端头井在邻近基坑侧采用1000mm厚地下连续墙作为临时封堵。为了解决基坑临时支撑水平传力问题，减小对临时封堵墙及端头井的影响，在基坑水平支撑设计时，支撑标高尽量靠近端头井结构梁板标高，当支撑标高无法与端头井结构梁板位于同一标高时，通过设置传力构件解决水平传力问题，减小对端头井的影响（图6.2-9～图6.2-11）。

第一道支撑位置利用原保留的端头井混凝土角撑，在中间已拆除的混凝土支撑位置处重新设置三道钢管支撑。第二道支撑对应端头井顶板下方3.3m位置处，在该位置设置两道钢管对撑，传递相应的支撑水平力。第三道支撑标高基本接近端头井中板结构，可以通过端头井中传递水平力。第四道支撑计算轴力相对较小，可通过地墙本身刚度解决传力问题。传力杆件采用ϕ609×16钢管，钢管与两侧地下连续墙设置型钢围檩，加大支撑传力范围，其中第一道增加的钢支撑直接与原有的端头井压顶梁连接，连接方式通过在压顶梁上种植连接钢板与钢管支撑焊接。由于端头井跨度16m多，因此在钢支撑中间设置型钢立柱，型钢立柱通过连接钢板与端头井板结构连接。

（2）已建端头井结构监测措施

由于端头井结构已建造完毕，与本工程基坑存在"零距离"接触，在开挖过程中必须对其实施监测保护。利用原端头井地墙布置的测斜管作为端头井变形监测点。

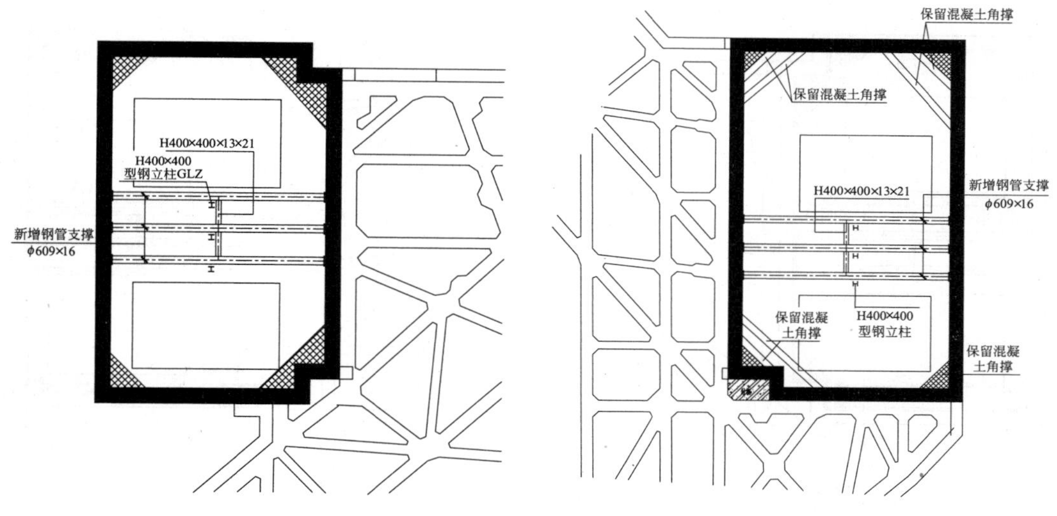

图 6.2-9 西端头井加撑平面　　　图 6.2-10 东端头井加撑平面

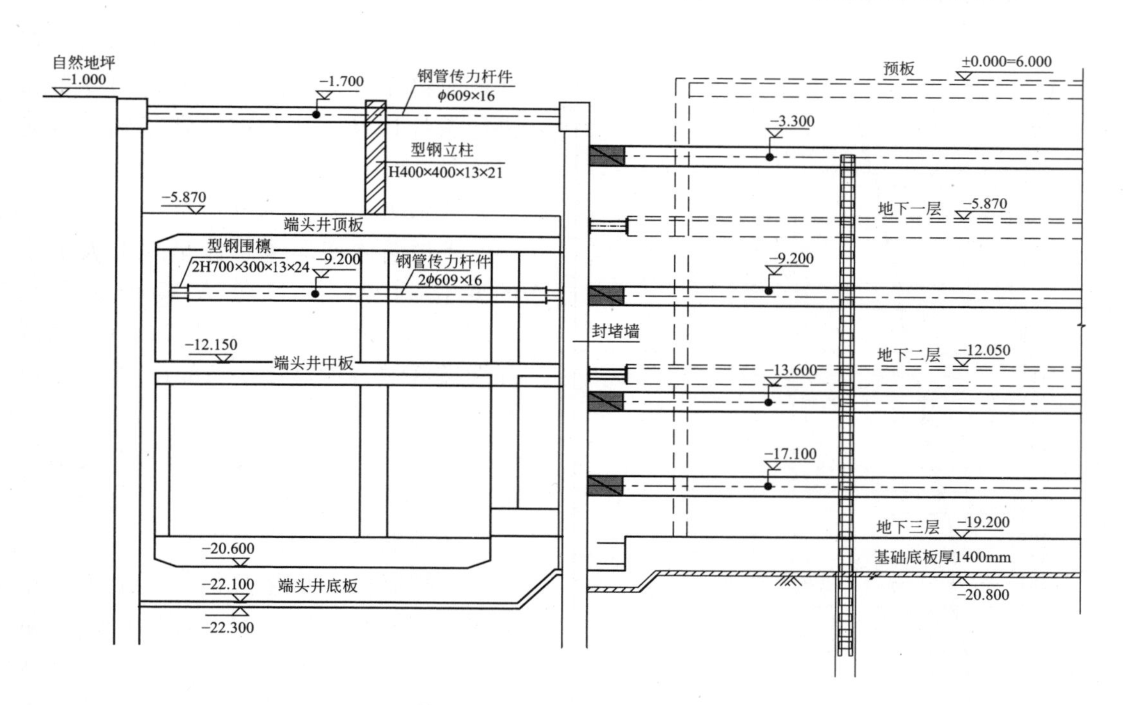

图 6.2-11 端头井加撑剖面

① 端头井监测点布置

东西端头井围护墙体上各布置四个测斜点，四个点分别位于端头井四周围护墙体上。监测编号分别为 CX 东-1～4，CX 西-1～4，具体布点如图 6.2-12、图 6.2-13 所示。

② 端头井监测情况分析

选取端头井与区间隧道相连的围护墙体作为变形分析，监测点分别为 CX 东-3 和 CX 西-3。

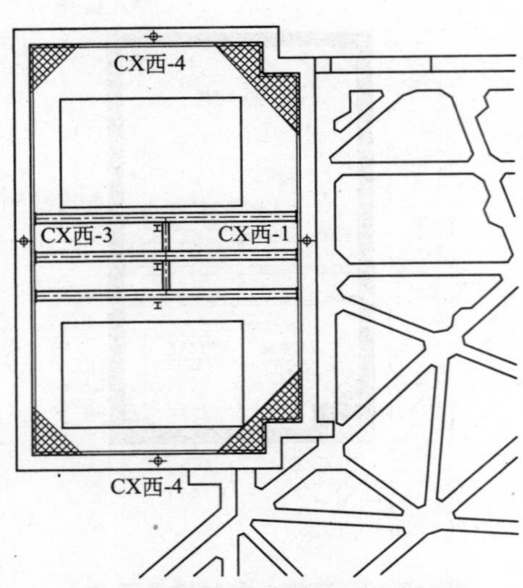

图 6.2-12　西端头井监测点布置

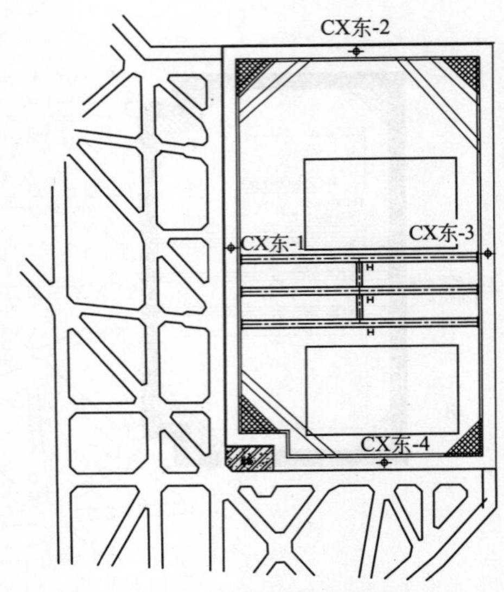

图 6.2-13　东端头井监测点布置

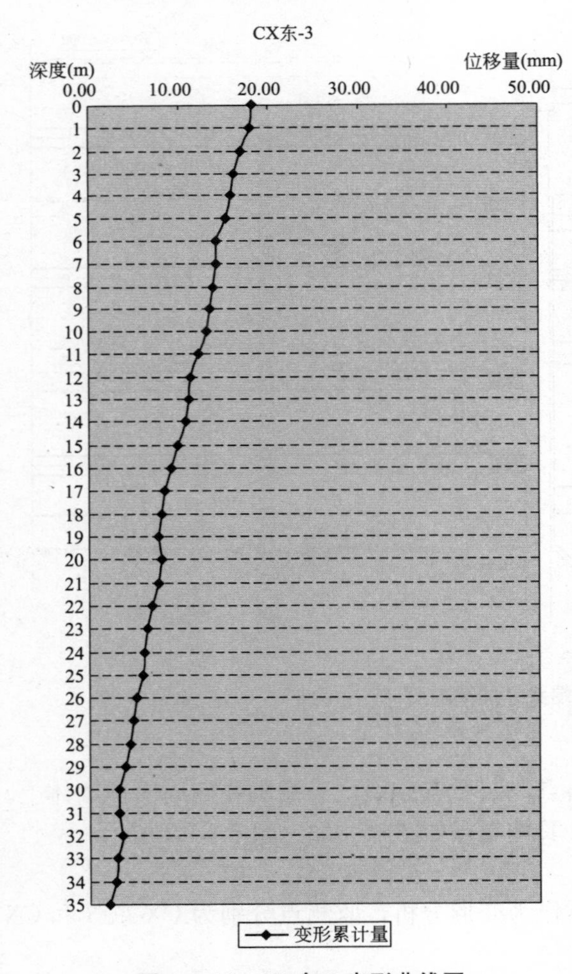

图 6.2-14　CX 东-3 变形曲线图

由于利用端头井原有的侧斜管，在开挖前将原有端头井的变形量归零重新进行累计计算，从开挖后到基础底板完成这段过程中，累计变形数据如下：

• 东端头井（CX 东-3）

围护墙体变形量总体呈现上大下小的变化趋势，上口最大累计变形量 18.24mm，地墙底端最小 2.14mm，在区间隧道区域（深度 12～18m）地墙变形量在 11.39～8.10mm 之间。

CX 东-3 监测点累计变化曲线如图 6.2-14 所示。

• 西端头井（CX 西-3）

围护墙体变形量总体呈现上大下小的变化趋势，上口最大累计变形量 26.10mm，地墙底端最小 5.12mm，在区间隧道区域（深度 12～18m）地墙变形量在 19.53～16.23mm 之间。

CX 西-3 监测点累计变化曲线如图 6.2-15 所示。

③ 端头井监测结论

通过结合实际开挖工况和端头井地墙实际监测数据的分析研究，得出以下几点结论：

• 东西两个端头井变形呈现上大下小的趋势，端头井作为一个整体结构产生变形，因此在端头井上方增设钢管支撑是有效的。

• 通过两个东西端头井变形大小比较，西端头井变形量比东端头井略大，原因是西端头井侧的支撑均为次要连杆，缺少主撑杆件对其约束。

• 在两个端头井的整体变形中，在隧道位置处变形约10～20mm，因此在隧道与端头井接口位置可能产生渗水等影响。在开挖过程中，加强了该接口部位的监测，及时进行了跟踪注浆。

• 通过实际监测数据表明，如要尽可能减少端头井的变形，建议在东西端头井形成对撑，这样可有效约束端头井结构。

6.2.3 以“兼容、同步”为核心的施工组织技术

经实践研究，建立以“兼容、同步”为核心的施工组织技术，使其能够兼顾地铁车站与地下空间各自的建设特点，实现彼此同步施工。

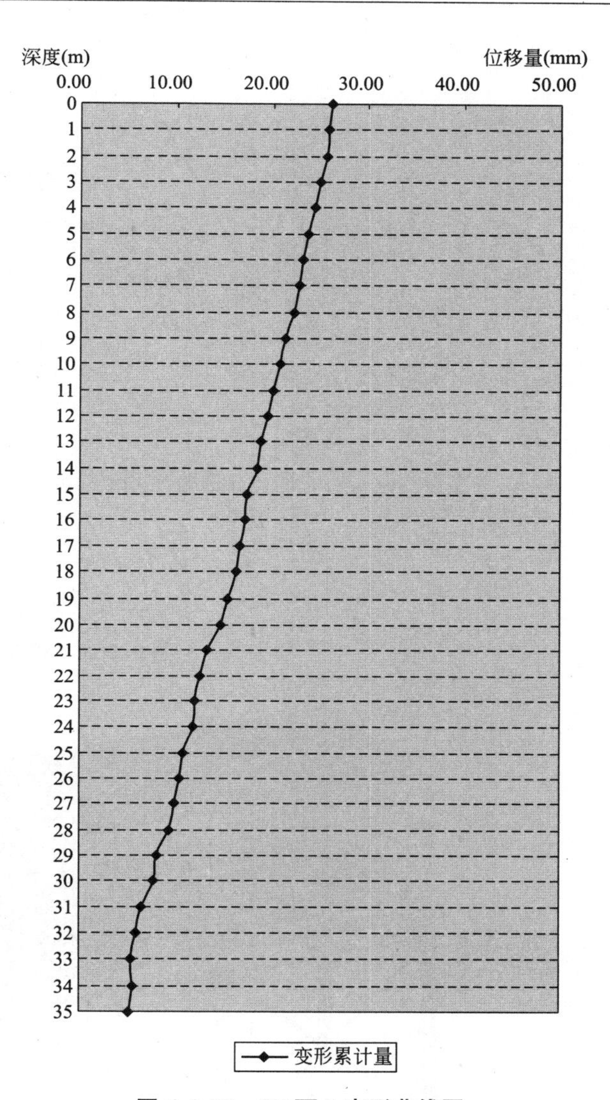

图 6.2-15 CX 西-3 变形曲线图

这套施工组织技术的重点在于实现地铁区域的铺轨施工与结构施工可同时进行，互不干扰。本工程中，在底板完成以及相应支撑拆除后，两条轨道中心区需交付地铁铺轨。为了解决楼板排架施工与铺轨作业的矛盾，对铺轨区域的排架进行了特殊设计，采用组装式可调钢桁架应用技术来解决该矛盾。在设计中兼顾考虑铺轨区域封闭作业、消防、电力、照明、通风等要求。在轨道中心区可供铺轨车量通行宽度为 3.0m，净空要求 4.2m。

（1）钢架设计

根据铺轨车辆通行及作业的空间要求，钢架立柱和钢梁均采用 18 号工字钢，净跨为 3.0m，净高 4.2m，钢柱与钢梁间增加 14 号槽钢角撑。为确保钢排架间整体稳定性，在钢柱下 200mm，1800mm，3600mm 位置处焊接 ϕ48 短钢管，安装就位后用钢管扣件连成整体（图 6.2-16）。

（2）组合钢排架计算模型

针对该组合钢排架的设计，建立了计算分析模型（图 6.2-17）。

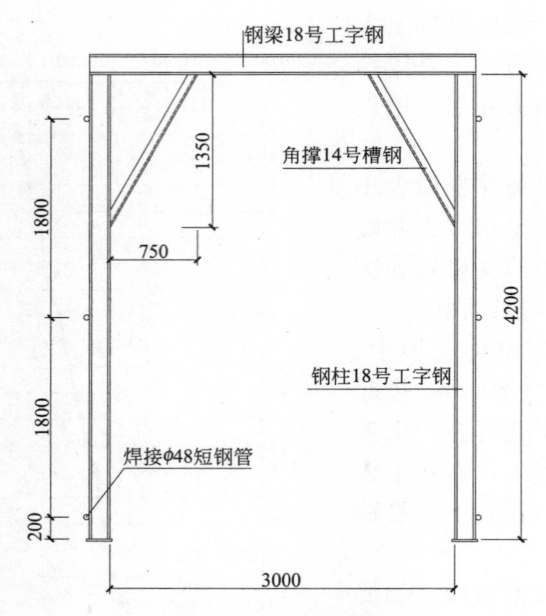

图 6.2-16 钢架详图

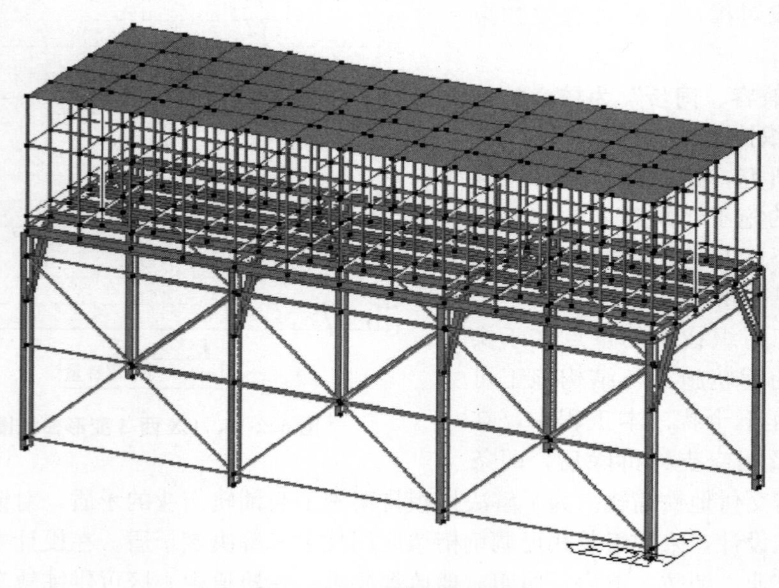

图 6.2-17 三维计算模型图

经过计算分析：杆件最大应力值为 145N/mm²，最大变形量为 2.01mm。该组合钢架满足设计要求（图 6.2-18、图 6.2-19）。

(3) 铺轨区域排架施工

根据楼板厚度设计钢管排架间距 600mm×800mm，每榀钢架间距为 3.2m，根据排架间距钢架上方布置 4 道通长设置 14 号工字钢。在钢排架施工中，将各水平牵杆（扫地杆）位置处预先焊好的短钢管用钢管扣件连起来，并与其他区域排架体系相连，形成稳定的整体。轨道区域两端钢排架侧面与端头井封堵墙形成可靠支点（图 6.2-20）。

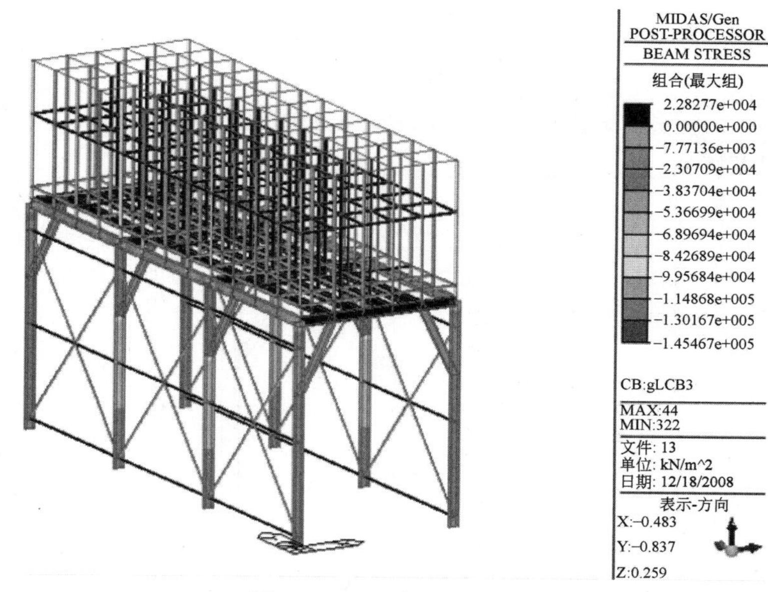

图 6.2-18 组合钢架应力图

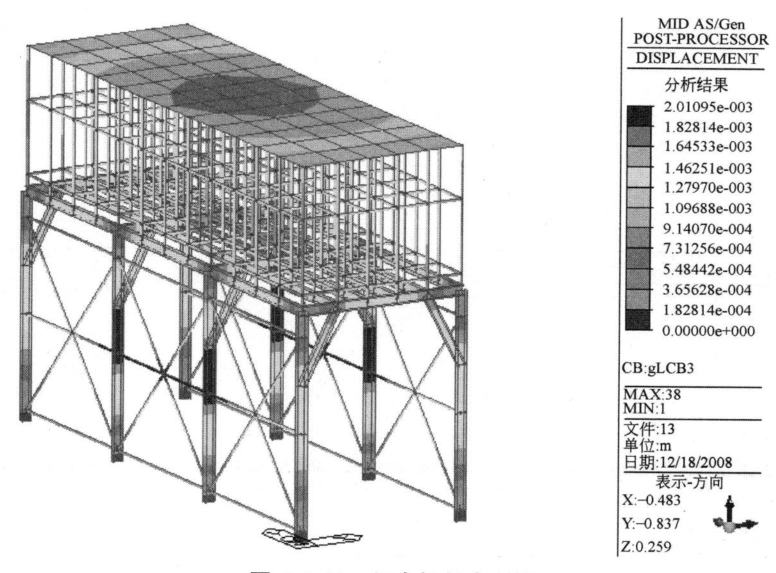

图 6.2-19 组合钢架变形图

钢排架下方预留出来的空间供地铁铺轨车辆通行和作业。在钢架两侧及顶部采用彩钢板封闭围护，作为在铺轨期间的安全防护，同时使双方作业各不干扰，并在封闭围护系统中预留通风口，使铺轨通道内通风顺畅。在铺轨通道内布置了电缆线供动力系统使用，同时布置了照明设备，满足通道内部的照明需求。另外在通道角撑部位布置消防水管，分段设置消防龙头，满足消防要求（图 6.2-21）。

在楼板强度满足后，可拆除钢架上方排架，由于钢架采取了封闭系统，排架拆除不会影响铺轨作业，并且铺轨区域以外均可实施如装饰、安装等施工工序，使工期安排更为合理紧凑。

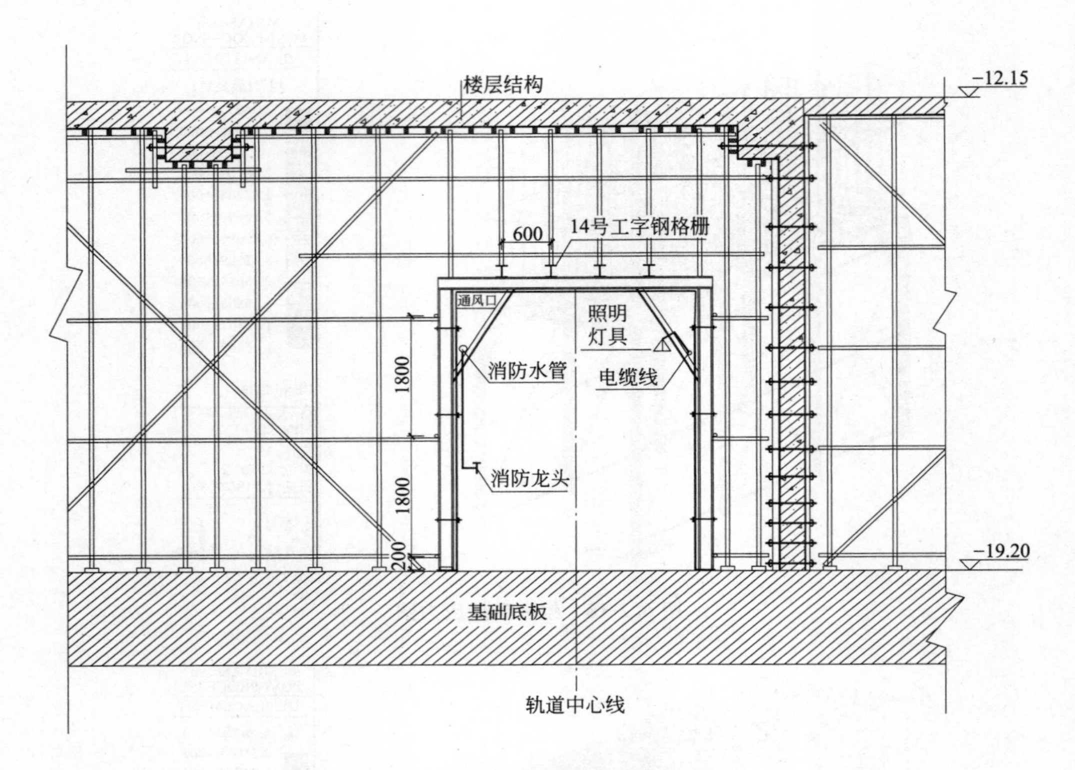

图 6.2-20　钢排架施工剖面

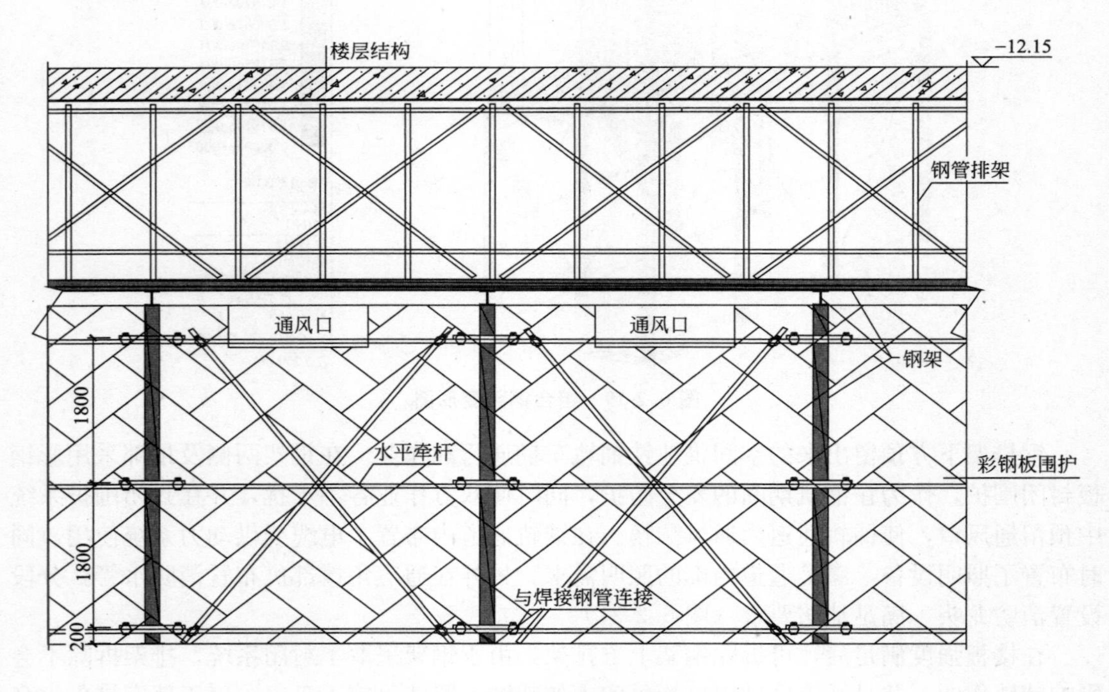

图 6.2-21　钢排架立面图

6.3　工程应用——上海轨道交通七号线浦江耀华路站工程

本工程为轨道交通七号线浦江耀华路站与所在街坊综合开发项目，位于浦东新区耀华支路 80 号，基地面积 26705.4m^2，其中基坑面积约 2 万 m^2，基坑围护总长约 600m，拟建的耀华路地铁站从基坑中横穿而过。为了满足区间隧道提前掘进，因此两边端头井结构提前施工完毕。

通过对地铁车站与所在地块物业进行地下空间联合建设开发，使得原本不同功能的地下空间实现了“一体化”。这类“一体化”建造模式充分利用了有限的地下空间资源，实现了地下空间的共享。一体化给地铁车站提供了有利的位置，避免了常规在道路下方设置站点对交通和市政管线等影响，一体化建造也给物业开发提供了无形的商业价值，提升了交通与商业来往的便利以及知名度，获得了真正“双赢”。

在本工程中，由于进行了“一体化”建造，使得原本被轨道交通隔离的南北地下空间，实现了一体化结合。相比各自建造模式，具有了无可比拟的优势，首先提高了土地利用率，使土地价值得到充分体现；其次节约了各自的建造成本和建造周期；最后，避免了各自先后建造对彼此的影响。

轨道交通七号线浦江耀华路站与所在地块商业综合开发作为“一体化”建造模式之一，在规划设计中充分考虑了地铁车站和商业开发的不同功能需求各自建造特点，同时也整合了各自功能于一体，为交通和商业提供了便利。在建造施工过程中，克服了由于“一体化”开发而带来的一系列施工难题，取得了卓有成效的施工技术，为今后类似的一体化建造提供较为成功的范例，具有一定的借鉴和参考价值。

第7章　城市高密集地区地下空间开发岩土环境保护新技术

7.1　概述

随着城镇化的持续推进，城市规模不断扩大，城市用地日趋紧张，城市高密集区逐步增多，城市地下空间开发的力度空前增大，同时伴随着城市环境岩土工程问题日趋突出。经过长期的科研、设计、咨询与施工实践，本章对城市高密集地区地下空间开发岩土环境问题进行了总结与探索研究，认为城市环境岩土工程是指在人类的城市工程建设中，以岩土介质为载体，为了美化或保护环境而进行的工程活动。当前，环境岩土工程的主要任务包括岩土体中废弃物的回收与再利用、地下污染物的控制、地下水土资源的保护与岩土介质环境美化四部分。城市环境岩土工程问题多，涉及面广，处理难度大。本章介绍了岩土体中废弃物的回收与再利用、岩土介质环境美化两方面的部分新技术，包括全回收的深基坑围护系统、集装箱式土方挖运方法与地基隔振新技术，以求抛砖引玉，对读者有所裨益。

7.2　全回收的深基坑围护系统

基坑围护工程是一种为了确保基坑与基坑周边环境的安全与正常使用而对基坑周边的水土进行支挡隔断的临时性工程，是地下空间开发中的关键环节之一。近些年来，国内各地的基坑围护工程量日益增加，积累了大量的基坑工程设计施工经验。基坑工程亦成为岩土工程师主要的工作内容之一。基坑围护方式总体上可分为顺作法与逆作法两大类，逆作法主要适用于超深超大基坑，土方挖出速度慢是当前逆作法的瓶颈。目前常用顺作法基坑围护形式包括放坡、水泥土搅拌桩重力坝、围护（桩）墙＋内支撑体系（或锚杆）围护形式，而对于深基坑，采用围护（桩）墙＋内支撑体系（或锚杆）围护形式居多，传统围护桩（墙）的主要形式包括钢板桩、SMW工法桩、钻孔灌注桩＋深搅桩隔水帷幕，地下连续墙等，内支撑体系主要包括组合钢支撑与钢筋混凝土支撑，对于深大基坑，则采用承载力高、稳定性好的钢筋混凝土支撑居多。锚杆形式多为钻孔注浆锚杆或高压旋喷桩锚杆。在上述的基坑围护结构中，除放坡与钢板桩施工后土中无残留外，SMW工法桩中的型钢与组合钢支撑可回收再利用，采用“两墙合一”的地下连续（桩）墙可部分利用围护结构，其他的围护结构在基坑回填后，大量闲置残留于岩土体中，形成永久性的高强固体垃圾。一方面使得基坑围护工程材料消耗大、能耗高、成本高，另一方面造成岩土环境污染，影响邻近后续地下空间开发。

在环境问题逐步引起国人重视，举国上下力推节能减排的今天，岩土工程师应考量基坑围护这一临时性工程的能耗与碳排放，需关注基坑围护工程完成后废弃物的去留与岩土环境保护。这也正在逐步引起相关管理部门与行业的重视。继上海之后，苏州、无锡、温州、台州、昆明、福州等诸多城市陆续制定了围护结构临时超越用地红线需回收高强度固体残留物的相关规定，可以预见，在将来，随着城市密集度的提高，地下超红线将被越来越多的城市禁止。

为了推进基坑围护工程节能减排，保护岩土环境，笔者经过长期潜心研究，提出了全回收的基坑围护系统（即 Recycling Excavation Support System ，简称 RESS）。全回收的基坑围护系统包括可回收的竖向围护结构与可回收的水平承载结构两大部分，笔者研制的预制隔水桩（即 Waterproofing Steel Precast Piles ，简称 WSP 桩）系列技术，安全可靠、施工便利快速、造价低，且可回收再利用，可作基坑的竖向围护结构。笔者研发的可回收的复合锚杆系列技术可作为基坑围护的水平承载结构。当然，目前采用的钢支撑与钢筋混凝土支撑亦可作为水平承载结构，钢支撑本来即可回收再利用，钢筋混凝土支撑可全部回收，部分再利用。从而建立了全回收的基坑围护系统。全回收基坑围护系统的核心在于：基坑回填后，可回收基坑围护结构，做到岩土体中无残留，在节约造价的同时，保护岩土环境。

下文主要介绍预制隔水桩（WSP 桩）与可回收的复合锚杆之结构构造、工作与回收机理。

7.2.1 预制隔水桩（WSP 桩）技术

竖向围护结构是基坑围护结构的重要组成部分之一，目前常用的竖向围护结构，容易因现场施工质量控制问题产生安全隐患。钢板桩与 SMW 工法桩一般在施工完成后拔出其中的钢材，围护桩的主要材料可循环使用，因此相对耗材、耗能较小，属于较经济环保的围护桩形式。但是，钢板桩之间的搭接无法满足较严格的隔水要求，当基坑挖深较深时，钢板桩往往漏水严重，加之钢板桩刚度较低，使其推广应用受限。SMW 工法需在受力构件（即 H 型钢）之间施工水泥土搅拌桩局部挡土并隔水。但当基坑较深时，水泥土搅拌桩受力过大易开裂，可能导致隔水失效，加之水泥土搅拌桩不可回收，有一定的材料消耗，因此造价仍然较高，应用受到限制。基坑围护工程是一类临时性的工程，在基坑回填后即完成工程的所有使用价值。因此，采用可回收的预制构件（如抗弯、抗剪性能好的 H 型钢）进行围护，可节材、节能，大幅度降低工程造价，且施工质量易控制，具备广阔的发展前景。预制构件连接处的隔水问题是制约其发展的瓶颈，也是国内外岩土工程领域中的一项空白。

7.2.1.1 预制隔水桩结构构造

预制隔水桩由预制桩体、隔水空腔与隔水连接三部分组成，其构造如图 7.2-1 所示。

可根据工程需要，选用不同尺寸的 H 型钢、槽钢、钢板桩、钢管桩等作为预制桩体，也可以根据工程需要选择多种形状与结构的隔水空腔。本节列举了部分可供选用的预制桩体及隔水连接如图 7.2-2 所示。

7.2.1.2 预制隔水桩工作机理

预制隔水桩通过预制桩体承担水土压力，相邻预制桩体之间的缝隙由隔水连接密封止水。可根据工程需求不同，设置相适应的隔水连接。隔水连接可设置为可回收的材料，在相邻的预制桩体施工完成后，向隔水空腔内充填可回收的止水材料作为隔水连接。在基坑

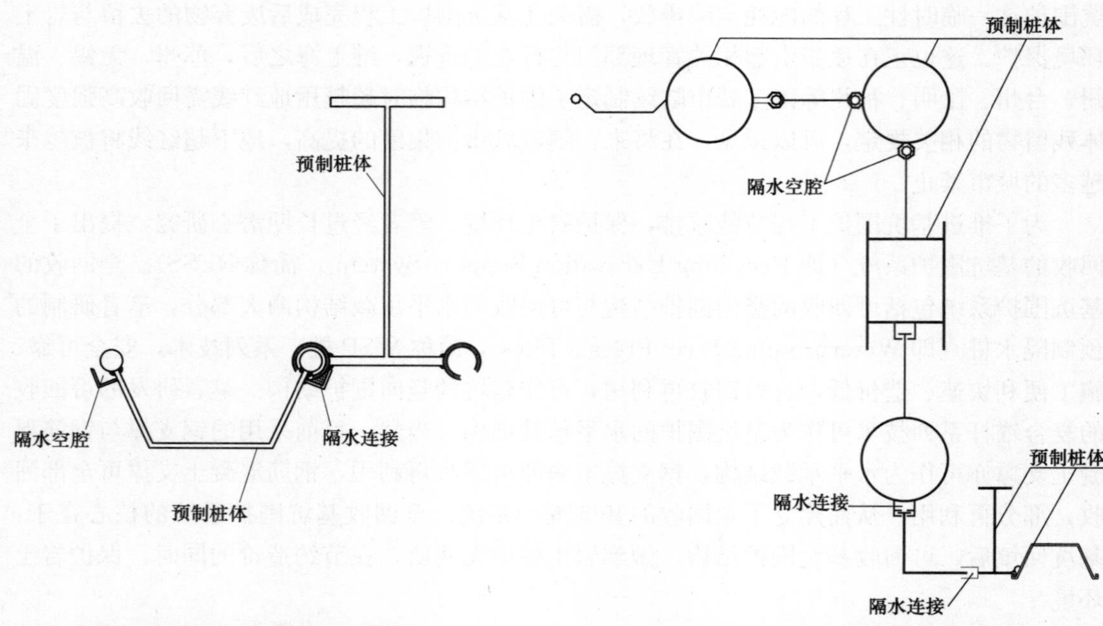

图 7.2-1　WSP 桩构造示意图　　　图 7.2-2　WSP 桩结构形式示意图

围护期间，各根预制桩体通过隔水连接成为一整体围护墙，既可挡土，亦可有效止水，形成安全可靠的竖向围护结构。基坑回填后，拔出预制桩体前，将隔水连接解除，便可逐根拔出预制桩体。

7.2.1.3　"以水堵漏"的隔水连接

在本节中，介绍一种最为经济易用且具备自修复功能的隔水连接，该隔水连接包括弹性袋与充于弹性袋内的充填体两部分，弹性袋与相邻的两根预制桩体均紧密接触，充填体为在充填弹性袋的过程中具备流动性的物质。当然可选择水、泥浆等液体作为充填体，如需增加弹性袋与两根预制桩体间的密封度，可向弹性袋内充气，增加弹性袋内壁的压强，使其与预制桩体紧密接触，达到止水目的。该种隔水连接具备以下优点：

(1) 结构简单，造价低；

(2) 易于安装；

(3) 便于检查与更换；

(4) 具备堵漏的自修复功能。

7.2.1.4　预制隔水桩设计方法

WSP 桩设计主要内容包括以下三项：

(1) 桩长设计：主要根据基坑挖深、工程地质条件，计算 WSP 桩的桩长、入土深度。

(2) 截面与间距设计：结合水平承载体系的布置，计算 WSP 桩的弯矩、剪力、位移，根据内力与变形计算成果，选定预制桩体的截面、间距。

(3) 隔水连接设计：结合施工工艺要求，设计隔水连接的布置与可回收隔水结构。

7.2.1.5　预制隔水桩优缺点

与现有基坑围护桩（墙）相比，WSP 桩有以下优越性：

（1） WSP 桩是全回收的基坑竖向围护结构，因可全回收再利用，因此能耗低、造价低，使用后土中无残留，环境效益显著。

（2） WSP 桩可根据需要选择所需的强度、刚度，选用大截面的 H 型钢等各种尺寸的预制桩体作为围护墙，桩体的强度、刚度可满足任意深度基坑围护需要，适用范围广。

（3） WSP 桩隔水性能安全可靠。WSP 桩采用可回收的连接材料将相邻预制桩体连接为整体围护墙，适用基坑深度大。WSP 桩的隔水性能具备自修复特性，即使出现漏水问题，WSP 桩的隔水连接可自行修补漏点。另外，在 WSP 桩隔水连接施工时，可对隔水空腔的性状进行检验，确保隔水连接安全可靠。

（4） WSP 桩为预制桩体的组合。因此，施工质量可控，可避免基坑竖向围护结构施工时的偷工减料现象，施工方便，工艺简单，速度快，工期短。

WSP 桩在具备上述优点的同时，在使用时应考虑预制桩体插拔施工时拖带沉降的影响。对挖深较深的基坑，设计时应有效控制预制桩体的稳定性，当 WSP 桩较长时，宜采用简单可靠的接头。

7.2.2 可回收的复合锚杆

全回收基坑围护体系的水平承载结构可以选用内支撑体系，在换撑后可将支撑拆除并再利用，在文中不再赘述。目前，地下空间开发的规模日益扩大，基坑的挖深与面积均大幅度增加。当基坑面积较大时，采用内支撑体系，造价十分昂贵，施工周期长。下文重点介绍可回收的复合锚杆，以节约工程造价，保护岩土环境，降低基坑围护能耗。

7.2.2.1 锚杆应用于基坑围护的障碍

对于基坑围护工程，使用锚杆代替内支撑体系，在造价节省、工期节约方面的优势众所皆知。但锚杆应用往往受到很大的限制，主要体现在以下三方面：

（1） 在软土地区，由于土体强度低，锚杆承载力低使锚杆应用受到很大限制。

（2） 在软土地区，锚杆成型难是限制锚杆应用的另一关键因素。在软土地区，锚杆成型难主要体现在成孔难与对心难两大问题。软土地区成孔难使得钻孔灌注锚杆难以应用。近年来出现了倾斜施工的高压旋喷桩内插入钢筋或钢绞线而形成的锚杆形式。由于锚杆周围土体强度低，杆体难以与高压旋喷桩对心，有的可能插入土体中，导致锚杆承载力不稳定。

（3） 锚杆地下超红线是限制锚杆应用的另一障碍。由于锚杆使用后往往在邻近区域遗留杆体，造成邻近场地地下空间开发困难，在很大程度上限制了锚杆的应用。为了实现杆体的回收，现有可回收的锚杆主要有各种通过机械螺纹连接的锚杆、U 形可拆卸锚杆等施工工艺。对于第一类可回收的锚杆，当锚杆较长时，难以实现回收的目。第二类可回收锚杆是 U 形可拆卸锚杆，该技术是将高强钢绞线弯成 U 形，然后将 U 形钢绞线放置于锚杆钻孔内，U 形钢绞线与锚固体不粘结，使用完成后通过释放 U 形钢绞线的一端，并在另一端施加拉力，将钢绞线强行拉出回收。该技术虽已出现多年，但因承载力低，至今仍难以推广。

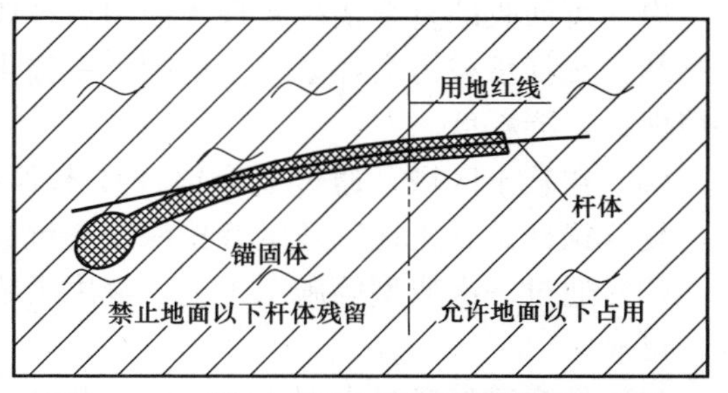

图 7.2-3 锚杆应用于基坑围护的三大障碍示意图

锚杆在基坑围护应用中的三大障碍如图 7.2-3 所示。

7.2.2.2 可回收的复合锚杆构造

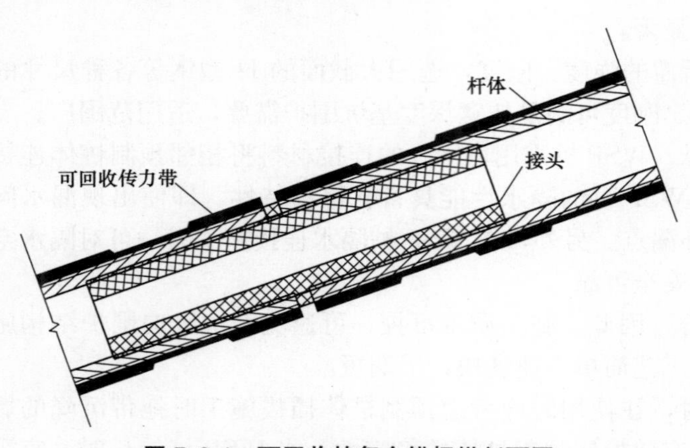

图7.2-4 可回收的复合锚杆纵剖面图

可回收的复合锚杆包括可回收的传力带、杆体、中空通道与锚固体四部分。其中，锚固体为与岩土体连接提供抗拔承载力的部位。杆体为通过可回收的传力带与锚固体牢固连接传递锚杆抗拔承载力的结构。可回收的传力带为在锚固段包裹在杆体外围的且可回收的结构。中空通道为设置于传力带内部沿着杆体方向贯通的孔道。锚固体可以是水泥土搅拌桩、旋喷桩，也可以是水泥砂浆等灌注形成的结构。可回收的复合锚杆结构构造如图7.2-4所示。

7.2.2.3 可回收的复合锚杆施工方法

可回收的复合锚杆施工方法包括以下步骤：

(1) 确定锚杆位置；

(2) 用可回收的传力带将杆体在锚固段位置与锚固体接触处包裹，并设置中空通道，制造可回收的复合锚杆；

(3) 在锚杆位置施工锚固体；

(4) 在上述步骤(3)中施工的锚固体凝固前将上述步骤(2)中制造的复合锚杆杆体插入其中；

(5) 锁定锚杆，进入锚杆使用期；

(6) 待锚杆使用结束后，解除上述步骤(5)中对锚杆的锁定；

(7) 通过上述步骤(2)中制造的中空通道，使可回收的传力带与杆体之间的连接强度降低；

(8) 拔出杆体及设置于可回收的复合锚杆中其他可回收构件，完成可回收的复合锚杆的安装与回收施工。

7.2.2.4 可回收的复合锚杆特点

可回收的复合锚杆具备如下的特点：

(1) 可回收的复合锚杆实现了使用后杆体的全回收，且在使用时，杆体与锚固体可全长粘结，锚杆承载力大，适于基坑围护中提供水平承载力。因可回收再利用，有利于岩土环境保护，能耗低。

(2) 在软土区域，通过复合锚杆技术研发，解决了普通锚杆承载力低、变形大的缺点，复合锚杆是软土地区适度开挖深度基坑经济适用的水平承载结构形式。

(3) 通过一次成型等施工工艺，解决了锚杆施工中对心难的难题，使锚杆施工质量稳定、可靠。

(4) 复合锚杆通过水泥土加固体充分挖掘了软土的潜力，通过水泥土加固体中的锚杆施工克服了水泥土与杆体之间连接强度低的缺陷。

7.2.3　全回收基坑围护体系的经济适用性

全回收基坑围护体系，实现了基坑围护这一临时性工程固体残留物的回收再利用，达到了低碳、低能耗、无污染的良好环境效益。同时因工程构件可重复使用，工程造价低，可回收的锚杆使得部分基坑围护可不使用内支撑，节约支撑、挖土费用，并节约工期。

7.2.3.1　WSP 桩与现有围护桩（墙）经济性比较

每米基坑围护周长 WSP 桩与现有围护桩（墙）在相同的插入深度，满足同等承载力与变形控制要求的前提下，并以合理可行的 WSP 桩租期为依据，各竖向围护结构造价概算比较可参照图 7.2-5。

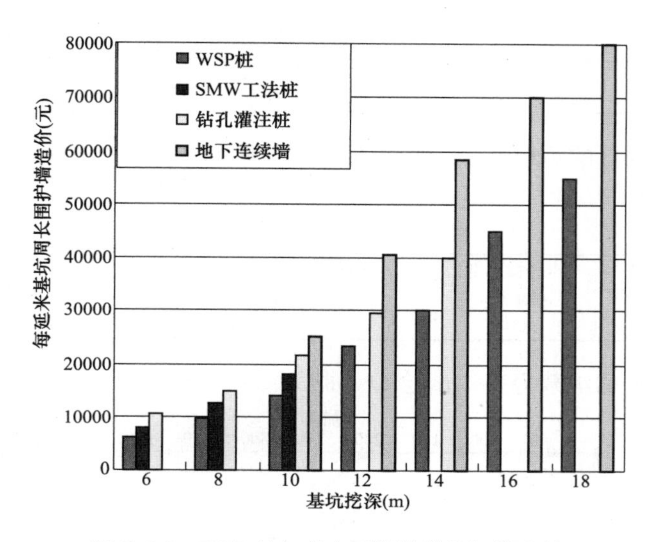

图 7.2-5　WSP 桩与现有围护墙造价概算比较

由图 7.2-5 可以看出，WSP 桩比 SMW 工法桩可节约造价约 25%，比钻孔灌注桩可节约造价约 25%～40%，比地下连续墙可节约造价 35%～45%。与 SMW 工法桩相比，因在相邻 H 型钢之间设置可靠的钢板连接，可适用于更深的基坑。与钻孔灌注桩相比，因可选用大截面的 H 型钢（如高 1000 的 H 型钢），适用深度更深。与地下连续墙比较，成本节约明显，质量更易控制。

7.2.3.2　可回收的复合锚杆与内支撑体系经济性比较

可回收的复合锚杆与内支撑体系的造价与基坑的形状、面积密切相关。图 7.2-6 仅以正方形基坑为例，估算了内支撑体系与可回收的复合锚杆造价。

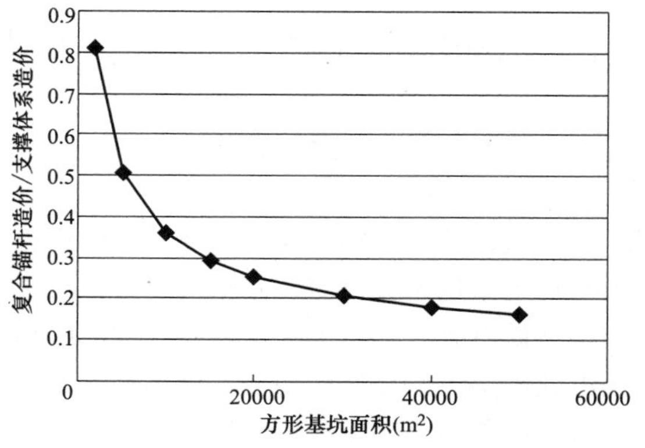

图 7.2-6　可回收的复合锚杆与内支撑体系造价估算比较

由图 7.2-6 可以看出，当基坑较小时，如对于面积 $2000m^2$ 的小基坑，可回收的复合锚杆造价约为内支撑体系造价的 80%。而随着基坑面积的增加，可回收复合锚杆的造价较内支撑体系快速减小。如对于10000m^2的基坑，可回收复合锚杆的造价约为内支撑体系造价的36%，对于50000m^2的基坑，可回收复合锚杆的造价约为内支撑体系造价的16%。

7.2.4　复合锚杆原型试验

复合锚杆承载力试验

试验场地属于上海地区典型的软土地层，试验主要影响土层为上海地区第②层粉质黏土与第④层淤泥质黏土层，该两层土的主要物理力学性指标见表7.2-1。

试验场地土层物理力学性质表　　　　**表7.2-1**

层序	土层名称	埋藏深度(m)	孔隙比 e	含水量 w(%)	压缩模量 E_s(MPa)	直剪固快(标准值) 凝聚力 c (MPa)	直剪固快(标准值) 内摩擦角 φ(°)
②	粉质黏土	3.5	0.92	36.0	4.60	22.0	20.0
④	淤泥质黏土	13.8	1.38	48.5	2.30	14.0	13.0

为了研究复合锚杆的承载性能，采用足尺试验研究了复合锚杆的承载力，试验锚杆的概况如表7.2-2所示。

试验用足尺复合锚杆概况表　　　　**表7.2-2**

施工时间	水泥土搅拌桩直径/mm	水泥掺入量(kg/m)	入土深度(m)	锚杆钻孔直径(mm)	试验时锚杆养护时间(d)	杆体
2010.11	700	150	11	200	＞28	3ϕ12.7高强钢棒

典型的复合锚杆的承载力基本试验 Q-s 曲线如图7.2-7所示。

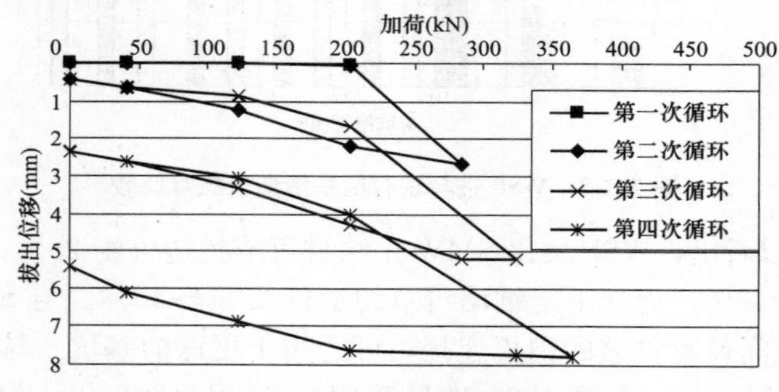

图7.2-7　复合锚杆基本试验 Q-s 曲线

图7.2-7中的复合锚杆试验承载力达到365kN。试验结束时，水泥土搅拌桩出现破坏。

7.3　集装箱式土方挖运方法

随着工程建设特别是地下空间开发的迅速发展，深基坑工程日益增多，深基坑土方挖运工作量越来越大。目前，深基坑土方挖运主要方式为利用挖机将土方直接装载于土方车厢内，然后由土方车运至卸土点将车厢内的土体倾倒完成土方挖运。这一传统粗放的土方挖运方式给位于密集城区的深基坑土石方工程带来诸多问题。首先，传统的土方挖运成本高。对于设置两道内支撑或逆做法深基坑工程，因土方挖运需满足支护安全需要的前提，需在内支撑体系设计时为土方挖运设置挖土栈桥，大幅度增加了基坑支护的成本；在土方挖运时，须现将原状土在挖土面位置进行翻运收集，增加了松土的体积，进一步提高了挖土费用。其次，传统的土方挖运速度慢，在深基坑中，由于土方的垂直运输主要通过长臂挖机完成，出土点少，加之内支撑体系密布于坑内，土方挖运速度慢，直接影响着工程进度。而对于逆作法，因出土口小，出土速度更慢，已成为制约工期的关键因素。另外，传统的土方挖运方式环境污染严重，在翻土、推运收集、垂直运输及土方外运过程会产生较多的粉尘，影响空气质量；在土方运输过程中，因土方车厢内直接装载土体，导致车身脏乱，土体在运输过程中易于散落、产生扬尘，影响城市环境卫生，同时使运土受限，也大幅度增加了土方外运成本。本节介绍的深基坑集装箱式土方挖运方法，可大幅度提高土方挖运速度，降低土方挖运成本，并极大程度降低了土方挖运对周边环境的影响。

本节介绍的深基坑集装箱式土方挖运方法包括如下步骤：

a）将集土箱放置于深基坑中开挖面位置；

b）将深基坑中需挖出的土方开挖并装载至集土箱内；

c）将集土箱吊运至运输车辆，并将集土箱与运输车辆临时固定；

d）将集土箱运至预期位置；

e）卸除集土箱内的土体；

f）将集土箱运回，完成一次土方运输；

g）重复步骤 a）至步骤 f），完成土方挖运。

在上述的深基坑集装箱式土方挖运方法中，可将集土箱装置于运输车辆的车厢内，也可通过设置桁吊吊运集土箱，还可以通过在支撑体系上设置轨道运输集土箱。可通过设置多个集土箱与多辆运输车辆加快土方挖运速度。可以用运输车辆将集土箱转运至运土船只或火车，再由运土船只或火车完成集土箱较长距离运输。

本节介绍的集装式土方挖运方法如图 7.3-1 所示。

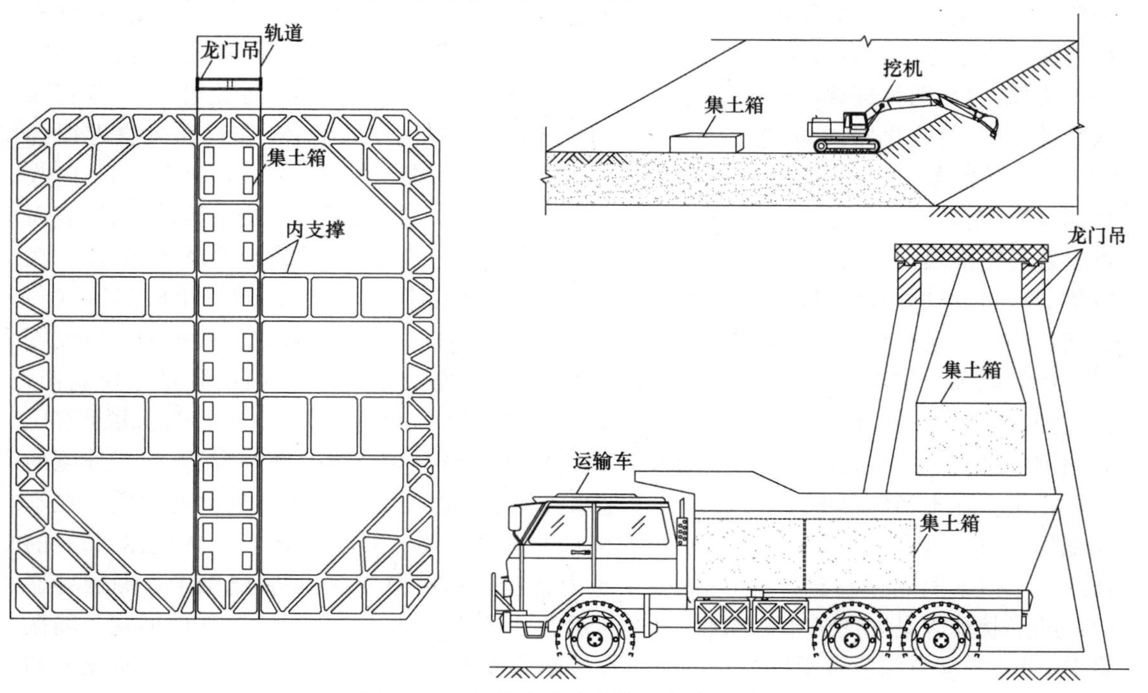

图 7.3-1 集装箱式土方挖运方法示意图

7.4 地基隔振技术

随着社会经济的发展与人民生活水平的日益改善，人们对自身居住条件的要求日益提高，对建筑物的要求越来越高。在密集城区，已建建筑物往往因为邻近工程建设、工业生产、轨道交通运营等产生的振动影响到建筑物的正常使用与安全，目前此类事件时常引发社会纠纷。对于已建的建（构）筑物进行有效保护，减小消除邻近地基土振动对已建建（构）筑物的影响是土木工程领域中的一个新的发展方向。

在本节中，结合图 7.4-1～图 7.4-4 简要介绍压力平衡法地基隔振原理，以实现“以水隔振”。图 7.4-1 为第一种隔振器的平面布置示意图；图 7.4-2 为第一种隔振器的剖面结构示意图；图 7.4-3 为第二种隔振器的平面布置示意图；图 7.4-4 为第二种隔振器的剖面结构示意图。

在本节中，首先结合图 7.4-1 与图 7.4-2，介绍第一种压力平衡地基隔振方法及其所用的隔振器的结构构造及工作原理。该种隔振器结构包括隔振容器（1)、充填于隔振容器（1）内的流体（2）两部分组成，其中隔振容器（1）为设置于地基土振动传播路径中的侧壁与底部封闭的空间，可采用具备较好变形性能的柔性袋或侧壁刚度较低的管状结构作为隔振容器（1)，流体（2）为可流动的物质，可以是水、油、胶体等具备流动性的物质。该第一种隔振器可通过隔振容器（1）与近振源（6）一侧的地基土（5）接触，近振源（6）一侧的地基土（5）的振动传递至隔振容器（1）后，因隔振容器（1）内充填流体（2)，因此近振源（6）一侧的地基土（5）的振动能量传递至流体（2)，因流体（2）可在隔振容器（1）内自由流动，振动能量直接传递给流体（2）转化为动能，故近振源（6）一侧的地基土（5）的振动难以传递至近被保护对象（7）一侧的地基土（8)，从而达到隔振目的。为了提高隔振效果，确保隔振器耐用，可在隔振容器（1）上增设导流管（3)、与收集器（4）两种部件，其中收集器（4）为盛装流体（2）的容器，导流管（3）为将隔振容器（1）与收集器（4）连接的管状结构。在本实施例中，流体（2）在吸收近振源（6）一侧的地基土（5）的振动能量后，可通过与隔振容器（1）连接的导流管（3）向收集器（4）流动，收集器（4）可设置为容积较大的结构，收集器（4）内的流体（2）表面可设置为自由表面，流体（2）内吸收的振动能量可通过流体（2）的流动及流体（2）在收集器（4）内的波动耗散，为了节约造价，可将多个隔振容器（1）与一个收集器（4）连接，还可以通过特定装置将积聚于收集器（4）的流体（2）动能转化为机械能、电能等可利用的能源，实现综合应用。在本实施例中，可在隔振容器（1）内设置稳定控制器，稳定控制器可以是与隔振容器（1）形状相近，体积略小于隔振容器（1）的能承载足够压力的固体结构，主要目的是在隔振器检修或出现异常情况时，确保隔振容器（1）外侧的土体稳定。在本实施例中流体（2）可以是水、泥浆、淤泥、黄油等可流动的物质。在本实施例中可通过调整收集器（4）内的流体（2）的高度调节隔振容器（1）内流体（2）的压应力，以平衡隔振容器（1）外侧的土压力（包括水压力)。在本实施例中，隔振容器（1）的形状可以是如图 7.4-1 与图 7.4-2 所示的圆柱状，也可以是板状等其他形状，隔振容器（1）的埋设深度可根据地基土的性质与振动传播路径的分布情况确定。本实施例的以下部分主要结合图 7.4-1 与图 7.4-2 介绍第一种压力平衡地基隔振方法。首先确定振源

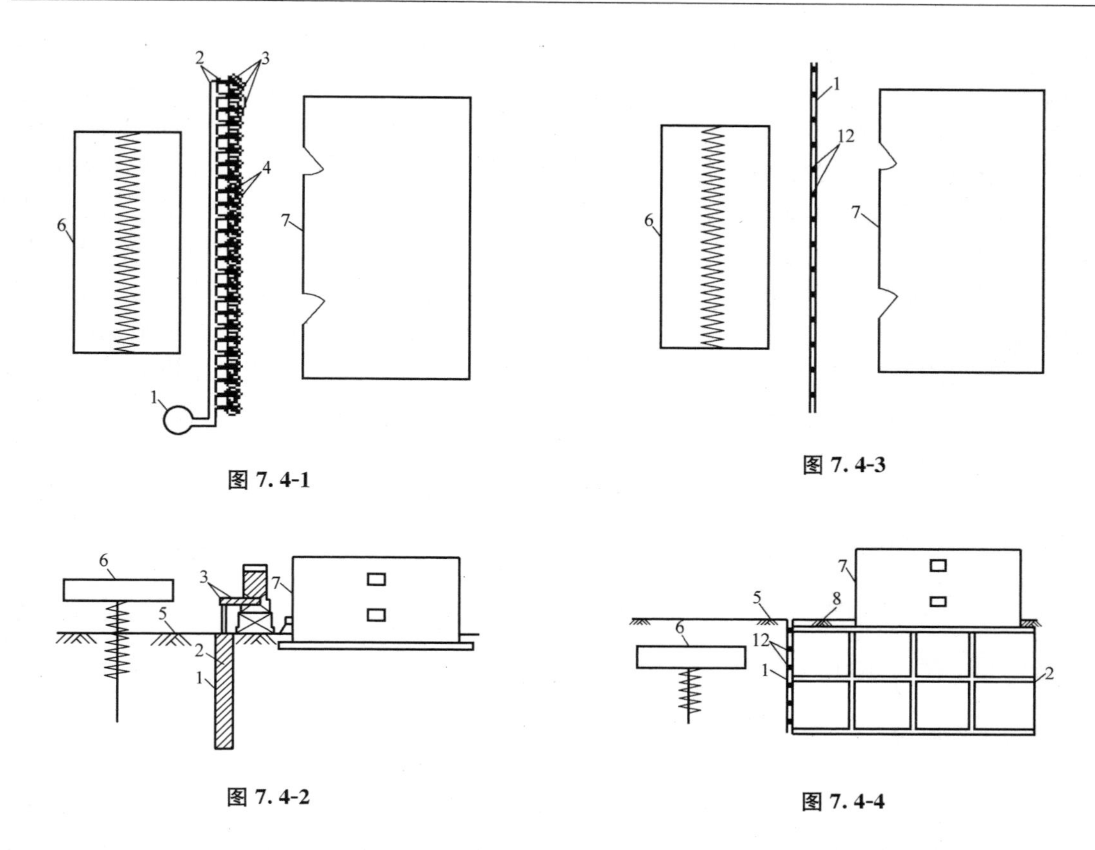

图 7.4-1

图 7.4-3

图 7.4-2

图 7.4-4

（6）位置与被被保护对象（7）的位置如图 7.4-1 所示，根据图 7.4-1 可确定振动在地基土中的传播路径主要为介于振源（6）与被被保护对象（7）之间的地基土，可根据工程经验或振动检测结果确定振动在地基土中的传播路径，即确定振动较明显的地基土的平面分布与深度分布，从而完成本实施例的第一步，进入第二步。根据隔振需要及现场施工条件，将隔振容器（1）设置于振源（6）与被被保护对象（7）之间，如图 7.4-1 所示。在本步骤中，可在地基土中设置孔隙，然后将隔振容器（1）放置于地基土的孔隙中，在地基土中设置孔隙的方法可采用钻孔法施工，也可采用挤压法等工程中常用的方法成孔。在本步骤中使用的隔振容器（1）可以是如图 7.4-2 所示的底部与侧壁封闭的容器。在本步骤周中，需向隔振容器（1）中充填流体（2），可以在放置隔振容器（1）的同时充填流体（2），也可以将流体（2）充填于隔振容器（1）后放置于地基土中，还可以在隔振容器（1）放置于地基土中之后充填流体（2）。从而完成本实施例的第二步，进入第三步。在本步骤中，使隔振容器（1）中流体（2）的压力与隔振容器（1）外侧的土压力（包括土中水压力）基本平衡，用流体（2）隔断振动传播路径。在本步骤中，可通过调整流体（2）在隔振容器（1）中的充填高度或通过提高流体（2）表面的压力调整流体（2）的压力。在本步骤中，流体（2）可在隔振容器（1）内自由运动，通过流体（2）的运动吸收地基土的振动能量，达到隔振目的。

作为第二个实施例，结合图 7.4-3 与图 7.4-4 介绍第二种压力平衡地基隔振方法及其所用的隔振器的结构构造及工作原理。该种隔振器结构包括隔振容器（1）、安装于隔振容器（1）内用于支撑隔振容器（1）的减振器（12）两部分组成，其中的隔振容器（1）为将隔振容器（1）外侧的土压力传递给减振器（12）的结构，减振器（12）为可将振动能量耗散的部件。在本实施例中，隔振容器（1）可以是设置于地基土中的两块板状结构，也可以是能支挡减振器（12）周围土压力的其他结构形式，减振器（12）可以是弹簧，也可以是橡胶垫，还可以是能有效耗散振动能量的其他器件。减振器（12）的布置需足以平衡隔振容器（1）两侧的土压力。第二种隔振器可通过隔振容器（1）与近振源（6）一侧的地基土（5）接触，近振源（6）一侧的地基土（5）的振动传递至隔振容器（1）后，因隔振容器（1）内设置有减振器（12），故近振源（6）一侧的地基土（5）的振动经过隔振器后，振动幅度将大幅度减少，从而达到减振目的。本实施例的以下部分主要介绍第二种压力平衡地基隔振方法。本实施例的第一步同本发明的第一个实施例。第二步与第一个实施例基本相同，不同点主要在于利用隔振容器（1）本身的弹力或通过在隔振容器（1）内设置的减振器（12）的支撑力与隔振容器（1）外侧的土压力（包括土中水压力）基本平衡，通过隔振容器（1）与减振器（12）耗散地基土振动能量，达到减振目的。

7.5　工程应用——江苏省昆山金鹰A地块项目二期基坑围护工程

7.5.1　工程概况

7.5.1.1　周边环境概况

本工程周边环境十分复杂，基坑北侧2～3m为东新街，基坑西侧2～3m为珠江路，基坑南侧穿越河浜，基坑东侧紧邻在建一期工程，且在珠江路、东新街路下分布有较多的道路与市政管线。基坑周边环境示意图如图7.5-1～图7.5-5所示。

7.5.1.2　工程地质与水文地质条件

根据上海岩土工程勘察设计研究院有限公司所提供的岩土工程勘察报告，本基坑工程影响范围内的地基土层主要物理力学性质如表7.5-1所示，典型地基土层分布见图7.5-6。

相对于本基坑工程而言，根据第③层淤泥质粉质黏土层厚的差异及其对基坑工程的影响，可以将本场地分为地质Ⅰ区与地质Ⅱ区。其中地质Ⅱ区主要位于珠江路侧的中部偏南段，其地层特征为第③层淤泥质粉质黏土层厚较大，层底最大埋深达9.5m（接近坑底）。其他围护段，土层分布相近，均可划分地质Ⅰ区。

图7.5-1　场地北侧东新街

图7.5-2　场地西侧珠江路

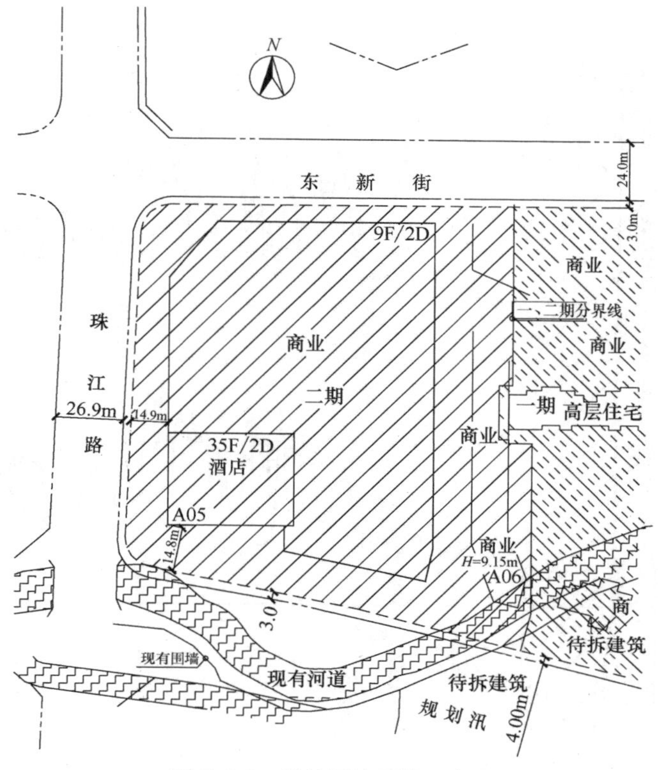

图 7.5-3　基坑周边环境示意图

图 7.5-4　场地南侧汛塘河

图 7.5-5　场地东侧在建一期

基坑围护设计参数一览表　　表 7.5-1

土层序号	土层名称	试验项目										
		重度	直剪固快		UU		CU				K_0	渗透系数 k(cm/s)
		γ_k (kN/m³)	c_k (kPa)	φ_k (°)	c_{Uk} (kPa)	φ_{Uk} (°)	c_{CUk} (kPa)	φ_{CUk} (°)	c'_k (kPa)	φ'_k (°)		
①₁	杂填土	17.0*	5*	10*	—	—	—	—	—	—	—	—
②	粉质黏土	18.4	16.6	14.1	64.0	2.5	19.0	19.8	3.0	31.3	0.48	5.0E-06
③	淤泥质粉质黏土	17.8	14.0	12.2	29.0	0.9	12.0	15.8	1.0	27.5	0.55	4.0E-06
④	黏土	19.6	45.0	16.2	117.0	3.5	42.0	21.0	16.0	33.0	0.44	2.0E-07
⑤	粉砂	18.5	2.6	29.1	—	—	—	—	—	—	0.37	5.0E-04
⑦	粉砂	18.8	1.8	29.7	—	—	—	—	—	—	—	1.0E-03

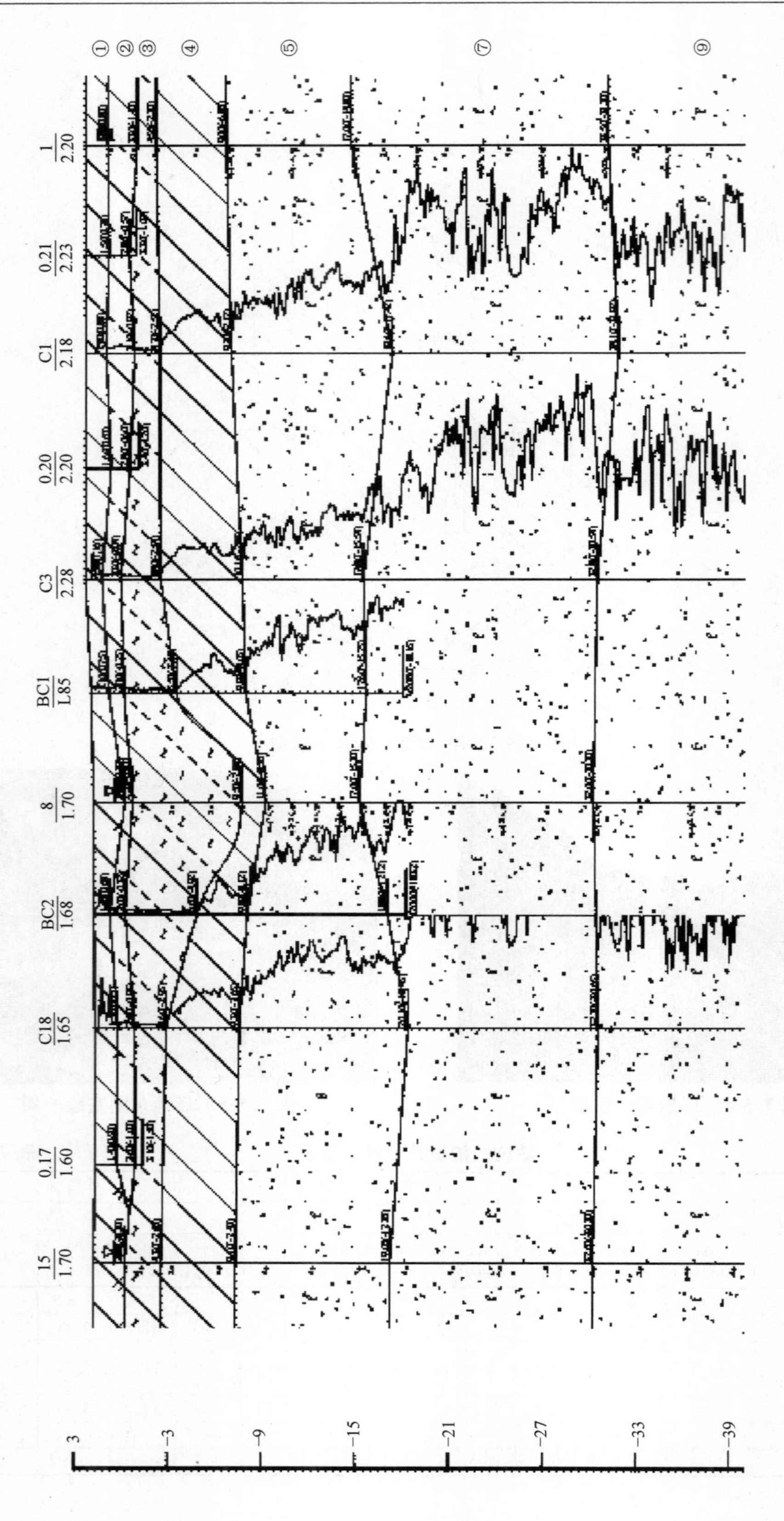

图 7.5-6　工程地质剖面图（基坑西侧近珠江路）

该工程场地属亚热带季风气候，雨量较大，轻度潮湿。该场地地势平坦，场地平均标高为1.68m。河水历史最高洪水位2.49m，最低河水位0.01m，常年平均水位0.88m（1985国家高程基准，下同）。拟建场地南侧以汛塘河为界，勘察期间测得该河面宽10余米，水位标高为0.80m，水深约1.7m左右。

该场地地下水按形成时代、成因和水理特征，可划分为潜水、微承压水和承压水。根据苏州地区区域水文资料：苏州市潜水最高水位为：1.33～2.63m，最低水位为−0.21～1.35m，年变化幅度1.0～2.0m，近3～5年最高潜水位为2.50m；潜水主要赋存于浅层黏性土、填土中，富水性较差，水位受地形变化影响较大，主要受大气降水入渗及地表水径流补给，属典型的蒸发入渗型动态特征类型。勘察期间所测得拟建场地地下水稳定水位埋深一般在1.10～1.90m，相应标高−0.3～0.97m；初见水位埋深一般在2.0m左右。拟建场地浅部分布的第⑤层粉砂层，即是该地区所称的微承压含水层。勘察期间测得第⑤层微承压水头埋深为4.25m，相应标高−2.48m。根据苏州区域水文调查资料，该微承压

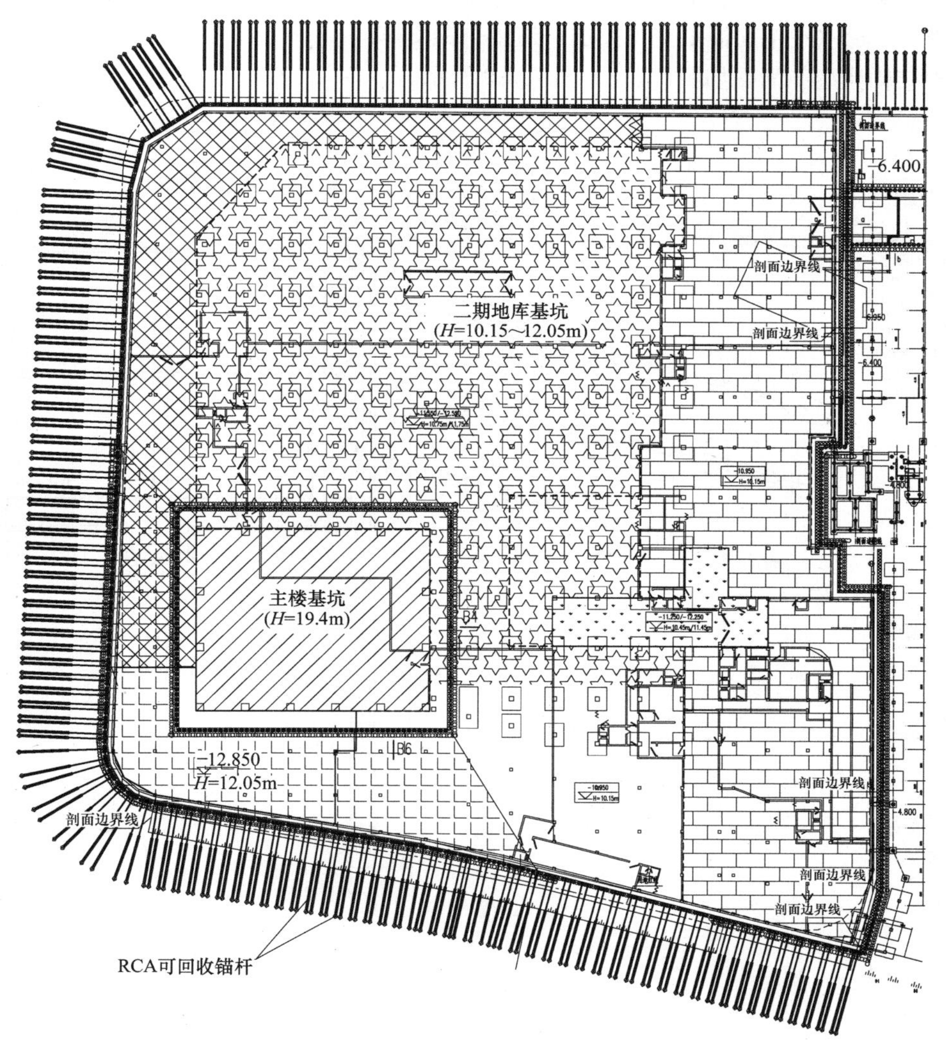

图7.5-7 基坑围护平面布置图

水历史最高水位为 1.74m，最低微承压水水位为 0.62m，近 3～5 年最高微承压水水位为 1.60m，年变幅 0.80m 左右。拟建场地深部分布巨厚的第⑦层、第⑨层砂土、粉土层属于本地区的承压含水层，在本场地与第⑤层粉砂层组成了同一含水层。深部承压含水层与浅部微承压含水层具有同一水头。该含水层深厚，渗透性好，水量丰富。

7.5.1.3　*基坑工程概况*

本基坑包括二层地下车库与主楼深基坑两部分，地下车库基坑挖深 10.15～12.05m，基坑面积约 2.48 万 m^2，基坑周长约 646m。主楼基坑挖深 19.4m，面积约 $2500m^2$，基坑周长约 200m。主楼基坑位于地下车库基坑内部西南角，主楼基坑开挖面距离地下车库基坑开挖面的最近距离约 13m。主楼基坑与地下车库基坑的形状及相对位置如图 7.5-7 所示。

本工程地下车库基坑采用 ϕ800@1000、ϕ900@1100 钻孔灌注桩、三轴搅拌桩内插 700×300@1200 工法桩作为围护桩，采用 3ϕ850@1200 三轴搅拌桩隔水帷幕，水平承载结构采用 2～4 排 RCA 可回收复合锚杆。在主楼深坑区域，采用一道钻孔灌注桩作为围护桩，水平承载结构采用一道水平钢筋混凝土支撑加一道水平钢支撑。

围护结构典型剖面图如图 7.5-8、图 7.5-9 所示。

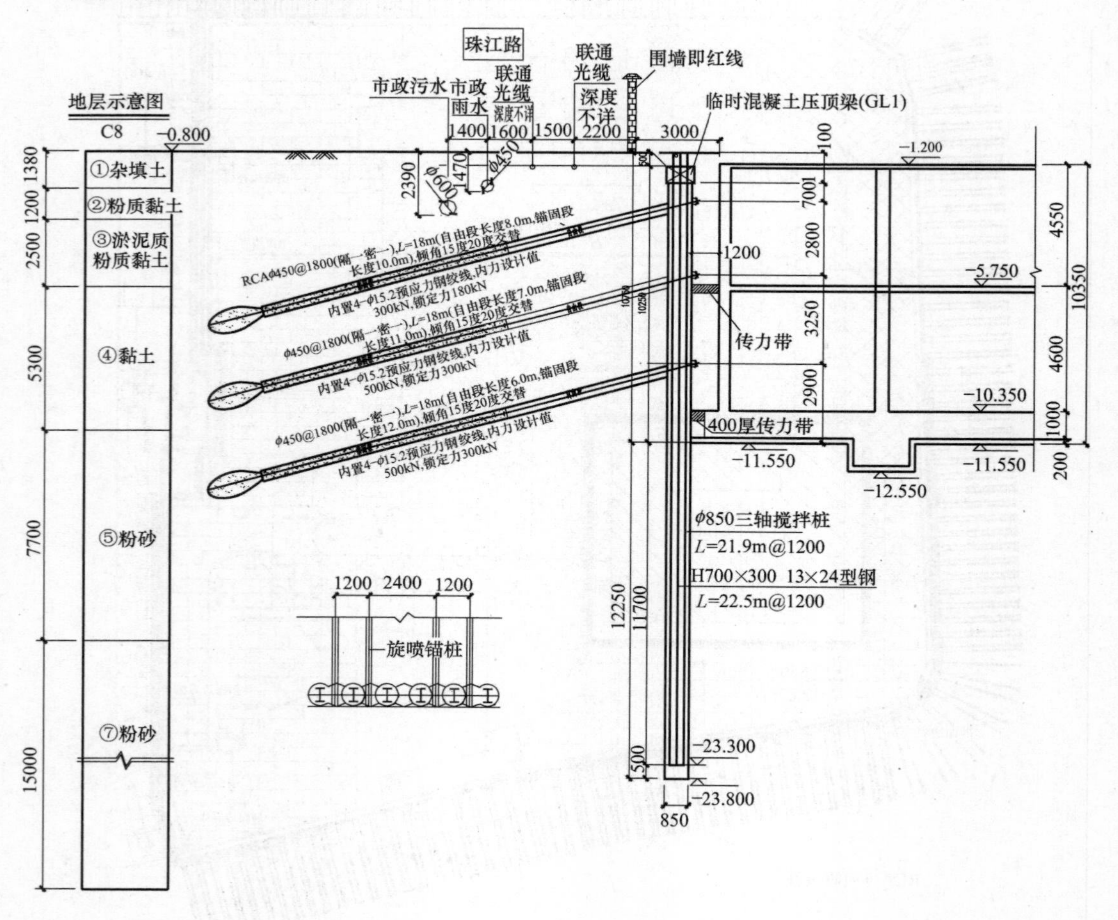

图 7.5-8　远主楼区域 RCA 可回收复合锚杆支护典型剖面示意图

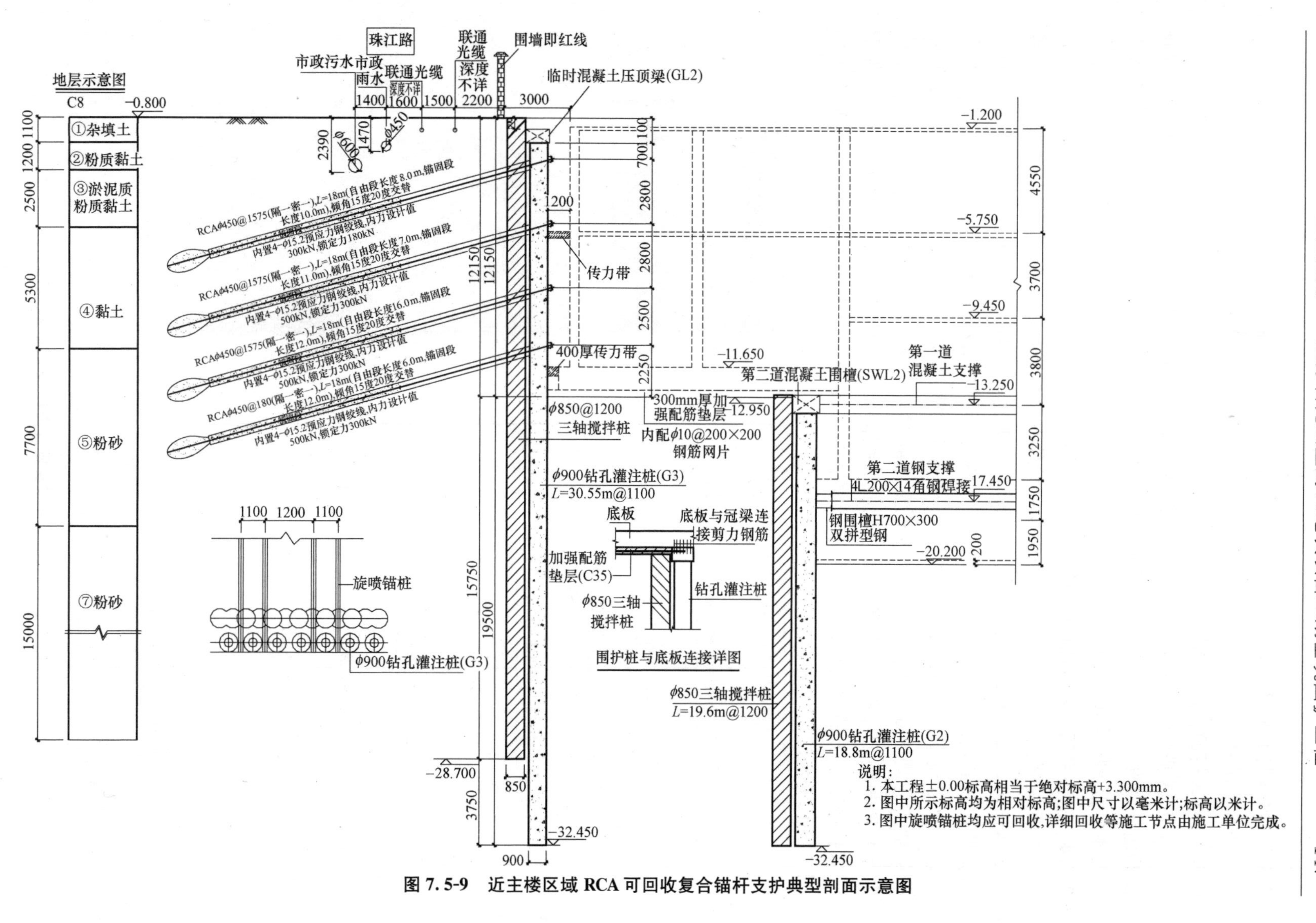

图 7.5-9 近主楼区域RCA可回收复合锚杆支护典型剖面示意图

7.5.2 RCA可回收复合锚杆施工

在本工程中，RCA可回收复合锚杆的施工流程见图7.5-10。

7.5.3 RCA可回收复合锚杆拉拔试验

在RCA锚杆施工完成后，由第三方检测单位对每层锚杆随机抽检，典型锚杆抗拔验收试验曲线如图7.5-11所示。试验结果表明，每根锚杆的抗拔承载力极限值均达到了500kN。满足本工程抗拔承载力要求。

7.5.4 RCA可回收复合锚杆变形控制效果

在基坑开挖以后，由专业第三方监测单位对基坑进行了全程监测。因本工程抗拔桩加固等原因，本工程基坑挖至坑底后暴露时间长达2个多月。因工程需要，在基坑西侧偏南段出现长约20～30m，宽约2～3m，深约2m的超挖段。根据监测资料，基坑水平位移最大处位于珠江路中部偏南位置，邻近主楼深基坑，在严重超挖段，属于土质较软的地质Ⅱ区。截至底板浇筑时，深层土体最大水平位移为41.2mm，深层土体水平位移出现明显的上部小、开挖面附近较大的曲线特征，表明RCA可回收锚杆在本工程中有效控制了基坑的侧向变形。侧向变形最大位置处的深层土体水平位移—深度曲线如图7.5-12所示。

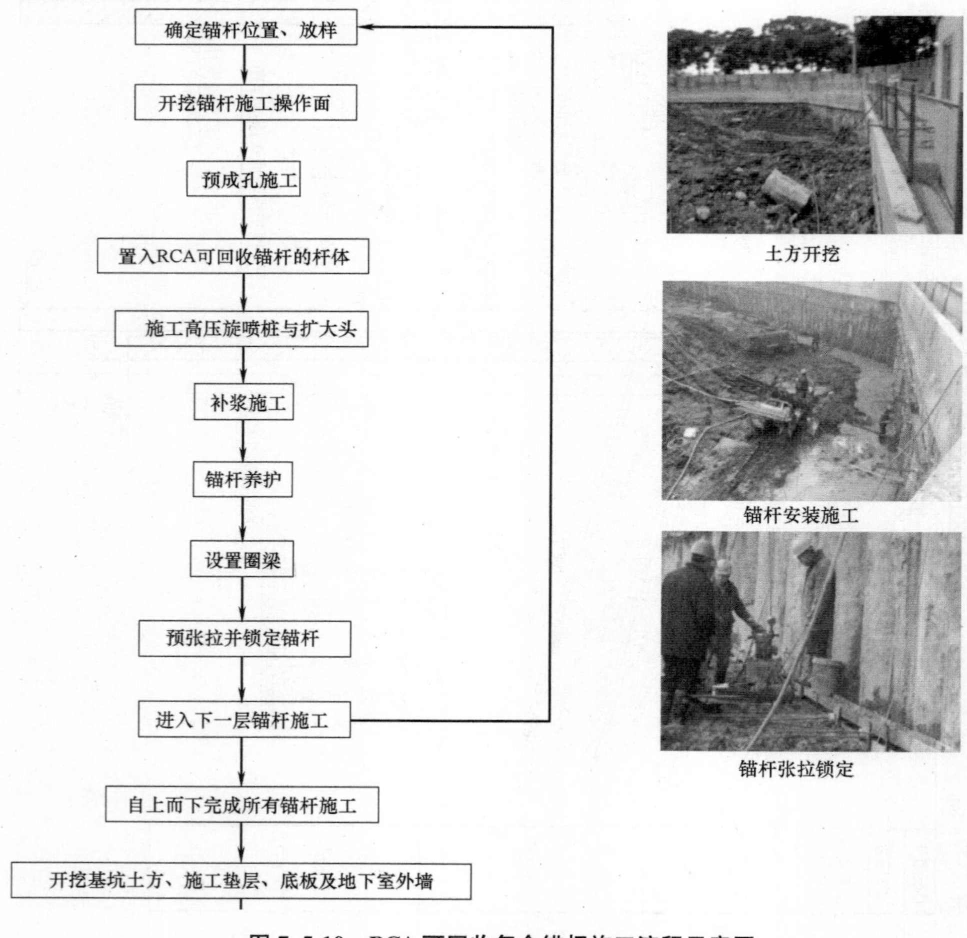

图7.5-10 RCA可回收复合锚杆施工流程示意图

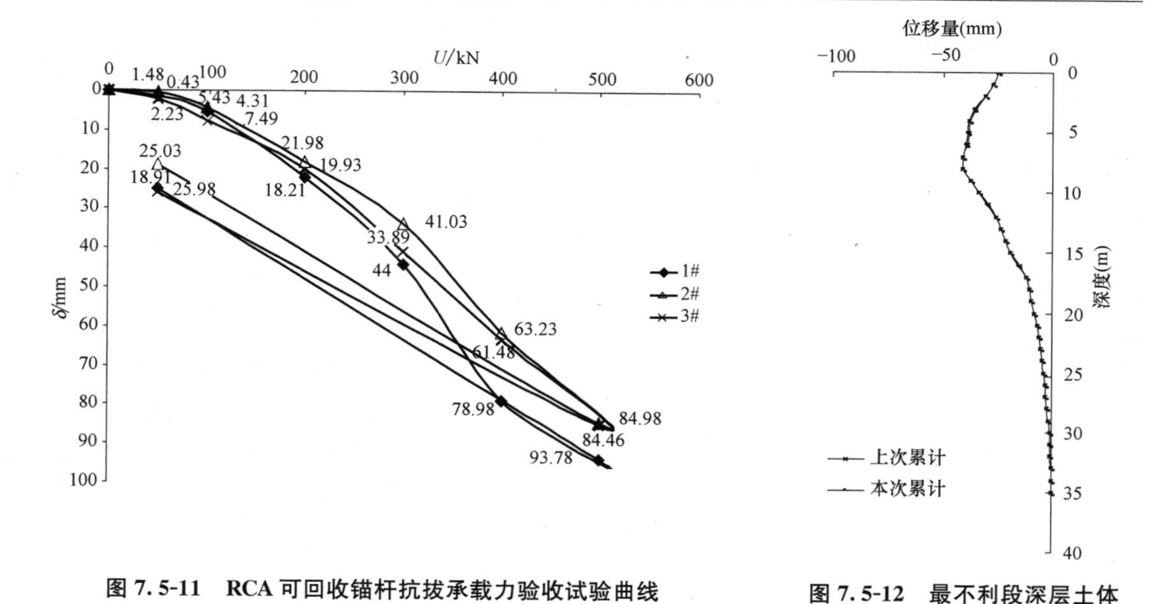

图 7.5-11 RCA 可回收锚杆抗拔承载力验收试验曲线

图 7.5-12 最不利段深层土体水平位移监测值曲线

7.6 结语

本章结合近年来在城市高密集地区地下空间开发岩土环境保护领域的技术开发与设计、施工实践，介绍了岩土工程领域与环境保护密切相关的全回收基坑围护体系、集装箱式土方挖运方法、地基减振三方面新技术，并介绍了较典型的应用案例。这些内容仅为岩土环境保护新技术领域中很小的一部分，为广袤森林之一片绿叶而已。在当前的社会、经济、市场及人们价值取向的大背景下，追求环境、岩土、人类工程活动之真善美，尚需持续艰辛的努力。

首先，工艺简单方好用。

当前，我国在建工程一般工期紧、建设速度快，现场管理水平有限，现场操作人员管理与精密控制意识薄弱。我国施工现场管理与控制水平在目前或在将来很长一段时间内都会处在低水平的粗放式生产状态。这会导致很多技术构思很好，但施工工艺复杂，对现场实施控制要求高的新技术难以推广实施，在实验室里可实现的技术，在施工现场无法实现。在当前出现的诸多种类"可回收锚杆"，往往在实验室内可回收，一旦实施便无法回收。

其次，质量易控才可靠。

我国社会诚信度尚待提高，在市场竞争与利益驱逐下，施工过程中偷工减料现象大量存在。在这一社会背景下，好的岩土工程新技术只有确保实施过程中的产品质量易于控制，方可确保工程安全可靠。另一方面，一旦出现工程事故，处于摇篮中的新技术往往被明文禁止或行业封杀。故质量易控是新技术推广应用的关键因素之一。本章所介绍的新技术，集装箱式土方挖运方法是一种集成式创新，所设计的产品均为运输工具，其质量是易于控制的。全回收的基坑围护系统中所涉及预制隔水桩（WSP 桩）与 RCA 可回收的复合锚杆均为预制构件，易于施工现场质量控制，且两种材料的用量可在使用后随时查验。如“以水堵漏”的预制隔水桩（WSP桩）在打桩完成后，可通过随时检查隔水空腔的深度查验入土深度。RCA可回收复合锚杆，可通过检查中空通道的长度随时查验锚杆长度。再如“以水隔振”的地基减振方法所用的减振器，亦可在施工后通过检查隔振容器查验施工质量。

再次，造价节约是关键。

目前及在市场经济对资源配置起决定性作用的将来，造价节约是新技术能否推广与应用的另一关键因素。费用昂贵的技术，不论其环保效益有多突出，在相当长的一段时间内，均难以普遍推广与应用。因此，属于循环经济模式的技术创新，既环保又易于推广。全回收的基坑围护系统就是典型的循环经济模式；“以水隔振”地基隔振技术因其构造简单，材料造价低，工程造价也是很低的；集装箱式土方挖运方法因实现了土方挖运的集约化实施，在城市密集区不但可降低土方挖运成本，而且可大幅度提高土方挖运速度，降低工程融资成本。

第8章　特大跨超浅埋、特大断面、高边墙、结构扁平车站隧道开挖和支护技术

8.1　概述

城市有轨交通系统（包括地铁、轻轨等运送系统），作为城市的基础设施和灾害防御设施，目前在世界各地得到了巨大的发展。这是城市地下空间利用的很重要的一个方面。许多国家都在针对城市发展规模的特点，在人口超过50万以上的大、中城市中，纷纷修建和发展大量（>40000人/高峰小时）、中量（25000～40000人/高峰小时）、小量（<5000人/高峰小时）有轨交通系统。这是城市国际化、现代化的一个重要标志。一些国家也正在研究城市道路地下化的交通系统，如日本东京都的地下环形道路的构思，这可极大地减轻地面交通的压力。我国近几年掀起的“地铁和轻轨热”方兴未艾，继北京、上海、广州地铁之后，深圳、重庆、南京、青岛等城市的地铁或轻轨，也已开始大规模建设并有多条线路投入运营。此外还有成都、大连、长春等二十多个城市的地铁和轻轨，都在规划、设计和建设之中。总之，利用地下空间，开辟交通通道、增加交通面积，是解决城市“交通难”的根本性措施之一。

城市有轨交通系统由于受环境的限制，修建特大跨度超浅埋扁平隧道是不可避免的，特别是近几年，在建筑物密集和交通繁忙的城市中心区，出现了大量大跨度扁平浅埋地下工程，如北京地铁西单车站、德国波鸿铁路的地下火车站等。由此可见，特大跨超浅埋扁平隧道施工已成为当前和今后一段时期内隧道建设尤其是城市轨道交通建设中一个必须面对的主要问题。

8.2　技术介绍

1825年，美国建筑师勃留涅里雅利用他自制的木质矩形断面盾构在泰晤士河下面修建了第一座水下铁路隧道。1870年日本在建设国内第一条铁路时用明挖法砌拱修建了61m长的石屋川隧道。但是，现代化的隧道修建始于1880年英国利物浦到曼彻斯特的世界上第一条铁路的建设。在20世纪80年代至90年代，全世界的隧道建设达到一个新的水平。

（1）1980年全长16.285公里的奥地利阿尔贝格隧道和全长12.868公里的法国-意大利之间的弗雷儒斯隧道相继建成。

（2）1980年9月5日历时11年之久、最大埋深达1000m、全长16.322公里的瑞士圣哥达公路隧道建成。

（3）1986年穿过日本津轻海峡长达53.85公里、施工19年之久、投资5310亿日元

的青函海底隧道完成主体开挖。

(4) 1994年5月，建成的举世瞩目的英法海峡隧道正式通车，标志着长达51公里、耗资150亿美元、历时6年的世纪工程的彻底结束。

(5) 1997年4月，投资75亿港元、全长9.870公里、连接香港西营盘和西九龙填海区的双洞三车道海底隧道采用沉管法贯通完成。

(6) 1997年12月，又建成了总投资达123亿美元、世界上最长的双线海底公路隧道——日本东京湾隧道（全长9583m）。

表8.2-1与表8.2-2详细列述了国内外已修建或建设中的大跨扁平隧道和地下洞室工程及其施工方法。

国外大跨隧道及扁坦洞室事例一览表　　**表8.2-1**

	工程简述	施工方法	说明
真米公路隧道	穿过地层为新生代第四纪洪积世关东垆坶(loam)层、大矢部砂砾和粉土质砂。地面平均坡度30度，覆土厚10～15m，偏压明显。开挖断面积达120m²，宽13.6m，高10.5m，扁率为0.228，全长仅100m，是一条双车道双侧人行道的城市交通隧道(1984)	该隧道是日本首次应用CD中壁法修建成功的公路隧道	日本701号公路
舞子隧道	上行线3293.1m，下行线3253.5m，穿过未固结砂砾层，地面有街道、公路、中学等构筑物，覆盖层厚11～50m，三车道和停车带(四车道)开挖面积为148.33～186.51m²，开挖断面的宽、高分别为16.382m×11.373m、9.048m×12.369m，扁率分别达到0.306、0.351(1993～1997)	采用TBM、Slit Drill法与四(六)部中壁NATM机械开挖	日本神户鸣门线
第一武田尾隧道车站	隧道内车站的开挖面积达130m²，以白垩纪有马群层的流纹石英安山岩为主，节裂发育。长120m，宽19m，高10.24m，扁率为0.461，埋深0～100m(1981.4)	崖堆堆积层区间用管棚辅助施工的顶部导坑先行的侧壁导坑工法，中等坚硬岩石区间用中央导坑先进再上部扩大法	国铁福知山线
横滨地铁车站	开挖断面达146m²，宽16.796m，高10.97m，扁率0.347。位于1号国道下方，覆土厚20m。地层主要为近水平状的暗蓝灰色粉砂质泥岩和中细粒砂岩互层，局部夹火山碎屑薄层	双侧壁导洞法，导洞采用上下二级短台阶法	
新都夫良野公路隧道	基于双车道隧道的NATM台阶开挖法，一般地段采用上台阶-下台阶同时掘进的短台阶NATM施工，局部对地表沉陷有严格要求时而用上台阶左右分割的中壁式施工。在洞口附近，考虑到覆盖层较薄，地层承载力差，而用双侧壁导坑法-上台阶开挖-下台阶开挖法施工，当地层自稳性较好时，改用上部短台阶一次封闭式NATM施工。对紧急停车带区段原设计为先按双车道开挖，而后返回，侧向各扩挖一个车道，但经有限元计算表明返回扩大时会造成围岩体进一步松弛，导致围岩应力分布不均，而变更为喷射钢纤维混凝土的上半部一次成型法(1989)	一般地段采用上台阶-下台阶同时掘进的短台阶NATM施工，洞口附近用双侧壁导坑法-上台阶开挖-下台阶开挖法施工	东名高速公路静冈县御殿场至神奈川县大井松田段改造工程

续表

	工程简述	施工方法	说明
瑞典某防空洞	开挖宽度为32.4m，高度为12.9m，扁率为0.602。勘探表明初始应力较低，垂直轴向的应力接近零，沿轴向的应力和垂直应力相等。岩石性质较好，局部有软弱层(1982)	中央导坑向两侧扩宽-分层爆破下台阶法	
海峡隧道跨线洞室	断面达240m^2，长163m	双侧壁导洞-上导洞-核心土开挖法	英国段
鸟手山公路隧道	地层属第三纪足柄层群，以泥岩及泥岩和厚层砂岩互层为主，局部有砾岩，风化深度达20～30m，裂隙多，覆土最厚达70m。通过审核比较各种施工方法的可行性、安全性、经济性等因素，原设计为左右分部或上下台阶同时并进，但由于开挖机械、喷浆设备等进出困难以及台阶斜面不易维护而最终采用交替并进的开挖方式。中壁的撤除时间原计划在仰拱完成后进行，后来监测发现中壁应力和位移都非常小而决定在修反拱之前就拆去中壁；若上台阶分部开挖过程中中壁应力几乎为零，而下部地层变好，则可以在下台阶开挖之前撤除中壁(1987)	对裂隙发育地段采用二部中壁NATM机械式施工，而对较坚硬岩层，采用上部短台阶钻爆法施工	
机场隧道	第八工区：覆盖层厚0～10m，掘进断面达120～140m^2，宽、高分别为14.3m、11.82m。上部地层主要是细砂、中砂及凝灰质黏土。在不同地段选用明挖法、矿山法，双侧壁导坑式新奥法用于细砂含量80%。是日本首次用侧壁导坑式新奥法施工软土质中的大断面隧道(1979.8)	明挖法、矿山法、双侧壁导坑式新奥法	成田新干线
	第九工区：沉积砂土为主，均质系数5～10(1981.8～1983.3)	上半断面临时闭合-后部扩大开挖的方法	
赫斯拉奇2号公路隧道	全长980m，三车道区段长120m，开挖断面宽15.75m，高12.05m，扁率为0.235。覆土厚12～25m，为晚三叠纪石膏、软粉砂、断层带，地下水大	上台阶两侧导洞-核心顶部-核心下部-下台阶及仰拱一次开挖法	德国B14号公路
鸣鼓隧道	开挖宽度12.6m，高7.7m，扁率为0.389。鸣见工区以黑云母片岩为主，地层挤压严重	时津工区用下导坑先进的施工法，鸣见工区用侧壁导坑先进工法	日本长崎邻港公路
第二新神户隧道	分支部为长61m，开挖宽度20m，高9.374m，断面积达160m^{2}的断面扁平隧道。主洞为长7175m的双车道，和1976年建成的新神户隧道并行使用(1983～1988)	全断面或台阶法推进主洞断面后，向两侧扩宽，开挖下半断面	日本神户市内公路
慕尼黑地铁	最大开挖断面为176m^2，宽13.2m，高宽比最小为0.5，主要为含承压水的砂层、粉土质层、黏土质和泥灰质地层(1977～1981)	CD法及双侧壁导洞-拱部-核心土开挖法	德国慕尼黑地铁过渡段
世子隧道	开挖断面为140m^2(最大为170m^2)(1955～1958)	双侧壁导洞法	日本
帷子河隧道	开挖断面为20.6×12.6m。11步成巷(1992)	管棚预加固的双侧壁导坑法	日本
兰茨格地下车场	开挖断面为18.9×16.4m。12步成巷(1990)	格子架、喷锚网预加固。双侧壁导坑法	德国

续表

	工程简述	施工方法	说明
Madrid 隧道	开挖断面为 20m×12m,主要有风化砂岩	German method(机械开挖方法)先建边墙和部分仰拱以获得拱圈建设的基础,这种方法使拱部开挖是在具有稳定的拱脚支撑的情况下进行的,其施工步骤如下:第一步:在开挖侧墙导洞 0.8~2m,并且喷射金属纤维混凝土 24cm,安装灌浆导管和岩层锚杆。第二步及第三步:开挖浇筑边墙的下部和部分仰拱。第四步:浇筑混凝土整个边墙。第五步:应用机械预先切割的方法,建造前期衬砌。第六步:清除部分内侧墙,开挖核心土。第七步:浇筑仰拱中心部分。第八步:浇筑余下的部分	西班牙
Hrebec 隧道	为三车道公路隧道,总长 353m,开挖断面面积 151~160m²,是捷克共和国最大的隧道,隧道穿过复杂的地质条件(包括软土和岩石),隧道进口的覆盖层为 5~17m	采用新奥法施工,隧道的前期支护为 25~50cm 喷射混凝土,钢拱,钢筋网。后期衬砌,在拱部采用 50cm 厚的预应力混凝土,隧道下部采用 70cm 混凝土	捷克
A9-Carenque 隧道	跨度约为 20m,开挖断面面积 173m² 双向隧道间距 8m,地质条件差,埋深浅,岩石为单斜灰岩,含黏土夹层	开挖分为 ZG1、ZG2、ZG3 三个区 ZG1:先对拱顶进行开挖,及拱顶导洞,长度 1~2m;及时喷射混凝土 5cm;安装 4m 长的锚杆;布钢筋网;再喷射混凝土 15cm。 ZG2:基本和 ZG1 同样的处理,但是考虑到岩体较差的情况,锚杆间距减小为 1.5m,锚杆长度增为 6m,如出现黏土,必须安装 TH36 钢拱,开挖率为每循环为 1m。 ZG3:开挖率减为 0.6~0.8m 每循环,安装 TH36 钢拱,喷射混凝土为 20cm。对洞口进行特殊考虑,由于其覆盖层仅 2m,其岩体实施加固,开挖采用双侧壁导坑法	葡萄牙
Borzoli 洞室	为 Genoa-Voltri 铁路的连接洞室,长 101,开挖断面 160~338.5m²,上覆盖层 220,岩石强度低	采用双侧壁导坑法	意大利
米兰车站隧道	18 步成巷(1991)	预加固后采用双侧壁导坑法	意大利

国内大跨隧道及洞室事例一览表 **表 8.2-2**

隧道名称	线路名称	长度(m)	宽×高(m)	扁率	设计及施工方法	建设时间
石佛寺1号公路隧道	京张高速公路	45	13.1×7.3	0.443	Ⅲ类以上围岩采用NATM法,复合衬砌结构。初期支护以锚喷为主,二衬用全断面整体式模板台车衬砌。Ⅲ类以下围岩用拱部打超前锚杆→开挖弧形导坑并初期支护→开挖核心土→开挖下部并及时封闭仰拱	1997
潭峪沟公路隧道	京张高速公路	3455	13.1×7.3	0.443	似斑状花岗岩洞段(Ⅴ-Ⅳ围岩),因围岩稳定可全断面开挖;花岗细晶岩和挤压破碎带(Ⅲ-Ⅳ围岩)及断层破碎带(Ⅱ-Ⅲ围岩),围岩稳定性差或不稳定,不能全断面开挖,而宜分部开挖	1994.9～1998.11
潭峪沟公路隧道	长涪高速公路	2847、2848	13.6×7.3	0.463	双侧导洞超前开挖-侧墙支护-先拱后核施工法	1996～1999
首钢地下皮带运料廊道		1090	12.95×5.26	0.594		1993
虎背山公路隧道	广深高速公路	900	14×9	0.357		
大宝山公路隧道	京珠高速公路	1585/1565	14×9	0.357	采用长管棚注浆、小导管注浆及超前锚杆支护。南段为Ⅱ-Ⅳ类围岩,用双侧壁导坑法施工;北段为Ⅳ～Ⅴ类围岩,全断面开挖。以喷锚网及轻型钢架为初支,模注混凝土衬砌	1994.12～1996.12
东港城市公路隧道	浙江舟山	792/792	14.9×7.57	0.492	导洞法和台阶法及全断面法	1992.9～1994.8
八一公路隧道	重庆市城市隧道	568.63	11×6.83	0.379	利用横向支洞分段施工。北口回填段采用预制管棚加小导管压浆,上半断面先拱后墙法施工;南段采用顶设导坑一次扩大全断面拉槽法	1985.3～1986.4
象山公路隧道	福建福州二环路		35.4×8.9		墙洞法施工,每个断面分成10次开挖-12次衬砌	1995.9
狗磨湾铁路隧道	陕西安康	1285(250)	20.5×13	0.366	钢拱架-锚网喷预加固后的双侧壁导坑施工法。12步成巷	1993
双岭隧道	安徽屯黄公路	990	11×5	0.545	上半断面弧形导坑超前-两侧拉槽-核心土开挖 上半断面及全断面开挖法	1991.10～1994.8
白花山公路隧道	虎门大桥引道工程	750	14×9	0.357	双侧壁导坑及弧形导坑施工	1995
白云山公路隧道	广州城市隧道	2×242	31.5×10.55	0.333	地表用砂浆锚杆、洞内用管棚或超前锚杆加固后采用三导坑半断面先墙后拱法。14步成巷	1992
小浪底试验洞	河南洛阳小浪底	56	15×6.35	0.577		
天安门西客站	北京地铁	226.7	23.96×14	0.416	先在中部暗挖一洞,洞内间隔修柱,柱间设纵梁支撑两洞内拱脚,两洞外侧用CRD工法施工,再开挖上半部,使两洞拱部支承在纵梁和边墙上,最后挖核心土使各部位连接起来	1993～1999

续表

隧道名称	线路名称	长度(m)	宽×高(m)	扁率	设计及施工方法	建设时间
阜兴门折返线	北京地铁	358	14.5×7.9	0.455	是国内用浅埋暗挖法修地铁的首例(1987)	1987
靠椅山公路隧道	京珠高速公路	2981/2944	14.25×9 $A=99.8\text{ m}^2$	0.368	采用超前管棚或小导管锚杆支护，双侧壁导坑法施工	
中山门公路隧道	南京市沪宁高速公路	2×100	86×6.8 $A=77\text{m}^2$	0.509	属超浅埋三心扁圆坦拱隧道。城外和城内段采用明挖法，为防止穿城墙段引起过大变形而采用双侧壁导坑法(眼睛工法)辅以超前长管棚及侧壁筑浆等措施。导坑贯通后，再进行拱部环形开挖并支护，拆除导坑内衬后分段浇筑边墙和拱部二衬，最后开挖核心及完成仰拱衬砌	1996.5～1996.9
某城市地下廊道	山东	37	24×4.5	0.438	超前锚杆和管棚支护下小断面开挖及分段开挖	
长安街过街通道	北京		11.5×5.20	0.548	采用短台阶、快封闭式CRD法施工，分3部分6步开挖，中央二部台阶开挖后再开挖两侧部分。因埋深小，无法打管棚，在地面铺设钢板以防止过大变形	
鹰山1号隧道	北京西客站-京广线	221.5	19.36×13.25 $A=223.47\text{m}^2$	0.316	原设计为13步成巷的双侧壁导坑法。为提高速度，降低成本，改为锚喷网-格栅预加固后正台阶弧形导坑留核心土、下台阶马口开挖法	1994
大阁山隧道	城市隧道	496	18× 22	0.4	多分部、小断面、弱爆破、强支护、紧衬砌及双侧壁导坑法，预裂微震爆破	2000.4.1～2001.8.2
韩家岭隧道	沈大高速改建工程	521	23×13	0.56	挖中采用"短进尺、弱爆破、紧支护、勤测量、早封闭"等安全作业措施	2002.8～2003.4.25
龙头山隧道	广州北二环	1000	20.5×11	0.38	双侧壁导坑法	已完成

表8.2-1和表8.2-2所示隧道的成功建设标志着大断面、大跨度且地质条件极其复杂的长大隧道建造技术日益完善、日渐成熟。在修建隧道和地下工程的实践中，人们已经普遍认识到，隧道及地下工程的核心问题是开挖和支护两个关键工序。即应该如何开挖，才能更有利于围岩的稳定性和便于支护；若需要支护时，又如何支护才能更有效地保证坑道稳定和便于开挖。这是隧道及地下工程设计与施工中两个相互促进又相互制约的问题。世界发达国家已有的隧道和地下工程施工技术，大部分已在我国开发利用，并在工程实践中结合中国的国情得到不断的改进和发展。目前建造的铁路隧道、地下铁道、公路隧道及水工隧洞、城市地下排污管道等隧道工程和地下商场、地下仓库、地下抽水蓄能电站厂房及主变电室等大型地下工程的主要施工方法和辅助施工方法汇总于表8.2-3、表8.2-4和图8.2-1。

按构筑方式划分的隧道和地下洞室的主要施工方法　　表8.2-3

明挖法	Open-cut method		
半明挖法	盖板法或盖挖(逆作)法	板墙盖板法 锚杆盖板法	
沉/悬浮管法	Immersed/Floated Tunneling Method		

续表

明挖法	Open-cut method					
暗挖法	机械开挖法(Machine Excavation Method)		SD工法(Slit Drill)	又称周壁切割无振动法	链条切割法	
					圆盘切割法	
			盾构法(Shield Machine Method)	人工开挖(压气式)	开胸式	普通式
						棚式
					闭胸式	
				半机械开挖	开胸式(无压气式)	
				机械开挖(限定压气式)	开胸式	
					闭胸式	
					密闭式	泥水加压式
						土压式
			掘进机法(Tunnel Boring Machine)	盾构型全断面 TBM		
				全断面 TBM		
				独臂钻		
	钻爆法	普通钻孔光面爆破法(Bore-Blasting Method)	全断面开挖法	(Full-Face Excavation)		
			台阶法(Bench Excavation Method)	微台阶(Mini-Bench)		
				短台阶(Short-Bench)		
				长台阶(Long-Bench)		
			分部法(含导坑法)(Partial Excavation Method)	CD(Centen Diaphragm)即中壁工法		
				CRD工法		
				眼睛工法		
				多导坑环形开挖法(Multidrift)又称蜂巢法(Honeycomb Construction Method)		
				侧壁导坑法(Double/Simple Side Drift)		
		水压控制爆破法	(Aqua-Blasting Method)			
		静力破碎剂法				

常用辅助工法及其原理简介 **表 8.2-4**

工法		原理简介	应用举例
1	管棚法(Piperoofing/Umbrella Method)	开挖之前将一个伞形的金属保护棚架预先安放在隧道二衬拱圈的外弧线上,该棚架由一定间距排列的大惯性力矩的钢管构成,起到保护下部地层开挖的作用。先用钻机打一定深度的钻孔,然后插入金属钢管,再用注浆机压入水泥砂浆或混合浆液。待其凝固后就可以开挖	马塞地铁2号工程、第一福田尾隧道、中梁山隧道工程、北京第三使馆区的供热管线工程的暗挖隧道施工等
2	压缩空气法或气压室法	被开挖地层的稳定性往往取决于地层是否充分排水,在地层透水性差时水对开挖影响不大,但在地层透水性好时如砂层,水就会对开挖产生较大的影响。这时一般用排水井和压缩空气控制地下水。后者利用压缩空气的压力(0.1MPa左右)来抑制地下水不流出,并对开挖面产生支护作用,减小地面沉降	慕尼黑和维也纳的地铁工程已经取得了成功
3	冷冻法(冷结施工法)	采用冷冻机和循环泵将氟利昂($CaCl_2$)或低温液化气通过冷冻管注入隧道前方地层中使地层孔隙水冻结而得到强化,一般按30m一段进行土木施工的方法。但要考虑解冻后的地面下沉(5cm左右)。可适用于重载地铁、上下水逆工程和交通隧道等的施工	Frankfurt 的 Main 河底地铁、秘鲁的帕哈隧道 Zurich 的 Milchbuck 公路隧道(均为软弱岩石)和日本神户的布引隧道(风化花岗岩)

续表

工法		原理简介	应用举例
4	顶盖法(Karntner Top Cover Method)	1983年由Beton and Monierbau Wix Liesenhoff and Philipp Holgmann组合公司提出,其主要步骤是:明挖壕沟到隧逆拱顶;利用切入隧道开挖轮廓的泥土作为建造隧道顶盖的土模板;浇筑混凝土拱后回填壕沟;在顶盖保护下结合必要的临时支护来开挖隧道。优点是能有效控制地面沉降,工期短	德国波鸿市的韦斯特坦根特公路隧道的施工
5	预衬砌法(Prelining Method)	沿开挖面周围用机械(链锯)切割围岩,形成环形沟槽,立即用速凝混凝土填充以在开挖面前方形成一个类似拱壳的锥形衬砌连续体。混凝土拱壳加固前方地层,并用作初期支护来保持地层弹性,防止崩塌和地层沉降	软岩中称预筑拱法。曾用于巴黎地铁泥灰土段施工
6	预切施工法(Precutting Method)	沿开挖面周围用机械(链锯)切割围岩,再用爆破法开挖内部岩体。可保证不超挖,开挖周边光滑,应力集中小,爆破作业不影响洞外围岩,耗药量低,地面爆震小	硬岩中称预切施工法,曾用于巴黎地铁石灰岩段施工
7	ECL法	挤压混凝土衬砌法(Extruded Concrete Lining Method):边掘进边向地层灌注混凝土使之与地层紧密结合的新型混凝土衬砌法。掘进速度快,最高可达340m/月	日木信浓川水电站第二水工隧洞、Akima隧道
8	高压悬喷灌注桩法(High Pressure Jet-Grouting)	以低于20~40MPa的高压将水泥浆强行喷入地层中,借助于钻杆转动和不断提升将地层改良成承载柱体或成为地下挡墙或隔水幕墙,在拟开挖隧道轮廓上方形成喷灌柱体顶拱,再进行隧道开挖的施工法。适于无黏聚力的砂层或砾石,不适于有黏性和不透水的地层。	Usuitoge隧道
9	预制管片施工法	开挖后喷射混凝土(可加钢支撑)支护围岩,用安装机装配管片,再在喷层和管片之间压注砂浆	美国帕克斯肯输水隧洞、巴黎地铁广泛应用

综观当今国内外大跨扁平公路隧道施工方法,尽管大跨度扁平隧道和地下洞室的开挖方法多种多样,但对于软弱岩土层均需经过适当的地层预加固处理,并采用双侧壁导洞法、CD或CRD工法、台阶法、弧形导洞超前法或其中的组合方法开挖。其出发点是尽可能地借助于辅助施工方法改良土体,将大断面化大为小,并尽快地沿开挖轮廓形成封闭或半封闭的承载结构,再开挖核心部和仰拱。修建大跨度扁平隧道,往往长度较大,且岩性相差悬殊,施工时稳定性差,因而必须借助于辅助的预加固措施才能顺利施工。

我国隧道在开挖方法方面取得了一定的成绩,如我国目前建成的四车道公路隧道有贵州凯里市大阁山隧道,全长496m,为单洞双向四车道,其最大开挖宽度达21.04m,高度11.5m,净跨18m,为国内尤其是在市区目前罕见的大跨度隧道。施工方法(如图8.2-2所示)采用侧壁导坑先墙后拱法,这种方法又称顺作法,它通常是在隧道开挖成形后,再由下至上施作模筑混凝土衬砌。先墙后拱法施工速度快,施工各工序及各工作面之间相互干扰较小,衬砌结构的整体性较好,受力状态也比较好。但是,在诸多工程中也不乏失败的实例。除了施工管理、质量控制和相关技术的掌握等方面的原因外,主要在于隧道工程师们有时对新奥法的实质缺乏正确的理解。从"新奥法"的保护围岩,调动和发挥围岩的自承能力这一点出发,就可以根据隧道工程具体条件灵活地选择开挖方法、爆破方案、支护形式、支护施作时机和辅助工法。至于对围岩变形的控制,根据不同情况,有时应强调释放,有时应强调限制,其目的都是为了"保护围岩,调动和发挥围岩的自承能力"。另外,目前虽然掌握了一些施工方法的概要,但是涉及具体

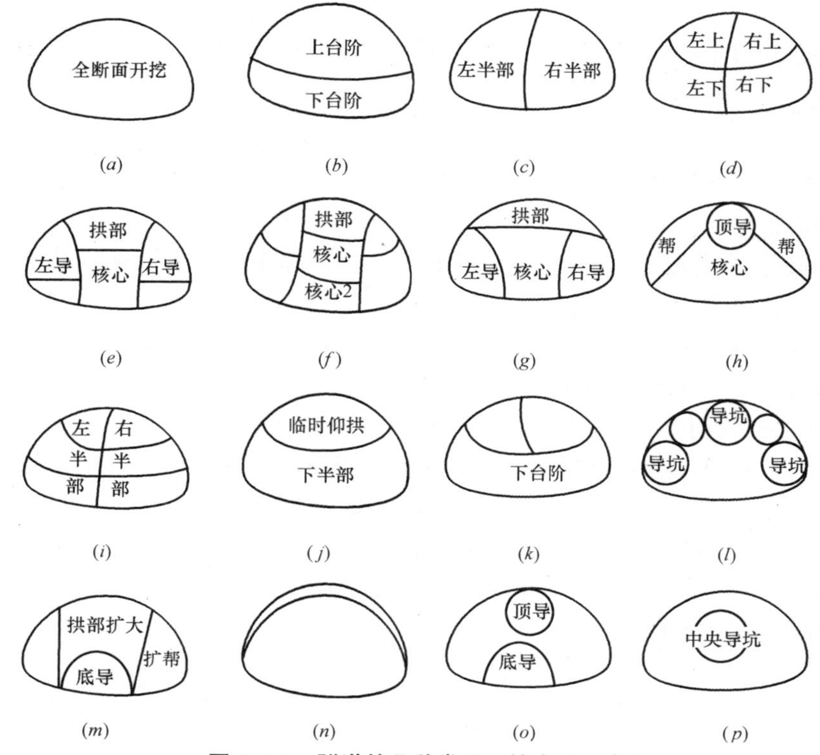

图 8.2-1 隧道的几种常见开挖方法示意图

(*a*) 全断面工法；(*b*) 台阶法；(*c*) 二分部中壁工法；(*d*) 四分部中壁工法；(*e*) 双侧壁工法；(*f*) 眼睛工法；(*g*) 左右导坑先进+拱部法；(*h*) 顶导先进+扩帮法；(*i*) CRD 工法；(*j*) 上半断面临时仰拱法；(*k*) 上半断面中壁法；(*l*) 多导坑法（蜂巢法）；(*m*) 底导-扩拱后墙法；(*n*) SD 工法；(*o*) 顶导超前-底导法；(*p*) 中央导坑超前-扩大

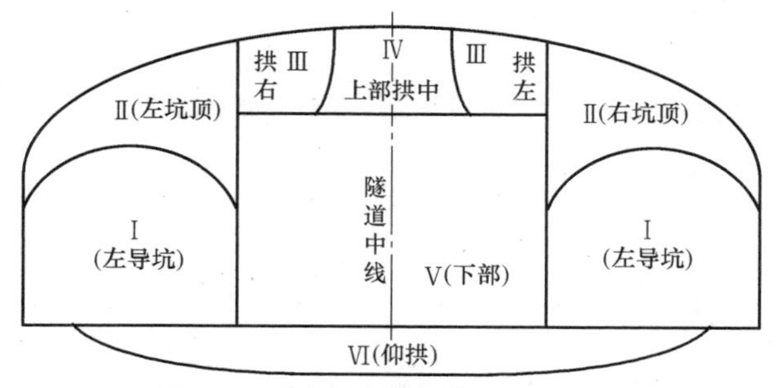

图 8.2-2 贵州省凯里市大阁山隧道

的施工工艺，仍然是含糊不清。就拿交叉中隔壁工法（CRD 工法）来说，都知道是先开挖两个侧壁，等初期支护形成一定的刚度之后，再开挖核心部分。但是，两个侧壁的形状和大小如何确定，各个断面间的纵向距离如何控制，临时支撑的刚度如何选取，也就是开挖参数的选取，仍然还有待深入的专项研究。特别是对于大跨度浅埋城市隧道而言，目前的开挖方法都是在强调如何尽可能地借助于辅助施工方法改良土体，将大断面化大为小，并尽快地沿开挖轮廓形成封闭或半封闭的承载结构，再开挖核心部和仰拱。但是在保证安全的情况下，如何保证开挖的经济性和大型机械的使用上面都需要结合实际情况开展深入的研究。

8.3　工程应用——重庆轻轨佛图关—大坪区间隧道及大坪车站隧道工程

8.3.1　工程概况

8.3.1.1　工程简介

重庆大坪隧道段里程为DK6＋900～DK8＋500，起于佛图关公园内，止于马家堡。大坪区间隧道起讫里程为DK7＋157～DK7＋609.7，全长452.7m。围岩类别进口段30m为Ⅱ、Ⅲ类，其余地段为Ⅳ类，隧道涌水量129m³/d，为基岩裂隙水。从进口方向依次设有双线、风机安装段及风机安装渐变段、左右单线、待备线双线、道岔区段，区间隧道（包含出碴支洞）共设有9种断面形式，其中最小开挖跨度4.5m，最大开挖跨度（道岔区与明挖车站接口段）27.2 m，开挖断面340.3m²。车站暗挖段全长81.3m，车站隧道覆盖层厚4～25m，其中DK7＋658.2～DK7＋701.00段覆盖层厚4～10m，为Ⅲ类围岩，洞跨比为0.15～0.5。车站隧道与明挖车站接口段底部开挖宽度为22.68m，隧道开挖高度为20.6m，拱部开挖宽度为26.3m，最大开挖面积为430m²。工程平面布置及纵断面图分别如图8.3-1和图8.3-2所示。

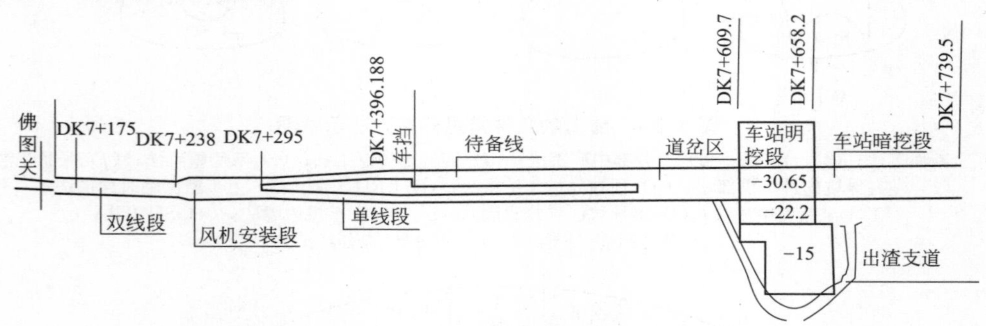

图8.3-1　区间隧道及车站隧道平面图

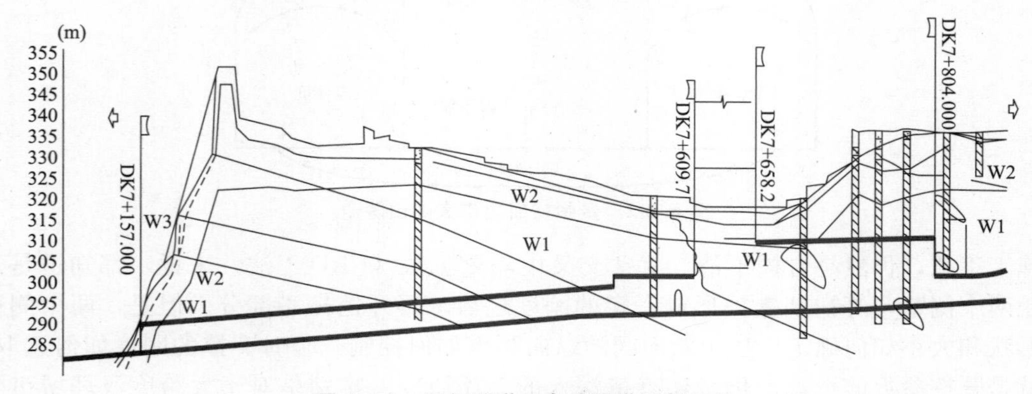

图8.3-2　区间隧道及车站隧道纵断面图

8.3.1.2　技术难点

1. 隧道特大跨、高边墙、拱部结构扁平、超大断面，超浅埋

隧道最大开挖跨度27.2m，拱部结构扁平，最大开挖面积430m²，最大开挖高度20.6m，

最小埋深 4.0m，典型隧道断面如图 8.3-3 所示。由于浅埋大跨扁平隧道的特殊受力条件，隧道结构所受荷载非常复杂，因此对开挖及初期支护要求极高。

图 8.3-3 典型隧道横断面图

2. 周边环境差，对施工要求严格

工程地处重庆市闹市区，洞顶地表建筑物林立，多为八至九层居民房和交通干道，居民房抗震能力差，并有一栋七层居民楼嵌入隧道拱腰，对沉降和爆破震动要求严格，重庆市公安局要求地表质点爆破振速不超过 2cm/s，环保局要求噪声不大于 70dB，夜间施工时间受到严重的限制。

3. 成洞条件差

车站隧道洞顶覆盖层厚 4～10m，为Ⅲ类泥岩，中等偏弱，洞口最薄处仅 4m。洞室顶跨比为 0.15～0.5，顶板岩体薄，成洞条件极差。围岩不均匀变化大，左侧围岩比右侧围岩破碎，围岩风化严重，自稳能力差，施工难度大（图 8.3-4）。

图 8.3-4 隧道围岩情况

4. 断面结构形式多

共设有 9 种断面形式，其中最小开挖跨度 4.5m，最大开挖跨度 27.2m，各种断面交错分布转换频繁，多次变截面。相邻隧道净距小，相邻隧道的最大净距为6.5m，双线地段隧道最小净距只有3.8m，相邻洞室施工影响大。

8.3.1.3 需解决的关键问题

1. 进洞方案的选择

本工程地处重庆市闹市区，周边环境条件恶劣，业主提供的施工场地狭窄，对沉降和爆破震动要求严格，夜间施工时间受到严重的限制，施工组织困难。设计在区间隧道出口设出碴支道进入道岔区，实际上本工程隧道施工初期业主只提供一个出碴通道，工期十分紧张，如何组织和是否再增设工作面是需要解决的重要问题之一。

2. 超浅埋、特大跨、特大断面、高边墙、结构扁平隧道的开挖和支护技术

本工程车站隧道和道岔区隧道均属于特大跨、超浅埋、特大断面、拱部结构扁平隧道，特别是车站隧道，要想采用全断面开挖或简单的分步开挖无法保证隧道开挖安全和控制地表下沉以及爆破震动对地表建筑物的影响，因此，如何通过综合现有大跨、大断面隧道开挖方法再结合本工程的地质条件选择合理的分步开挖方法、分步开挖的尺寸和相互错开的距离以及超前支护方法，并如何优化施工方案；在开挖实施过程中如何通过监控量测等信息化施工手段，对开挖尺寸相互错开的距离和支护参数进行调整，以确定最优参数，是亟待解决的关键技术问题。

3. 大拱脚围岩保护和拱墙结合部位防水层铺设、钢筋连接方法的确定

车站隧道和区间隧道道岔区均采用薄边墙、大拱脚结构，先拱后墙衬砌。在上半断面开挖后，大拱脚处应力集中，在开挖大拱脚时，必须采取措施尽量减小对大拱脚围岩的扰动，避免大拱脚受水浸泡，使围岩软化；大拱脚拱墙结合处钢筋密集，根据结构本身的特点，对该处防水层施工和钢筋连接要求非常严格，而衬砌采用先拱后墙，使得防水层铺设和钢筋连接施工变得十分困难，所以必须找到可行方法来解决这个矛盾。

4. 区间隧道平行施工对相邻洞室的影响

区间隧道结构复杂，相邻洞室净距小，待备线双线地段与单线最小净距仅有3.8m，隧道开挖和爆破震动对相邻洞室施工都有很大影响，另外先开挖小断面隧道还是先开挖大断面隧道对相互之间影响的程度也不一样，因此，必须结合工期要求和隧道力学原理来选择合适的开挖方案。

5. 大断面衬砌台车的制作和大体积混凝土施工

车站隧道和区间隧道道岔区拱部二衬混凝土体积大，跨度大，衬砌台车承受的施工荷载大，需要解决衬砌台车刚度问题和保证台车在施工过程中的整体稳定问题，因此必须研制合适的衬砌台车和研究出保证大体积混凝土浇筑质量的施工方法。

6. 地表环境复杂情况下特大断面、特大跨、超浅埋隧道地表沉降控制措施

根据规范要求，地表沉降不得大于3cm，本工程特别是车站隧道，埋深浅，超大断面、特大跨，如果施工方法不当，地表下沉很难控制，因此必须选择合理的开挖方法、支护手段以及支护和衬砌施作时间，采取多种施工手段控制地表下沉。

7. 地表环境复杂情况下浅埋隧道爆破震动的控制

佛图关至大坪区间隧道及车站隧道位于重庆市主城区内，地面上人口密集，建筑物林立，特别是车站暗挖隧道，开挖断面和跨度大，覆盖层薄，地表情况复杂，多为抗震性能差的楼房和交通干道公路路面，重庆市公安局要求地面质点的震动速度不得超过2.0cm/s。

因此，必须选择合理的开挖方案、爆破方案来保证地面建筑的安全。

8. 信息化施工技术

本工程施工难度极大，特别是车站隧道和区间隧道道岔区，为了保证施工安全，必须对施工过程进行动态控制，进行信息化施工，对于地表环境复杂情况下特大断面、特大跨、超浅埋隧道，从变形动态来看，初期变形很快，而且绝对值大，采用常规量测手段不完全可靠，因此，需要制定出一套完整、安全可靠的监控量测方案。

8.3.2 技术应用情况

8.3.2.1 进洞方案选取

本工程实际上由三个部分组成，即佛图关—大坪区间隧道、车站隧道暗挖段和大坪控制中心综合楼基础工程（包括车站隧道明挖段），由于本工程地处闹市区，施工场地极为狭窄，工作面设置受到限制。

1. 区间隧道进洞方案

佛图关—大坪区间隧道进口在佛图关公园内山坡上，公园内不准施工车辆通行，如果在此开设工作面，只能主要依靠人工出碴，出口端人口密集、建筑物林立，地面标高与隧底标高相差近 27m，设计在此设出碴支道进入道岔区，可供选择的进洞方案有三种：

方案一：进口采用人工出碴，出口利用出碴支洞进洞，中小型施工车辆出碴。

方案二：进口施作大管棚超前支护进洞，在进口Ⅱ类围岩地段施作一个 4.5m×5m 的长导洞，采用人工出碴，在区间隧道贯通后，再进行扩挖，利用出口出碴支道出碴。出口采用出碴支道进洞。

方案三：进口只施作大管棚超前支护和洞口防护工程，出口前期采用出碴支道进洞，待综合楼基础挖到道岔区拱部设计标高后，利用综合楼基础施工便道和既有出碴支道出碴。

第一种方案进口人工出碴费时费力，掘进速度太慢，不可取；第二种方案虽可加快进度，但进口Ⅱ类围岩地段导洞需作施工支护，费用较大，且极不安全，也不可取；第三种方案安全、合理，关键是要加强施工组织，在确保安全情况下快速掘进，保证工期。

根据实际情况和比选结果，选择方案三。

2. 车站暗挖隧道进洞方案

车站暗挖隧道与大坪控制中心综合楼相邻，无施工工作面，车站隧道拱脚与地面高差达 18m，进洞方案主要为采用竖井进洞和利用便道进洞两种。

方案一：采用竖井进洞

采用竖井进洞较快，但竖井提升量较小，掘进速度慢，施工干扰大。

方案二：利用便道进洞

根据施工现场条件，在控制中心综合楼基坑中作环形便道，利用环形便道施工车站隧道拱部开挖和衬砌工作，环形出碴道路长 177.58m。同时施工基坑内土石方，基坑开挖至道岔区隧道拱部后，打通区间隧道出口，以便于通风和区间隧道出碴，车站隧道下半断面利用区间隧道出碴支洞出碴。

此方案虽然前期较慢，但环形便道形成后，就能很快打开施工局面，有利于车站隧道和综合楼基础土石方施工，如图 8.3-5 所示。

图 8.3-5　车站暗挖隧道进洞方案

8.3.2.2　特大跨超浅埋、特大断面、高边墙、结构扁平车站隧道开挖和支护技术

通过对国内外资料调研汇总和整理分析的基础上发现，不论国内还是国外，尽管大跨度扁平隧道的开挖方法多种多样，但基本上是经过适当的地层预加固处理后采用双侧壁导洞法、CD 或 CRD 工法、台阶法或其中的组合。其出发点是尽可能地借助于辅助施工方法化大为小、先拱后墙或先墙后拱，从而尽快地沿开挖轮廓形成封闭或半封闭的承载结构，再开挖核心土和仰拱。修建大跨度扁平隧道不同于修建大跨度扁平洞室，其差别在于前者因长度较短而往往选在岩性较好的地层，故施工方法较为简单。而后者不然，往往长度较大，且岩性相差悬殊，施工时稳定性差，因而必须借助于辅助的预加固措施才能顺利施工。

大坪区间隧道及车站隧道工程不同于以上隧道，跨度大、埋深浅、断面变化多、环保要求高，其规模仅次于米兰城市铁路威尼斯车站隧道，且差距很小。因此，无论从围岩稳定性及支护结构的复杂程度还是城市环境保护角度看，施工难度是国内外少见的，只借鉴目前国内外的某一个工程或采用某一种开挖方法，显然无法达到目的，只有综合国内外所有大跨、大断面相似地下工程（包括水电工程）的开挖施工经验，并结合目前地下工程理念和计算机技术，对施工过程进行模拟分析，才能选择合理的开挖方案。

根据以上国内外大跨隧道的施工经验、大跨隧道开挖后应力分布情况分析以及大坪隧道结构特点，适合本工程特点的开挖方式主要有以下几种方式：

（1）上下半断面台阶开挖法

（2）上下半断面台阶法＋中隔壁法

（3）上下半断面台阶法＋双侧壁导坑微台阶开挖法

（4）上下半断面台阶法＋双侧壁导坑微台阶开挖法＋小导管注浆

（5）上下半断面台阶法＋双侧壁导坑微台阶开挖法＋大管棚超前注浆

上述施工方法比较如表 8.3-1 所示。

从表 8.3-1 可以看出，前两种虽然造价较低，施工快，但不能保证安全，故不予采用。后三种基本方法均为台阶法+双侧壁坑法，但采用哪种方法更为合理，通过组织专家评审，然后根据专家意见对确定的施工方法，分成4种工况，利用ANSYS有限元分析软件模拟各工况的施工过程，通过对施工过程中力学行为的计算结果进行分析，采用表中第5种施工方法最为合理。即在洞口超浅埋段采用大管棚预注浆加强支护，在大管棚保护下进洞，正台阶开挖，上台阶采用双侧壁导坑开挖，导坑之间间距15m，下台阶左右两侧边墙错开，中间先拉中槽，边墙开挖采用短台阶开挖，共将开挖分成9个部分（图8.3-6），开挖后立即进行初期支护。

施工方法比较表 **表8.3-1**

序号	施工方法	示意图	施工方法安全性	施工难度	预测地表沉降	施工速度	工程造价	适用范围
1	上下半断面台阶开挖法		极不安全	小	大	快	低	岩层非常好，埋深较大
2	上下半断面台阶法+中隔壁法		不安全	较小	较大	较快	较低	岩层好，埋深较大
3	上下半断面台阶法+双侧壁导坑微台阶开挖法		较安全	较大	较小	较慢	较高	岩层一般，埋深较大
4	上下半断面台阶法+双侧壁导坑微台阶开挖法+小导管注浆		埋深大，安全，洞口超浅埋不安全	大	小	慢	高	岩层较差，埋深较大
5	上下半断面台阶法+双侧壁导坑微台阶开挖法+大管棚预注浆		安全	大	小	慢	高	岩层差，超浅埋

8.3.2.3 大拱脚围岩保护和大拱脚拱墙接合部防水板铺设和钢筋连接方法

车站隧道和区间隧道道岔区均采用了大拱脚、薄边墙结构，先拱后墙衬砌，这种结构施工时有两点需要解决：一是上半断面开挖后，大拱脚处应力集中，必须采取措施保护大拱脚；二是拱墙接合部是施工薄弱环节，防水钢筋连接十分困难。大拱脚保护采用预留光爆层，特别困难地段（例如隧道上方为抗震性差的楼房）采用预裂爆破，大拱脚处严禁积水，防止围岩软化。

对于拱墙接合部位防水板铺设和钢筋连接，提出了两套方案，根据比选，确定了第二套方案。

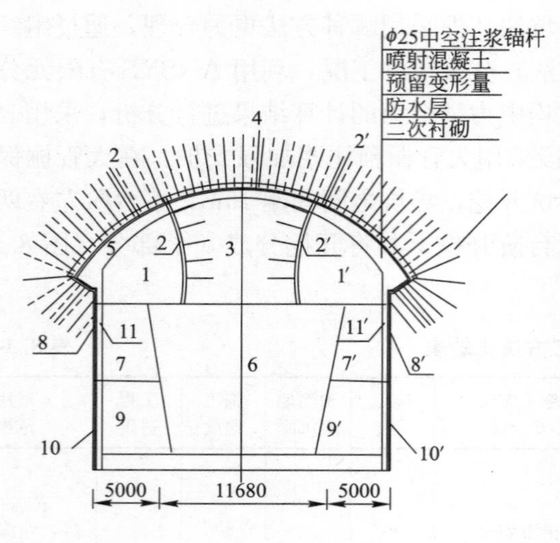

双侧壁导洞法施工程序项目表

项目	工序号	工序施工项目
一	1　1′	左、右导坑开挖
二	2　2′	左、右导洞拱部及中隔壁锚杆、挂网、型钢钢架、喷射混凝土施工
三	3	中隔壁开挖
四	4	中隔壁拱顶初期支护
五	5	拱部防水层及拱部混凝土浇筑
六	6	下半断面中槽开挖
七	7　7′	下半断面左、右侧上台阶开挖
八	8　8′	左、右侧边墙上台阶支护
九	9　9′	下半断面左、右侧下台阶开挖
十	10　10′	左、右侧边墙下台阶支护
十一	11　11′	左、右侧边墙混凝土施工

图 8.3-6　车站隧道双侧壁导洞法施工程序图

方案一：在拱脚混凝土底部挖 10cm×10cm 小槽，并垫土袋，留足 EVA 防水板搭接长度，待边墙初期支护完成后，再撬掉土袋，将防水板拉出，与边墙防水板焊接。拱脚底部开挖较设计起拱线低 20cm，用 M2.5 水泥砂浆，先填至设计起拱线高程，待砂浆凝固后，用墨线弹出边墙钢筋的准确位置，再钻孔，把边墙钢筋插入孔内，钢筋与孔壁间的间隙，仍用 M2.5 水泥砂浆填塞，以免浇筑拱部二次衬砌时，混凝土浆流进孔内。

该方案拱墙交界处边墙钢筋连接不便，不能保证质量，费时费力。

方案二：在拱墙结合部施作双层防水卷材，在拱脚混凝土底部挖槽，小槽宽 100cm×100cm，沿隧道通长布置，把边墙钢筋插入槽内，同时将 EVA 卷入槽内，槽用砂回填，回填后用水泥砂浆抹平，防止灌混凝土时，混凝土浆液流入槽内，待边墙开挖时，再撬掉砂浆层，将防水板从小槽内拉出，与边墙防水板焊接，防水板卷入小槽长度为 30～50cm。同时，为使拱部二衬钢筋与拱脚处防水板间的点接触变为面接触，以防钢筋刺穿防水板，在二衬钢筋增加一 10cm 宽、10mm 厚的钢垫板。

该方案施工方便，能保证拱墙交界处边墙钢筋和防水板连接质量。

8.3.2.4　相邻洞室平行施工相互影响

区间隧道结构复杂，相邻洞室净距小，断面大小不一，特别是待备线双线地段与单线地段最小净距只有 3.8m，平行施工相互之间有影响，就相邻洞室先施工大断面隧道还是先施工小断面隧道问题，通过研究认为：

如果先施工大断面隧道，即待备线双线，首先是双线隧道掘进慢，影响隧道贯通，另外从力学原理和有限元分析结果来看，先施工双线隧道对相邻洞室的影响要大于先施工单线隧道，因此决定先施工单线隧道，然后间隔一定距离，平行施工双线隧道。具体做法如下：在单线隧道掘进一定距离后，开挖待备线双线隧道，单线隧道全断面开挖，待备线双线采用台阶法开挖，为确保安全，待备线上台阶先开挖左半侧，在单线隧道完成二衬后，上台阶再开挖，然后开挖下台阶，全断面二次衬砌。

8.3.2.5　大体积混凝土施工和大断面衬砌台车的制作

车站隧道和区间隧道道岔区拱部混凝土体积大，跨度大，必须研制专用大断面衬砌台车和找出控制大体积混凝土质量的方法。通过与专业机械设计单位联合，设计了大断面衬砌台车。拱部二衬混凝土体积大，跨度大，根据研究论证，灌注拱部混凝土时要对称进行，连续浇筑，灌注速度不宜太快，以每小时 $10m^3$ 为宜，大拱脚处采用水平浇筑和振捣，分层厚度不大于 30cm，为了保证混凝土的密实度、可泵性，通过反复试验，混凝土配合比采取了以下措施：

（1）针对本地原材料的特点，采用高效减水剂，增大混凝土的工作度、坍落度控制在 18cm。

（2）掺加 UEA 微膨胀剂，并按水泥用量的 8%替换掺加来补偿混凝土收缩变形。

（3）砂率对泵送混凝土的可泵性很重要，最佳砂率保证混凝土的强度和可泵性的情况下，水泥用量最小的砂率，砂率低的混凝土可泵性差，根据试验，砂率按 35%～40%考虑。

8.3.2.6 地表复杂条件下特大断面，特大跨浅埋隧道地表沉降的控制

对于特大断面、特大跨、超浅埋车站隧道来说，控制好施工过程中引起的地表下沉和对周边环境及结构物的影响，是车站隧道成败的关键。通过调研了大量的资料并对施工过程进行了模拟分析，掌握了施工过程中地表下沉的特性和规律。在施工前对地表下沉进行初步预测，在施工过程中，进行了监控量测，并及时将施工信息反馈给施工决策者，以便调整和修改设计参数。主要研究成果如下：

1. 对施工过程中地表下沉的特性和规律进行分析

（1）当 $x=-0.5D\sim1.0D$（掌子面通过测点前后，D 为隧道开挖直径）时，地表下沉加速变化，表现为急剧的变形阶段。

（2）当 $x>1.0D$（初期支护闭合阶段）时，地表下沉为减速变化，表现为收敛的变形阶段。

通过对浅埋隧道施工方法引起的围岩变形动态的分析，可以认识到，地表下沉主要受隧道开挖过程中的掌子面空间效应的影响，围岩变形不能瞬时完成，而是随掌子面的推进而发展并逐渐收敛的，从变形动态可以看出，初期变形是加速的，而且绝对值大，这是控制地表下沉的关键时期。

根据以上规律和大量的资料分析，对于车站隧道来说，可以预测绝大部分的下沉值，应发生在上部半断面的开挖过程，因此采用大管棚超前支护和上半断面双侧壁导坑开挖是十分必要的。

2. 分步开挖方案的比较和进行施工模拟分析优化开挖方法、减少沉降的研究

根据前面对浅埋隧道地表下沉规律的分析可知，对于车站隧道，控制地表下沉的原则是"尽可能地早期防止围岩松弛"，因此采用合理的超前支护措施和开挖方法是十分必要的。通过对 5 种开挖方案进行比选和进行施工模拟分析，最终确定了采用在洞口超浅埋段采用大管棚预注浆加强支护，在大管棚保护下进洞，正台阶开挖，上台阶采用双侧壁导坑开挖，导坑之间间距 15m，下台阶左右两侧边墙错开，中间先拉中槽，边墙开挖采用短台阶开挖，共将开挖分成 9 个部分，开挖后立即进行初期支护。

3. 超前支护和初期支护参数的选择，施作时间与地表沉降的相关关系研究

根据浅埋隧道地表下沉规律，控制地表下沉的原则是"尽可能早期防止围岩松弛"，因此超前支护必须在开挖之前进行，浆液选择水泥浆，注浆后尽快形成支护能力。初期支

护在隧道开挖后立即进行，其支护参数根据施工监控量测信息进行调整。在拱部核心开挖时必须边开挖边架设工字钢拱架，使之与左右导坑联成整体，封闭成环，防止围岩过早松弛，拱部二次衬砌紧跟，有效控制地表沉降。

8.3.2.7　地表复杂条件下爆破振动控制方法

针对特大跨断面、特大跨、超浅埋隧道以及本工程周边环境的特点，根据爆破质点振动速度公式$V=K(Q^{1/3}/R)\ a$，在爆破点距地表建筑物的距离R是确定不变的情况下，要减少质点振动速度，必须研究在确保计划施工进度和总工期的前提下如何减少最大一段起爆药量Q，以及如何选用合适的炸药品种和爆破方法来降低K、a系数，为此，开展了以下内容研究：

1. 合理的开挖方案研究

要减小振动速度，关键要减少最大起爆药量，而采用分部开挖减少开挖面积是最直接的方法，在满足地表沉降和施工进度的条件下，合理选择了分部尺寸和循环进尺。

2. 合理掏槽形式和位置研究

掏槽形式一般分为直眼掏槽和楔形掏槽，直眼掏槽循环进尺大，对工作面要求低，适合小断面、大循环进尺的隧道掘进，但效果差，爆破振动大，显然不适合本工程使用；楔形掏槽分为单楔形掏槽和双楔形掏槽，通过试验比较双楔形掏槽虽然较麻烦，但爆破效果好，同样循环进尺下，爆破振动小，故拱部选用双楔形掏槽。然后针对围岩情况，经过计算和试炮结果确定掏槽位置和循环进尺。

3. 单眼装药量研究

单眼装药量是根据最大一段同时起爆的药量，经过公式计算确定，然后根据试炮振动速度量测结果进行调整确定。

4. 周边眼爆破参数研究

周边眼采用光面爆破，周边眼间距根据围岩性质初定，并经过试炮后光爆效果确定，特别困难地段例如隧道上方为抗震性很差的楼房，采用预裂爆破，这样既可以最大限度减小围岩的振动，又可以达到减振效果。

5. 段间隔时差研究

根据有关资料表明，在软岩围岩中爆破，振动频率较低，一般均在100Hz以下，为避免振动强度的叠加作用，低段雷管跳段使用。

6. 爆破器材选型

根据爆破理论，炸药爆轰速度直接影响质点振动速度，要降低质点振动速度应选用低爆速炸药，炸药选用爆速低的2#岩石硝铵炸药，雷管选用非电毫秒炸药。

8.3.2.8　信息化施工方案

现场监控量测是判断围岩和隧道的稳定状态，保证施工安全，指导施工，进行施工管理，提供设计、施工信息的重要手段，采用常规量测方法如地表下沉和周边收敛，由于其量测值通常较小，受仪器精度和量测条件限制存在误差，而在超浅埋、特大断面、特大跨车站隧道开挖过程中，围岩应力变化十分复杂，初期变形很快，如果因为量测数据不准或者处理不及时，将会产生灾难性后果。为了保证施工安全，必须制定一整套适合特大断面、特大跨、超浅埋隧道的现场监控量测方案，对施工过程进行动态管理。为此，通过了研究论证和多次试验，主要研究内容包括：

1. 现场量测项目的选择研究

监控量测项目根据地下工程的地质条件、围岩类别、围岩应力分布情况、坑道跨度、埋深、工程性质、开挖方法、支护类型等因素确定。根据本工程地处渝中区闹市区、地面高层建筑密集、人（车）流量大、隧道埋深浅、上伏岩层性差，特别是区间隧道道岔区和大坪车站隧道跨度大等特点，地面主要对建筑物沉降及局部倾斜、建筑物裂缝变形进行监测，洞内监测一般地段只进行常规项目量测，即进行拱顶下沉，周边收敛等项目量测，在车站隧道和道岔区隧道以及区间隧道进口Ⅱ类围岩双线段进行初期支护应力量测，特别对地表环境复杂情况下特大断面、特大跨、超浅埋隧道，从变形动态来看，初期变形很快，而且绝对值大，采用常规量测手段不完全可靠，必须进行初期支护应力量测，进一步检验支护参数和隧道施工稳定性，实践证明在车站隧道这种特大断面、特大跨、超浅埋隧道中进行拱架应力、喷混凝土应力量测直观、快速，效果明显，在车站隧道预防险情、指导施工方面发挥了重要的、不可替代的作用。建议在今后特大跨、超浅埋隧道施工中作为一个必测项目。具体量测断面情况如图 8.3-7 所示。

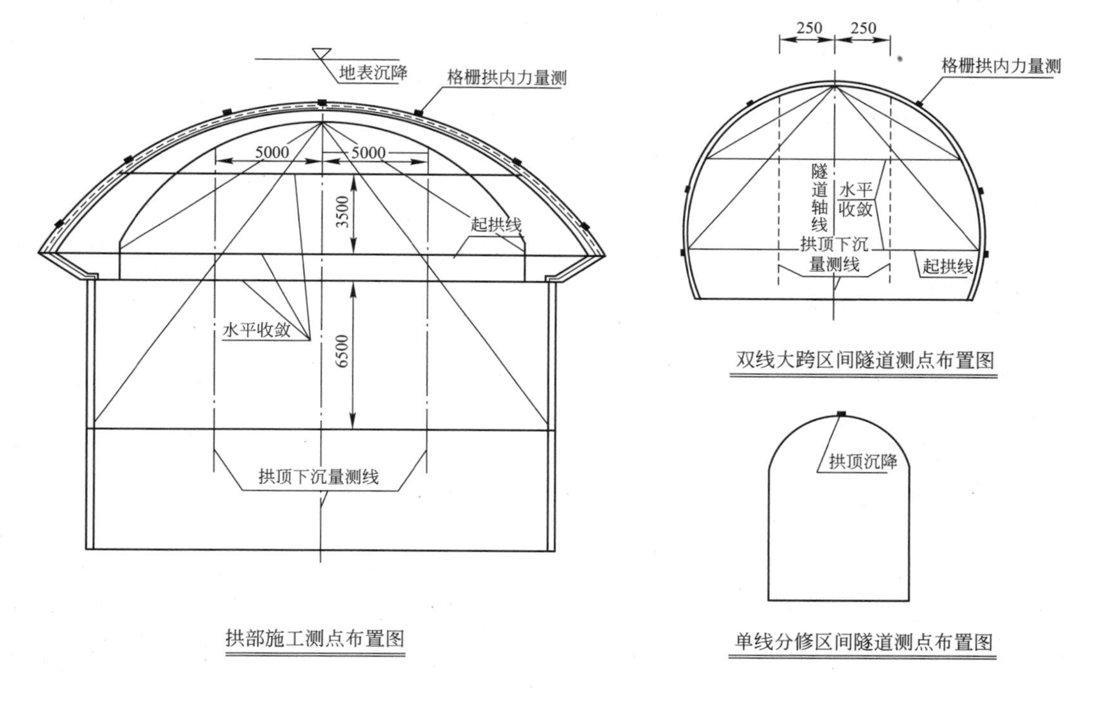

图 8.3-7 隧道量测断面图

2. 量测方案制定研究

量测方案包括量测方法、量测断面的选定，断面内测点数量和位置、量测频率、量测仪器、测点埋设时间等，方案的制定原则上根据设计和规范要求制定，特别地段如建筑物密集地段，特大跨浅埋地段、围岩软弱地段适应增加量测断面。

3. 信息反馈指导施工

施工信息是指施工过程中观察现场地质调查、现场监控量测等得到的数据和信息，施工信息是隧道开挖后围岩稳定性的动态反映，也是修正设计的依据。施工过程中对各种信息进行综合分析，互相验证，以便对预设计参数修正和施工方法的改进，在佛图关—大坪区间隧道和车站隧道施工中，收集了大量第一手量测和地质调查资料，然后将这些施工信息进行动态管理和分析处理，会同设计、监理单位一起对设计参数的合理性进行评价，有力地保证了隧道施工安全进行。特别是车站隧道，当施工至DK7＋684～DK7＋708段上半断面时，通过对开挖后的围岩地质观察发现，左侧围岩要比右侧围岩破碎，且地下水也比右侧丰富，同时在开挖该段上半断面核心土时，通过量测发现该部工字钢应力急剧增长，说明该段隧道施工信息给出了不稳定征兆，立即召集设计、业主、监理协商修正设计，通过采取施工支撑、初期支护参数加强和施工工序的更改后围岩趋于稳定。

8.3.3 总结

重庆市轻轨佛图关—大坪区间隧道及大坪车站隧道工程综合运用了多项先进的施工技术，成功地建造了开挖跨度达27.2m的特大跨浅埋城市隧道，本工程从施工方法的选择到相关技术的开发运用都体现了现代隧道工程理念和创新性，丰富和完善了浅埋暗挖城市隧道施工技术。本成果已成功应用于重庆轻轨佛图关—大坪区间隧道及车站隧道，安全、快速、高质量建成了这一具有世界级难度的隧道工程，隧道的建成为我国大跨浅埋城市隧道施工积累了成熟经验，对今后大跨浅埋城市交通隧道施工具有普遍的指导意义。该项技术成果现已在重庆轻轨较场口车站及折返线工程中推广应用。

本工程的关键技术及创新点如下：

(1) 结合本工程地质条件和断面特点，特大跨超浅埋隧道采用“上半断面侧壁导坑法，下断面先中槽后侧墙开挖、先拱后墙衬砌" 的隧道施工新方法。该方法在国内首次被引入地铁和城市轻轨工程施工中。

(2) 与国内外同类隧道相比，特大跨超浅埋特大断面隧道施工综合采用了分部开挖、信息化施工、微震爆破等多种手段，丰富和完善了浅埋暗挖城市隧道施工技术。

(3) 超浅埋、特大跨、特大断面、高边墙、结构扁平隧道的开挖和支护技术。通过国内外现有先进技术调研，结合现场实际情况，参考施工过程中力学行为模拟分析结果，确定开挖支护方案，并通过监控量测结果修正支护参数，以保证隧道施工安全快速。改变原有仅凭经验分析进行施工决策的状况。

(4) 特大跨超浅埋隧道爆破振动控制技术。采用预裂爆破，大间距微差，浅眼多循环，分部开挖，增设周边减震眼及严格控制药量等措施，有效地控制了爆破地震动强度，爆破对建筑物没有产生损坏，质点振动速度没有超过控制标准，保证了安全。充实和丰富了地表情况复杂条件下特大跨超浅埋隧道爆破振动控制技术。

(5) 特大断面超浅埋地段地表沉降控制技术。特大跨超浅埋隧道必须按“管超前、严注浆、多分部、短开挖、强支护、快封闭，勤量测”的施工原则进行施工，采用“眼镜超前，化大为小，先侧后中，先上后下，先拱后墙，衬砌紧跟”的施工方法控制地表沉降和对周边建筑物的影响。

(6) 大体积混凝土施工和大断面衬砌台车的制作技术。针对模筑钢筋混凝土二次衬砌的特点，混凝土浇筑施工采用质量可靠的商品混凝土，用输送泵输送混凝土入模，同时，采取控制骨料粒径、在混凝土中加入高效减水剂以及微膨胀剂调整混凝土的和易性和流动性、分层浇筑、自制大跨钢模衬砌台车等措施保证了大断面二衬结构混凝土质量。

（7）建立和完善了特大跨超浅埋隧道施工监控量测系统技术。完整地提出了特大跨超浅埋城市地铁隧道的测点布设、量测方法以及对量测结果进行了分析，认为施工中必须进行监控量测，浅埋特大跨隧道施工除须进行常规项目量测外，非常有必要进行初期支护应力量测，这样可准确、直观了解围岩应力变化情况，对指导隧道施工、预防险情有着非常重要的现实意义。

第 9 章　盾构穿越建（构）筑物微扰动施工控制技术

9.1　概述

随着我国地下空间的大发展，城市地下空间越来越有限，越来越多的地下工程不得不在既有建筑的下部空间进行穿越施工，作为城市公共交通的地铁隧道工程也不例外。盾构隧道在施工过程中无可避免地会对建筑（构）物、周围土体等产生扰动，导致土体结构破坏，当施工扰动引起的周围地质环境变化达到一定的程度就形成各种城市地质灾害。如地面有重要的建构筑物，则会进一步对周边的建（构）筑物产生影响，引起建（构）筑物产生附加应力、出现沉降、倾斜、变形增大、开裂、甚至破坏坍塌等不利后果，从而造成较大的经济损失和不良的社会影响，对保护建筑（构）的破坏不仅会造成经济损失，还会造成人文环境的破坏。因此，针对盾构穿越施工提出的微扰动关键技术有相当广阔的应用前景。

为了有效地解决盾构穿越既有建（构）筑物这一在城市地下工程中经常面临的难题，相关学者们提出了微扰动施工控制方法。微扰动施工控制方法是基于现场监测的信息化动态反馈施工技术的应用，其原理和方法与地下工程信息化施工具有一定的相似之处，对穿越阶段的施工过程要实施分时、分阶段控制，达到对既有建筑（构）物的保护要求，使穿越工程能够顺利实施。

目前上海几项重大的穿越项目，包括轨道交通 10 号线下穿越虹桥机场飞行区工程、轨道交通 2 号线下穿越虹桥机场飞行区工程、轨道交通 11 号线下穿越保护建筑物及地铁等已经采用该方法在工程中进行了实践并取得了较好的效果，从而验证了该方法的可行性和有效性。

本章将结合上海轨道交通 10 号线下穿越虹桥机场飞行区工程，详细介绍微扰动施工控制这一系列理念和技术，包括：微扰动施工技术指标体系，盾构穿越微扰动施工控制方法等，希望为类似的工程提供有益的参考。

9.2　盾构穿越工程的难点与微扰动施工的基本原则

9.2.1　盾构穿越对土体的扰动

无论进行何种形式的地下工程施工都不可避免地对周围建（构）筑物、自然环境等产生影响。地下工程的施工过程，均可以看作对原有岩土环境的一种作用，会破坏原有岩土的平衡和稳定状态，不同程度地对周围岩土产生扰动。施工扰动的方式是千变万化、错综复杂的，而施工扰动影响到周围土体工程性质的变化程度也不相同。

岩土受施工扰动的主要表现有岩土的应力状态和应力路径的改变、密实度与孔隙比的变化、土体抗剪强度的降低与提高以及土体变形特性的改变等几个方面，如：地层应力或岩土压力的变化、孔隙水压力的变化、地表和地层的变形、土体塑性指数的变化等。

土体的扰动进一步对周边的建（构）筑物产生影响，引起建（构）筑物产生附加应力，建筑物出现沉降、倾斜、变形增大、开裂、甚至破坏等不利后果。

9.2.2　工程岩土体的复杂性

1. 复杂的自然特性

地下工程施工所涉及的工程岩土体是一种经过多次而反复的地质作用，经受多次变形破坏，形成的具有一定的结构、组成成分的复杂地质体。由固体、液体、气体组成的岩土体的自然特性十分复杂。

2. 复杂的力学特性

复杂的物质组成和复杂的结构决定了其力学特性的复杂性。迄今为止，人类对工程岩土体的力学特性认识尚处于探索发展阶段，其相关的力学理论还远未达到成熟阶段。

3. 处于复杂的环境中

复杂多变的地应力和渗流场等各种天然因素，构成了岩土体所处环境的复杂性，进而使其自然特性和力学特性更加复杂化。

4. 施工过程中复杂的物质、能量交换

施工过程中，岩土体的开挖、建（构）筑物材料的使用、辅助工法（注浆等）的应用、地下水的流动等均为物质和能量交换。

综上所述，地下工程施工时，面对的岩土介质是一种复杂的工程介质。

9.2.3　微扰动施工力学的基本原则

地下工程微扰动施工过程中，施工力学的基本原则包括以下几个方面：

（1）技术可行；

（2）经济合理；

（3）对环境影响尽可能小。

随着各国大型工程以及在复杂环境下修建各种岩土工程的发展，越来越重视施工中的系列问题对经济、环境、工期等的综合影响。将技术、经济、环境三者结合，实现隧道及地下工程的可持续发展，成为工程研究的主要方向。随着认识的提高和经济的发展，隧道及地下工程对环境的要求越来越高。一方面，难度高、规模大的重要工程项目对环境与自然协调的要求越来越高，对工程研究提出了新的要求；另一方面，环境保护的概念已经深入到隧道及地下工程学科。生态地下工程、绿色施工技术等新概念因人们对环境的高要求应运而生。

因此，对隧道及地下工程施工时，为尽可能减少施工对周围环境的影响，应采用新的微扰动施工方法，尽可能少扰动工程周围地层，并强调基于现场监测的信息化动态施工反馈技术的应用，同时开展新的理论方法研究，提高工程行为的预测手段和预测精确度。

9.3　盾构穿越建（构）筑物微扰动施工技术指标体系

9.3.1　建筑物扰动指标体系

1. 建筑物的损坏形式

（1）隧道施工对建筑物的影响方式

隧道施工不可避免地对周围土体产生扰动，施工引起的地表沉降和变形对建筑物的影响程度，除地层特征以外，还与建筑物的基础与结构形式、建筑物与隧道的相对位置，以及地表变形性质和大小有关。一般情况下，隧道开挖对建筑物的影响有以下几种方式：

① 地表不均匀沉降（倾斜）

地表过量的不均匀沉降将导致房屋基础开裂，相邻框架荷载增加，引起多层或高层建筑的倾斜等危害。地基允许的不均匀沉降，对于砌体承重结构由局部控制，对于框架结构和单层排架结构由相邻柱基的沉降差控制，对于多层建筑和高耸结构由倾斜值控制。

② 地表曲率

由于地表曲率变化造成对建筑物的损害程度较大，在负曲率（地表相对下凹）的作用下，建筑物的中央部位悬空，使墙体产生正“八”字裂缝和水平裂缝。如果建筑物长度过大，则在重力作用下，建筑物将会从底部断裂，使建筑物破坏；在正曲率（地表相对上凸）的作用下，建筑物的两端将会部分悬空，使建筑物产生倒“八”字裂缝，严重时会出现房架或梁的端部从墙体或柱内抽出，造成建筑物倒塌。

建筑物因地表弯曲而导致的损害是一种常见的隧道开挖损害形式，这种损害与地基本身的力学性质有关，更与开挖引起的地表变形有关。

③地表水平变形

地表水平变形有拉伸和压缩两种，它对建筑物的破坏作用很大，尤其是拉伸变形的影响，建筑物抵抗拉伸变形的能力远小于抵抗压缩变形的能力。由于建筑物对地表拉伸变形非常敏感，位于地表拉伸区的建筑物，其基础侧面、底面均受来自地基底外向摩擦力作用，基础侧面受来自地基底外向水平推力作用，建筑物抵抗拉伸作用的能力很小，不大的拉伸变形足以使建筑物开裂。地表压缩变形对于其上部建筑物作用的方式也是通过地基对基础侧面推力与底面摩擦力施加的，其力的方向与拉伸时相反。一般建筑物对压缩具有较大的抵抗能力，但若压缩变形过大，同样可以对建筑物造成损害。

可见如果隧道施工中要尽量减少对邻近建筑物的损坏，则要对地表不均匀沉降、地表曲率以及地表水平变形进行严格控制，但实际施工中控制这三种地表变形量主要通过控制地表沉降来进行。这就为我们提供了一种可以建立较为简单可行的控制标准，先得知建筑物的极限拉应变和容许倾斜率，再通过建筑物的极限拉应变和容许倾斜率反算地表沉降基准值 s_{max}，以地表沉降基准值为评价标准来确定建筑物是否受到损害。

（2）隧道施工引起建筑物损害的分类

隧道施工对建筑物的损害总结为三类：

① 影响建筑物外表，包括倾斜和裂缝

一般表现为填充墙或装修轻微变形或裂缝。石膏墙裂缝宽度＞0.5mm，砖混或素混凝土墙裂缝宽度＞1mm 被认为是建筑破坏的上限。

② 功能损害，即影响结构的使用及其功能的实现

一般表现为门窗卡住，裂缝开展，墙和楼板倾斜等，经与结构无关的修复即可恢复结构的使用功能。

③ 结构损害，即影响稳定性和安全性

一般指主要承重构件，如梁、柱和承重墙等产生较大的裂缝或变形，或其附加弯矩、

轴力和剪力超过了其允许值。

隧道施工引起的建筑物开裂对结构本身存在很大的影响。对于砌体结构，裂缝的出现预示着结构承载力降低，甚至不足；对于框架结构，裂缝的存在及超限会引起钢筋锈蚀，降低结构耐久性，因此结构的承载力和建筑物的正常使用功能将会降低。

9.3.2 土体扰动指标体系

地下工程下穿越施工要从地下天然原状土中穿过，将不可避免地对周围土体产生扰动，进而引起土体变形，导致地面建筑物倾斜、开裂乃至坍塌。在施工过程中，不同的施工工况，都不同程度地对土体产生扰动，土体受施工扰动的主要影响因素有：

(1) 应力状态的改变；

(2) 含水量及孔隙比的变化；

(3) 土体结构性部分破坏；

(4) 化学成分分离与混合；

(5) 土体成分分离与混合；

(6) 土体压密状态或固结状态的改变；

(7) 其他参数的改变，如压缩系数、压缩模量、黄土的湿陷性参数等。

9.3.3 盾构穿越既有建筑扰动控制标准

由于隧道施工前既有建筑在自重的作用下已经发展了一定的变形，因此隧道施工引起的既有建筑容许变形究竟为多少是一个非常复杂的问题。

一般来说，应该认识到因临近开挖对建筑物的可能损坏是无法完全避免的。相对于建筑物的既有变形，因邻近施工引起的变形是变形增量。考虑建筑既有变形的建筑物变形控制标准并不直接用于控制已有变形，而是基于既有变形发展而来，用于控制变形增量。

图 9.3-1 所示为邻近砌体建筑物的整个变形过程，为分析方便，作了简化。图 9.3-1 (a) 所示为建筑物的初始状态，图 9.3-1 (b) 所示为盾构隧道穿越前建筑物的变形状态，图 9.3-1 (c) 所示为盾构隧道穿越后建筑物的变形状态。

根据图分析，为建立地下工程施工过程中保护邻近建筑不受损害的变形控制标准，要考虑以下三个方面的内容：

(1) 因地下工程施工引起的变形增量不能对建筑物造成明显破坏，要建立增量控制指标；

(2) 既有变形和变形增量的和不能超过建筑物的允许变形量，要建立总量控制指标；

(3) 在建筑物增量变形和总量变形可能超过建筑物变形控制标准时，及时采取应急控制措施。

由于地下工程施工引起的增量变形不能引起处于良好状态的建筑物遭到破坏，因此应控制建筑物的增量变形；另外，控制总量变形是因为地下工程施工不能对濒危状态的建筑物给以致命的破坏。因此，本文为控制地下穿越施工扰动对既有建筑的破坏，提出了控制建筑物倾斜增量和总量以及扭曲增量和总量变形的双控控制标准。

建筑物的评价标准是人为制定的，实际上建筑物的安全状态是一个模糊的概念。本文控制增量变形不大于5%的总量允许变形。本文给出了考虑邻近建筑既有变形的增量倾斜和扭曲以及总量倾斜和扭曲值见表 9.3-1。

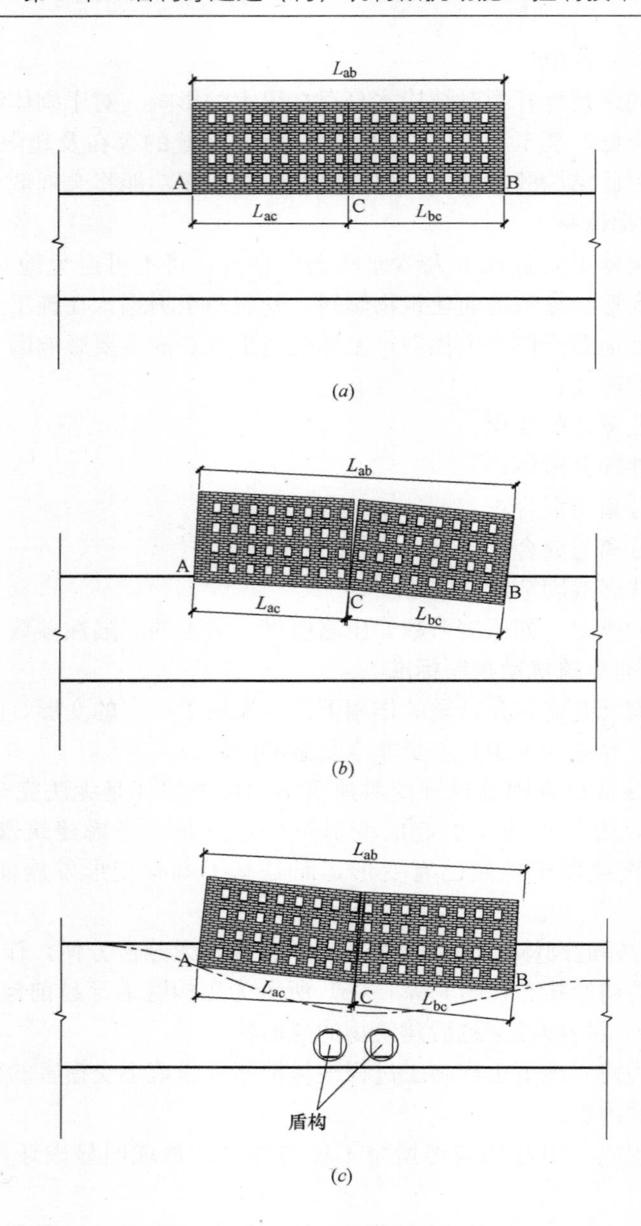

图 9.3-1　建筑物变形发展全过程示意图

（a）既有建筑初始状态；（b）盾构穿越前建筑物状态；（c）盾构穿越后建筑物状态

考虑邻近建筑既有变形的双控控制标准　　**表 9.3-1**

倾斜总量（mm/m）	扭曲总量(rad/m)	倾斜增量（mm/m）	扭曲增量(rad/m)
＜20	＜4E-2	＜1	＜2E-3

另外，由于施工过程中突发事件发生时采取紧急措施需要时间，因此施工控制预警指标应小于控制标准。例如，在修建意大利都灵地铁二号线时采用了两阶段预警指标。当变形量达到最大容许变形量的 30％时为关注预警指标；当变形量达到最大容许变形量的 60％时为警告预警指标。

9.4 盾构穿越建（构）筑物微扰动施工控制方法

9.4.1 微扰动施工技术控制流程

施工扰动的控制是一项综合性很强的技术。包括的内容涉及岩土力学基本理论、计算机数值模拟、监测与量测、数据处理、施工控制等多方面的内容。

地下工程下穿越微扰动施工控制包括：施工工法的选择、辅助加固工法的确定、施工参数控制等几个方面。其中施工工法是针对具体地下穿越工程实际，考虑技术难题以及经济和社会需要，合理选取适当施工工法。在重要区域以及重要建（构）筑物等对环境控制要求较高的地区，部分控制区域需要加以重点保护，选择合适的辅助加固措施极为重要，并且可以通过下穿越工法的施工参数对扰动影响加以严格控制。

施工控制是建立在对工程岩土性质的认知、扰动预测、扰动监测数据及控制指标的基础上的，因此在开展了扰动预测、监测预警指标体系研究后，对微扰动控制具体控制技术与对策进行重点研究，分别从下穿越施工工法控制以及周围地层环境辅助控制两方面进行研究。在最大限度地减小施工扰动的同时，选取合理的地层环境控制技术至关重要。

施工控制是基于现场监测的信息化动态施工反馈技术的应用，其原理和方法与地下工程的信息化施工具有一定的相似之处，如图 9.4-1 所示。

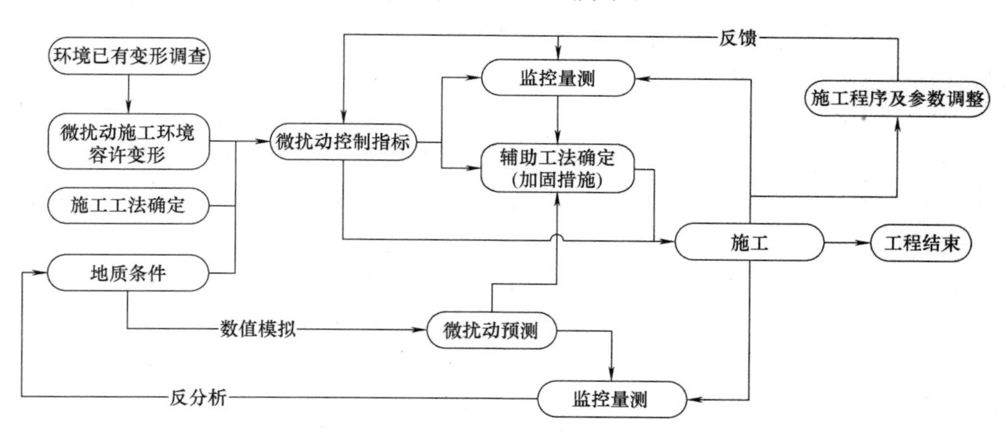

图 9.4-1 施工控制原理与方法

微扰动施工控制是基于现场监测的信息化动态反馈施工技术的应用，其原理和方法与地下工程信息化施工具有一定的相似之处，如图 9.4-2 所示。

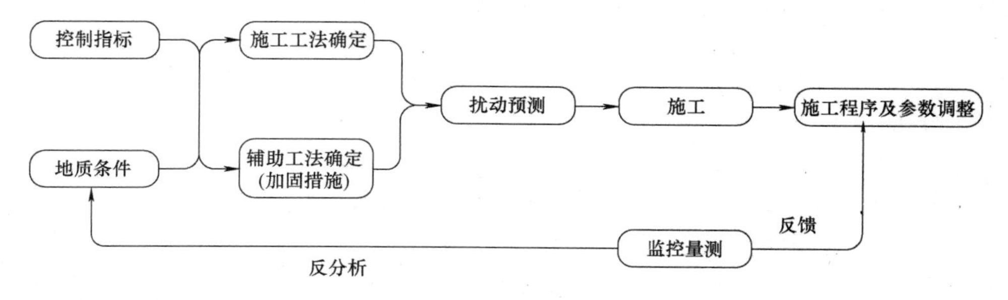

图 9.4-2 动态反馈施工控制原理

对穿越阶段的施工过程要实施分时、分阶段控制，具体操作流程如图9.4-3所示。

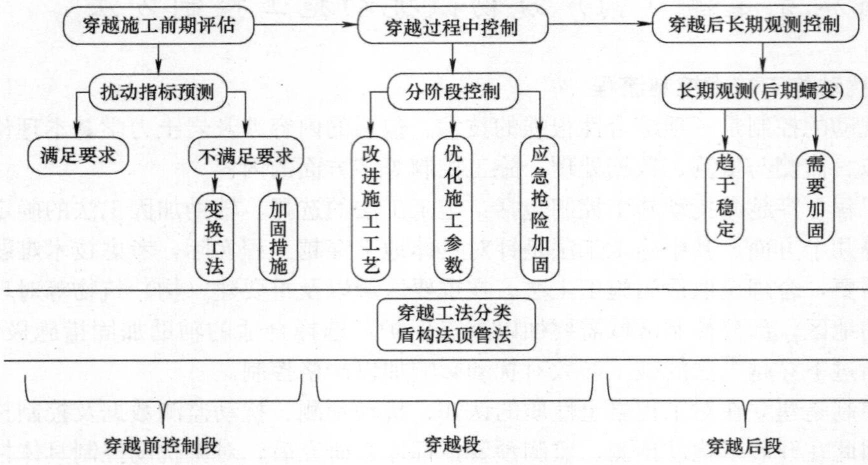

图9.4-3　穿越过程中的阶段控制

9.4.2　微扰动施工参数及其影响

盾构施工引起的扰动包括盾构机正面、盾尾空隙、盾构纠偏及姿态改变以及盾构掘进动作，如盾构推进速度、均匀性等，其中最主要的还是盾构正面压力的波动、不平衡以及盾构尾部空隙充填中的及时性、密实性、均匀性两个大的方面。本节主要就盾构正面扰动与盾尾扰动作逐一介绍。

1. 盾构尾部间隙的扰动影响

盾构施工阶段超挖引起盾构尾部间隙，不仅是引起地表短期沉降的主要原因，而且其充填注浆引起的地层扰动对长期沉降也会产生影响。盾构开挖过程中形成的盾尾间隙可由两部分组成：

$$G=G_{\mathrm{p}}+U \tag{9.4-1}$$

其中，$G_{\mathrm{p}}=2\Delta+\delta$，$\Delta$为盾尾厚度，而$\delta$为衬砌拼装所需要的空间。实际上$G_{\mathrm{p}}$也就是盾构机外径和隧道外径之间的净距，称为物理间隙，一般计算中取为140mm。而盾尾间隙的另一部分U则是由于盾构施工中的人为等其他技术或非技术原因产生超挖引起的。由于产生盾尾间隙U的原因较多，因此很难具体确定其大小，为方便起见，采用如式(9.4.2)所示的盾构超挖系数R来表示。

$$G=R_{\mathrm{G}}\cdot G_{\mathrm{p}} \tag{9.4-2}$$

式中，R称为超挖系数，数值模拟计算中超挖系数取值范围定为1～1.2。其中，当超挖系数为1时，表示只考虑了盾构开挖产生的物理间隙。

通过数值模拟计算分析，对盾构超挖产生的影响将从地表沉降和超孔隙水压力的分布两方面来分析。

(1) 盾构超挖对地表长期沉降的影响

盾构轴线上方地表最大位移随超挖系数的变化如图9.4-4所示。

图9.4-4表明，地表最大沉降随超挖系数的增加而几乎成线性增加，如果地表沉降以m计，那么地表最大沉降和超挖系数之间的比例系数达到0.036。由此可见，盾构超挖会增加隧道的工后地表长期沉降。

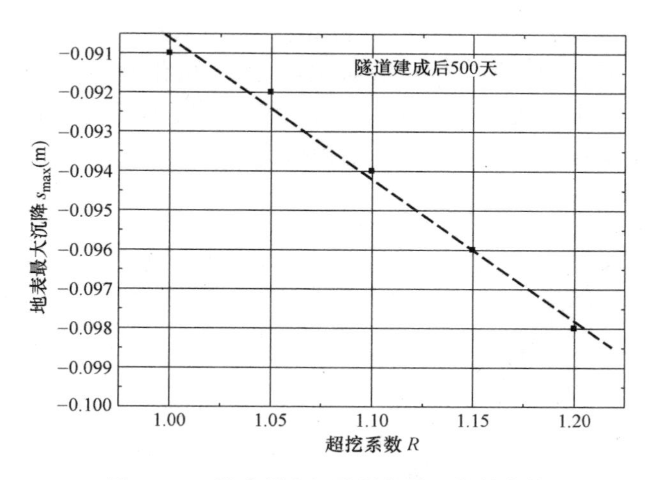

图 9.4-4 地表最大沉降随超挖系数的变化

地表沉降槽随超挖系数的发展如图 9.4-5 所示，图中地表沉降采用和与其对应的地表最大沉降的比值来表示。

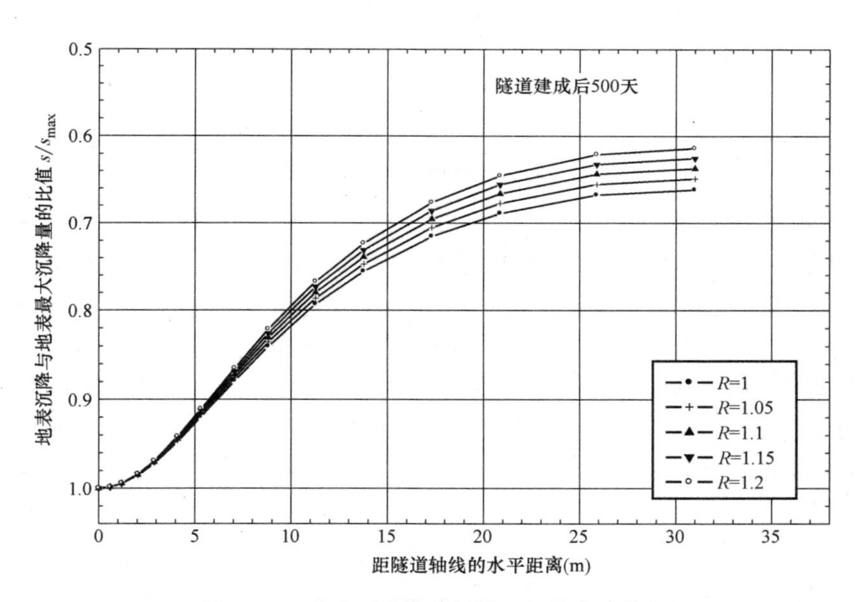

图 9.4-5 地表沉降槽随超挖系数的发展变化

很显然，在不同的超挖情况下，地表沉降槽的形状仍然都可以采用 Peck[1] 经验公式来描述。但是，从图 9.4-5 我们还可以看出，随着超挖系数的减小，沉降槽也变得比较“平缓”，当超挖系数从 1.2 减小到 1.0 时，沉降槽的宽度将近增加了 26%。由此可见，当盾构超挖量较大时，地表的工后长期沉降值增加而沉降槽变得比较“陡峭”。沉降的这种变化形式将因为其变形曲率过大而对位于其中的构筑物产生不利影响。

（2）盾构超挖对超孔隙水压力的影响

对应不同超挖系数，盾构刚好推过时在周围土体中产生的超挖孔隙水压力随深度的发展如图 9.4-6 所示。超孔隙水压力随深度的分布仍遵循前面所述的规律：隧道下半部分周围土体中的超孔隙水压力较上半部分显著。受超挖系数的影响，随着超挖系数的增加，盾构施工产生的超孔隙水压力在隧道下半部分周围土体中不断增加，而在隧道上半部分周围土体中却不断减小。而且，超挖系数每增加5%，最大超孔隙水压力就增加3%左右。由于较大的超挖系数会带来较大的超孔隙水压力，因此，隧道工后长期沉降的发展过程中，由于超孔隙水压力消散而产生的长期沉降也就相应增加。

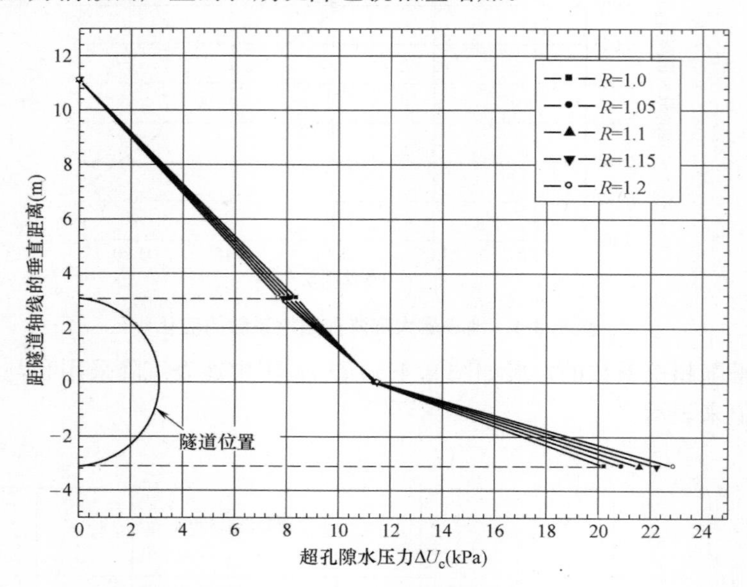

图9.4-6 超孔隙水压力随超挖系数的发展

（3）注浆对地表长期沉降的影响

数值模拟中，对注浆的模拟反映在以下两个方面：①没有采用同步注浆的情况下，由于盾构施工产生的盾尾物理间隙完全闭合，盾尾物理间隙为G_p＝140mm；而采用同步注浆的情况下，由于注浆的充填作用，使盾尾的闭合量减小到注浆情况下的20%，该比例是通过对沉降实测值不断拟合得到的。②注浆作用不仅表现在对盾尾的充填作用，同时注浆压力对沉降也产生一定的影响，因此，在其他参数和边界条件不变的情况下，注浆压力分两种情况来模拟：(a) 不考虑注浆影响的情况下，注浆压力为0；(b) 考虑注浆影响的情况下，注浆压力为0.25MPa。

Moh, et al. 就台北黏土中的注浆试验表明，注浆能够在短期内引起周围土层的隆起，但是这种隆起对后继沉降的作用却可以忽略。本文数值模拟得到的隧道建成500天以后，注浆和不注浆两种情况下地表的长期沉降如图9.4-7所示。

图9.4-7似乎表明注浆对地表长期沉降产生了一定的影响，如果不考虑注浆作用，那么其地表最大沉降将比注浆情况下的最大沉降增加1.5倍。然而，从图9.4-7很难确定该位移增加量是由短期沉降增加引起还是在长期沉降中发生的。所示的长期沉降是包含短期沉降在内的基础上计算得到的。为了明确这一问题，将两种情况下地表最大位移随时间的发展示出，在地表沉降随时间的发展过程中，有考虑和不考虑注浆作用下的两种情况。另外，我们还可以发现，注浆不仅能有效减小地表沉降，同时还使沉降的分布变得相对“平缓”。

从图9.4-8可以看出，在地表沉降随时间的发展过程中，考虑和不考虑注浆作用下的

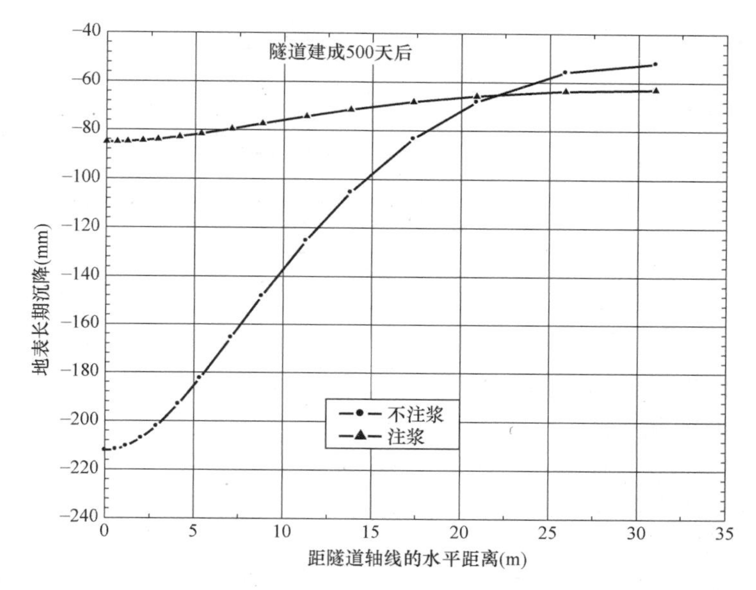

图 9.4-7 注浆对地表长期沉降的影响

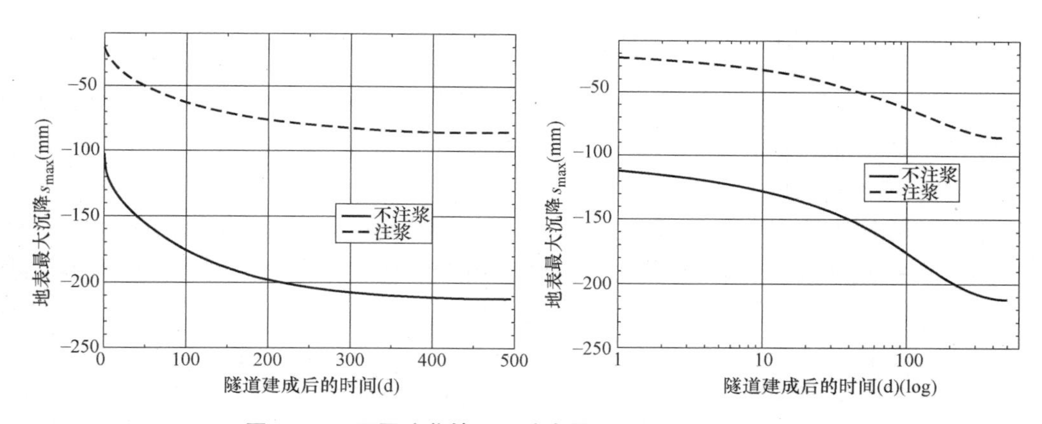

图 9.4-8 不同注浆情况下地表最大沉降随时间的发展

两条沉降曲线基本上是平行的，也就是说，注浆对地表长期沉降的发展并没有产生影响，不注浆情况下长期沉降增加的 1.5 倍来自于短期沉降。由此，也可以说明：虽然注浆不会减小地表长期沉降的发展，但却对短期沉降有显著的补偿作用，因此，在此基础上发展的最终长期沉降量也有一定程度的减小。

2. 盾构开挖面的稳定性与扰动影响

(1) 开挖面稳定性计算方法

对于盾构掘进前方的土体，因隧道上覆埋深条件的变化，单纯按盾构正面的土柱进行开挖面的稳定性计算是不全面的。当隧道埋深较大时，盾构正面上方土体同样会出现拱效应，计算中应当充分考虑这一点，即泥水压力严格来说主要平衡拱效应以内的松弛土压就足够了。图 9.4-9 是盾构掘进前方土体的几种变形方式。

由图 9.4-9 可以看出，一旦刀盘正面的开挖面形成，土体中原有的侧向压力会随时间

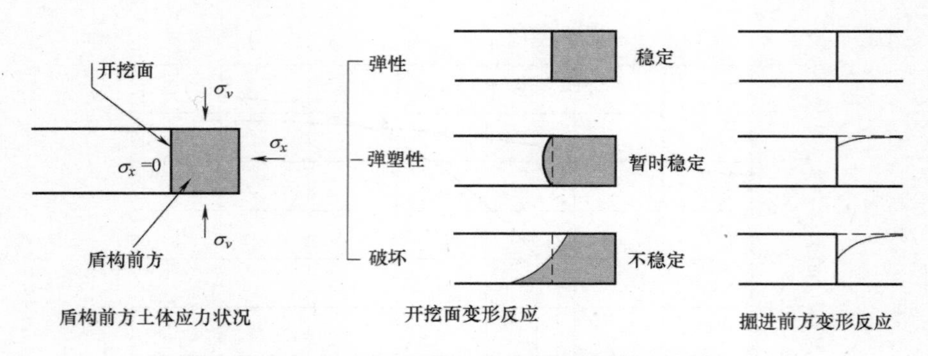

图 9.4-9 盾构掘进前方土体的受力及变形状况

逐渐降低至零。由于刀盘不断推进，并且泥水舱内一直充满加压的泥水，从理论上讲，前述受力状况是不可能出现的。

① 正面超载系数法（Broms）

盾构法施工多数用在自立性比较差的地层中开挖隧道。盾构推进时，开挖面附近地层的应力状态将发生变化。

在取得了土体的不排水抗剪强度 S_u 后，便可利用隧道开挖面的稳定系数判断是否需要采用盾构和怎样解决开挖面支护问题。

开挖面土体超载系数 N_t（国内称为稳定比或稳定系数），按下式计算：

$$N_t=\frac{p_z-p_i}{S_u}\cdot n \tag{9.4-3}$$

式中 p_z——开挖面中心处土体垂直压力（kPa），一般按 $z\cdot\gamma_c$ 计算，z 为开挖面中心距地面的深度，γ_c 为土体重度；

p_i——在隧道施工中用气压或其他方法施加于开挖角的侧向压力（kPa）；

n——折减系数（当采用矿山法或全断面开挖盾构时，$n=1$；当盾构正面部分封闭时，可按经验判断，采用 n 小于 1）；

S_u——土体的不排水抗剪强度（kPa）；

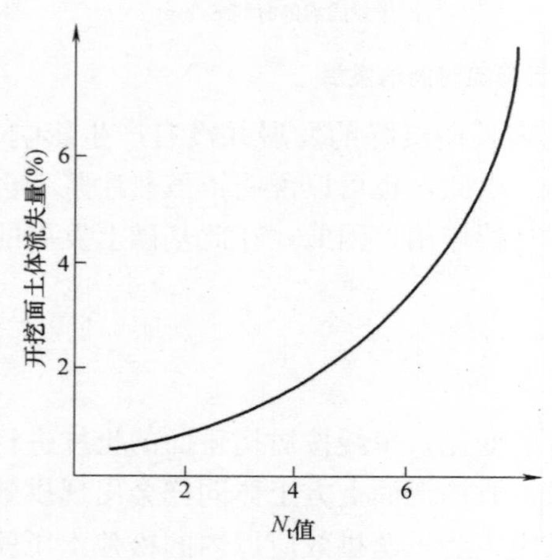

图 9.4-10 稳定比与土体流失量之关系[2]

在上海地质条件下，此公式在土压平衡盾构中普遍应用，同样可适用于泥水盾构。其中 p_z 取开挖面的水土压力、p_i 取为泥水压力。

从稳定比 N_t的定义可知，N_t越大，土体的自立性越差，越有可能剪切破坏，从而发生正面土体的塑流，使地层损失增加，地面沉陷量加大。如果 N_t很小，说明支护压力很大，则往往会造成地面隆起，扰动土体，使后期沉陷量加大。稳定比与开挖面土体损失量如图 9.4-10 所示。

实践经验证明，当 $N_t\geqslant 6$ 时，开挖面失去稳定；当 $4<N_t<6$ 时，开挖面变形比较大；当 $2<N_t<4$ 时，开挖面处于弹塑性变形状态；当 $N_t\leqslant 2$ 时，开挖面土体处于弹性变形状态。但是由于砂

性土体的扰动、砂土液化、孔隙水压力升高等因素，砂性地质条件下的稳定系数应严格控制在 $N_t=4$。

② 滑动面法

作为一个作用在开挖面上的主动土压力的估算法，考虑到在开挖面前方上部的松弛土压，并将开挖面前方土体的滑动面假定为对数螺线，则有村山氏等学者的二维法。

在塑性平衡状态下，开挖面前方上部的垂直土压 q 由于土拱效应而减少到松弛土压的值。因此太沙基松弛土压公式适用于盾构推进前方，垂直土压 q 可按下式进行计算（计算模型如图 9.4-11 所示）。

$$q=\frac{a\cdot B\cdot\gamma-2c}{2K\cdot\tan\varphi}\left[1-e^{\left(1-2K\cdot\frac{H}{a\cdot B}\cdot\tan\varphi\right)}\right]\tag{9.4-4}$$

式中　γ——土的重度（kN/m^3）；

c——土的黏聚力（kN/m^2）；

φ——土的内摩擦角（°）；

B——图 9.4-11 中 ab 段长度（m）；

a——试验常数，一般取 1.8；

K——土压力系数，取 1.0。

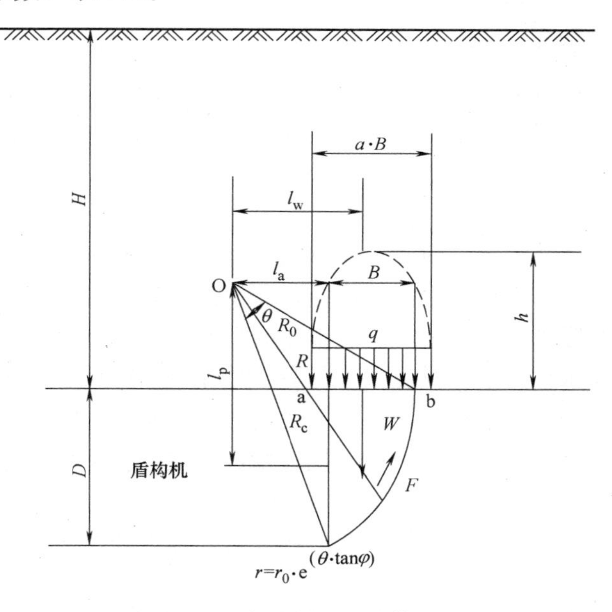

图 9.4-11　村山氏公式计算模型

盾构推进时，作用在开挖面上的全部土压力，与图中的松弛竖直土压力、滑动线围住部分的土体重量、作用于滑动面上的反力和阻力有关，可以对图中的 O 点作力矩平衡分析来求出：

$$p_d=\frac{1}{l_p}\left[W\cdot l_w+q\cdot B\cdot\left(l_a+\frac{B}{2}\right)-\frac{c\cdot(R_c^2-R_0^2)}{2\tan\varphi}\right]\tag{9.4-5}$$

式中　l_p、l_w、l_a——分别表示力 p_d、W、$q\cdot B$ 对应于 O 点的力臂（m）；

c——松弛区范围土体的黏聚力；

φ——松弛区范围土体的内摩擦角（°）；

R_0——从原点O到对数螺线滑动面起点的距离（m），且有：

$$R_0=\frac{D}{\sin\left(\frac{\pi}{4}+\frac{\varphi}{2}\right)\cdot e^{\left(\frac{\pi}{4}-\frac{\varphi}{2}\right)\cdot \tan\varphi}-\sin\varphi} \tag{9.4-6}$$

R——从原点O到对数螺线滑动面上任一点的距离（m），且式（9.4.5）中的R_c计算如下式：

$$R_c=R_0\cdot e^{\theta\cdot\tan\varphi} \tag{9.4-7}$$

其余符号意义见图9.4-11。

根据式（9.4.5）求p_d时，将图9.4.11中的点a左右移动，求出最大值p_{dmax}。作用在开挖面全断面的主动土压力的合力p便为

$$P=2p_d\cdot\frac{D}{3}=\frac{2}{3}p_d\cdot D \tag{9.4-8}$$

或者，从安全角度考虑，按下式进行估算

$$P=p_d\cdot D \tag{9.4-9}$$

式中　D——盾构直径（m）。

关于地下水位以下的土层，则用水中土的浮重度进行计算，由于孔隙水压力的各向同性特征，分开计算的水压部分需再加上。

村山氏等根据许多试验，提出的修正式基本上能求出对数螺线滑动面以及上部松动土压。但是因为修正式计算复杂，而且和式（9.4.5）计算结果的差值是包含在因施工技术以及土质波动等引起的误差范围内，因此式（9.4.5）在施工中已足够满足要求。

（2）不同土层的开挖面稳定性

① 黏性土层

黏性土层的渗透系数很小。粉砂土、黏土和呈胶体状的微小颗粒都是经过电化学结合后形成硬凝胶状。因此，不仅泥水很难渗透，即使清水要渗透到黏性土层中也是不太可能的。泥水平衡盾构在穿越此类土层时，泥水中的膨润土颗粒能很快在开挖面上形成不透水的泥膜。另外，在泥水作用下，黏性土中的黏土颗粒也具有显著的水理作用，因此，盾构穿越黏性土时开挖面的泥膜形成实际上是上述两方面共同作用的结果，开挖面的泥水用量相对于砂性土而言要小，泥水压力也相对比较稳定。在分析黏性土开挖面的稳定性时，通常按水土压力合算的方式进行。盾构掘进中最为关心的是泥水压力能否有效地平衡土压力，以防止刀盘正面土体发生沉陷。因此，在分析黏性土开挖面的稳定性时，土压力按主动土压力考虑。

设刀盘正面主动土压力的合力为P_a，泥水压力的合力为P_f。要使刀盘正面土体处于稳定，则需满足：

$$P_a=P_f \tag{9.4-10}$$

考虑地面均匀上部荷载，可以求得刀盘正面主动土压力的合力P_a：

$$P_a=\left(\frac{1}{2}\gamma\cdot H^2+q\cdot H\right)\cdot\tan^2\left(45°-\frac{\varphi}{2}\right)-2c\cdot H\cdot\tan\left(45°-\frac{\varphi}{2}\right) \tag{9.4-11}$$

而泥水压力的合力为P_f：

$$P_f=\frac{1}{2}\gamma_f\cdot H^2 \tag{9.4-12}$$

由式（9.4.12）可得：

$$\left(\frac{1}{2}\gamma \cdot H^2+q \cdot H\right) \cdot \tan^2\left(45°-\frac{\varphi}{2}\right)-2c \cdot H \cdot \tan\left(45°-\frac{\varphi}{2}\right)=\frac{1}{2}\gamma_f \cdot H^2 \tag{9.4-13}$$

通常，黏性土一般不考虑土的内摩擦角，即取 $\varphi=0$，则式（9.4-13）便可以简写为：

$$\frac{1}{2}\gamma \cdot H^2+q \cdot H-2c \cdot H=\frac{1}{2}\gamma_f \cdot H^2 \tag{9.4-14}$$

于是可以由式（9.4.15）求得开挖面稳定的临界高度 H_{cr} 为：

$$H_{cr}=\frac{4c-2q}{\gamma-\gamma_f} \tag{9.4-15}$$

令开挖面稳定的安全系数为 F_s，则

$$F_s=\frac{H_{cr}}{H} \tag{9.4-16}$$

式中 P_a——主动土压力的合力；
P_f——泥水压力的合力为；
γ——黏性土的重度；
γ_f——泥水的重度；
q——地面均布荷载；
φ——土的内摩擦角；
c——土的黏聚力；
F_s——开挖面的安全系数；
H——开挖面的最低埋深；
H_{cr}——开挖面保持稳定的临界高度。

由式（9.4.15）可以判断泥水平衡盾构在一定埋深 H 下，穿越黏性土层时，一定浓度的泥水对开挖面的稳定作用。当 $H_{cr}<H$ 时，开挖面处于不稳定状态；当 $H_{cr}\geqslant H$ 时，开挖面能够保持稳定。

② 砂性土层

对于砂性土，一般情况下不考虑土的黏聚力，而仅考虑土的内摩擦角。对于由加压泥水在开挖面上形成的泥膜而言，要保持开挖面前方土体不发生坍塌，则需要使泥水压力与土压力保持平衡。主动土压力的合力 P_a：

$$P_a=\frac{1}{2}K_a \cdot \gamma \cdot H^2 \tag{9.4-17}$$

而泥水压力的合力 P_f 见式（9.4.12）。由 $P_a=P_f$ 得：

$$K_a=\frac{\gamma_f}{\gamma}=\tan^2\left(45°-\frac{\varphi}{2}\right) \tag{9.4-18}$$

于是

$$\tan\varphi=\frac{\gamma-\gamma_f}{2\sqrt{\gamma \cdot \gamma_f}} \tag{9.4-19}$$

令安全系数 $F_s=\frac{P_a}{P_f}$，于是可以换算得：

$$F_s = \frac{2\sqrt{\gamma \cdot \gamma_f}}{\gamma - \gamma_f} \cdot \tan\varphi \tag{9.4-20}$$

式中各符号意义同前。

式（9.4.20）主要适合于松弛的、无地下水的干砂。干砂的内摩擦角 $\varphi = 28°$居多，而上述计算中又忽略了土体的黏聚力作用，因而计算的安全稳定系数是留有较大的储备的。已知土体的天然重度 γ、内摩擦角 φ，在满足开挖面泥膜附近土体稳定的条件下（$F_s = 1$），由式（9.4.20）可以计算出相应的泥水重度 γ_f，从而对所需泥水的浓度作最优的调整。

通常松弛的干砂较少，砂性土中一般均含有地下水。由于砂性土中地下水的存在，泥水平衡盾构穿越此类地层时，泥水首先必须能在很短的时间内形成防止地下水和泥水渗透的优质泥膜，若泥水质量较差、泥膜不能快速地形成，势必引起泥水用量大、泥水压力不稳定。而且在上述作用下，由于刀盘开挖面的形成，地下水有向隧道内发生渗流的趋势。若水力坡降较大，地下水渗流过程会将土体中的一些颗粒随同带走，从而导致开挖面发生坍塌，严重时会导致地面严重沉陷。另外，有时太大的泥水压力会促使对开挖面土体的强制渗透，反而对开挖面的稳定不利，实际运用中必须注意。根据土力学理论，由于含有地下水的砂性土中的孔隙水压力具有各向同性的特征，孔隙水压力 $u = \gamma_w \cdot H$ 在各个方向相等，可按照水土分算方式确定。

（3）开挖面稳定的施工控制方法

① 掘削土砂量控制

泥水平衡盾构掘进中，合理进行泥水管理、切口水压管理和同步注浆管理十分重要，而控制每环掘削量是开挖面稳定和地层损失控制到最小程度的必要保证。

对于单一土层（设土体的孔隙比为 n，土体颗粒相对密度为 G），单位时间掘削量（干砂量）ΔW：

$$\Delta W = \Delta V \cdot (1-n) \cdot G \tag{9.4-21}$$

若以每环单位宽度 B 进行计算，可以获得理论上每环掘削的干砂体积量 V_B：

$$V_B = A \cdot B \cdot (1-n) \tag{9.4-22}$$

实际掘削的土砂量是根据盾构正常掘进中，送泥量 Q_0 与排泥量 Q_1 的关系进行计算的。

设单位时间内的排泥量为 ΔQ_1、送泥量为 ΔQ_0，排泥中土体颗粒相对密度为 G_1、送泥中土体颗粒相对密度为 G_0，排泥密度为 ρ_1、送泥密度为 ρ_0，且水的密度为 ρ_w。

根据土工学理论，可以计算每一环实际掘削的干砂体积量 V' 如下式所示：

$$V' = \frac{1}{G - \rho_w} \cdot \int_0^t [\Delta Q_1(\rho_1 - \rho_w) - \Delta Q_0(\rho_0 - \rho_w)] dt \tag{9.4-23}$$

结合式（9.4-21）、式（9.4-23）对比分析不同开挖面土层的理论掘削量和实际掘削量，研究理论掘削量与实际掘削量有较大差异地段的土层性质，超挖或欠挖的原因。

对泥水平衡推进中不同地段计算出不同土层在开挖面所占比例，按式（9.4-21）可以获得理论计算掘削干砂体积量，对比实际掘削干砂体积量，便可以统计盾构推进中发生超挖、欠挖的各段，并为确定其他有关施工参数提供依据。

② 偏差流量的控制

单位时间内偏差流量 Δq 可以写为：

$$\Delta q=\Delta Q_1=(\Delta Q_0+A\cdot v) \tag{9.4-24}$$

式中 Δq——单位时间偏差流量；

ΔQ——单位时间排泥量；

ΔQ_0——单位时间送泥量；

A——盾构刀盘面积；

v——单位时间掘进速度。

根据式（9.4-24）的关系可以判断：偏差流量为正时，盾构处于“超挖”状态，干砂量比标准值（即理论掘削量）大；偏差流量为负时，盾构处于“溢水”状态，干砂量比标准值小。

③ 地表沉降反馈控制

盾构掘进过程中，通常在开挖面正前方上部布设有地表位移监测装置。在盾构逐渐接近并通过地表布设的监测点位置时，加强位移监测，若发生异常情况及时分析发生原因并调整施工参数。根据国内外众多地表位移监测成果的经验，开挖面正前方上部受盾构推力的影响，通常会有轻微隆起现象，且一旦该部位盾尾脱盾时因所产生的建筑空隙影响会有一定的地表沉降。若监测资料满足设计要求，则表明各施工参数的设定正常；若地表隆起严重，则表明盾构推力、推进速度太大或泥水太浓，刀盘正面土体不能有效地进入泥水舱内，需注意因发生欠挖而对正面土体扰动太大；若地表沉降严重，则表明盾构推力太小、泥水压力设定过小或泥水浓度太稀而没能形成优质泥膜，导致刀盘正面大量土体涌入泥水舱内，需注意因发生超挖而带来的有关施工问题。

9.4.3 微扰动施工工法与参数控制

1. 盾构施工及变形控制参数

盾构的主要施工参数可拟定为：开挖排土量、超挖/欠挖量；掘进速度；盾构千斤顶推力；舱压力；管片后背同步充填注浆和二次压密注浆的浆压和浆量；盾构每次纠偏量和总的纠偏量等。

变形控制的各有关参数可拟定为：地表总沉降（隆起）量；差异沉降；地层内土体竖向位移、沿盾构周向土体位移、盾构侧向土体水平位移；管片变形与走动（移位）等。

变形控制的要求为：从上述变形控制各指标值预测、预报工程险情与环境土工危害及其严重程度，确定是否需要在下一施工步序对上述若干施工参数作出必要的调整，并能定量化各参数调整后的修正值。

2. 配套工法与措施

通过对盾构施工时的进度、施工次序等参数的调整会对工程岩土体产生不同的扰动。通过监测数据的处理和分析，合理地调整施工工艺及参数，减小施工扰动已被工程实践所证明是必要和可行的。盾构施工工艺改进与参数主要从以下几个方面进行控制调整。

（1）掘进工法

盾构穿越施工工法的重点是如何减小对地层的扰动。尽可能做到施工过程微扰动，施工终了无扰动（恢复原态）。

根据传统理论，导致地层隆起的因素是盾构的正面压力；导致地层沉降的因素是盾构姿态的改变、盾尾建筑间隙等引起的地层损失以及盾构掘进施工对土体的扰动造成的后期沉降。因此在施工时，主要考虑盾构机正面土压力和盾尾注浆，这是迎土面和盾尾平面二维空间的考虑方法。

然而施工实践表明，盾构机偏转导致的挤压及空吸、盾壳摩阻剪切及土体粘附牵拉等，以推力和速度的形式对上部线路的隆沉变形产生明显的影响。通过整理分析和计算我们得出结论：盾构机圆柱形壳体与周围土体的相互作用（包括盾构机壳与土体的摩阻力、盾构机曲线掘进时对周边土体的挤压力等）在地面沉降的变化中有明显的比重，盾构头部的影响、纠偏和侧摩擦力的影响与后续隆起的影响大约的比例是 0.55：0.24：0.2。因此我们认为，盾构壳体、盾构机迎土面和壁后注浆共同组成了影响沉降的多元系统，应采取与之相适应的考虑多元因素的“区域分控掘进法”。

所谓区域分控掘进法，就是把盾构机周围的三维空间分为几个区域，投影到平面和纵剖面上（图 9.4-12 和图 9.4-13），通过预测各区域的隆起或者沉降，再结合穿越段各区域的相对位置，综合选择施工参数，以达到保护所穿越的建（构）筑物的目的。该工法主要包括土压力预测和掘进过程控制两方面。

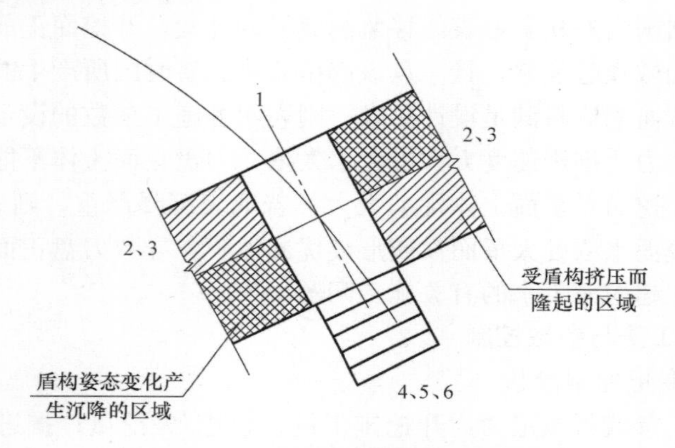

图 9.4-12 区域分控掘进法平面投影

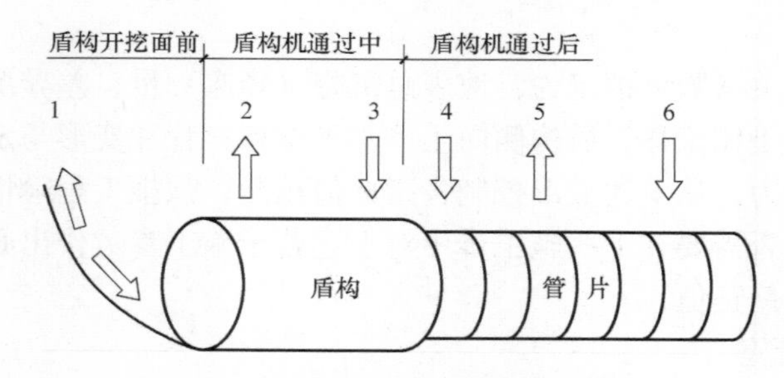

图 9.4-13 区域分控掘进法纵剖面投影

图 9.4-12 和图 9.4-13 中：1、2、3、4、5、6 分别代表六种不同的变形机理：

1——由于盾构掘进中正面土压力的不平衡而导致地层下沉或隆起，以及开挖面的崩裂；

2——由于盾构外壳与土体之间摩擦而导致地层隆起；

3——由于盾构姿态的变化引起地层损失而导致地层下沉；

4——由于盾构掘进后盾尾空隙引起地层损失而导致地层下沉；

5——由于盾构掘进后的注浆而使地层隆起；

6——由于以上五种作用，盾构掘进后使周围土体产生超孔隙水压力和受到扰动而进行固结和蠕变导致地层下沉。

（2）正面土压力预测与舱压控制

土压平衡盾构掘进工法的施工前提就是精确设定盾构机土压力，维持盾构开挖面的稳定。为了抵消由于盾构施工扰动引起的工后及长期沉降，土压力设定值原则上以盾构开挖面前方土体稍微隆起为宜，因此正常推进过程中，土压力设定的原则是使设定值控制在静止土压力和被动土压力之间，略小于被动土压力，只有这样才能保证盾构的正常推进过程中前方土压力有远离开挖面隆起的趋势。土压力的理论值的计算根据盾构开挖土层的地质情况而定。维护盾构开挖面的稳定及其控制方法主要有以下两点：

① 舱压（或排土量）控制。对土压平衡盾构而言，控制舱压使与前方自然水土压力相平衡；控制排土量和掘进速度，以维护开挖面的稳定；减少前方土体挤压（欠挖时）与松动（超挖时），防止前方土体塑性破坏和塌方。对舱压（或排土量）进行监控，以保持开挖面的稳定。进行盾构初推试验，在初推段内对地表沉降、土层变形走动、土压力和孔压等作测定；通过参数优化，按测试结果实时调整、修正盾构时的施工舱压（或排土量）。

盾构实际施工中，土舱压力与推进速度、出土量间是个动态的平衡过程，土舱压力是在一定范围内来回波动的。因此应该根据地面变形监测数据的反馈，及时地调整、优化掘进参数，控制好掘进速度、螺旋机转速、排土闸门的开度等施工参数，使排土量和开挖量平衡，以保持土舱压力与开挖面的稳定。

② 改变开挖面泥浆参数，使形成的正面泥膜更利于开挖面的稳定。

（3）掘进速度控制

土压平衡盾构压力舱内土压大小与盾构掘进速度以及出土量有关：若掘进速度加快而出土率较小，则土压舱土压力会增大，其结果将导致道面隆起。反之掘进速度放慢，出土率增加将令土压舱土压力下降，引起道面下沉。盾构掘进速度与土舱正面土压力、千斤顶推力、土体性质等因素有关，一般应综合考虑。

出土量是与土层损失紧密联系在一起的，它与一环长度内盾构的体积直接相关。假定基准出土率时地层损失为零，则实际出土率变化时将引起附加的地层损失，造成附近地层的沉降。穿越施工中应特别注意调整推进速度和出土量使土舱压力波动控制在最小的幅度范围内，以减少跑道的变形和沉降。

国内外目前对于土压平衡盾构推进速度的理论研究还比较少，实际施工中多是根据经验进行控制。从减小对上部穿越对象的影响来说，究竟是以较慢的速度还是正常或较快的速度进行穿越，目前工程界并没有统一的认识。但推进速度控制的原则是要保证盾构机均匀、慢速地通过跑道，同时根据跑道变形的实时监控数据即时调整掘进速度。据以往穿越工程经验，穿越段掘进速度一般情况下控制在 8～10mm/min；监测变形量数据较大时控制在 6～8mm/min。

（4）注浆施工控制

盾构掘进进入跑道范围，管片脱出盾尾后，盾尾同步注浆及管片壁后的二次注浆成为地铁隧道结构变形和受力的主要影响因素。此时，注浆压力和注浆量的控制是保证施工质量的重要手段。

① 同步注浆

严格控制同步注浆量和浆液质量，通过同步注浆及时填充建筑空隙，减少施工过程中土体的变形。注浆量的大小应该在盾尾空隙量的基础上，考虑地层性质、线路及掘进方式等因素综合确定。同时要合理控制注浆压力，尽量做到填充而不是劈裂。注浆压力过大，管片外的土层将会被浆液扰动而造成较大的沉降，并易造成跑浆。同时，注浆压力过小填充速度过慢，填充不足，也会使变形增大。实践证明，注浆压力应控制在注浆孔位置的地层压力值附近效果最佳；每环注浆量可根据盾构机直径 R、隧道管片外径 r、注浆率 η 及环宽 b，由注浆量公式 $Q=\frac{b\pi\eta(R^2-r^2)}{4}$，盾尾进入跑道范围内时，适当增大注浆量，以保证间隙填充率。

② 二次注浆

二次（或多次）压浆是控制地表沉降的有效辅助手段。实践证明，二次注浆在盾构穿越地下管线、铁路、重要建筑物时可以大大降低地表沉降速率，从而起到保护环境的重要作用。二次注浆加固一方面是为了弥补同步注浆的不足，同时也是保护跑道的有效措施。二次注浆施工时一般应遵循少量多次的原则，尽量减少对隧道周围土体的扰动。

（5）盾构姿态控制

盾构曲线推进或纠偏推进时，隧道盾构掘进时盾构姿态的改变对周围的影响很大。盾构掘进时由于各种不确定因素，盾构轴线产生偏差。盾构在曲线掘进、纠偏、抬头或后叩头时，实际开挖断面是椭圆形。盾构轴线与隧道轴线偏角越大，对土体扰动也越大。盾构姿态对邻近隧道的影响，其原因是由于盾构姿态的改变引起了地层损失。因此在研究盾构姿态对邻近隧道影响的时候，必须先计算出盾构姿态变化引起的地层损失。盾构掘进时姿态的改变对周围土体的影响如图 9.4-14 所示。

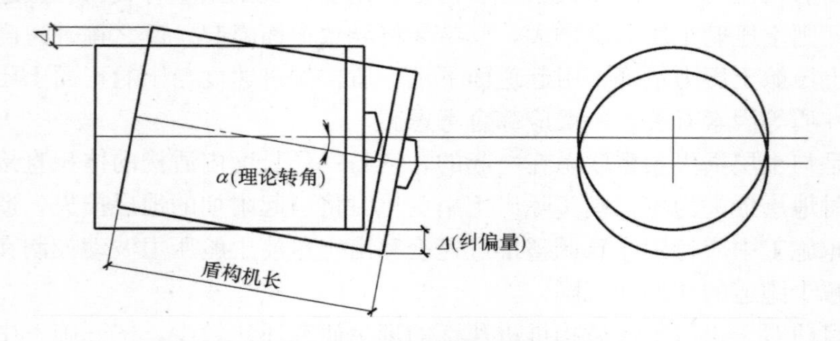

图 9.4-14 盾构掘进姿态改变对周围土体的影响

在区域分控掘进法中，盾构的平面曲线控制是重要的环节。在盾构穿越跑道过程中由于盾构姿态调整形成的外侧挤压区对盾构周围土体的隆起有明显影响。因此在急曲线穿越时应开启盾构铰接，预先调整盾构姿态等方法来抵消这种影响，以减少对机场跑道的扰动。

改正纠偏的主要措施如下：

① 调整分组千斤顶推力；

② 沿纵缝和环缝，垫贴一定厚度的楔形软木；

③ 校正定位管片的倾斜度；

④ 改进注浆方式和浆液性质；

⑤ 减小一次纠偏的幅度等等。

(6) 盾构与土体摩擦力控制

在超近距离穿越中，盾壳与地层之间的摩擦力导致的地层变形与盾构机迎土面产生的地层变形是一个数量级的，必须引起足够的重视。特别是在黏土层中，更容易由摩擦力产生盾构机“背土”现象，加剧了盾构掘进对周边土体的剪切破坏。

因此在实际施工时，通过土压平衡盾构机前部的压注孔，向周围土体均匀压注适量的膨润土浆液，这样可以大大减少盾构机壳体与周围土体之间的摩擦力，同时避免盾构机“背土”现象的发生，将盾构机体对周围地层的扰动控制到最低程度。

(7) 拼装千斤顶回缩控制

因为拼装千斤顶压力的降低，在拼装管片的过程中，盾构机有微量的后退，前舱土压力变小。根据实际统计，拼装管片前后的土压力变化值可达0.1MPa。因此，在穿越施工时，拼装时土压力的波动，必然会引起周围土体应力（主要是正前方）的波动，从而加剧对正面土体的扰动。在实际施工时主要采取以下措施来解决这一问题：在每环掘进结束时，通过减少出土量使前舱土压力略高于设定土压力；缩短拼装管片的时间。

(8) 自动监测系统

盾构穿越前，在跑道的穿越影响区段内布设自动监测系统，通过连接电缆将监测数据传输到监控室，进行实时、精确的监测。自动监控室与施工现场值班室之间通过局域网每隔5分钟传输一组数据。同时布设人工高程监测点，每24小时1～2次，用于检验和校核电子水平尺实时沉降数据。

根据盾构与跑道的接近程度，分段分时加密设置地表监测点，增加监测频率。

当盾构推进到跑道线前方40m处时，根据监测数据情况，可以适当调整监测频率。穿越初期为2小时一次。如遇变形超过报警值，将进行跟踪监测。

(9) 应急预案

地铁盾构从运营中的跑道下方穿越，风险高，因此必须制定必要的应急措施。在穿越段隧道上方预设注浆管，必要时向隧道上方注浆。

在隧道盾构推进施工过程中，紧跟盾构机后面，在对跑道有影响的施工区段从隧道顶部90°范围内的5只预留注浆孔中打入预埋注浆管。预埋注浆管深度最深为3m。预埋注浆管打入后，根据监测数据和实际要求，随时准备进行跟踪注浆加固，以达到保护跑道、确保机场安全运营的目的。

9.5 工程实例——轨道交通10号线下穿越虹桥机场飞行区工程

9.5.1 工程特点

上海市轨道交通10号线虹桥机场东站—空港一路站工程由2台土压平衡盾构机先后从空港一路站西端头井出发，在下穿已建虹桥机场东站坪、机场东滑行道、机场东跑道和新建机场西跑道、西滑行道、西站坪、西航站楼后，至虹桥机场东站。区间全长1826m，整个区间为不停航施工。空港一路站出洞时隧道覆土厚度11.28m，穿越现有跑道时覆土23.13m，虹桥东站进洞处盾构距航站楼底板最小净距为2.2m。隧道衬砌结构外径ϕ6200mm，采用350mm厚、1.2m宽预制钢筋混凝土管片。每环由一块TD落底块、两块

TB标准块、两块TL连接块以及一块TF封顶块共6块管片组成。混凝土强度等级为C50，抗渗等级为1.0MPa，管片纵向和环向均采用直螺栓连接，通缝拼装。

盾构穿越的土层主要有④$_1$灰色淤泥质黏土层、④$_2$灰色粉砂夹粉质黏土层、⑤$_1$灰色黏土层、⑤$_{2-1}$灰色粉砂夹粉质黏土层、⑤$_{2-2}$灰色砂质粉土层、⑤$_3$灰色粉质黏土层。在里程SK1＋920处设一座旁通道及泵站，旁通道及泵站位于⑤2-1灰色粉砂夹粉质黏土层和⑤3灰色粉质黏土层。

机场禁区段沿线场地地基土的主要特性描述如表9.5-1所示。

工程沿线盾构穿越土层情况　　表9.5-1

序号	阶段	主要土层
1	盾构出洞	④层灰色淤泥质粉质黏土
2	穿越停机坪	④灰色淤泥质粉质黏土
3	穿越滑行道	⑤1层褐灰色黏土
4	穿越现有跑道	⑤2层灰色砂质粉土
5	穿越新建跑道	⑤2层灰色砂质粉土
6	穿越新建滑行道	⑥2层灰色砂质粉土，⑤3层灰色粉质黏土
7	穿越新建航站楼	⑤1层褐灰色黏土
8	盾构进洞	④层灰色淤泥质粉质黏土

该穿越工程的施工难点在于：

（1）穿越机场距离长、沉降控制要求高。

盾构穿越的虹桥机场跑道属于跑道的中段，隧道处在现有飞行区影响范围内的距离约为541m，新建跑道及滑行道范围约为1040m。上、下行线盾构在出洞后推进约36m就进入机场站坪，随后还要穿越运行中的现有跑道和即将施工的新建跑道，因此该区间隧道自出洞至进洞均需对机场设施进行保护。如图9.5-1、图9.5-2所示。

（2）监测方法及监测时间等受较多限制。

虹桥机场现有跑道目前处于繁忙的运营中，机场内滑行道及跑道属禁区，多种常规监测方法均受机场运行限制而不能实施。施工监测必须满足飞机的起降限制要求，又需确保监测的覆盖面、频率和精度等，实施难度非常高。

（3）盾构穿越时新航站楼正在进行上部结构施工。航站楼为桩基基础，盾构施工影响范围内为钻孔灌注桩，盾构与桩体最小水平距离约为2.6m。如图9.5-3所示。

10号线地下穿越与机场新建跑道的工期存在重叠，即地表新建跑道与地下隧道施工同时进行。为尽可能减少隧道施工引起的地表沉降对新建跑道产生不利影响，10号线斜穿新建跑道时，地下穿越在铺设完水泥混凝土层1～1.5个月后进行，此时混凝土已达到设计强度，地表沉降基本稳定。

工程结构的安全等级按一级考虑；结构按7度抗震设防；结构设计按6级人防验算；衬砌结构变形验算：计算直径变形$\leqslant 2‰D$（D为隧道外径）；混凝土结构允许裂缝开展，但裂缝宽度$\leqslant$0.2mm；结构抗浮安全系数施工阶段$\geqslant$1.05，使用阶段$\geqslant$1.10；结构使用期限按100年考虑。道面沉降控制标准：施工期（至盾构通过后30天）不大于10mm。地表沉降稳定的判断标准为：连续10天沉降观测，累计不大于1mm。

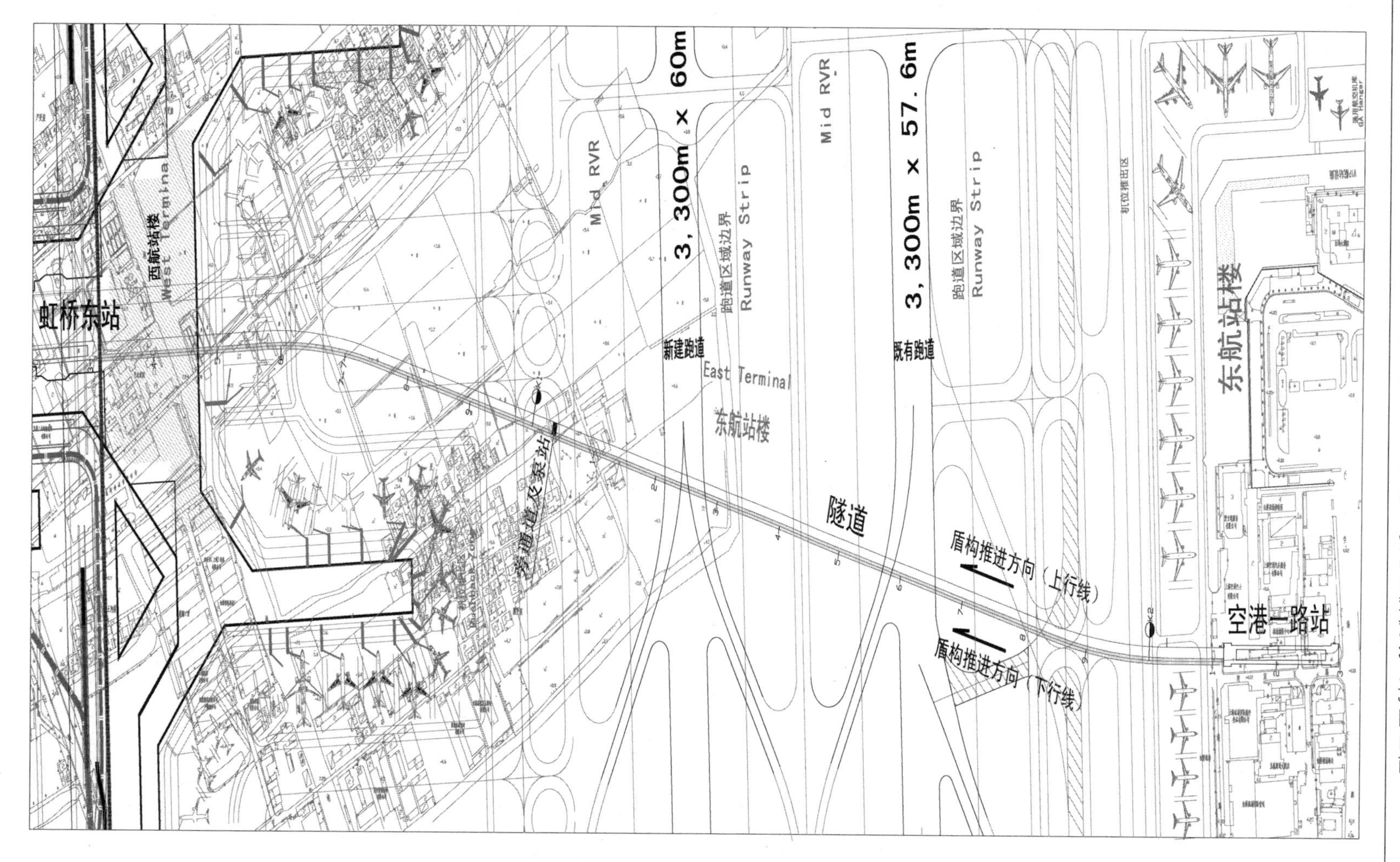

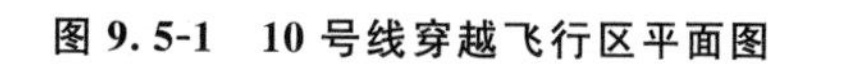
图 9.5-1 10号线穿越飞行区平面图

本工程由上海机场（集团）有限公司、上海申通地铁集团有限公司建设，由上海市隧道工程轨道交通设计研究院设计，上海隧道工程股份有限公司施工，上海地矿工程勘察有限公司监测，同济大学作为科研单位提供技术支持，在此对以上单位表示感谢。

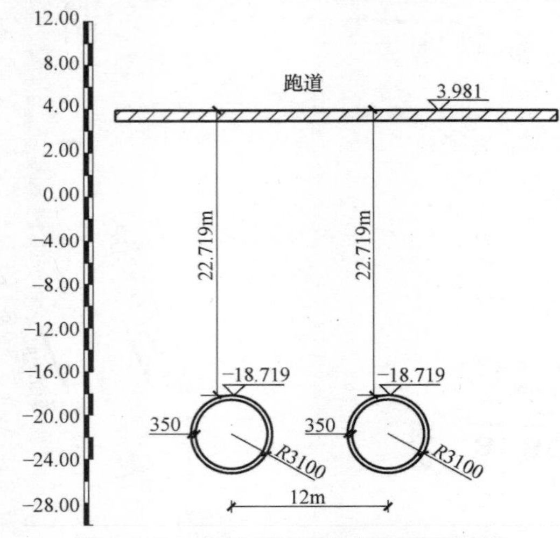

图 9.5-2 10 号线穿越飞行区横剖面图

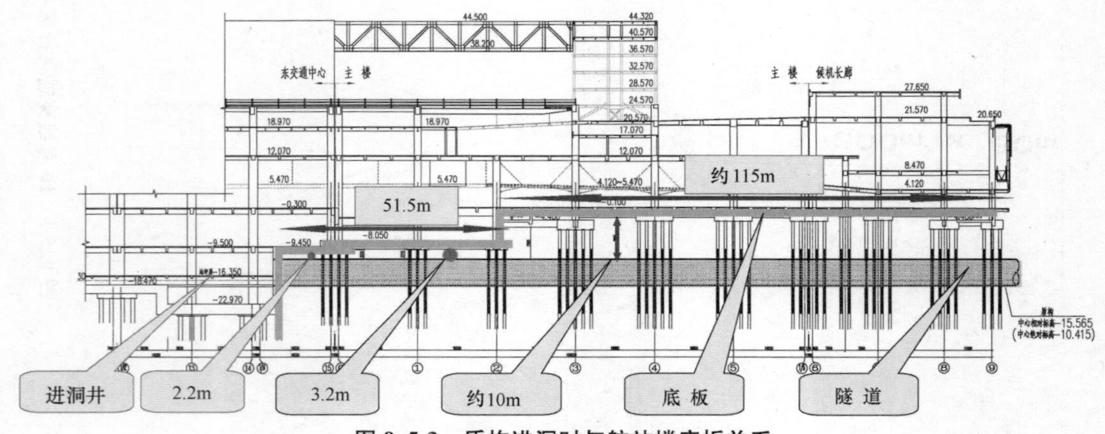

图 9.5-3 盾构进洞时与航站楼底板关系

9.5.2 主要施工控制措施

本区间隧道穿越虹桥机场跑道、滑行道、停机坪、航站楼、地下管线等设施时，采取了如下技术措施。

1. 盾构机同步注浆设备

盾构推进过程中盾壳与管片之间的建筑空隙必须通过同步注浆及时进行填充，以尽可能地减少地表沉降。本工程对同步注浆设备进行了改善，增加了一套德国产 SCHWING 双出料口注浆系统代替原盾构机的同步注浆系统，并增加了一节车架，用于布置注浆搅拌桶、SCHWING 注浆泵及配套设施。原注浆系统主要用于应急或补充的壁后注浆。

2. 注浆孔设置

将原盾尾的 4 套注浆管路和 8 个注浆孔改为 8 套管路、12 个注浆孔，确保盾构施工过程中能有效控制地面沉降。

3. 盾构出洞地基加固

在盾构出洞以前，采用搅拌桩对端头井的地基进行了加固，并在靠槽壁一侧施工一排旋喷桩。

4. 预埋注浆管

盾构出洞前，在洞圈四周内衬墙内预埋注浆管，当出洞时出洞止水装置局部区域产生渗漏时，可向预埋注浆管内注聚氨酯或水泥浆封水。

5. 出洞段试验推进

盾构出洞后到达机场停机坪之前，作为出洞推进试验段。盾构推进试验段内，将地表沉降监测结果与盾构推进时的切口压力、推进参数、方向及高程控制、注浆量等进行对比分析，总结出其内在联系，确定穿越机场停机坪、跑道时的推进参数。

6. 改良土体

(1) 当刀盘前土体较为密实，影响到刀盘扭矩控制和盾构掘进速度时，通过加泥加水系统向刀盘前压注膨润土浆等进行土体改良。

(2) 当盾构机背土使道面产生较大沉降时，通过盾构机背部增加的注浆孔向外压注膨润土浆等进行减摩改良。

7. 同步注浆

本工程盾构推进施工中的同步注浆浆液采用高比重单液浆，主要含粉煤灰、石灰、砂、添加剂和水。此浆液能在压注初期就具有较高的屈服值，同时压缩性和泌水性小，可有效控制地面沉降和隧道上浮。同步注浆浆液的主要性能指标见表9.5-2。

大比重单液浆性能指标 **表9.5-2**

项 目	密 度	坍落度	屈服强度	抗压强度(28d)
指 标	$>1.9g/cm^3$	10～14cm	≥600Pa	≥1MPa

8. 二次注浆

为控制地表后期沉降，本工程及时进行了二次注浆，二次注浆工作遵循“少量多次”的原则，指派专人负责，对浆液的压入位置、压入量、压力值均作了详细记录，并及时根据地层变形监测信息调整施工参数，确保压浆工序的施工质量。

壁后二次注浆浆液采用双液浆，浆液配比见表9.5-3（重量比）。

壁后二次注浆浆液性能指标 **表9.5-3**

A液		B液
32.5级水泥(kg)	水(L)	水玻璃(L)
1000	1000	250

9. 分阶段控制

根据盾构穿越的工况特点，将整个盾构穿越主跑道划分为四个施工控制阶段，即试验段、穿越前控制段、穿越段和穿越后控制段。各个区段的主要控制参数见表9.5-4。

分阶段控制参数 **表9.5-4**

区段	主要控制参数
试验段	掌握此段区域盾构推进土体沉降变化规律以及摸索土体性质
穿越前控制段	控制土压力及出土量，避免欠挖或超挖
穿越段	优化土压力设定、背部减摩、同步注浆等参数，控制盾构背部土体沉降，以横断面电水尺为主监测跑道的坡度变化
穿越后控制阶段	以少量多次的原则进行二次注浆，在跑道东西侧压注环箍

9.5.3　施工监测情况

轨道交通10号线穿越机场飞行区工程总体实施效果良好，在不停航施工的条件下，区间隧道及工作井的施工未对机场跑道、滑行道、停机坪、航站楼、地下管线等设施造成不利影响。

在穿越机场既有跑道区段时，施工方采用了多种技术措施，如放慢推进速度、精细控制盾构姿态、调节开挖面压力与出土量、及时进行二次注浆，并根据地表监测结果及时调整施工参数，实现了微扰动施工。地表监测结果表明，跑道道面的沉降基本控制在5mm以内，达到了机场管理部门提出的10mm的控制标准。

穿越新建跑道段时，上行线穿越段跑道道面隆沉变形基本控制在+5～-8mm，下行线穿越段跑道道面隆沉变形基本控制在+5～-7mm。

航站楼厅柱累计沉降值基本控制在6mm以内，说明虽然盾构与桩基最小距离仅为2.76m，但近距离穿越未对桩基产生明显影响。

通过分析4月12日到6月23日的数据，可以看出既有跑道的沉降已经趋于稳定，且整个穿越施工过程中，各监测点的竖向变形最大值均控制在10mm以内，如图9.5-4所示。

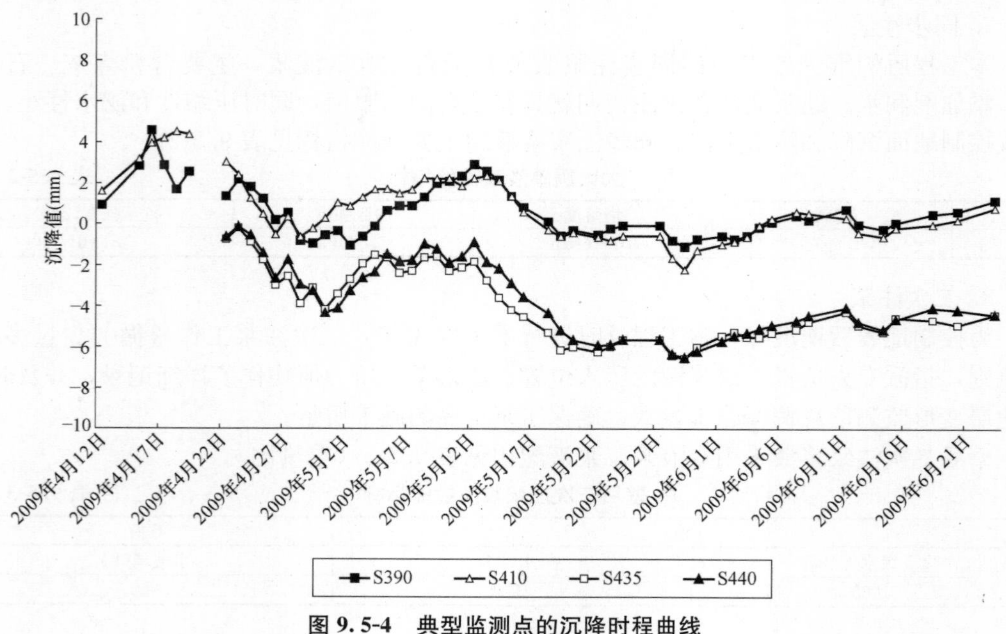

图9.5-4　典型监测点的沉降时程曲线

参考文献

[1]　R B Peck. Deep excavations and tunneling in soft ground [A]. Proceeding of 7th International Conference on Soil Mechanics and Foundation Engineering [C]. Mexico City: State of the Are Report, 1969.

[2]　周文波. 盾构法隧道施工技术 [M]. 北京：中国建筑工业出版社，2004.

第 10 章　城市综合管沟建设运营技术

10.1　概述

10.1.1　工程简介

广州大学城（小谷围岛）综合管沟建在小谷围岛，宽 7m，高 3.7m（2.5 m），总长约 17km，其中沿中环路呈环状结构布局为干线共同沟，全长约 10km；另有 5 条支线共同沟，总长约 7km。该共同管沟是广东省规划建设的第一条共同管沟，也是目前国内距离最长、规模最大、体系最完善的综合管沟，它的建设是我国城市市政设施建设及公共管线管理的一次有益探索和尝试（图 10.1-1）。

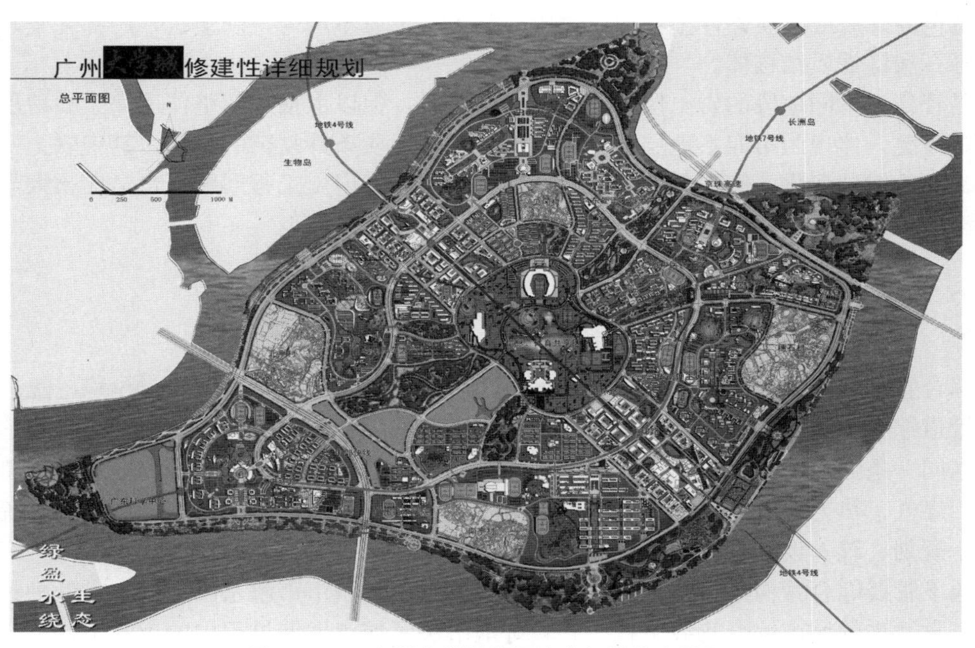

图 10.1-1　广州大学城共同沟内部管线布置图

该管沟将供电、供水、供冷、电信、有线电视等 5 种管线集中铺设和统一布局，并沿路设置检修口。它的建成使用，避免了管线架空，美化了城市空间环境，消除了由此造成的资源浪费和对市容、交通以及居民生活的不良影响，大大节省了城市地下空间。

10.1.2　岩土工程条件

根据钻探揭露，大学城场地上部第四系（Q）土层按工程特征、成因类型和沉积层序大体可分为人工填土层、海陆交互相沉积层、冲积层和残积层。

（1）人工填土层（Qml），零星分布于岛内公路、村庄、涌堤等地，由灰褐色的素填土（粉质黏土及少量碎石）、杂填土（砖块、碎石、砂土）和耕植土（粉质黏土，含植物根系）组成，经人工压实。层厚 0.50～7.10m。

（2）第四系全新统海陆交互相沉积层（Q43mc），分布在岛东部、北部和西南部的冲积平原，平均层厚 11.71m，上部由深灰色的淤泥、淤泥质土、浅灰色粉细砂组成，下部为灰色淤泥质砂、浅黄褐色中粗砂和砂砾层。也可以细分为三个亚层：①淤泥层，天然含水量（w）大于液限，当天然孔隙比（e）大于 1.5 称为淤泥，在 1～1.5 之间称为淤泥质土。例如，大学城南亭～北亭段堤防工程的钻孔土样，淤泥 $w=59.6\%$、$e=1.582$、$a_{v1-2}=1.20MPa^{-1}$、天然快剪 $c=6.1kPa$、$\phi=4.1°$，淤泥质土 $w=52.5\%$、$e=1.415$、$a_{v1-2}=1.01MPa^{-1}$、天然快剪 $c=4.9kPa$、$\phi=6.8°$。可见，淤泥层具有透水性差、强度低、压缩性高的特点。②粉砂、细砂，松散～稍密状，含泥量大，抗剪强度低，固结快剪 $c=5.7kPa$、$\phi=19.3°$（大学城南亭～北亭段堤防工程的钻孔土样）。③含泥中粗砂，松散～稍密状。

（3）第四系全新统冲积相（Q4al），分布在岛沿岸的河漫滩，层厚 1.90～5.60m，由深灰色粉质黏土、夹细砂黏土、砂和淤泥质土构成，土质不均匀，可塑～硬塑状。

（4）第四系残积层（Qel），分布于岛中部广大地区，由震旦系混合岩风化残积而成，为褐黄色的砾质或砂质黏性土、粉质黏土、黏土。土质不均匀，硬塑状，局部含坚硬状的石英砾石和锰铁质结核体。

尽管岛内不同地段的岩土层分布情况有所差异，但以上描述却整体反映全岛地层岩性的宏观概况，体现为第四系地层土体类型多，工程地质条件复杂的特点。其中软土变形破坏和饱和粉细砂液化、震陷是大学城开发建设中首要的岩土工程问题，也是广州大学城综合管沟项目需深入研究和重点解决的工作难题。

10.2 技术介绍

综合管沟也称“综合管道”或“管线箱廊”，英文名称为“utilitytunnel”，就是城市地下管道综合走廊。即在城市地下建造一个隧道空间，将各类公益管线有机综合集约化地敷设在同一条隧道内并进行集中管理的市政基础设施。沟内可敷设电力和电信等线路，上下水、煤气、热力等管道，并留有增设余地，设有专门的检修口、吊装口和监测系统，实施统一规划、统一设计、统一建设和管理。

地下管线综合管沟是目前世界发达城市普遍采用的城市市政基础工程，是一种集约度高、科学性强的城市综合管线工程。它较好地解决了城市发展过程中的市政道路反复刨掘问题，也为城市上空线路“蛛网”密布现象提供了一种有效的解决方案；是解决地上空间过密化、实现城市基础设施功能集聚、创造和谐的城市生态环境的有效途径。随着城市的不断发展，综合管沟内还可提供预留发展空间，保证了可持续发展的需要，是 21 世纪新型城市市政基础设施建设现代化的重要标志之一。

在广州大学城中运用的综合管沟技术分别是：

1. 具有其自身特点的建筑设计

2. 防灾减灾技术

（1）火灾探测报警技术；

（2）视频防入侵监控技术；

（3）环境监测监控技术；

（4）智能化系统技术。

3. 施工技术

（1）基坑支护与土方开挖技术；

（2）模板工程技术；

（3）钢筋工程技术；

（4）混凝土工程技术；

（5）防水工程施工组织及方法。

以上技术在 11.3.4 中将展开详细叙述。

10.3 工程应用——广州大学城综合管沟

10.3.1 综合管沟工程系统方案

1. 指导思想

以城市道路下部空间综合利用为核心，围绕城市市政公用管线布局，对广州大学城（小谷围岛地区）综合管沟进行合理布局和优化配置，构筑覆盖整个广州大学城（小谷围岛地区）范围的综合管沟系统，推动广州大学城的开发建设的进程，逐步形成和城市规划相协调，城市道路下部空间得到合理、有效利用，具有超前性、综合性、合理性、实用性的国际先进、国内一流的综合管沟系统。

2. 遵循的技术原则

广州大学城（小谷围岛地区）综合管沟工程主要遵循以下技术原则：

（1）广州大学城（小谷围岛地区）综合管沟工程的建设以“将城市规划、建筑、社会与经济发展、城市景观、技术、基础设施、道路交通等方面尽早地、有效地统一起来”为原则和目标。

（2）在以下情况，工程管线宜采用综合管沟集中敷设：交通运输繁忙或工程管线设施较多的机动车道、城市主干道以及配合兴建地下铁道、立体交叉等工程地段；不宜开挖路面的路段，广场或主要道路的交叉处；需同时敷设两种以上工程管线及多回路电缆的道路，道路与地铁或河流的交叉处。

（3）综合管沟工程应结合道路交通和各类市政公用事业管线的专业规划进行设置。

（4）综合管沟工程的管线，应符合各主管部门制定的维修管理要求。

（5）综合管沟的断面布置在满足维修管理要求的基础上，应尽量紧凑，以充分体现经济合理。

（6）干线综合管沟宜设置在道路下面，支线综合管沟、缆线综合管沟宜设置在人行道下。

（7）综合管沟应适当考虑各类管线分支、维修人员和设备材料进出的特殊构造接口。

（8）综合管沟需考虑设置供配电、通风、给水排水、照明、防火、防灾、报警系统等配套设施系统。

（9）综合管沟的土建结构及附属设施应配合道路工程一次建设到位，所纳入的各类公用管线可按地区发展逐步敷设。

(10) 为了减少工程投资，节约道路下部地下空间，支线综合管沟均考虑布置在道路的单侧，同时，在道路建设的同时，预留足够的进入地块的各类管线过路管。

3. 综合管沟内纳入的管线种类

国外进入综合管沟的工程管线有电信电缆、燃气管线、给水管线、供冷供热管线和排水管线等。另外，日本等国家也将管道化的生活垃圾输送管道敷设在综合管沟内。国内进入综合管沟的工程管线有电力电缆、电信电缆、给水管道、燃气管道、供热管道、污水管道等。根据国外及国内综合管沟中所纳入的工程管线情况，广州大学城综合管沟内纳入的工程管线有电力电缆、电信电缆、给水管线（图 10.3-1）。

(a)

(b)

图 10.3-1 广州大学城共同沟内部管线布置图

在我国北方的大多数城市，由于冬天采暖的需要，目前普遍采用集中供暖的方法，建有专业的供热管沟。由于供热管道维修比较频繁，因而国外大多数情况下将供热管道集中放置在综合管沟内。目前国内尚无大面积集中供冷的市政工程，一般采用分体空调或中央空调供冷。为了体现大学城的高标准建设水平，引入集中供冷的概念。供热及供冷管道进入综合管沟并没有技术问题，值得考虑的是这类管道的外包尺寸较大，进入综合管沟时要占用相当大的有效空间，对综合管沟工程的造价影响明显。在广州大学城（小谷围岛地区）设置了区域能源站，因此，其冷热水管进入综合管沟。

目前我国规范对燃气管道能否进入综合管沟没有明确规定，在国外则有燃气管道敷设于综合管沟的工程实例，经过几十年的运行，并没有出现安全方面的事故。在广州大学城（小谷围岛地区）综合管沟工程中，燃气管道进入综合管沟。

排水管线分为雨水管线和污水管线两种。在一般情况下两者均为重力流，管线按一定坡度埋设，埋深一般较深，其对管材的要求一般较低。采用分流制排水的工程，雨水管线管径较大，基本就近排入水体，因此，雨水管一般不进入综合管沟，进入综合管沟的排水管线一般是污水管线。综合管沟的敷设一般不设纵坡或纵坡很小，污水管线进入综合管沟的话，综合管沟就必须按一定坡度进行敷设以满足污水的输送要求。另外污水管材需防止管材渗漏，同时，污水管还需设置透气系统和污水检查井，管线接入口较多，若将其纳入综合管沟内，就必须考虑其对综合管沟方案的制约以及相应的结构规模扩大化等问题。广州大学城（小谷围岛地区）地处低丘平原地带，地势有一定程度的起伏，污水管道的纵坡变化较大，因而不考虑将排水管线纳入综合管沟内。

10.3.2 综合管沟工程方案

1. 综合管沟规划设计方案

综合管沟设置的首要原则是充分开发利用城市道路地下空间资源，使宝贵的城市地下空间做到有序开发利用，并为城市今后的发展留下宝贵的资源。其次，综合管沟的建设要尽可能多地纳入市政供给管线，充分利用综合管沟的空间，以体现经济性能。此外，在交通运输繁忙或对周边环境有较高要求的道路，应考虑建设综合管沟，保证各种管线的维修、扩容不会随意开挖道路。广州大学城（小谷围岛地区）的外环路虽然也是城市主干路，但从各专业管线规划分析，其管线的容量不大。由于外环路为环岛道路，道路外侧为滨江休闲观光地带，基本没有建筑物。道路内侧为各大学，其市政主要供给管线由中环线分配。因而在外环线建设综合管沟必要性不大。内环路为大学城（小谷围岛地区）的城市次干路，其通过放射状的城市支路和中环线相连接，道路内侧环绕中心湖，同样为绿地、水体、景观地带。从各专业管线规划分析，其管线的容量不大。因而在内环线建设综合管沟必要性不大。

根据广州大学城（小谷围岛地区）道路路网布置及各专业规划要求，在整体分析、通盘考虑的基础上，对综合管沟工程进行科学规划和设计（图 10.3-2）。

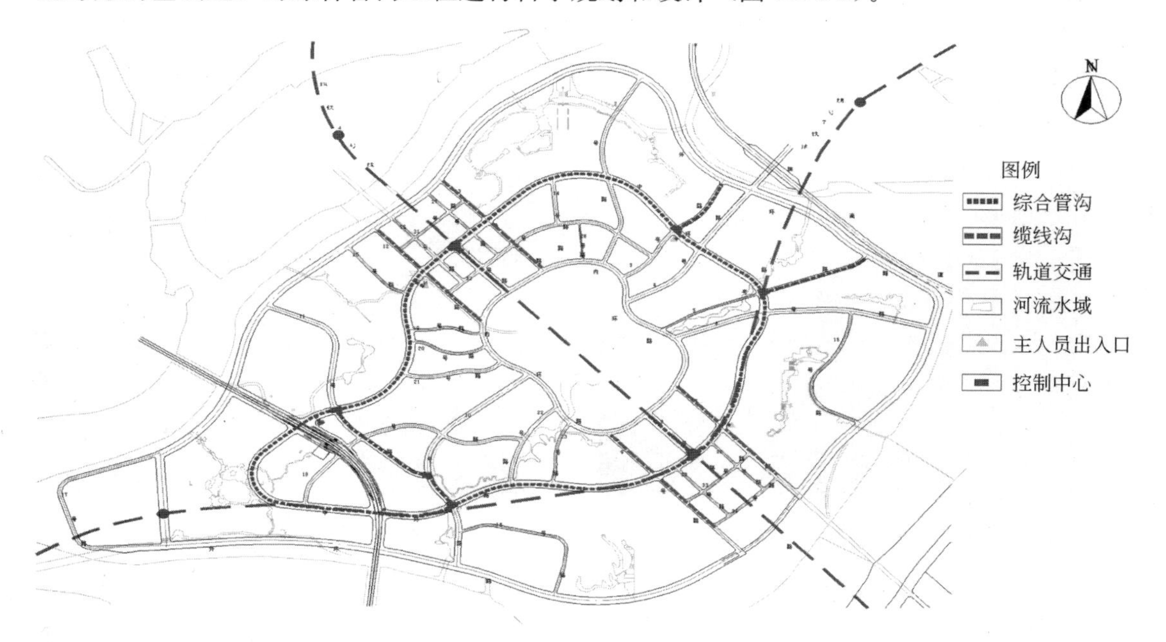

图 10.3-2 广州大学城综合管沟平面布置示意图

（1）中环线干线综合管沟采用 A 型。中环路为广州大学城（小谷围岛地区）的次干路。中环路外侧为各大学教学区，内侧为生活服务区。根据各专业规划，大部分的电力电缆、通信电缆均布置在中环道路下面，自来水管线、燃气管线也沿中环线敷设，因而在中环线道路实施综合管沟可发挥其综合优势。在中环线规划干线综合管沟时，将综合管沟建设在道路的中央绿化带下，尽量减小上部覆土厚度，降低工程造价。目前综合管沟内已经敷设的市政管线有供水管线、电力管线、通信管线、燃气管线、供冷及供热管线。

(2) 2号路、5号路连接高压变电站的干线综合管沟采用C型。虽然2号路、5号路为广州大学城（小谷围岛地区）的支路，但根据广州大学城电力专业规划，在中环线外围设有3座高压变电站，由其向中环线供给电力。这些电缆分别通过2号路、5号路进入中环路。由于从高压变电站出来的电力电缆数量很多，因而在2号路、5号路建设综合管沟（C型）。

(3) 中环线广州大学段支线综合管沟采用B型。在中环线西南角即广州大学段，各种市政管线较少，因而考虑建设支线综合管沟（B型），敷设有配水管线、电力管线、通信管线等。

(4) 1号、8号路干线综合管沟采用A型。广州大学城的1号、8号路为城市次干路，其贯穿综合服务区，并通过其向两端延伸、拓展，因而在轴线上规划干线综合管沟，并为今后的发展预留适当的空间。综合管沟内敷设有给水管线、电力管线、通信管线等。

(5) 7号、9号、12号、13号路缆线综合管沟采用D型。在综合服务区，各种市政管线种类繁多，但数量较少，因而将经常需要维护的电力电缆、通信电缆、控制电缆规划纳入到缆线综合管沟内，以保证这一区域的环境整洁。

(6) 控制中心为了综合管沟的安全运行，保障城市各种市政管线的正常使用，在综合管沟内设置了监控系统，这些监控系统的信息集中传输到控制中心。控制中心控制室面积约100m^2，设置中央计算机监控系统、模拟显示屏等（图10.3-3）。控制中心设置在市政用地地块内，占地面积约20m×30m，其入口如图10.3-4所示。

图10.3-3 广州大学城综合管沟监控系统

图10.3-4 广州大学城综合管沟入口

2. 综合管沟工程建设

一般认为实施综合管沟的合理场所为新建城区或结合大规模城区改造的重大市政工程。因为在新建城区，市政基础设施往往为一片空白，实施综合管沟工程不需要沿线管线的保护和搬迁工作，从而可降低综合管沟的施工保护费用。结合大规模城区改造的重大市政工程，本身就要进行管线的搬迁工作，此时采用综合管沟系统，可以使拥挤的道路地下空间得以合理地利用，从而降低对道路沿线的拆迁要求，体现了综合管沟的经济优势。广州大学城（小谷围岛地区）建设初期基本没有市政基础设施，这为实施综合管沟工程创造了客观便利条件。因而，该综合管沟工程结合大学城道路系统的开发建设同步进行，对管道系统接入组团则根据详细规划，预留足够的接口。各种管线的敷设则根据实际需求，随时敷设，以做到合理利用。

10.3.3　综合管沟工程的特点及难点

1. 周边地下环境

综合管沟周边的管线类型较多。主要有给水（高质水，杂质水，消防水）、冷冻水、热水、煤气、电力、电信、排水等。地下管线按市政道路（下称大市政）和校区（小市政）两级布局。

（1）热力管网

由集中热水制备站，利用烟气余热交换成65℃热水进入一次管网（DN500）系统，经过江隧道引入中环路综合管沟内，分两路形成闭合回路。各高校生活区热力站从中环一次热力管网就近接入热水，经分散式热力站之后的庭院二次管网（DN32-BN450），分别连通学校饭堂和各类学生公寓进入楼内的热水管网系统。热力管材质均为钢，外包5～12cm厚蜂窝保护材料，一般为双管（热供水、热回水各1条）并排埋设。

（2）区域供冷管网

由四个区域冷冻站向小谷围岛内十所大学的建筑提供冷源。按供水温度＜3℃，回水温度13℃的要求。进行二次管网设计（DN100～DN800）。管材为钢，外包5～12cm厚的蜂窝保护材料，一般为双管（空调供水、回水各1条）并排埋设。

（3）分质供水系统

分质供水系统是目前全省乃至全国最大的分质供水系统。由高质水管网、杂用水管网组成。大市政管材多为球墨铸铁。以胶圈连接，小部分为无缝钢管，埋深在1.3m左右；小市政管材多为塑料，埋深在0.8m左右。

① 高质水管网

由外围的DN800管道、DN1200两条高质水管道，向小谷围岛内输送，在主要干道成环状布置。其中输水主干管基本沿中环及用水量大的用户方向布置，管径为DN800～DN500，长度为21.6km。其余道路则敷设输、配水干管，管材一般DN100～DN200。DN300～DN600为球墨铸铁，DN800～DN1000为钢，市政管沟内的DN600为钢管。

② 杂用水管网

采用珠江后航道的河水进行处理后供给，供大学城的市政道路冲洗、绿化浇灌、室内冲厕用等。系统为2个管网，成环形布置。输水主干管成枝状、管径为DN800～DN400，长度18.62km。其余道路则敷设输、配水干管。管材：DN300～DN600为球墨铸铁管；DN100～DN200为PVC-U（硬聚氯乙烯），综合管沟内的DN400为钢。

（4）排水管网

排水管分为雨水管和污水管线两种，一般情况下两者均为重力流。管线按一定坡度埋设，埋深较深。一般大于2m，最深的有15m。管材：DN700～DN300一般为PVC，DN800～DN1200一般为玻璃钢夹砂，DN1350以上一般为混凝土。个别倒虹段或埋深＞6m时为钢管或混凝土管。

① 雨水管线

雨水管线管径较大。通过管径DN300～DN1000的管道、部分地段设置渠箱收集雨水，基本就近排入12条河涌、8个湖泊。建设1座雨水泵站。

② 污水管线

通过管径 DN300～DN1000 的管道收集污水，设置 4 座污水泵站，用 2 条钢管（DN700、DN800 各 1 条）作为过江主干管，将大学城的污水全部送到北岸的沥滘污水处理厂进行处理。

(5) 燃气管网

埋设 7.7km 管径为 D630 的无缝钢管，将珠江北岸的市内煤气引入大学城内。其中过江段长 750m 段采用非开挖技术施工，中环路主干管为 D426。大市政管材多为无缝钢管（D219～D426），小市政管材多为塑料 PE 管（D50～D250）。

(6) 电力管网

大学城内设 3 座高压变电站，在中环路、3 号路及 5 号路段设置 36 线的 10kV 电缆走廊和 9 线的 110kV 电缆走廊。其他主干道预留 12 线的 10kV、次干道预留 6 线的 10kV 电缆走廊。电缆沿共同沟或电缆管沟敷设。一般沿道路的东、南侧人行道或绿化带敷设。大市政一般为中～大明坑。小市政一般为小明坑或槽盒。

(7) 通信管网

管网覆盖面积大，服务对象多，业务需求多样。因此种类也多。除中国电信外，还有中国联通、中国网通、中国铁通等几家。一般沿道路的西、北侧人行道敷设。大市政一般 12～30 孔，小市政一般 4～12 孔。

2. 开发投融资模式

(1) 开发管理

广州大学城综合管沟项目是由广州市政府完全出资规划和建设的，政府通过各种手段来筹集共同沟项目的建设资金。广州大学城综合管沟建设过程中涉及诸多部门和单位，关系复杂，协调难度大，为确保广州大学城综合管沟工程的顺利实施，由广州大学城建设指挥部办公室对大学城的地下空间资源进行系统开发利用，并由广州大学城建设指挥部办公室组建大学城投资公司和能源公司，负责对综合管沟及管线进行运营管理，其经营范围和价格受政府的严格监管，发展受政府的保护。广州大学城建设指挥部充分发挥其独特的职能，一直把控制工程造价、合理节约资金作为重要目标，争取最大限度发挥综合管沟建设的投资效益。

(2) 运营管理

广州大学城综合管沟采用“政府投资、企业租用”运作模式，政府通过各种手段来筹集共同沟项目的建设资金，管线单位通过支付一定的管线占位费向共同沟内布置管线。建设和运营分开，其优势在于可充分利用城市地下空间，使城市地下空间根据“统一规划、统一建设、统一管理、有偿使用”的原则得以综合开发利用。

(3) 收费标准

广州大学城共同沟的收费模式主要是参照国外及我国台湾地区综合管沟的运营模式，并由广州市物价局统一定价，管线入沟费收费标准参照各管线直埋成本的原则确定，对进驻综合管沟的管线单位一次性收取管线入沟费，按实际铺设长度计收。目前已确定埋入综合管沟的具体单位长度收费标准为：饮用净水水管（直径 600mm）每米收费标准为 562.28 元；杂用水水管（直径 400mm）每米收费标准为 419.65 元；供热水水管（直径 600mm）每米收费标准为 1394.09 元；供电电缆每孔米收费标准为 102.70 元；通信管线每孔米收费标准为59.01元。

综合管沟日常维护费用则根据各类管线设计截面空间比例，由各管线单位合理分摊的原则确定收费标准。例如，饮用净水水管占综合管沟截面空间的比例为12.70%，每年收取31.98万元的日常维护费；供电电缆管线占综合管沟截面35.45%的截面空间，每年收取89.27万元的日常维护费；杂用水占综合管沟截面空间10.58%，每年收取26.64万元的维护费；供热水占综合管沟15.87%的截面空间比例则每年收取39.96万元的维护费；通信管线25.40%的综合管沟截面空间比例则收取63.96万元的日常维护费，但对现行入驻综合管沟通信管线每根光缆日常维护费用收费标准为12.79万元/年。

10.3.4 新技术集应用情况及效果

1. 建筑设计

广州大学城共同沟宽7m，高3.7m（2.5m），其底板、侧面和顶板的厚度均为300mm，标准断面为3.7m×7.0m，采用深基坑优选支护方案施工；由于其布置在中环路的中央隔离绿化带下（图10.3-5、图10.3-6），上覆土层厚度1.5m，当上部有横向交叉时，局部埋深采用2.5m，以利于交叉口处各种管线的交叉。该管道将供电、供水、供冷、电信、有线电视等5种管线集中铺设和统一布局，并沿路设置检修口，如图10.3-7所示。它改变了人们昔日想象中的“拉链路”印象，避免了管线架空，美化了城市空间环境，杜绝因铺设和维修各种管线对城市道路、绿地重复开挖，消除了由此造成的资源浪费和对市容、交通以及居民生活的不良影响，大大节省了城市地下空间。

图10.3-5 广州大学城综合管沟上部中央隔离绿化带

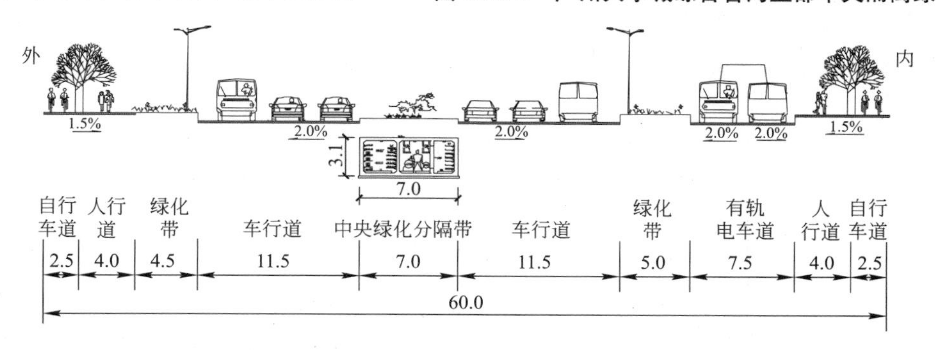

图10.3-6 广州大学城综合管沟在中环路的位置图

（1）设计特点

广州大学城综合管沟干线共同沟断面图如图10.3-8所示，其设计有如下特点：

① 各种弱电管线独自敷设一室。

② 电力电缆直接自敷一室，敷设固定在室内两边侧壁上的支架上。

③ 高压的高质水管、杂水管、供热水管共置同室。

图 10.3-7 广州大学城综合管沟检修口图

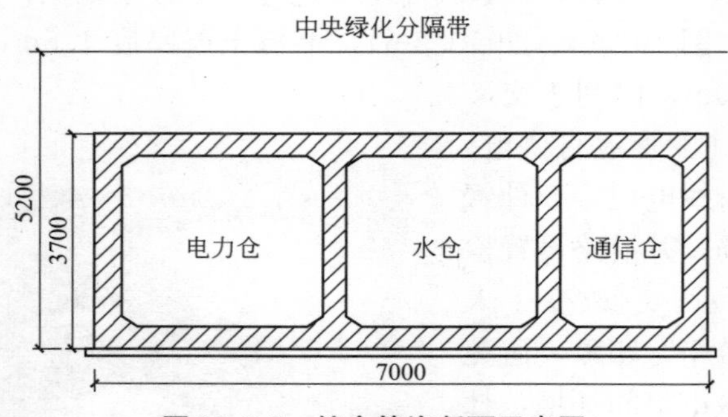

图 10.3-8 综合管沟断面示意图

共同沟的人孔（下料口）每隔 200m 设置一个，人孔设计位于人行道或绿地；为保证安全运行，沟内还设置了完善的安全监测系统，包括：照明、通风、温度、湿度监测记录、积水报警、闭路电视监测、通信等系统。

支线综合管沟的断面以矩形断面较为常见，一般为单格或双格箱形结构。综合管沟内一般要求设置工作通道及照明、通风等设备，如图 10.3-9 所示。

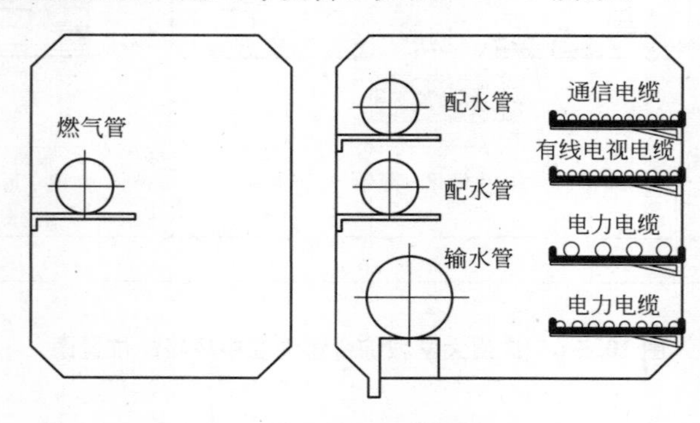

图 10.3-9 支线共同沟标准横断面图

支线综合管沟的特点主要为：

① 有效（内部空间）断面较小；

② 结构简单、施工方便；

③ 设备多为常用定型设备；

④ 一般不直接服务大型用户。

缆线综合管沟主要负责将市区架空的电力、通信、有线电视、道路照明等电缆收容至埋地的管道。缆线综合管沟一般设置在道路的人行道下面，其埋深较浅，一般在 1.5 m 左右。缆线综合管沟的断面以矩形断面较为常见，一般不要求设置工作通道及照明、通风等设备，仅增设供维修时用的工作手孔即可，如图 10.3-10 所示。

干支线混和综合管沟在干线综合管沟和支线综合管沟的优缺点的基础上各有取舍，一般适用于道路较宽的城市道路，如图 10.3-11 所示。

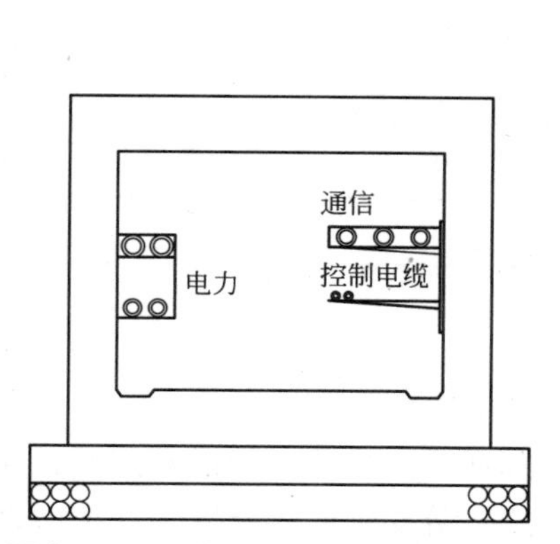

图 10.3-10　缆线共同沟标准横断面图

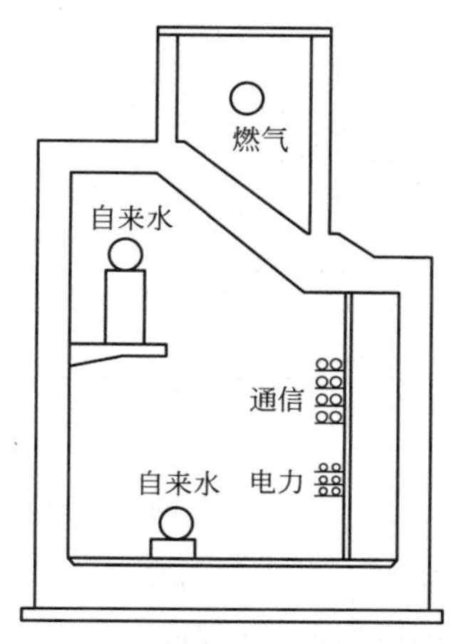

图 10.3-11　干支线混合共同沟标准横断面图

(2) 主要规格

① 第 1 类：长 9.93km，宽为 7m，高为 3.7m 和 3.1m，它呈环状结构布局，沿某主干路中央隔离绿化带下，布置有供电、高质水、杂水、供冷、电信、有线电视等管线，管类最齐全，如图 10.3-12 所示。

② 第 2 类：长 1.1km，规格为 4.4m×3.55m，内规划管线有电力、高质水和杂质水管道。

③ 第 3 类：长 0.9km，规格为 4.25m×2.26m，内规划管线有电力、通信、高质水和杂质水管道。

④ 第 4 类：长 0.9km，规格为 3.2m×3.45m，内规划管线有电力管道。

(3) 综合管沟的埋深

综合管沟埋深的确定主要根据综合管沟设置在道路横断面下的具体位置以及排水管道、地铁等与综合管沟发生交叉穿越的情况、结构抗浮要求等情况综合考虑。干线综合管沟一般设置在道路机动车道下面，其埋深尚需考虑车载对其结构的影响，因此，干线综合管沟一般埋深较深，达 2.5m 以上。支线综合管沟一般设置在道路人行道下，因此，其埋深相对较浅，一般不小于 1.5m。由于广州大学城综合管沟干线综合管沟布置在道路中央绿化带小，因而埋深可采用 0.8～1m，当上部有横向道路交叉时，局部埋深采用 2.5m，以利于交叉口处各种管线沟交叉。

(4) 综合管沟断面形式

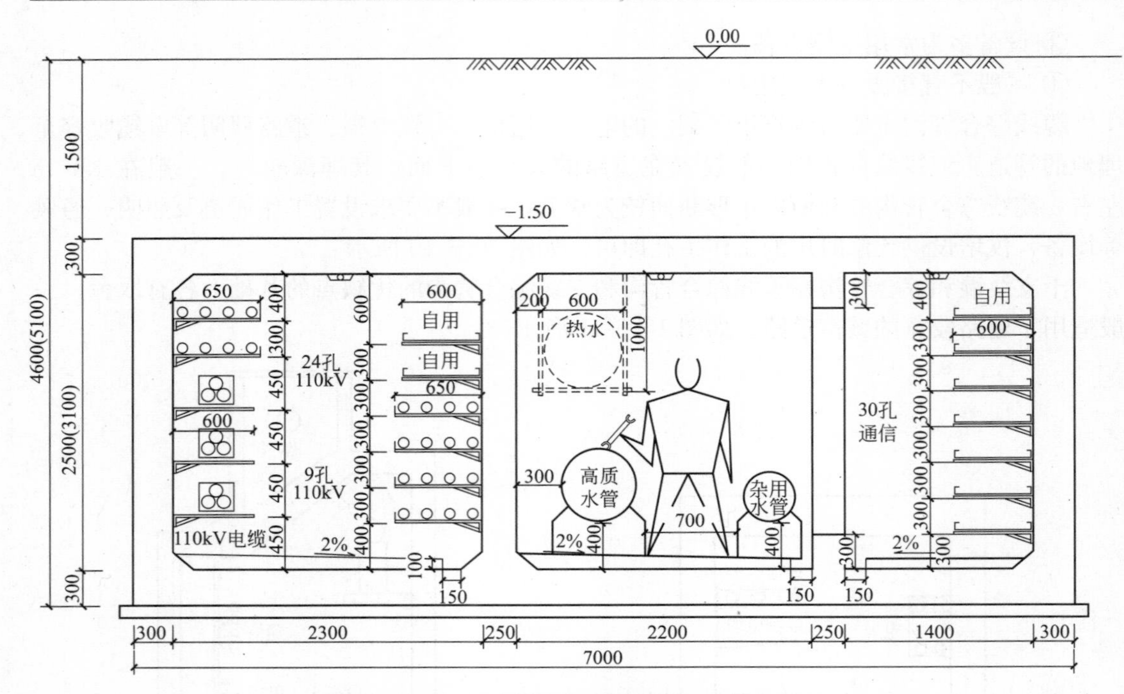

图 10.3-12　综合管沟在中环路的标准横断面图

根据各管线入沟后分别所需的空间、维护及管理通道、作业空间以及照明、通风、排水、消防等设施所需空间，考虑各特殊部位结构形式、分支走向等配置，并考虑设置地点的地质状况、沿线状况、交通等施工条件，以及地铁、下水道等其他地下埋设物以及周围建设物等条件，对综合管沟的断面作综合研判后决定其经济合理的断面。国内外相关工程通常采用矩形断面作为主要断面，在穿越河流、地铁等障碍时通常采用盾构掘进的施工方法，因此，该部分一般是圆形断面。广州大学城综合管沟基本不穿越不能停航的河流和地铁等，因此，综合管沟的断面形式采用矩形断面（图 10.3-13）。综合管沟内清洗用水引自沟内供水管，冲洗污水的排出点设置在道路交叉口的集水井。

图 10.3-13　广州大学城综合管沟标准断面图

2. 防灾减灾技术

(1) 火灾探测报警技术

广州大学城综合管沟为电缆共同沟，电缆较多，在其运营过程中，如发生火灾后果将不堪设想。火灾探测报警系统是工程建设的关键所在，对综合管沟实施可靠的火情在线监测尤其重要。监测的基本原则不仅要对沿线隧道及电缆温度变化进行有效数据分析，还要确保事故发生时有快速的反应与报警，确保以预防为主，万无一失。

管沟消防工程主要包括火灾探测系统及火灾报警系统。由于考虑到综合管沟潮湿、多尘等较恶劣的环境因素，为保证设备能长期稳定地运行，对于综合管沟火灾探测系统采用英国 SENSA 公司的 DTS200-7 光纤分布式温度监测系统；火灾报警系统采用德国西门子新的具有防水功能的 SIEMENS BC80 系列产品。

DTS 光纤分布式温度监测系统真正做到了由点到线的监测。根据其特性，系统监测到的是光缆沿线温度的实时状况，因此，在事故发生之前，系统已经进行了长期有效的温度监测，并可利用经验值，根据温度情况作出合理判断，在火灾发生之前对事故发展情况进行掌控，防患于未然。

火灾报警系统采用的是德国西门子新的分布智能 BC80 型火灾自动报警控制系统。在每个防火分段均设置有手动报警按钮、报警警铃、输入模块和输入/输出模块，其中手动报警按钮主要便于检修人员进入综合管沟检查时，发现火警按下手动报警按钮及时通知控制中心报警；输入模块主要是接收手动报警按钮的动作信号，及时向报警主机显示报警的具体地点；输入/输出模块主要是发生火警时联动停止报警区域的通风机及联动启动警铃报警。系统使用双回路设计，个别回路单一开路均不会影响整个回路的运作；在环形回路上所有探测器、手动报警按钮及模块均内置隔离器件，当线路发生短路的情况时，隔离器件可将故障部分隔离，系统仍然能继续工作，从而保证故障面不扩大。系统具有远程在线通信支持功能，适合在距离较长、情况复杂的广州大学城综合管沟工程项目中使用，确保系统正常运行。

（2）视频防入侵监控技术

广州大学城综合管沟工程将闭路电视与红外对射防入侵装置集成在以闭路电视为主的控制系统中，在综合管沟内每个投料口附近安装低照度黑自摄像机、红外照明灯以及红外对射探测器，用于对大学城综合管沟各投料口通道进行全天 24 小时图像监视、录像和红外对射探测。

鉴于大学城综合管沟的地域广，施工现场需监控的区域分布比较分散，在方案中，采用单模/多模光纤作为视频信号传输介质，通过级联交换机组成的局域网，将前端摄像机视频图像信号传输到监控中心的系统中控设备。视频数据采用流协议 RTP/RTCP、RTSP 实时发送。

在监控中心，为将每个现场的视频信号都能在显示器上显示出来，且重要场所无需切换即可显示，系统采用网络数字矩阵和监控计算机接收各路网络视频信号。视频采用分组切换显示，切换组别，参与切换的监控点、切换时间等可任意设定。报警信号能立即在指定屏幕中显示。采用先进的网络视频传输技术，通过基于网络视频服务器的远程监控集中管理软件系统，可以实现全面的网络监控。

（3）环境监测监控技术

1）监控系统网络结构及设备组成

由于管沟的地理分布较广，综合管沟监控系统主要由控制中心计算机系统、地下变电所 RTU 和现场 PLC 组成，分为以下四层。

① 由服务器、管理计算机、投影屏及外围设备和管理层以太网交换机在控制中心组成第一层 Client/Server 结构和管理系统，采用星形结构的 100Mbps 以太网。

② 由服务器、管理计算机在控制中心组成第二层 Client/Server 结构的 SCADA 系统，采用星形结构的 100Mbps 以太网。

③ 由控制层工业以太网交换机、共同沟内 6 台现场工业以太网交换机、共同沟内 6

台现场以太网交换机，在控制中心和共同沟之间组成第三层光纤以太主干环网（单模光缆）。

④ 由6台现场以太网交换机、65台卡轨式以太网交换机、70套现场PLC和地下变电所RTU在共同沟内组成第四层现场光纤快速以太支线网（多模光缆）（图10.3-14）。

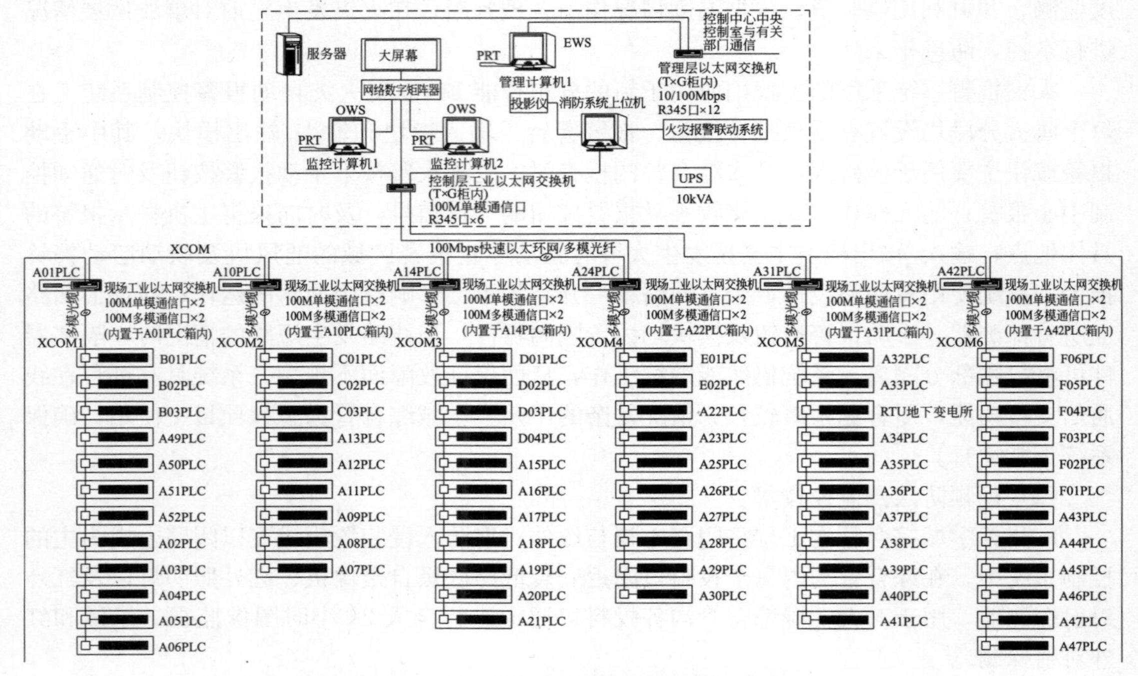

图10.3-14 综合管沟监测监控系统拓扑图

2）现场PLC系统对大学城综合管沟内各种设备的信号采集

现场PLC系统根据设置好的程序进行判断，发出相应控制指令到各执行机构进行设备的操作，并通过网络将信号反馈回控制中心，在控制中心上位机系统反映管沟内各设备的运行状态。

① 采集的信号有：各区段的温度、湿度、氧气浓度；各区段集水坑水位（超高）；各区段的动力配电进线开关、排水泵的状态，进线电流；各投料口红外线防入侵装置报警信号；沟内杂质水管电动阀门的工况，所有为共同沟配套服务的变电所高压负荷开关的工况。

② 控制内容主要有：各区段的潜水泵由配套液位开关控制运行；沟内每区间杂质水管电动阀由水管压力开关控料通风设备由沟内的温湿度和氧气浓度控制。

（4）智能化系统技术

① 综合管沟工业以太网系统

综合管沟在广州大学城内形成一个圈形，而在管沟内的设备工作环境较为恶劣，因此，综合管沟内的以太网设备选用了工业级以太网交换机作为中间连接设备。由于地形问题，不采用星形结构的组网方式，而采用光纤环网结构。

该光纤环网结构具有线路冗余功能。当光缆发生断点情况下，环网恢复时间小于500ms。在综合管沟内的每一个投料口旁的PLC箱内设置一台现场工业级交换机或卡轨式交换机，这些交换机连接到每个投料口旁所设置的现场设备（如 PLC、视频编码器），再通过光纤连接到上一层交换机或机房控制层交换机处。系统网络结构为 100/1000Base-T 工业以太网，网络将会传输监控系统图像数据以及现场 PLC 所采集的数据传输等。

② 有线通信系统

根据大学城综合管沟的现场实际情况，特选用长距离增强型全数字程控交换机进行管沟通信组网。这种交换通信网络可靠性高，汇接功能强，可满足管沟管理话音通信及数据交换、多媒体通信等多种业务的需要。综合管沟的有线通信系统中央控制室在信息枢纽大楼十层。无论在信息枢纽大楼十层还是在地下变电所现场调度室都可以和地下管沟任意位置的现场人员通话，大大方便了综合管沟整体管理和系统维护工作的进行，完美地解决了综合管沟的通信问题。

3. 施工技术

(1) 基坑支护与土方开挖技术

1) 基坑支护形式

根据基坑开挖深度和地质情况，广州大学城综合管沟选取了以下 3 种支护形式：

① 放坡开挖，坡面设 5cm 厚水泥砂浆护坡层。该法适用于土质较好的开挖段，若为硬塑状黏性土，则采用 1∶(0.5～1) 的放坡支护形式，坡面抹 5.0cm 厚水泥砂浆层以防雨水冲刷。

② 拉森钢板桩加钢支撑支护。该法适用于软基处理段，由于土质较差，搅拌桩强度增长较慢，为确保施工安全，采用拉森钢板桩-钢支撑支护，钢板桩桩长 $L \geqslant 10.0$m，桩底进入硬塑土层 3.0m 以上；钢支撑选用 $\phi350$ 钢管，间距≤4.0mm，钢板桩顶靠通车道内侧坡面设 5.0cm 厚水泥砂浆层以防雨水冲刷。

③ 密排钢板桩加钢支撑支护。该法用于基坑开挖深度为 5.3m，采用密排钢板桩支护，$L=12.0$m，桩顶以下 1.2m 处设一道支撑，钢支撑选用 $\phi350$ 钢管，水平间距≤4.0m。

2) 基坑开挖施工

基坑采用反铲挖掘机进行开挖，填方路段开挖深度 2.0～2.5m，相对路堑段开挖深度 4.7～5.4m。采用后退式开挖，分层开挖深度在 2.0m 以内，挖出的土方直接运往堆放点，开挖按施工分段跳跃式进行。

3) 基坑土方开挖质量控制

① 开挖前打设井点降水，当地下水位稳定在槽底以下 0.5m 时再进行土方开挖，开挖后及时支撑以防槽壁失稳而导致基坑坍塌。

② 基坑开挖到设计标高后，应报监理验收并进行土工试验，检查合格后尽快进行地基垫层施工，以防渗水使基底受到浸泡。

③ 基坑开挖时必须保证其断面尺寸准确，沟底平直，沟内无塌方、积水、油污杂物等，转角应符合设计要求。挖沟时不允许破坏沟底原状土，若不可避免则必须用原土夯实平整，开挖时严格按施工方案分层、分段依次进行，形成一定坡度，以利于排水。

④ 开挖后的土若达到回填土质量要求，经监理确认后可用作填筑材料，否则应弃于业主和监理指定地点，基底土质与设计不符时应报监理研究讨论，然后进行软基处理。

⑤ 开挖完成后应及时做好防护措施，尽量防止对地基土的扰动，夜间开挖时应有足

够的照明设施，并合理安排开挖顺序，防止错挖或超挖。

⑥ 边坡应严格按图纸进行施工，不允许欠挖和超挖，采用机械开挖时边坡应采用人工修整。

4）基坑土方回填质量控制

① 回填材料选用合适的挖出土或经试验合格的外运材料（不得回填淤泥、腐殖质土、冻土及有机物质），回填时应确保基坑内无积水。

② 管沟必须验收合格后方可回填，采用分层对称回填并夯实的施工方法，每层回填高度≤20cm，对中距管顶0.4m范围采用人工夯实处理。

③ 在地基持力层、综合管沟两侧、综合管沟顶板以上25cm范围、综合管沟顶板往上25cm至路基的回填土密实度应分别达0.95、0.90、0.87、0.93以上，如不符合要求则根据具体情况加适量石灰土、砂、砂砾或其他可提高密实度的材料。

④ 在回填管沟时，为防止管沟中线偏移或管沟损坏，应先用人工对管沟周围的填土进行夯实，并从管沟两边同时进行夯实直至管顶0.5m以上。每层回填土压实后按规范规定进行环刀取样，达到要求后再进行上一层土的回填。

（2）模板工程技术

① 侧墙模板

采用钢模（5mm厚钢板），其构造尺寸为4.9m×2.75m，竖向小肋采用扁钢—60×6，间距490mm，横肋采用槽钢[8，间距300mm和350mm，竖向大肋采用2[8，间距1.37m，模板拉杆采用ϕ14钢筋（对拉螺栓），纵横向间距分别为800mm、600mm，第1道支撑距板面300mm，各道支撑间距600mm，使用一次性对拉螺栓，侧墙模板用斜支撑固定，综合管沟模板组装如图10.3-15所示。

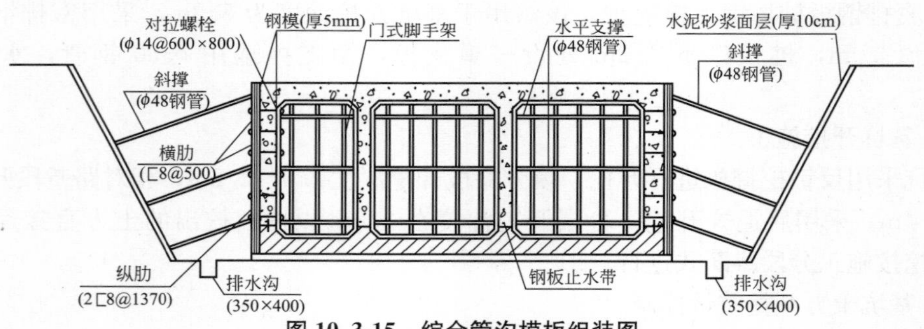

图10.3-15　综合管沟模板组装图

模板安装时，应将墙轴线和边线准确放线后，将模板预组分块再开始安装，先安装端部外侧模，经吊锤吊直和拉线拉平后将其固定撑牢，再依次安装其余外侧模，待钢筋等隐蔽验收完成后安装另一侧模板，同时安装并收紧对拉螺栓、斜撑等和加以固定。

② 顶板模板

采用钢模和门架式脚手架支顶，满堂红支顶必须满足强度和变形要求，先用门式脚手架搭好板模支顶，调整地脚托顶，使支顶顶面水平一致，脚手架顶部放顶托和100×100@500枋木，再铺设钢模板。顶板底模铺设应考虑预留沉降量，以确保净空和限高要求。

模板安装必须严格按照“模板→横档→立档→对拉螺栓→斜撑”的顺序自下而上进行施工，并严格按图纸进行，并做好构件预埋和孔洞预留工作。

墙模板在混凝土浇筑7d后拆模，管沟顶板模板必须在混凝土达到设计强度后才可拆模，要求按与安装相反的顺序自上而下拆除，严禁乱撬猛拉，以免损坏混凝土表面质量。

(3) 钢筋工程技术

广州大学城综合管沟钢筋用量大，约为3300t，制作过程中对$\phi 22$以下钢筋用对焊或搭接焊，$\phi 22$以上钢筋用搭接焊或螺纹连接；在安装过程中，对$\phi 22$以下的板筋和墙筋采用绑扎搭接，$\phi 22$以上则墙筋用螺纹连接，板筋用螺纹连接，若设计上有特别要求的则按要求进行钢筋连接。钢筋搭接时要保证搭接长度，并按规定错开，制造、安装过程中按设计要求埋好各种预埋件，有防水要求的墙体和板体在施工缝或有物体贯穿墙体、板体的位置要按设计要求安装好止水片。

预埋件施工质量控制：

① 采用涂刷含锌硅酸盐漆或热浸镀锌法对钢板（管）进行保护。

② 在对钢板（管）进行保护处理前，采用喷射、抛光、化学清洗或其他方法将污垢、油、油脂、铁锈、热轧钢材表面的氧化皮、焊渣及其他杂质等清除干净，使其露出金属色泽。

(4) 混凝土工程技术

混凝土搅拌应按以下原则进行，即采用强制式搅拌机，充分搅拌足够时间，水泥、水、外加剂、掺合料等材料用量误差控制在±1%，砂、石为±2%，外加剂溶成较小浓度后加入搅拌。由于管沟较长，故底板可能出现温度收缩裂缝而导致管沟漏水，为此采取以下措施：

① 优化混凝土配合比，掺入高效减水剂和一级粉煤灰、超细矿粉等，控制水泥用量在280kg/m^{3}以下。

② 相邻变形缝间距为30m，中间不设竖向施工缝，为减少裂缝产生而在混凝土中掺入少量膨胀剂。

③ 区间结构合理分段，以提高施工精度。

④ 采用薄层浇筑，以加快混凝土的前期散热。

⑤ 采用信息化施工，即在混凝土施工时埋设测温计，分别测取混凝土板底、中、面温度，其中板面与板中温差应在20℃以下，绝对温度低于600℃，若接近该值则应调整养护蓄水深度。

(5) 防水工程施工组织及方法

广州大学城综合管沟采用明挖法施工，结构以自防水为主，防水工程设计遵循“以防为主，刚柔结合，多道防线，综合治理”的原则，管沟结构按一级防水要求进行设计。因此，在施工过程中，必须对结构防水混凝土、外防水层和特殊部位防水施工加强管理，以确保工程和防水质量达标。

管沟采用C25防水混凝土，抗渗强度0.8MPa，结构外防水采用水基和水泥基型防水涂料，结构物防水处理用材料主要性能符合《地下工程防水技术规》GB 50108及《地下防水工程质量验收规范》GB 50208的相关规定。

止水带施工质量控制：

① 保证止水带宽度和材质的物理性能符合设计要求，且无裂缝和气泡；接头采用热接，接缝应平整牢固，不得出现裂口和脱胶现象。

② 止水带中心线应与变形缝中心线保持重合。

③ 防水涂料涂刷前，先在基面上涂一层与涂料相容的基层处理剂。防水涂膜分多遍完成，每遍涂刷时交替改变涂层的涂刷方向，并将同层涂膜的先后搭接宽度控制在30～50mm。防水涂料的涂刷程序为：先涂刷转角处、穿墙管道、变形缝等部位，后进行大面积涂刷。

10.4 总结

广州大学城综合管沟是目前我国规模最大、体系最完善的综合管沟，它在建造技术、投融资与运营模式、建筑规划设计、防灾减灾技术和施工技术等方面做出了大量创造性探索，为推动我国城市地下空间的快速发展提供了有益经验。广州大学城综合管沟示范工程建设揭示：

（1）采用综合管沟埋设管道的空间利用率高，有利于管沟内各种管线的运营管理、集中维护，提高工程的综合质量和投资效率，提高管理层次。

（2）综合管沟周边地下管线存在施工周期长、工作量大、管线敷设部门多、管线种类多、交叉施工等特点，应通过综合规划设计确定其具体位置、埋深及其断面形式等内容，为地下空间的可持续发展提供条件。

（3）综合管沟在投融资体系和运营模式等问题上没有定性的标准。广州大学城综合管沟在投融资与费用分摊等问题上，探索了新的解决途径。

（4）广州大学城综合管沟火灾探测报警技术、视频防入侵监控技术、环境监测监控技术、智能化系统技术等共同沟防灾减灾技术领域实现了管理的智能化、网络化，在施工过程中实施严格的质量控制，并采取多种施工质量保证措施，从而使得综合管沟工程各项技术指标均达到或超过设计标准，被证明是一项适合中国城市建设和规划实际、经济合理并具有广泛适用性的成果，随着社会经济的发展，其研究成果将会为我国的城市地下空间的开发建设发挥重大作用。

第 11 章　城市大规模地下空间建设运营技术

11.1　概述

1. 工程简介

广州珠江新城核心区地下空间项目位于广州市城市新中轴线珠江新城核心部位，东起华夏路，西至冼村路，北靠黄埔大道，南达海心沙岛。该项目总占地面积约 78 万 m^2，总建筑面积约 60 万 m^2（图 11.1-1）。

项目工程建设分为地下轨道交通工程、地下空间主体工程、市政地下管线改造工程和核心区地面景观、生态环境建设工程四大部分，主要为地下 1～3 层，总投资约 70 亿元，包括约 17 万 m^2 商铺、3000 个地下小汽车自然停车位（地下二层，可增加部分双层停车位），4 万 m^2 商业广告位等主要经营收益项目。该项目商铺部分由北往南呈“长带状”布置，层高约 6m，分为北区（金穗路以北）、中区（金穗路以南、珠江以北）、南区（海心沙）三大区域。北区商业面积约 8.5 万 m^2，分布在地下一、二层；中区商业面积约 7 万 m^2，分布在地下一层；南区商业面积约 1.5 万 m^2，分布在地下一层和地面层。该项目的交通系统非常发达，区内有三条地铁线，3 号线和 5 号线在珠江新城站交汇，2010 年 11 月 8 日开通轨道自动运输系统，区内同时规划有两处公交总站。作为广州 21 世纪中央商务区核心区域的重要建设内容，珠江新城地下空间的综合开发利用将是决定该区域综合功能和整体水平的关键，也是 2010 年“亚运会”展示广州现代化水平和形象的重要工程。

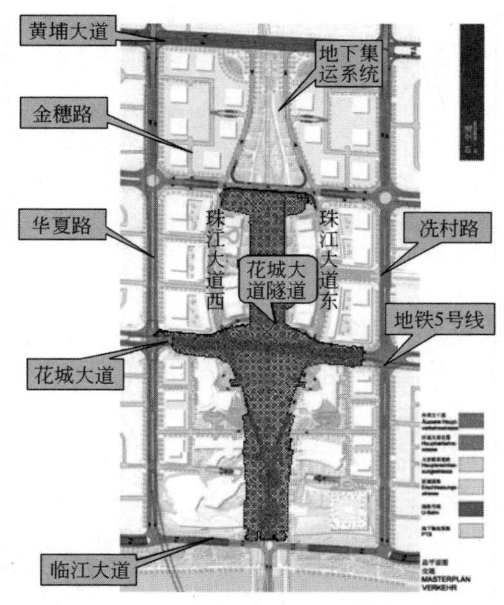

图 11.1-1　珠江新城核心区总平面图

地面车行交通系统由“四横两纵”（横向为黄埔大道、金穗路、花城大道、临江大道，纵向为华夏路和冼村路）干道网络组成，区内有广州地铁 3 号线、5 号线和城市新中轴线地下集运系统穿过（图 11.1-2），周边主要为高级写字楼、星级酒店、社会配套公建，其中有广州市地标建筑“双子塔”、四大文化公建等标志性建筑和设施（图 11.1-3）。

珠江新城核心区地下空间主体建筑为全埋式地下室，主要为两层，局部为地下一层及地下三层，其中地下三层为配合轨道交通设置。工程地面部分为市民广场，顶板以上设有覆土绿

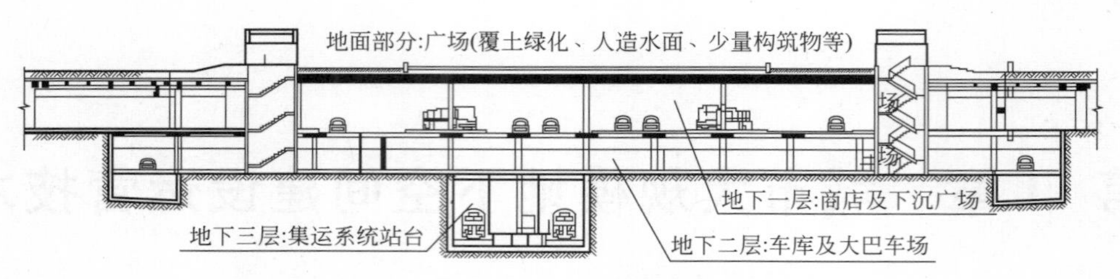

图 11.1-2　珠江新城地下空间竖向布局示意图

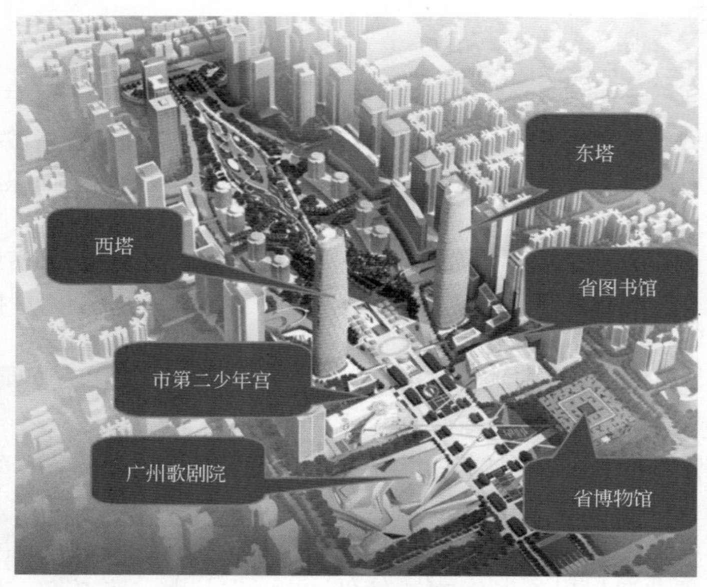

图 11.1-3　珠江新城地面规划效果图

化、人造水面等，并设置地面装饰性构筑物及钢结构天桥连廊，另有局部设置下沉式广场（图11.1-4）。本工程同时作为人防地下室，符合战时及平时的功能要求。地下一层的板面标高为－7.50m，地下二层的板面标高为－12.20m，地下三层为珠江新城旅客自动输送系统隧道及站台层（图11.1-5），轨面标高由双塔站至地下空间南端为－18.52～－20.39m。

图 11.1-4　珠江新城核心区下沉式广场

图 11.1-5　珠江新城旅客自动输送系统车站

2. 岩土工程条件

(1) 地形地貌

场地内原为农田，经人工填土整平，种植草皮，大部分地面平坦；实测钻孔孔口标高为7.80～9.92m（广州高程系）；中部花城大道下地铁5号线和南部基坑正在施工中，基坑内或道路涵洞周边，地势低洼，地形起伏较大；本场地属珠江三角洲冲积平原地貌单元。

(2) 岩土分层描述

据钻探资料揭露，将场地内岩土分层描述如下：

第①层：杂填土：由碎石、砖块、混凝土块、黏性土等组成。层厚0.5～10m。

第②层：淤泥、淤泥质土：含粉细砂，局部混含细砂。层顶埋深2.1～8.3m，层厚0.6～3.3m。

第③层：粉质黏土、黏土：含粉细砂，以可塑为主，局部硬塑，夹薄层粉土。按其稠度分为四个亚层：

③1层，软塑，层顶埋深：1.0～6.8m，层厚0.5～4.7m；

③2层，可塑，层顶埋深：0.0～9.5m，层厚0.5～6.2m；

③3层，硬塑，层顶埋深：1.0～9.4m，层厚0.5～6.2m；

③4层，坚硬，层顶埋深：2.6～8.55m，层厚1.5～3.3m。

第④层：砂土：松散至密实，很湿、饱和，颗粒均匀至不均匀，含黏性土，呈带状分布，分为四个亚层：④1层，以细砂为主，局部为中粗砂，松散，层顶埋深：1.0～9.4m，层厚0.5～3.4m；④2层，以细砂为主，局部为中粗砂，稍密，层顶埋深：1.0～11.6m，层厚0.5～6.6m；④3层，以中粗砂为主，中密，层顶埋深：1.0～10.8m，层厚0.5～5.9m；④4层，中粗砂，密实，层顶埋深：6.5～11.0m，层厚0.5～3.4m。

第⑤层：粉质黏土：含粉细、中砂，局部为粉土，以可塑为主，按其稠度分为两个亚层：⑤1层，可塑，局部软塑，层顶埋深：2.5～9.7m，层厚0.6～3.2m；⑤2层，硬塑，局部坚硬，层顶埋深：5.8～11.5m，层厚0.5～3.2m。

第⑥层：粉质黏土：含粉细砂，局部夹薄层粉土，按其稠度分为三个亚层：⑥1层：可塑，层顶埋深：2.7～10.8m，层厚0.5～4.9m；⑥2层：硬塑，层顶埋深：2.1～12.6m，层厚0.6～6.1m；⑥3层：坚硬，层顶埋深：1.0～13.6m，层厚0.5～5.1m。

第⑦层：泥质粉砂岩、粉（细）砂岩。按其风化程度分为四个风化带：

⑦C层，全风化，岩芯呈坚硬土状，遇水软化，层顶埋深：4.3～15.0m，层厚0.5～5.5m；

⑦I层，强风化，岩芯破碎，呈短柱状或块状，局部呈坚硬土状，间夹薄层中等风化，层顶埋深：0.0～24.5m，层厚0.5～14.2m；

⑦M层，中等风化，岩芯较完整，呈短柱状或块状，局部裂隙较发育，层顶埋深：1.0～28.3m，层厚0.5～12.3m；

⑦S层，微风化，岩芯完整，呈柱状，层顶埋深：2.1～30.0m，层厚0.5～31.5m。

(3) 水文地质条件

场地北部（花城大道以北）分布有富水性较强的松散砂层，地下水主要以砂层孔隙性潜水为主。第④层松散砂层，透水性较强，渗透性较好，是场区主要含水层；呈条带状分布。淤泥、粉质黏土（黏土）渗透性能差，属微弱含水层或相对近似隔水层。强风化和中等风化基岩裂隙稍发育，含基岩裂隙水；表层松散填土，雨季时含上层滞水。勘探期间，实测钻孔地下水位埋深为0.2～5.4m。地下水主要来源于大气降水补给和相邻含水层的侧向补给。

本场地地下水对混凝土结构具有弱腐蚀性；对钢筋混凝土结构中的钢筋不具有腐蚀性；对钢结构具有弱腐蚀性。

11.2 技术介绍

将核心区地下空间作为城市的一种重要资源，开发地下空间可以节约城市土地资源。由于地下空间的不可逆性，核心区地下空间坚持保护性开发，为城市以后地下空间留有余地。另外，在开发地下空间的同时充分考虑城市生态环境的保护。不该开发的土地予以保护。

将地上空间和地下空间作为城市空间的一个整体，充分发挥地上空间和地下空间各自的优势，共同为营造城市环境、增强城市功能服务。地上空间更多地留给绿化和人们的休息、办公、大型商业、游览观景等活动，地下空间则主要满足动静态交通、仓储、设备、步行、商业等功能活动需要，二者相互关联、渗透，重点体现在地铁站周边区域形成地上地下一体化的综合开发。

地下空间规划往往按专业分别进行，缺乏综合和相互制约，造成地下空间资源的浪费。核心区地下空间规划充分考虑各专业的综合和协调，对交通系统（如地铁、地下快速干道、地下停车）进行综合考虑，设置共同沟对市政管线进行综合开发，适当兼顾防灾的要求，使地下空间为城市的防灾服务。同时其开发规划有很强的前瞻性。

在广州珠江新城核心区地下空间工程中运用的技术分别是：

1. 具有其自身特点的地下设施及交通规划设计

（1）地下文化、商业设施的规划；

（2）地下交通规划。

2. 环境质量保障技术

（1）防热岛效应措施；

（2）真空垃圾处理系统。

3. 防灾减灾技术

（1）地下空间防灾概要；

（2）防火对策；

（3）防水灾对策；

（4）停电对策；

（5）防止突发事件对策；

（6）人防设计。

4. 施工技术

（1）基坑支护技术；

（2）隧道盾构施工技术；

（3）地下空间新技术。

以上技术在13.3.1中将展开详细叙述。

11.3 工程应用——广州珠江新城核心区地下空间工程

11.3.1 技术应用情况

1. 开发建设投融资模式及运营管理模式

广州市珠江新城核心区地下空间项目总投资约 70 亿元，其中非经营性的市政配套设施建设资金由广州市城市建设投资集团有限公司安排（集团公司代表政府，资金主要还是财政拨款），经营性的商业配套设施建设资金约由广州市城市建设投资集团资金预先垫支及银行贷款组成，建成后向社会招标出售，偿还垫支及银行贷款。珠江新城核心区地下空间项目组成如表 11.3-1 所示。

广州珠江新城核心区地下空间项目建设过程中涉及诸多部门和单位，关系复杂，协调难度大，为确保工程的顺利实施，由广州新中轴投资建设有限公司对珠江新城核心区地下空间及市政项目资源进行系统开发利用。整个地下空间的运营管理总体由广州市城市建设投资集团有限公司和广州新中轴投资建设有限公司负责，为了实现该项目投资多元化，管理专业化的目标，其中地下一层的核心区中央商业广场及配套项目（建筑面积合计约 15 万 m^2，约占珠江新城核心区地下空间总建筑面积的 30%）与香港兰桂坊集团合作经营管理。中央商业广场初步定位为广州 CBD 国际购物广场，云集世界知名品牌旗舰店和各国餐饮美食、影院以及旅游文化娱乐设施，将为市民及游客创造一个生态、时尚、高科技、环保的“地下购物世界”。

珠江新城核心区地下空间项目组成一览 表 11.3-1

	投资部门	投资项目	收益部门	收益项目
地下空间主体工程	广州市政府、广州市建设投资发展有限公司、社会投资人	地下商业空间、地下公共服务配套、隧道工程、停车场、其他	广州市政府、广州市建设投资发展有限公司、社会投资人	商业租金收入、停车场租金收入、广告收入、其他
生态景观工程	广州市政府、广州市建设投资发展有限公司		无	
轨道交通工程	广州市地铁总公司		广州市地铁总公司	
市政道路管线改造	市政府		无	

2. 地下设施及交通规划设计

(1) 地下文化、商业设施的规划

本工程的文化、商业设施群主要集中在地下一层。为了消除人工光线、空气营造出的地下空间的闭塞感，将建筑屋面做成开敞式，使地下空间与地面公园相连，从而建筑内部可以引入均匀的自然光和新鲜的空气，营造出繁华、活跃的环境，加强人与人的交流和沟通。连接公共建筑的天桥、分布于公园内部的自动扶梯、楼梯使整个建筑成为充满立体感的、开放活跃的文化商业设施群（图 11.3-1）。

(2) 地下交通规划

① 公共汽车站、出租汽车站规划

前往公交枢纽站以及出租汽车站，可通过从珠江大道西的花城大道北侧直接通往地下

图 11.3-1　珠江新城文化商业设施群

二层的车道进入。从不同方向来的公交车辆、出租车经由“宝瓶状”的单向通行系统进入公交枢纽站和出租汽车站。公交枢纽采用按时刻从停车场发车到公交站的诱导系统，防止乘客在公交站附近滞留。乘客在发车前可在等候区休息。公交站的停车数量为 6 辆，停车场的停车数量为 12 辆。为了保证出租车等候区的顺利运行，单独设置“乘车点”和“下车点”。出租车的停车数量为 24 辆。驶出公交枢纽站和出租汽车站时，先驶到地下一层的环形通道，再经由“宝瓶状”的单向通行系统前往各个目的地。

② 基于“中心广场”的南北连接

由于花城大道隧道的原因，地下一层的空间被分割成南北两个方向。“中心广场”不仅是连接南北的节点，同时又有连接地下一层商业街和地面的作用（图 11.3-2）。

图 11.3-2　地面“中心广场”示意图

3. 环境质量保障技术

（1）防热岛效应措施

所谓城市热岛效应，通俗地讲就是城市化的发展，导致城市中的气温高于外围郊区的这种现象。在“热岛效应”的作用下，城市中每个地方的温度并不一样，而是呈现出一个个闭合的高温中心。在这些高温区内，空气密度小，气压低，容易产生气旋式上升气流，使得周围各种废气和化学有害气体不断对高温区进行补充，严重的城市热岛效应不但影响了人们正常的生活和工作，还成为人们生活质量进一步提高和城市进一步发展的制约因素。

珠江新城地下空间作为具有极大战略意义的项目，采用了新型而有效的措施来防止热岛效应，即采用冰蓄冷集中供冷系统（图 11.3-3）。

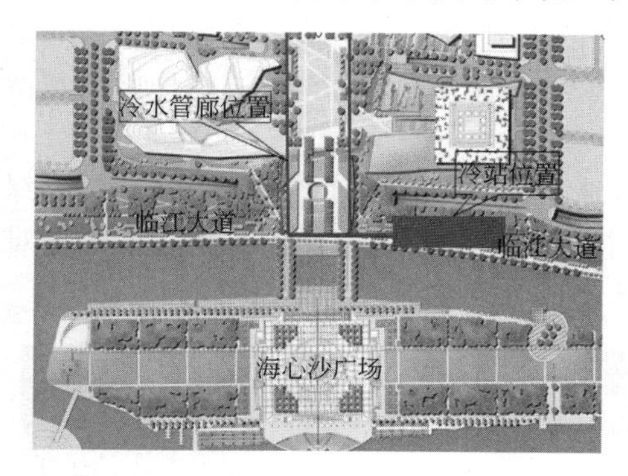

图 11.3-3 冷水管、冷站的位置分布图

图 11.3-4 冰蓄冷集中供冷系统装置示意图

冰蓄冷集中供冷系统，是利用蓄冰设备在空调系统不需要能量或用能量小的时间内将能量储存起来，在空调系统需求量大的时间将这部分能量释放出来。珠江新城核心区区域集中供冷项目拟定的服务范围包括核心区市政交通项目、旅客自动输送系统、西塔、东塔及核心区其他建筑，冷水管和冷站位置如图 11.3-3、图 11.3-4 所示。珠江新城核心区域供冷容量 6 万冷吨，分二期建设，第一期约 4 万冷吨、第二期约 2 万冷吨，采用冰蓄冷电制冷模式。

除了能有效降低热岛效应带来的危害，冰蓄冷集中供冷系统所带来的经济效益和运行管理的优点还体现在以下方面：①利用分时电价政策，可以大幅节省运行费用；②可以减少制冷主机装机容量和功率，减少设备投资；③减少一次电力初投资费用；④蓄冷系统可作为应急冷源；⑤可应付短时间的超大瞬间负荷以及提供低温冷冻水供应。

（2）真空垃圾处理系统

该核心区就业岗位近 20 万个，加上区内商业、金融繁华，将吸引更多的人流、物流，初步统计该区域生活垃圾日派发量约为 88t（不含餐厨垃圾），其处置成为了核心区基础配套设施的重要部分。该区采用目前世界上最先进的垃圾真空管道收集系统，区内 39 栋商业建筑及大型广场商业配套等地下空间每天产生的生活垃圾，只要投入垃圾投放口，就能通过真空吸力，从密封管道收集到中央收集站。在海心沙岛采用流动式垃圾压缩机，在垃圾装车点进行现场垃圾装载压缩后，再由城市环卫部门定期统一收运处理。

4. 防灾减灾技术

（1）地下空间防灾概要

珠江新城核心区地下空间及中央广场的防灾主要集中在人员疏散，保证地下空间防灾作为万无一失。同时人防工程将在特殊时期提供安全的应急措施，保障大量人流快速地疏散到安全的地下一层和地面层。

防灾设计的基本方针：重视生命安全，防止伤亡事故的发生；平面布置简洁、明快，形成安全的框架；构筑简洁、明快的平战有机结合的设备系统；将设备系统和人为因素有机地结合；利用应急报警装置实现安全疏导。

地下一层是地下空间的主要构成部分，围绕绿岛展开，采用了户外购物的方式，面向空中完全开放，避难路线明了。消防车可以直接沿着下沉街路直接驶入地下，实现救援消防活动。

为了顺利地进行灾害时的人员疏导，对于地下空间的滞留人员和工作人员进行广播，并设置进行安全疏散的应急报警装置。地下通道力图做到简洁、明快，宽度保证5m以上，净高保证3m以上。有地下2层的情况下设置不经由地下一层而直接通往地面的疏散楼梯。

开放的地下空间作为直接的防灾对策是该工程地下空间防灾设计的主要特点，结合绿色浮岛的概念（图11.3-5），它将地下一层作为直接对外空间，可以作为主要功能的避难空间。而且地下一层的通道宽度足够满足消防车活动，可以顺利地进行消防活动。

(a)

(b)

图11.3-5 绿色浮岛概念示意图
(a) 从地面俯视地下空间；(b) 疏散示意图

(2) 防火对策

1) 建筑防火

① 防火分区的划分

区域设有自动喷淋系统，每个防火分区不大于2000m^2，车库防火分区面积不大于4000 m^2，防烟分区面积不大于500m^2，每个防火分区的安全出口数量不少于两个，并直通到地下一层安全区域。防火分区面积计算时不计入消防泵房、污水泵房、废水泵房、水池、厕所等房间的面积。

② 防火分区中的任一点，距离疏散楼梯口或通道口不大于50m。

③ 所有装修材料均按不燃材料控制。

④ 两个防火分区之间采用防火墙和防火卷帘分隔。

⑤ 地下空间与集运系统相连接时，相连处设置防火分隔设施。

⑥ 设置环形消防车道，满足消防车进入的要求。

⑦ 汽车库的室内疏散楼梯设置封闭楼梯间。

2) 防排烟系统

① 地下空间的排烟

a. 地下空间商业大空间部分按防火分区分别设有机械排烟系统，每个防烟分区的面积不大于500m^2，和排风系统合用，平时排风，火灾时自动或手动切换成排烟系统。

b. 无直接自然通风，且长度超过20m的内走道或虽有直接自然通风，但长度超过

60m 的内走道设置机械排烟。

c. 对于设备管理用房，除了利用窗、井等开窗进行自然排烟外，各房间总面积超过 $200m^2$ 或一个房间面积超过 $50m^2$，且经常有人停留或可燃物较多的房间设置机械排烟。

d. 具备自然排烟条件或净空高度超过 12m 的中庭设置机械排烟。

e. 担负一个防烟分区排烟或净空高度大于 6m 的小划分防烟分区的房间时，按每平方米面积不小于 $60m^3/h$ 计算。担负两个或两个以上防烟分区排烟时，按最大防烟分区面积每平方米不小于 $120m^3/h$ 计算。

f. 防烟分区内的排烟口距离最远点的水平距离不超过 30m，在排烟支管上设有当烟气温度超过 280℃时能自行关闭的排烟防火阀。

j. 排烟风机可采用离心风机或采用排烟轴流风机，在其机房入口处设有当烟气温度超过 280℃时能自动关闭的排烟防火阀，排烟风机保证在 280℃时能连续工作 30min。

h. 设置机械排烟的地下商业区域，或地下停车场，同时设置不小于排烟量 50%的送风系统。

i. 中庭体积小于 $17000m^3$ 时，其排烟量按其体积的 6 次/h 换气计算；中庭体积大于 $17000m^3$ 时，其排烟量按其体积的 4 次换气计算；但最小排烟量不小于 $102000m^3/h$。

j. 排烟口设在顶棚上或靠近顶棚的山墙上，且与附近安全出口沿走道方向相邻边缘之间的最小水平距离不小于 1.50m。设在顶棚上的排烟口，距可燃构件或可燃物的距离不小于 1.00m。排烟口平时关闭，并设置有手动和自动开启装置。

k. 面积超过 $2000m^2$ 地下汽车库设置机械排烟系统。机械排烟系统可与人防、卫生等排气、通风系统合用。

l. 设有机械排烟系统的汽车库，每个防烟分区的建筑面积不超过 $2000m^2$，且防烟分区不跨越防火分区。防烟分区采用挡烟垂壁、隔墙或从顶棚下突出不小于 0.5m 的梁划分。

m. 地下停车库的排烟量按换气次数不小于 6 次/h 计算。

n. 地下汽车库内无直接通向室外的汽车疏散出口的防火分区，当设置机械排烟系统时，同时设置进风系统，且送风量不小于排烟量的 50%。

② 集运系统排烟

集运系统的站厅层若建在地下空间内，则站厅的通风空调系统及防排烟系统由地下空间统一考虑，排烟分区的划分由地下空间通风空调系统统一考虑，每个防烟分区的面积不大于 $500m^2$。集运系统的站台层排烟由集运系统本身的通风空调系统负责，每个防烟分区的面积不大于 $750m^2$。

集运系统的防烟、排烟与事故通风系统主要分为以下三个系统：隧道通风排烟系统、车站公共区通风空调排烟系统、车站设备管理用房通风空调排烟系统。

a. 隧道通风排烟系统

隧道通风排烟系统包括车站隧道通风系统和区间隧道通风系统。

• 当列车在车站发生火灾或在区间行驶时发生火灾，将列车驶入前方车站，在前方车站组织人员疏散、利用车站的消防设备灭火和利用隧道通风系统排烟系统排烟。其排烟量与影响安全疏散的逃生控制高度、列车火灾发热量、烟气扩散宽度、外界大气温度、烟气温度等因素有关。

• 当区间隧道发生火灾时，列车驶入前方安全车站，在前方车站组织乘客疏散，利用区间消防设施灭火，利用隧道通风排烟系统排烟。

b. 车站公共区通风空调排烟系统

集运系统的站厅层若建在地下空间内，则站厅的通风空调系统及防排烟系统由地下空间统一考虑，排烟分区的划分由地下空间通风空调系统统一考虑，每个防烟分区的面积不大于 500m²。集运系统的站台层排烟由集运系统本身的通风空调系统负责。站厅火灾由对应该防烟分区的排烟系统和补风系统负责；当站台层发生火灾时，关闭车站送风系统、车站回排风机，开启站台排烟风机，利用站台回排风管道将烟气排除，同时开启隧道通风系统协助站台排烟。

c. 车站设备管理用房通风空调排烟系统

• 自动灭火系统保护范围的房间

采用灭火后排除灭火气体的运行模式，具体为当自动灭火系统的控制盘接收到保护区内两路报警信号时即确认为发生火灾，控制盘首先控制关闭该保护区的送、排风管上的防火阀，然后喷洒灭火气体，待达到设计要求的淹没时间后消防人员进入保护区内确认已灭火，再将通风系统转换到相应的排除灭火气体模式运行半小时后再转入正常通风空调系统模式。

• 建筑面积大于 50m² 的房间

采用边排烟边灭火的运行模式，具体为当火灾自动报警系统收到某房间确认的火灾信号后，服务于该房间的通风空调系统将转换到相应的预定排烟模式，同时房间外的走道排烟系统（和楼梯间加压送风系统）将被启动，消防人员进入该着火区域利用有关消防灭火设备进行灭火。

• 建筑面积小于 50m² 的房间

采用先灭火后排烟的运行模式，具体为每个房间送、排风管上均设 70℃熔断式防火阀实施防火隔断。火灾时，着火房间外的走道排烟系统（和楼梯间加压送风系统）将会被启动，即走道排烟，消防人员进入该着火区域利用有关消防灭火设备进行灭火。

d. 消防控制中心控制

当地下商业街发生火灾经确认后立即自动（或于动）进行如下控制：

• 所有空调、通风系统停止运行。

• 将着火分区的排风系统切换成排烟系统，进行排烟。

• 所有排烟风机吸入口处均设 280℃防火阀与风机联锁，当吸入烟气温度达到 280℃时防火。

e. 其他

• 所有排烟风机，排烟口（阀）均能遥控开启，也能就地手动开启。

• 空调风管及冷冻水管采用保温材料为不燃或难燃材料。

• 安装在吊顶内的排烟管道采用不燃材料隔热。

③ 火灾自动报警系统

设置火灾自动报警系统，设计满足消防管理体制的要求，实现防灾中心对地下空间的防集中监控理。在防灾中心设消防值班员，火灾自动报警系统对火灾进行报警，切除非消防电源，联动相关的消防设备。

a. 每个防火分区至少设置一个手动报警按钮，从一个防火分区内的任何位置到最邻近的一个按钮的距离不大于 30m。

b. 探测区域内设手动火灾报警按钮和报警电话插孔，安装在靠近消防栓箱旁，明显和便于操作的墙上。

c. 火灾时，切除相应区域的非消防电源，启动消防设备。

d. 探测区域按独立房间划分。一个探测区域的面积不宜超过 500m²；从主要入口能看清楚其内部，且面积不超过 1000m² 的房间，也可划为一个探测区域。

e. 符合下列条件之一的二级保护对象，可将几个房间划为一个探测区域：敞开或封闭楼梯间、防烟楼梯间前室、消防电梯前室、消防电梯与防烟楼梯间合用的前室、走道、坡道、管道井、电缆隧道、建筑物闷顶、夹层分别单独划分探测区域。

f. 在商场、防灾中心等处设置感烟探测器，在停车库、柴油发电机房设置感温探测器。

g. 消防水泵、防烟和排烟风机的控制设备采用总线编码模块控制时，并在消防控制室设置手动直接控制装置。

h. 设置在消防控制宅以外的消防联动控制设备的动作状态信号，均在消防控制宅显示。

i. 地下空间的火灾自动报警系统设置火灾应急广播。

j. 疏散通道上的防火卷帘两侧，设置火灾探测器组及其报警装置，且两侧设置手动控制按钮。

k. 疏散通道上的防火卷帘按程序自动控制下降。

(3) 防水灾对策

地下空间的防水，主要从以下几方面入手：

① 地下建筑通气口应高于地面 0.5～1.5m，作防水处理。

② 特别部位采用强制换气设施，换气口廊高于地表数米。

③ Bl 层露空段排水设计按 50 年一遇的暴雨期保证 10min 排水量来考虑。

④ 特殊处车站内部采用防水门，在屋顶采用直径 60cm 的脱水口。

⑤ 更为特殊部位可在车站内部采用若干防水门，防止水灾时浸水范围扩大。

⑥ 地下空间防洪设计的洪水频率按珠江 200 年一遇洪水频率标准设防要求执行。

⑦ 地面出入口半台面以及能通向地下空间的其他开口标高在高于设防要求的同时，还根据本区域水涝资料对其进行综合考虑进行处理，其下沿至少高出室外地面 150～450cm，必要时加设防水淹设施。

⑧ 地下空间穿越珠江处设有防淹门。

(4) 停电对策

地下空间在停电时的对策主要基于以下几点进行布置：

① 消防用电的配电线路，穿金属管保护并敷设在不燃烧体结构内。当采用防火电缆时，敷设在耐火极限不小于 1h 的防火线槽内。

② 设火灾应急照明和疏散指示标志。火灾应急照明和疏散指示标志，可采用蓄电池作备用电源，但其连续供电时间不小于 20min。

③ 火灾应急照明灯设置在墙面或顶棚上，其地面最低照度不低于 0.5lx。疏散指示标

志宜设置在疏散出口的顶部或疏散通道及转角处，且距离地面高度1m以下的墙面上。通道上的指示标志，其间距不大于20m。

与防灾有关的电力负荷，从变电所的应急母线段、正常母线段分别馈出电源，在末端的配电箱自动切换。包括：消防电梯、防排烟设施、消防控制室用电设备、消防泵、废水泵、雨水泵、应急照明等。

为确保消防负荷供电的可靠性，设有柴油发电机组作为应急电源。当市电停电时，发电机应在15s内完成自启动，向应急母线段供电。一级负荷有消防电梯、防排烟设施、消防控制室用电设施及应急照明等。

与防灾有关的电力负荷采用三相四线制配电，并采用TN-s型接地保护系统（通常称为三相五线）。所有电线、电缆满足低烟、无卤、阻燃型，火灾时仍需运行的设备电源电线、电缆应选用阻燃耐火型电线、电缆。为防止电气火灾，在低压配电干线装设接地故障保护，其漏电额定动作电流为300mA，切断故障回路的时间不大于0.3s。非消防设备电源设置分励脱扣器，以便火灾时将其切除。

（5）防止突发事件对策

① 将地下空间营造成明亮和开放的空间。

② 对各种突发事件有充分的预见和相应的对策，并在突发事件发生时予以有效指挥，珠江新城地下空间发生地震时地下街发生恐慌骚乱结构示意如图11.3-6所示。

（6）人防设计

1）人防工程建设目标

① 珠江新城核心区人员密集，经济极为发达，防护价值高，结合珠江新城中央广场地下空间规划与开发，建设独立完整、功能配套的人防工程体系，充分发挥珠江新城地区人防工程的综合防护作用。

② 珠江新城中央广场地下空间人防工程，与周边各居民区与地铁进行连通，可为战时留城人员提供完善的、生存率高的掩蔽防护空间。利用地铁人防交通干道功能，可保障城市遭受空袭时的流动人员的掩蔽，并能加强沿线人防指挥工程、医疗救护工程、防空专业队工程、人员掩蔽工程、物资库工程、核生化监测工程等人防单元的连通（图11.3-7）。

③ 人防工程建设指标

指挥工程等级为四等（街道级）指挥工程，配置指挥所与指挥所配套工程两部分，人数为130人，建筑面积2500m^2（不含车库和警卫分队所需面积）。

防空专业队分通信、运输、治安、消防、医疗救护、抢险、防化、伪装等专业，综合为专业队人员掩蔽和装备（含车辆）掩蔽。根据专业队不同的任务要求进行合理配置，确定合理的层级体系及服务半径。防空专业队工程人员掩蔽部和车辆掩蔽部宜合建或相互毗连，人数为130人，建筑面积2500m^2。

人员掩蔽部掩蔽战时留城人员。医疗救护站承担对伤员的紧急救治任务。战时物资库储藏防空保障物资。

2）人防布置

为充分发挥珠江新城中央广场地下空间战时功能，为战时留城人员提供完善的、生存率高的掩蔽防护空间，充分发挥珠江新城地下人防工程的综合防护作用，拟在地下空间负二层、负三层设置人防综合防护系统。

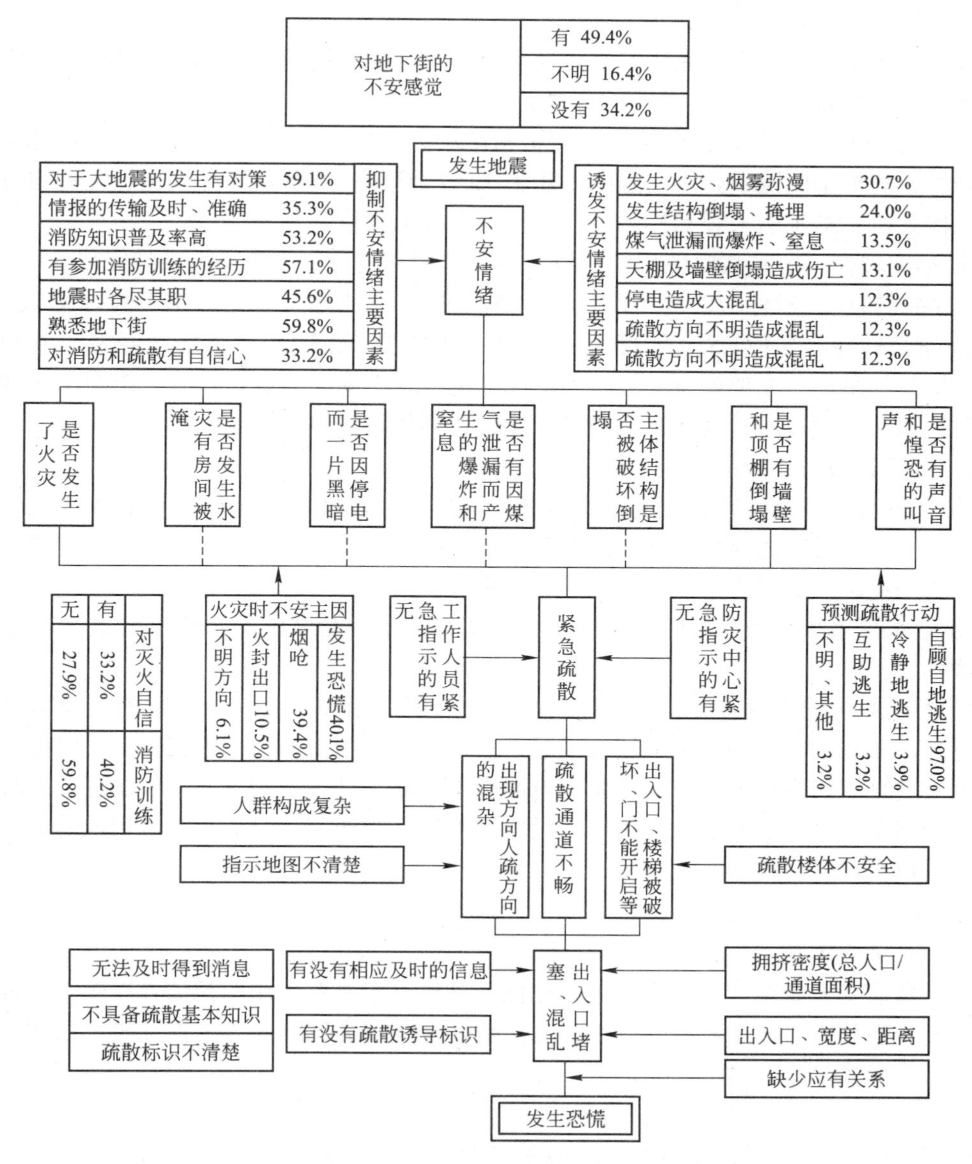

图 11.3-6 地震时地下街发生恐慌骚乱结构图

图 11.3-7 珠江新城中央广场地下空间人防工程

3）平战转换措施

确保在各个转换时限内完成所有转换项目，符合战时使用和防护标准。按以下四种情况实施防护功能转换：

① 一步到位。战时人员出入口的防护密闭门、密闭门安装一步到位；钢筋混凝土外围护结构，防护密闭隔墙，密闭隔墙土建施工一次到位；所有预埋件、预埋管套均与土建施工一次到位；给水引入管和排水出户管等一次施工到位。

② 早期转换。所有战时使用的物资、器材筹措和构件加工按早期转换完成。

③ 临时转换。对外出入口及孔口的封堵，战时设备的安装按临时转换要求完成。

④ 紧急转换。各种管线穿钢筋混凝土防护密闭墙、密闭墙，战前做好密闭处理，各种管线接口、吊架、支架到位。战时不使用的电线、电缆在紧急转换时限内全部接地。并完成防护单元连通口的转换及综合调试工作，达到战时使用要求。

4）内部设备及系统的转换

① 人防通风系统的半战转换。工程进入临战前，连接密闭区内、外的各种通道、管道（井道）严密关闭或封堵。密闭区严密性应予检测，如不合格必须进行检查封堵，直至合格。否则掩蔽人员不得进入，工程不可使用。

② 给水排水平战转换。所有穿越防护外墙、密闭隔断墙的给水排水管线加设密闭刚性穿墙套管。

③ 配电系统的平战转换。从最近的平时动力配电箱和战时应急电源配电箱引接战时动力电源，相应的半时动力配电箱按战时动力设备容量预留动力配电回路。平时低压配电母线上（变直流切换屏）预留战时紧急电源引入回路，开关容量按100A设置。战时应急电源引入回路与平时电源引入回路之间设电气连锁，当使用战时应急电源供电时，切除所有非战时负荷。

5. 施工技术

（1）基坑支护技术

由于珠江新城场地大部分为新开发用地，基坑开挖主要采用明挖法，在施工过程中采用了多种支护技术，其中具有代表性的有土钉墙＋预应力锚杆、人工挖孔桩＋水泥土搅拌桩＋锚索等形式。

1）土钉墙＋预应力锚杆支护技术

珠江新城D7-2/3地块商住楼A、B栋工程位于海安路，东面为24m宽市政主干道，西面为预建的下沉式人行广场。地下室宽68m，长126m原有周边市政道路已建成使用，且周边道路地下管线等也已埋设完成。

本基坑围护具有基坑开挖较深，场地地基地质条件较差，对周边环境条件较为苛刻，必须保证周边市政道路及场地安全等特点。结合本工程基坑上述特点，根据安全、经济、方便施工的原则，采用深层搅拌桩作为基坑侧壁止水帷幕，土钉墙与预应力锚索作为基坑支护加固结构的支护形式。

① 基坑围护体系

根据上述分析，围护体系沿建筑用地红线边，采用双排ϕ600的水泥深层搅拌桩，桩长约9～10.5m，中心距450mm，搭接150mm，水泥掺量为15％，采用3次喷浆，3次往返搅拌的成桩工艺。要求搅拌桩至少达到90％强度后，才可逐层并与支护体系交叉作业，开挖基坑土方。

② 土钉墙支护

沿围墙搅拌桩内侧植入土钉，第一排土钉在自然地面以下 1.15m 位置，第一排土钉水平间距为 1.12m，其余各排土钉水平间距为 1.15m，土钉垂直间距为 1.15m，土钉主筋为 ϕ22mm，搅拌桩顶 1m 内分布钢筋网为 ϕ6@200×200mm，并采用 ϕ25mm 挂网锚钉L=1500@1000mm。

③ 预应力锚杆加固

土钉墙第二、三排采用预应力锚索，锚索选用 3×7ϕ5mm 普通松弛钢绞线，设计拉力值 350kN，第二排预应力锚索的锁定荷载为 100kN，成孔直径 130mm，间距 115cm，第三排预应力锚索的锁定荷载为 150kN，成孔直径为 130mm，间距为 115cm，面层加强钢筋为 ϕ14，面层混凝土厚度不小于 120mm，分 2 层喷筑。

各土钉、预应力锚索的具体长度分别为（图 11.3-8）：第一排土钉长 9m，第二排预应力锚索长 12m，第三排预应力锚索长 15m，第四排土钉长 9m，第五排土钉长 7m，第六排土钉长 6m。

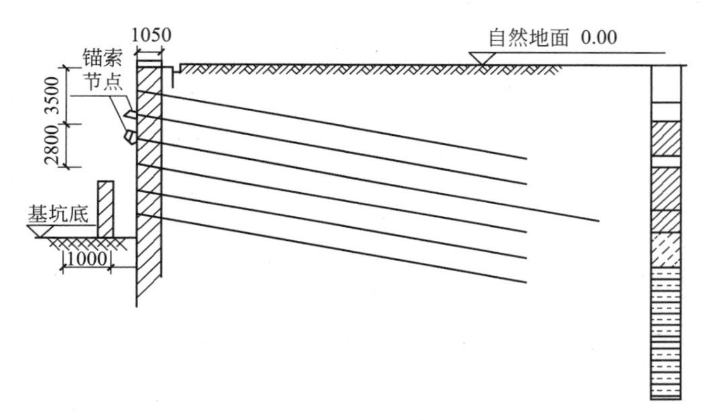

图 11.3-8　土钉、预应力锚索桩剖面图

④ 支护施工

土钉墙施工是随着基坑挖土的进行而逐步实施的，因此土钉墙施工与挖土作业必须交叉进行，两者的施工衔接配合至关重要，直接关系到基坑的安全和施工工期，需要合理安排，分层进行。

在机械开挖出围护搅拌桩后，桩壁表层附着的杂土要采用人工进行清理，修整避免机械损伤到搅拌桩。土钉成孔后应尽快完成钢筋网布设，并在土钉注浆后及时喷筑第二层面层。对于第二、三排的预应力锚索，其主要的施工流程是：定位→注浆管制作→钻孔→锚索安装→一次注浆→二次注浆→锚具安装→张拉与锁定锚头保护。预应力锚索节点大样如图 11.3-9 所示。

预应力锚索施工时，每 2m 设一对中支架。采用钻机成孔，清水清孔，必要时下钢套管钻进，安装锚索前应探测钻孔是否孔壁坍塌，如有坍塌情况，则应进行孔壁加固及修复措施。浆液采用水泥浆，要求采用 42.5R 普通硅酸盐水泥配浆，水灰比 0.145，采取二次注浆，第一次采用常压 0.14～0.16MPa，12 小时后进行第二次注浆，压力要求 1.12～2.10MPa。锚索注浆龄期达到 12 天后，方可张拉锁定。并选取不少于 5 根锚索进行验收，

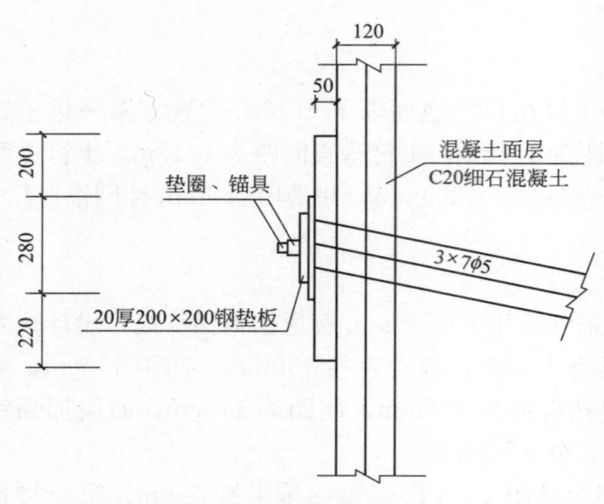

图 11.3-9　预应力锚索节点大样图

张拉试验按有关规范要求进行。

2）人工挖孔桩＋水泥土搅拌桩＋锚索支护技术

针对场地地质情况、开挖深度、地下室结构布置、附近地面堆载及工期进度等因素，在广州珠江新城金穗路至花城大道区段（不含集运系统）的基坑施工过程中采用人工挖孔桩＋水泥土搅拌桩＋锚索支护形式（图 11.3-10），充分发挥了人工挖孔桩承载力高、施工速度快、造价低和水泥土搅拌桩防渗性好的优点，克服了人工挖孔桩在施工中容易发生塌孔的缺点。

① 主要设计参数

由于止水帷幕的设计与土质、施工方法有关，其参数的选择直接影响止水效果；人工挖孔桩的参数也会对工程造价产生影响，综合考虑得出：

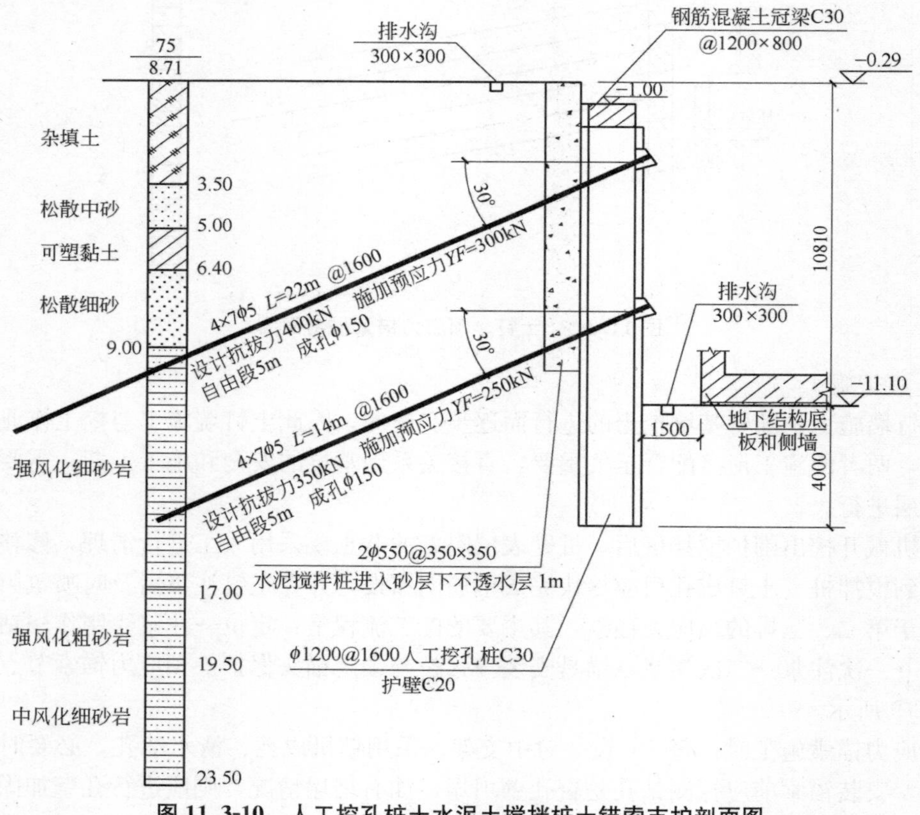

图 11.3-10　人工挖孔桩＋水泥土搅拌桩＋锚索支护剖面图

a. 人工挖孔桩的直径为 1200mm（图 11.3-11），间距 1600mm，基坑外设置两排 $\phi550$@350×350 的水泥土搅拌桩作为止水帷幕，基坑内设置一排 $\phi550$@350×350 的水泥土搅拌桩（图 11.3-12）。水泥土搅拌桩长度要求超过强透水的砂层进入不透水层 1m 以上。

b. 水泥土搅拌桩桩间搭接长度为 200mm。搅拌桩的水泥掺入比为 12%～15%，对应每延米桩身水泥掺入量约为 55～60kg，施工采用流量泵控制输浆速度，注浆泵出口压力应保持在 0.5～0.6MPa，输浆速度保持常量。水泥浆液的水灰比不超过 0.5。搅拌桩长度约 6.0～13.0m。水泥土搅拌桩均为非承重用，施工采用四搅四喷。在联络通道处采取静压注浆进行止水。

② 施工工艺

其施工工艺如图 11.3-13 所示。

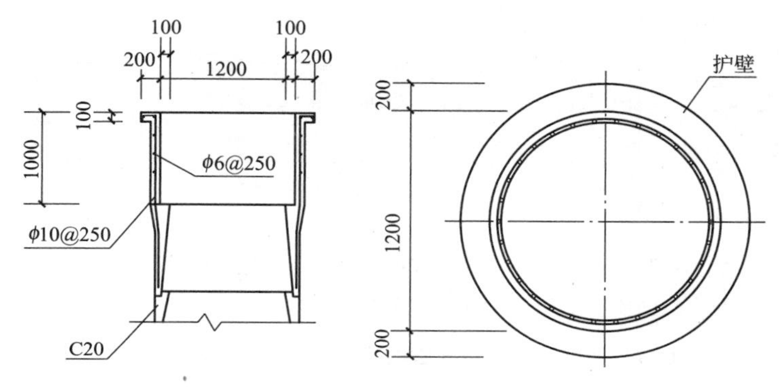

图 11.3-11 人工挖孔桩桩身截面详图

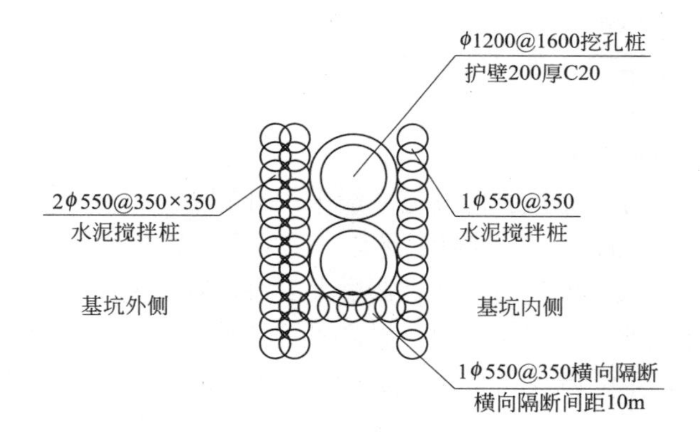

图 11.3-12 基坑支护大样图

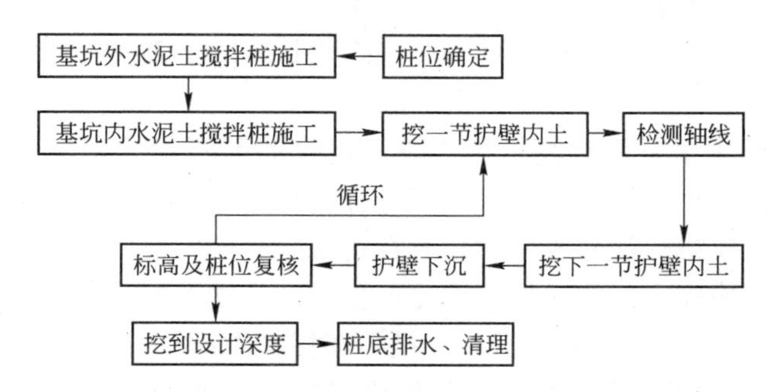

图 11.3-13 基坑支护施工工艺流程

（2）隧道盾构施工技术

广州地铁3号线珠江新城站—客村站区间盾构工程，总长度为2333.15m，隧道埋深为16～28m，需要由北向南穿越包括海心沙岛在内总宽度为640m的珠江航道。该区段隧道左右线地质纵剖面如图11.3-14所示。

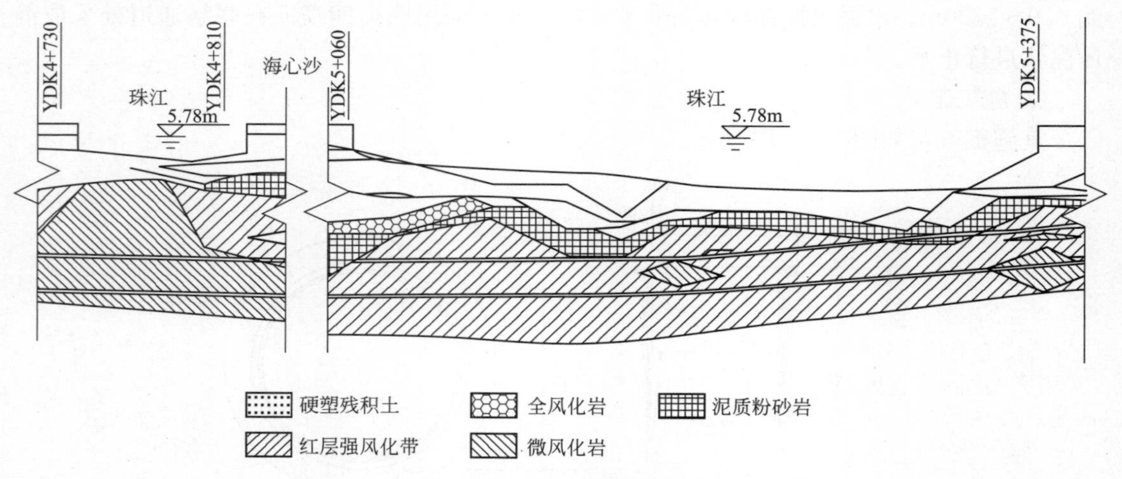

图11.3-14 珠江新城盾构隧道过江段地质纵剖面图

针对该盾构区段工程量大、地质情况复杂、技术难度高的特点，在施工过程中采用德国海瑞克公司生产的土压平衡盾构机S181和S182（型号）进行施工以及螺旋机、皮带机出渣和电瓶车泥斗水平运输、龙门吊垂直提升的方式出土。采用下述新技术，取得了良好的效果。

1）新型超宽管片的应用

目前，我国绝大部分的地铁盾构隧道一般采用环宽1.0m或1.2m的管片。该隧道区段采用1.5m的新型超宽管片，具有以下优势：①减少了所需管片环数，可减少管片模具的生产循环数，从而延长了模具的寿命；②增大了每环管片宽度，提高了管片生产制作效率；③减少了整条隧道的管片拼装时间，提高了隧道施工工效；④减少了隧道拼装接缝，提高了隧道的防水质量；⑤减少了整条隧道的管片环数，从而减少了环缝螺栓、止水条、衬垫的使用量，降低了隧道成本。

2）盾构隧道防水新技术

盾构隧道预制钢筋混凝土管片衬砌防水技术包括管片自防水、管片接缝防水、螺栓孔防水等，其中关键技术是管片的接缝防水，工程中采用了新型EPDM弹性止水条防水技术。

EPDM弹性橡胶止水条具有高抗拉强度，良好的扯断延伸率，耐水体积变化率和耐标准油重量变化率低，耐久性好，防水性能好等优点（图11.3-15、图11.3-16）。

管片拼装时，预先将弹性橡胶密封垫套在每块管片的凹槽内，通过拧紧纵环向螺栓来压缩橡胶密封垫，使橡胶密封垫对地下水压产生抗力。楔形封顶块两侧的弹性橡胶密封垫在拼装前应在表面涂上一层润滑剂，以减少插入时弹性橡胶密封垫之间的摩擦阻力。

从经济方面比较，EPDM弹性止水条价格稍高于普通遇水膨胀止水条，但可较大节省后期的补漏费用。从防水效果来看，弹性止水条比普通遇水膨胀止水条的效果有大幅度改进。

3）新型盾尾同步注浆技术

工程中采用了新型盾尾同步注浆技术。盾尾同步注浆机械化程度高，效率高，能实现完全同步注浆，可有效地控制地面沉降，同时由于不需要通过管片中间的吊装孔注浆，因此吊装孔可设计成盲孔，不通向管片外侧，解决了常规注浆孔漏水的通病。盾尾同步注浆设计原理如图 11.3-17 所示。

从注浆效果看，能有效地控制地表沉降，限制管片位移。在施工过程，地表沉降量一般均在 20mm 以内。注浆效果如图 11.3-18 所示。

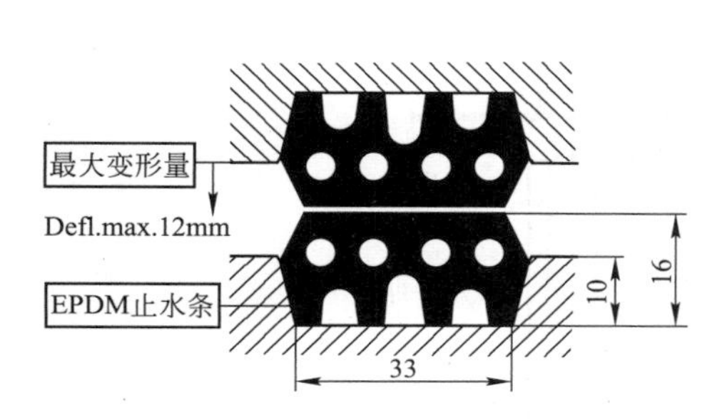

图 11.3-15　EPDM 弹性止水条截面图

图 11.3-16　弹性止水条粘贴位置示意图

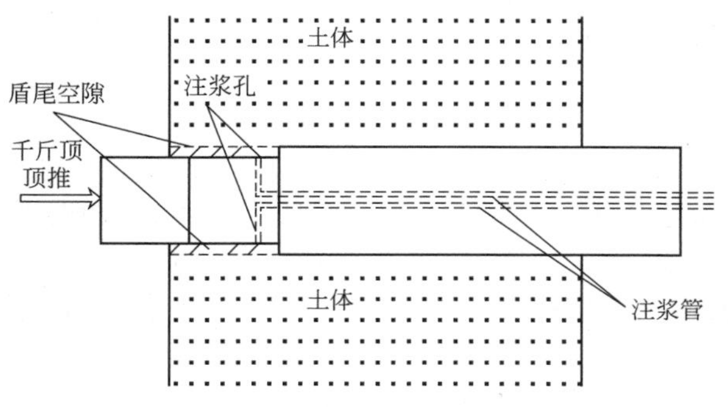

图 11.3-17　盾尾同步注浆设计原理图

图 11.3-18　盾尾注浆检验效果图

4）地铁隧道保护技术

由于地铁 5 号线珠江新城站至猎德站区间自珠江新城地下空间主体结构下横贯而过，隧道顶标高与地下空间旅客自动输送系统底板底标高之间净距最小处仅为 2.6m，按照地铁规范要求需对地铁 5 号线隧道进行保护。隧道保护方案针对隧道与集成系统底板间土体为中微风化泥质粉砂岩的情况采取措施，在上层土体开挖时对隧道交错区域进行降水保护，最后以隧道两侧加设的排桩与地下空间主体结构形成隧道保护框架（图 11.3-19），以抵抗地下水对隧道的上浮力及限制隧道的变形。具体施工步骤如下：

① 现状为地下空间施工前地铁隧道施工已完成及稳定。

② 开挖至地铁隧道保护范围以上（隧道顶标高以上 5～6m，约－17m 标高位置）。在地铁隧道及泵房通道两侧 3m 距离位置施工人工挖孔抗拔桩，并采用井点渐进降水法降低地下水位至地铁隧道底以下的安全水位。其中人工挖孔桩下端嵌固入地铁 5 号线底部基岩

2m以下，主要起抗拔及传递隧道上方结构荷载到隧道下基岩双重功能。

③ 完成降水的前提下，继续开挖至旅客自动输送系统底板（即隧道保护结构）施工面，开挖采用分段分区开挖，首先开挖隧道顶板上方土体。

④ 施工已开挖土体位置保护顶板结构及地下旅客自动输送系统底板，保护顶板结构采用变截面梁板结构，隧道上部底板结构高度为700mm，为提高其刚度及承载能力，可在结构高度较小区域加设钢骨。完成后再开挖其余区域及施工底板结构，分段施工底板结构可有效地减少由于开挖卸载对隧道衬砌的影响。

⑤ 完成上部地下空间主体结构施工，隧道顶板范围采用堆载预压，结束降水措施，分级卸荷直至恢复原水位。

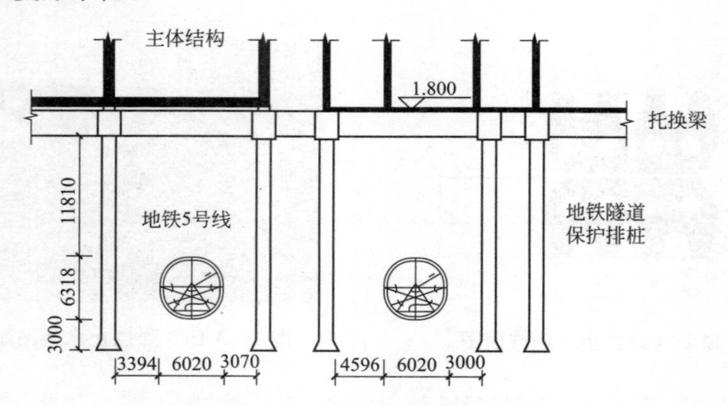

图11.3-19　地铁隧道保护结构示意图

(3) 地下空间新技术

1) 无梁楼盖内置环式型钢剪力键的板柱节点技术

由于地下空间主体结构顶板以上地面部分设有覆土绿化、人造水池等，导致顶板荷载分布较大，板面附加恒载约30～50kN/m²，同时还需考虑承受重型施工机械以及消防车辆等重量，导致结构活荷载较大（约10kN/m²）；另外考虑人防荷载约30kN/m²，上述荷载会产生较大的柱顶抗力作用。

同时，地下负一层需要有较为宽敞和互相联通的建筑空间，且建筑、设备对该层的净高要求相当严格，从而使得顶板板厚受到较大的限制（大部分区域要求 $H_b \leqslant 600$mm，局部区域要求 $H_b \leqslant 800$mm）；同时考虑到建筑美观上的要求，并兼顾施工方便、缩短工期等因素，在结构顶板上大量采用了平板式无梁楼盖体系，并针对节点冲切承载力较大的特点，采用了无梁楼盖板内置环式型钢剪力键的钢混凝土板柱节点。

① 无梁楼盖体系的特点

无梁楼盖结构体系是由楼板、柱（和柱帽）组成的结构体系，又称为板柱结构体系，这是相对梁板结构体系而言的。相比传统的结构体系，具有使用功能优良、抗震性能好、施工方便、经济、节约装修费用、空间布置灵活等优点。

② 内置环式剪力键板柱节点构造

尽管无梁楼盖体系具有很多优点，但其在地震作用下产生的不平衡弯矩会严重影响板柱节点的承载力、导致节点破坏，甚至引起结构倒塌；而且结构的板-柱节点承受着巨大的冲切荷载，为满足节点的抗冲切能力要求，采用了无梁楼盖内置环式剪力键的新型钢筋混凝土板-柱节点，并在荷载不同区域分别设置了无环式剪力键、单环式剪力键和双环式剪力键板-柱节点，其构造如图 11.3-20～图 11.3-22 所示。

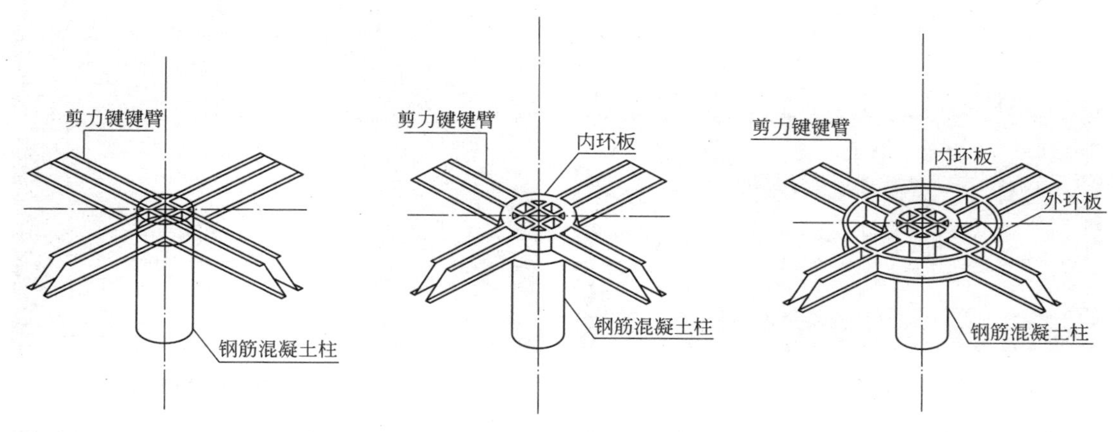

图 11.3-20 无环式剪力键　　**图 11.3-21 单环式剪力键**　　**图 11.3-22 双环式剪力键**

无梁楼盖内置环式型钢剪力键板-柱节点相当于在常规的井字形剪力键的相邻两键臂间加设了圆形环板及腹板，将环板的从属范围内混凝土中的剪应力通过“混凝土→钢环板→钢腹板→剪力键键臂→柱”的路径传递到柱上，把节点区混凝土的抗冲切问题转化为型钢剪力键的抗剪问题，从而受力更合理，可显著提高板-柱节点的抗冲切承载力。

2）空心钢管混凝土楼盖技术

由于结构顶板承受荷载较大，地下负一层在 8.4m×8.4m 的柱网区域主要采用了上述无梁楼盖体系；对于 8.4m×16.8m 柱网的区域，考虑建筑净高要求，顶板水平构件允许的最大高度要不大于 900mm，针对该类大荷载、大跨度和板厚受限的地下室顶板结构设计，采用了新型的楼盖结构体系——空心钢管混凝土楼盖。

① 空心钢管混凝土楼盖体系

空心钢管混凝土楼盖主要由空心钢管、钢箱梁、钢筋桁架模板、板底板面钢筋以及楼板钢筋混凝土等组成。该楼盖是在钢管外浇筑混凝土（钢管处于空心状态），将钢管作为空心板的成型模板，浇筑混凝土后不拆除，使得钢管在空心板受力过程中参与承受板内弯矩和剪力，从而将空心钢管、钢箱梁、钢管柱组成的钢框架结构与楼板钢筋混凝土有机地结合在一起，有效地提高了整个空心板结构的承载能力和刚度。

如图 11.3-23 所示为现场安装好的空心钢管图，空心钢管混凝土楼板整个体系受力特点如下：工字钢框架梁以及空心钢管（长跨方向）相当于次梁，把楼板荷载传递给钢箱框架梁（主梁），而主梁再把荷载传递给钢管混凝土柱。空心钢管按一定的间距并排放置在大跨度混凝土楼板中，利用内置钢管参与组合构件受力，并在楼板内空心钢管的外壁上设置加劲肋，使钢管和混凝土能够有效地粘结而协同工作，共同参与楼盖的受力；同时，钢管在复杂应力的状态下，由于混凝土的存在可以避免或延缓钢管发生局部屈曲，从而保证材料性能的充分发挥，并提高楼盖结构的承载能力。

② 空心钢管混凝土楼盖的施工

为避免高支模，采用了钢桁架模板技术进行施工，如图 11.3-24 所示。钢桁架模板主要由两边钢管吊承，施工后不需要拆模，有效缩短了工期；另外，该模板体系表面美观，可直接作为顶板装饰面，大幅降低了楼板装修费用。整个楼盖体系的施工工艺流程具体如下：

图 11.3-23　现场安装好的空心钢管图

图 11.3-24　浇筑前的钢桁架模板

a. 将钢管按其安装的先后顺序分成两类，用钢管 1 和钢管 2 进行描述。按照设计要求，将钢管 1、钢梁及底部倒 T 形挂件等安装焊接到位，如图 11.3-25 所示。

b. 将钢筋桁架模板吊装搁置至焊接在两根钢管 1 底部的倒 T 形挂件托板上，每头端部搁置距离不小于 50mm，现场安装完成后如图 11.3-26 所示。

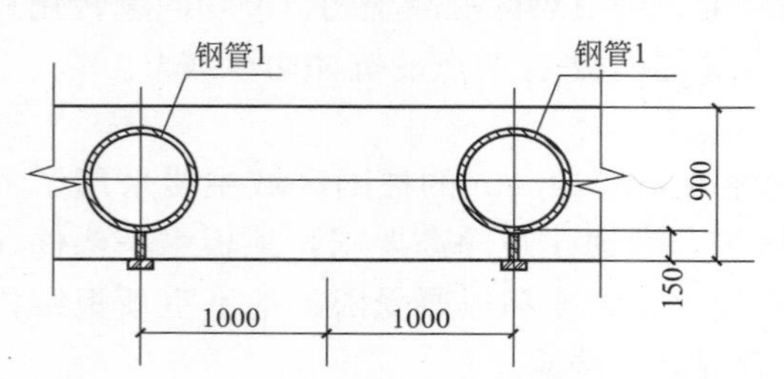

图 11.3-25　楼盖施工步骤-1 示意图

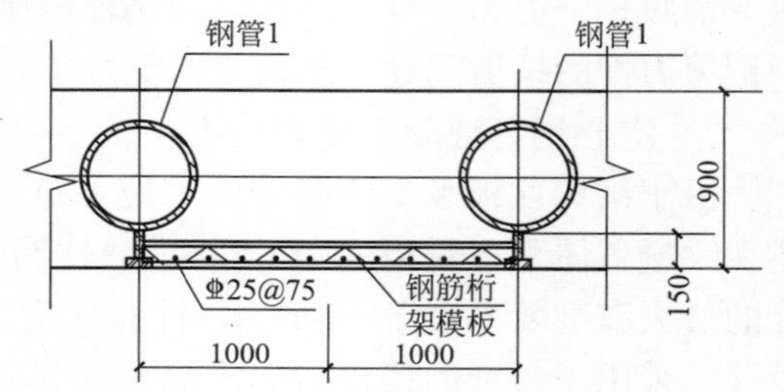

图 11.3-26　楼盖施工步骤-3 示意图

c. 钢筋桁架模板两端放置在钢管 1 的托板之上后，再按照设计要求进行板底部附加钢筋及其他构件的安装，如图 11.3-26 所示。在模板端部竖向支座钢筋与托板点焊固定，遇圆柱时须在现场将模板沿圆柱切割成弧形，切割后补焊端部竖向支座钢筋，搁置于 60mm 宽环板上。

d. 钢管 2 按照设计要求安装到位，第一次浇筑底部混凝土 150mm 厚，如图 11.3-27 所示。

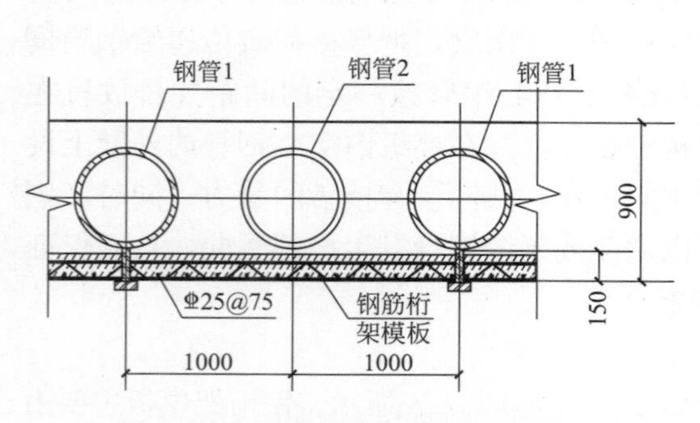

图 11.3-27　楼盖施工步骤-4 示意图

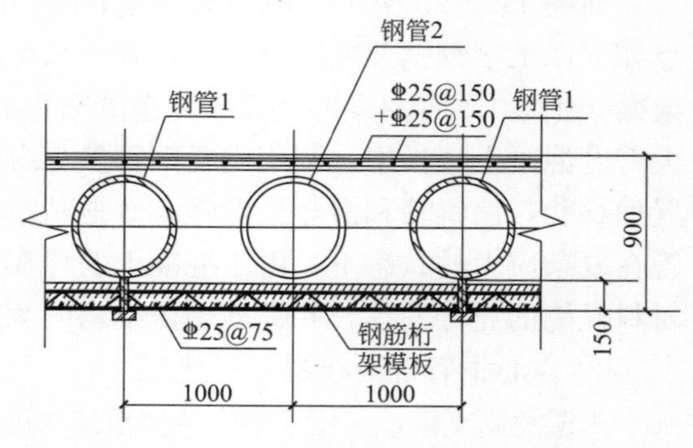

图 11.3-28　楼盖施工步骤-5 示意图

e. 待混凝土达到75%设计强度后，布置安装上部钢筋及其他构件，如图11.3-28所示。

f. 待板上部钢筋及其他构件的安装完毕后，浇筑上部混凝土750mm厚，如图11.3-29所示。

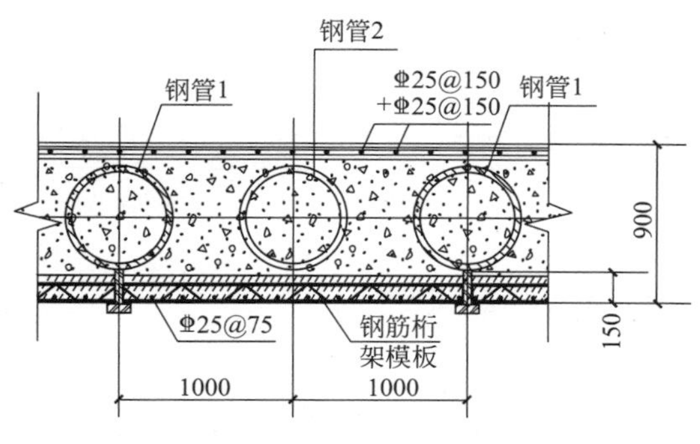

图11.3-29 楼盖施工步骤-6示意图

图11.3-30 现场钢箱变形装置

③ 空心钢管混凝土楼盖体系的特点

空心钢管混凝土楼盖体系与传统楼盖体系相比，具有以下优点：

a. 空心钢管按一定的间距并排放置在大跨度混凝土楼板中，利用内置钢管参与组合构件受力，并在楼板内空心钢管的外壁上设置加劲肋，使钢管和混凝土能够有效地粘结，共同参与楼盖的受力。这样可以避免楼板内由于混凝土振捣缺陷引起的空心孔内破坏问题。

b. 空心钢管作为主要承力构件，楼板结构更加接近型钢混凝土，由于钢管的贡献，使得楼板厚度减小，重量更轻。

c. 形成了"钢管—钢箱梁—钢管柱"钢框架结构，提高了整个楼盖结构的整体性与延性，具有较强的抗震能力。

d. 采用新型钢桁架模板，免拆模可缩短工期，同时具有装饰效果，具有良好的经济效益和应用前景。

3）地下结构后浇带钢箱（板）变形装置

在主体工程的顶板及侧墙上设置了永久性变形缝，负一层顶板为420m×116m的不设缝梁板结构，负二、三层底板不设置变形缝（地下二层的底板尺寸为1000m×120m），结构的无缝长度远远超出了现有规范的限值。在结构设计时，采用了设置变形凹槽、添加膨胀剂和纤维等掺合料，通过超长结构温度应力有限元分析结果来指导超长纵向构件（主要是底板和侧墙）的结构设计，并通过新工艺来降低混凝土水化热。虽然在结构设计中已采取了上述各种附加措施，但合理设置后浇带仍然是控制混凝土早期裂缝的主要措施。

钢箱（板）变形装置主要由曲折钢板、工字钢和附加箍筋组成，一般放置在后浇带的中间，现场钢箱变形装置如图11.3-30所示。其基本构成是在后浇带两侧设置两工字钢，在工字钢腹板内侧之间设置曲折钢板作为吸收变形的载体，在工字钢的腹板外侧焊接一定间距的箍筋作为变形装置与先浇混凝土的连接措施，两工字钢腹板之间即为后浇带范围。

后浇带装置分为两种形式：对于水平向后浇带（楼板），两工字钢之间为一片曲折钢板，形成钢板式变形装置，如图11.3-31（a）所示；对于竖直向后浇带（侧墙），两工字钢之间为两片相对的曲折钢板，形成钢箱式变形装置，如图 11.3-31（b）所示。

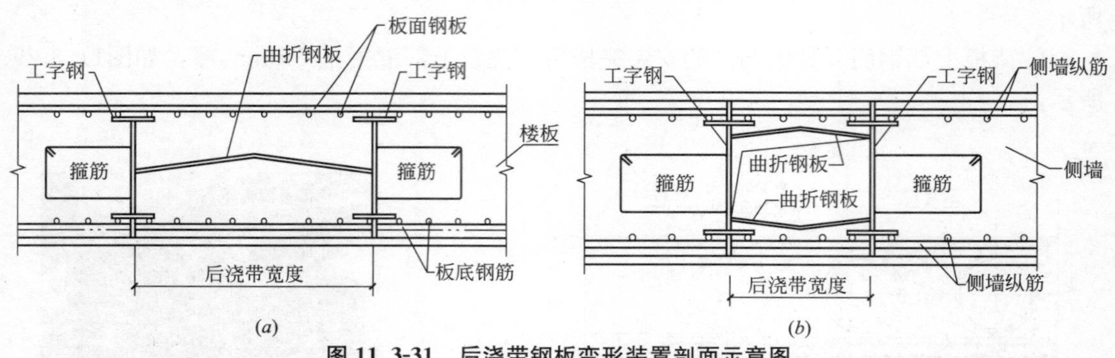

图 11.3-31　后浇带钢板变形装置剖面示意图

（*a*）水平向；（*b*）竖向

4）地下捷运系统

该系统线路自南起于赤岗塔站，向北下穿珠江主航道到达海心沙，设海心沙站；线路再次下穿珠江后于珠江新城内广州市第二少年宫东侧、广州图书馆西侧设广州歌剧院站；之后线路沿规划中的珠江新城中轴线行进，于花城大道南侧设双塔站；于金穗路南侧设中央广场站；于黄埔大道南侧、市民广场北侧设市民广场站；之后线路下穿黄埔大道向北行进，最后到达终点站林和西站，共设 9 座车站，全长 3.88km。

珠江新城捷运系统线路短，站间距小，高峰客流量大。针对此系统的特征，车辆系统选用了自动旅客输送系统。自动旅客运输系统是一种无人驾驶、全自动运行的交通系统。该系统车辆结构以铝合金或 FRP（纤维强化材料）为主构成，采用橡胶轮胎，在混凝土路面上行走，系统由计算机进行全自动控制，可以实现无人操纵的车辆运动和较小的追踪间隔。该系统具有运量适中、全自动运行、灵活、安全、适应性强、舒适、噪声小等优势，与珠江新城 CBD 地区的整体功能相匹配。

11.4　总结

广州珠江新城核心区地下空间项目是目前我国规模最大、体系最完善的城市地下空间，它在投融资与运营模式、建筑规划设计、防灾减灾技术和施工技术等方面做出了大量创造性探索，被证明是一项适合中国城市建设和规划实际、经济合理并具有广泛适用性的成果，随着社会经济的发展，其研究成果将会为我国的城市地下空间的开发建设发挥重大作用。

第12章　大型地铁枢纽站改扩建技术

12.1　概述

本章以上海地铁徐家汇枢纽站工程、上海地铁世纪大道四线换乘枢纽站工程及上海人民广场轨道交通枢纽工程为例，详细介绍了大型地铁枢纽站扩改建技术。随着轨道交通的发展，地铁换乘站的需求越来越多，而在原有地下结构上进行改建扩建亦是大势所趋。

12.2　技术介绍

大型地铁枢纽站的改扩建是一项庞大的工程，既有很强的系统性，又需要用到很复杂的工艺，因此根据不同的工程特点其所用到的技术也有很多种，如利用原地下车库改建技术、超深基坑施工技术、大面积利用既有地下空间改造建设地铁车站的系列设计与施工技术、利用地下空间向下加层扩建的暗挖技术、低净空条件下先插后喷型钢旋喷桩围护结构施工的IBG工法、全方位压力平衡高压喷射注浆工法、低净空条件下的环境微扰动静压桩施工技术、运营地铁车站大面积单侧卸载技术、运营地铁隧道上方大面积卸载技术、运营地铁隧道单侧卸载技术、运营地铁车站结构大面积微损开洞技术及地铁车站半幅顶板逆作施工方法等。下面结合具体工程实例介绍上述各种技术及工法。

12.3　工程应用——上海地铁徐家汇枢纽站工程

12.3.1　工程概况

徐家汇是上海的副中心之一，也是大型的市内交通换乘枢纽，1995年上海轨道交通1号线的建成，极大地带动了徐家汇地区的城市发展和城市地下空间开发利用，如利用地铁1号线折返线的上层空间开发建成了徐家汇地铁商城，并与地面大型的公共建筑共同形成了徐家汇商圈。

2005年开工建设的上海轨道交通9号线和11号线在徐家汇形成3线换乘枢纽。但如何在高楼林立和交通拥堵的商圈内规划设计2座地下车站并与已建成运营10年的1号线徐家汇站实现客流方便换乘是一个难题。已建的1号线地下车站呈西南—东北走向，位于漕溪北路上，地下3层，长约600m，其中400m为地下商场。1号线与徐家汇的大型商场如港汇广场、东方商厦、汇金广场、太平洋广场、六百商厦、美罗城等均建有地下通道。拟建的9号线呈东西走向，11号线呈南北走向，经多方案比选，提出以徐家汇最大最高的“港汇广场”双塔建筑为中心的“环港汇”3线换乘枢纽为首选方案，如图12.3-1所示。

“环港汇”设计方案在港汇广场北侧路下3层地下室改建为地下2层的9号线车站，在港汇广场西侧的恭城路建地下5层的11号线车站，在西北角成“L”形相交，可形成2线的站台换乘。9、11号线与1号线的换乘则通过港汇广场的地下1、2层换乘大厅实现。徐家汇枢纽三线换乘枢纽站工程包括9号线车站、11号线车站、换乘大厅和换乘通道3大工程。

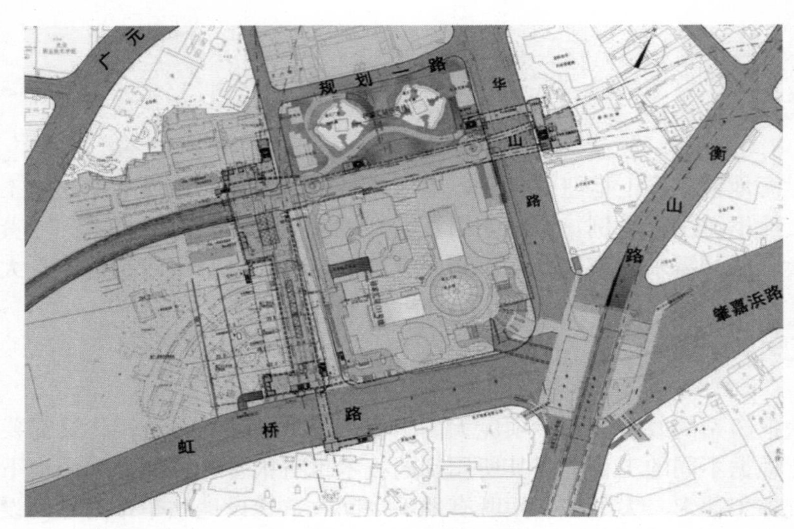

图12.3-1 地铁徐家汇枢纽站3线换乘“环港汇”方案

12.3.1.1 9号线车站

9号线车站呈东西走向，东临华山路，西端位于恭城路以西的大宇开发地块内，站位设于港汇商场与港汇公寓之间的车行道下，为地下二层一柱两跨结构形式。车站长237.6m，宽22.8m。

该车站工程是国内首次利用已建地下空间改建而成的车站，即利用原港汇广场17～19轴的地下车库改造而成。原港汇广场17～19轴为柱间距11.4m的框架结构，地下三层层高分别为5.2m、3.8m、3.9m。地下一层车库改作站厅层，拆除下二层楼板，竖向打通地下二、三层作为站台层。如图12.3-2所示。

车站东侧不设端头井，将地下室围护外土体加固后盾构进洞，并留盾壳在接头处，盾构拆散运出后洞圈处浇圈梁止水。

12.3.1.2 11号线车站

11号线车站位于港汇广场西侧，总长204.8m，宽21.6m，为地下五层结构，深25.8m。车站地下一层为站厅层，地下二、三层为通风空调机房和补偿港汇车位，地下四层为车站设备层，地下五层为站台层。11号线可通过港汇广场内的付费区换乘大厅换乘1号线；9、11号线可通过站台间楼扶梯换乘，也可利用站厅共用付费区换乘，如图12.3-3所示。

车站主体采用明挖顺筑法施工，围护结构采用1m厚、46m长的地下墙，墙趾插入⑤4层粉质黏土中，插入比为0.74；沿基坑深度设置七道混凝土或钢支撑；坑底采用旋喷桩加固和深井降水。

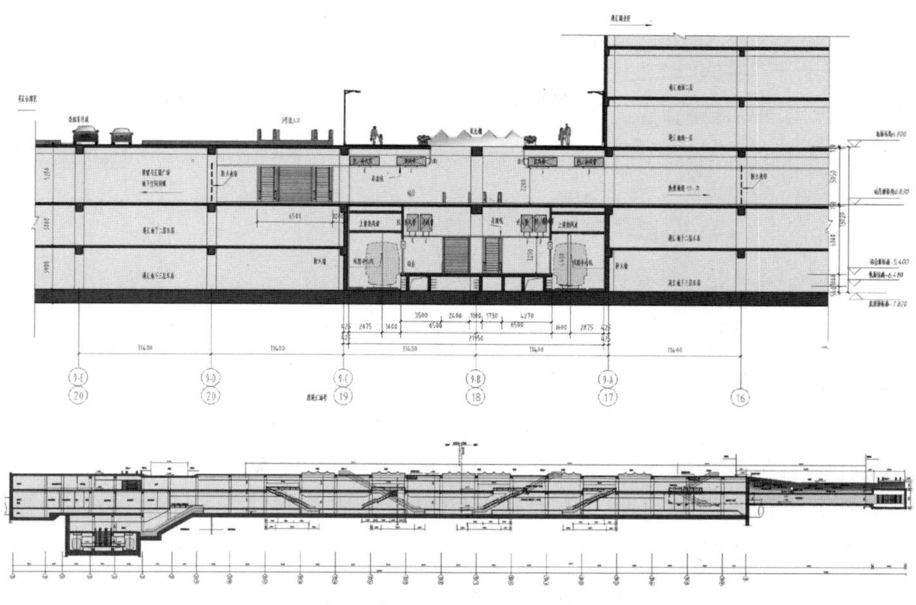

图 12.3-2 9 号线地铁站剖面图

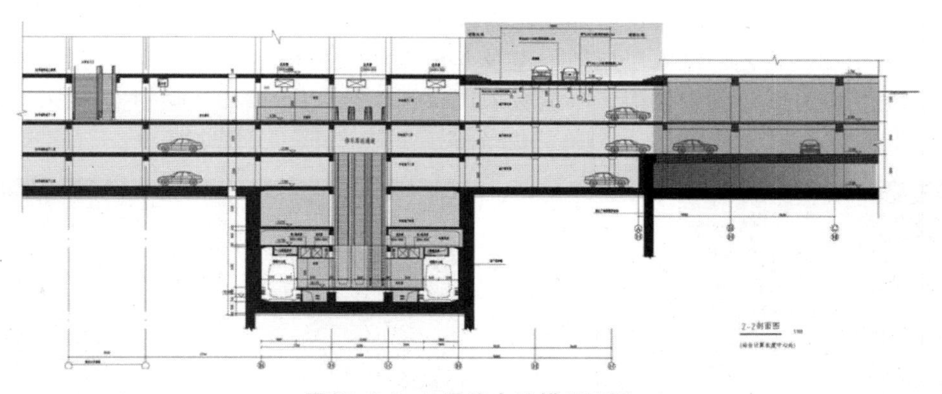

图 12.3-3 9 号线车站横剖面图

12.3.1.3 换乘大厅和地下通道工程

1、9 和 11 号线换乘大厅设在港汇广场东南侧，1、9 号线换乘通道利用港汇广场地下室改建。换乘通道净尺寸长度 66.2m、宽度 16.6m，开挖深度 10.33m～12.51m，顶板覆土 1.58m～3.01m，底板厚度 1.4m，内衬为 1m。换乘通道北段连接港汇地下商城二层，南段连接 1 号线徐家汇车站地铁商城的地下二层。换乘通道施工采用咬合桩施工技术、切割工艺拆除既有结构的施工工艺。

换乘大厅采用在原地铁商城地下盖挖加层施工实现，净尺寸为 67.25m×31.4m，盖挖加层深度为－1.760～－6.91m，其东侧紧邻正运营的 1 号线徐家汇车站的地墙。地下加层施工涉及结构托换、盖挖加层在狭小地下空间内的施工技术、通道与地下室接口连接的结构处理、向下盖挖加层对已运营的 1 号线现有结构的保护及衡山路下立交等关键性施工技术。

换乘大厅和换乘通道如图 12.3-4 所示。

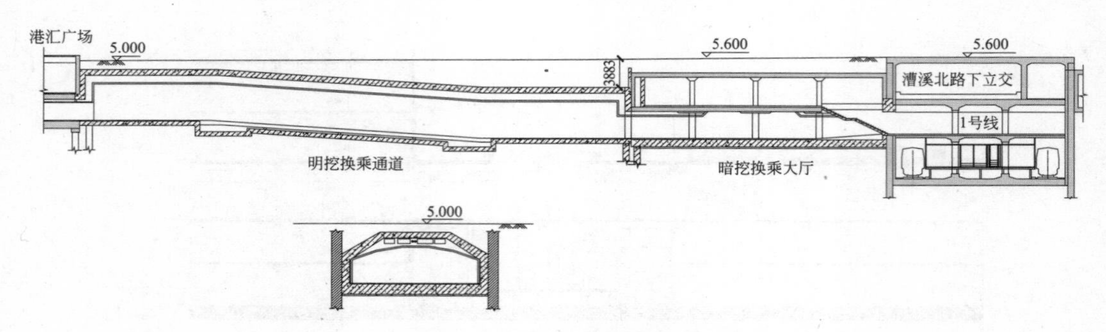

图 12.3-4 9号线与1号线联络通道及换乘大厅示意图

12.3.2 技术应用情况

12.3.2.1 9号线车站工程利用原地下车库改建技术开发应用

车站改造施工包括结构凿除和结构加固，施工必须确保工程安全和环境安全。经理论研究、施工方案比选、设备研制、工程施工和监控，成功解决了工程中面临的技术难题，并形成了一系列的创新技术。

1. 既有结构拆除的碳纤维加固和机械化施工技术

为确保既有地下结构改造后的安全性和耐久性，在切割混凝土施工前，既有结构的部分板、柱、梁采用粘贴碳纤维进行加固。为减少施工时对商场及周围环境的影响，结构楼板的拆除采用切割工艺。港汇广场地下室及车道板切割面积达 7000m^2，根据结构的厚度选择不同的切割方式，其中楼板、车道板采用碟锯切割（图 12.3-5），主次梁采用绳锯切割（图 12.3-6）。

图 12.3-5 楼板切割

图 12.3-6 梁体切割

实施切割按“先主体后附属，先切板后割梁；由里到外、均匀卸荷”的原则进行，切割块体的大小需满足混凝土块体临时存储及运输需要，经计算确定切割线划分如图 12.3-7 所示。切割按照：定位、放线→钻起吊孔→预吊→切割→混凝土块吊运的流程进行。

针对部分梁体切割后相邻梁主筋柱中锚固长度不够的问题，采用梁端锚固处理的技术，即切割时预留梁端 10cm 左右的梁体，采取人工凿除拔出梁主筋，然后实测主筋的位置，在 2cm 厚的钢板上开钢筋孔，将钢板沿梁主筋穿入，钢板与立柱间预留压浆管，在主筋与钢板进行塞焊后用环氧压浆填充钢板和立柱的间隙，如图 12.3-8 所示。

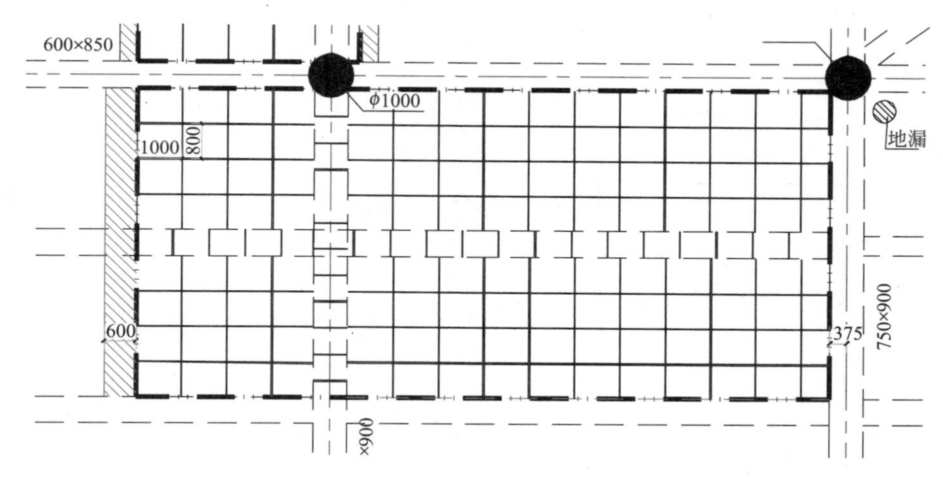

图 12.3-7 混凝土楼板切割方案

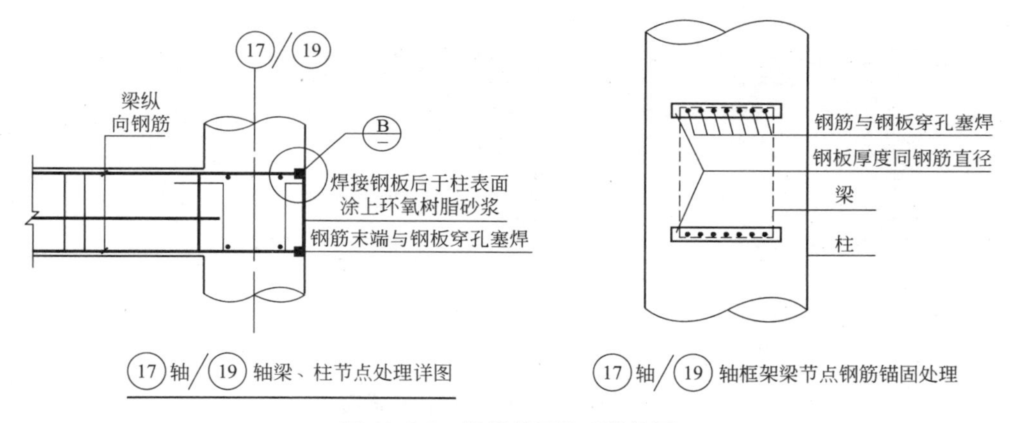

图 12.3-8 梁端锚固处理措施图

该施工技术形成“将既有地下空间改造成为地铁车站的施工方法”发明专利（专利号：ZL 200510026628X）。

2. 不同建设期地下结构的变形控制技术

港汇广场共分四期建设，各期建设结构间均设置了变形缝，底板下设置了等长度的桩基，利用其地下室改建成 9 号线车站部分横跨一期与三期工程。考虑到港汇广场地下室建成使用已逾 10 年，分期建设结构的差异沉降已趋稳定。故根据轨道交通使用要求，将此处沉降缝改为刚接。

实施中凿除了下一层板范围所有的变形缝结构并浇筑了刚性楼板，底板作了局部接缝改造并增强了防水措施（图 12.3-9），顶板地面处港汇广场中央大道则未作改造。该防水结构已形成“兼作城市道路基层的地下结构顶板伸缩缝防水结构”实用新型专利（专利号：ZL2008 2 0150401.5）。

港汇广场底板下设有 ϕ800 钻孔灌注桩，桩底进入⑦2 层粉质砂土中 5m。为控制车站新建段与港汇地下室的沉降，在车站底板下也设置了与港汇广场等密度同深度的钻孔灌注桩。

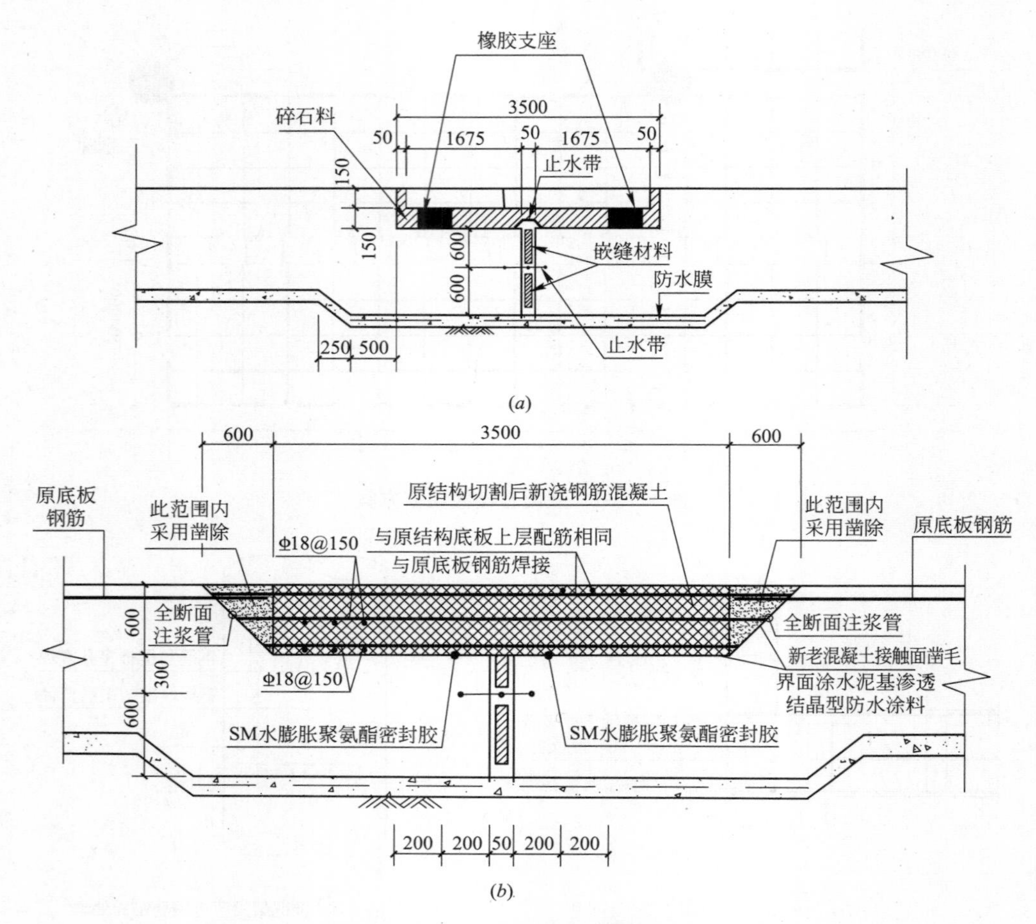

图 12.3-9　底板变形缝改造详图

(*a*) 改造前；(*b*) 改造后

新建车站结构与港汇广场原结构的相接采用了原结构先托换后连接的方法，即先在靠港汇侧墙内侧东西向梁底设置 ϕ609 钢支撑做顶撑托换，然后从上至下对侧墙体进行切割，再浇筑新的框架结构实现连接段与港汇地下室刚性连接（图 12.3-10）。为保证新老结构纵向水平力的可靠传递，设置了特殊处理的 Z 字形传力构件，横向支撑点设于纵向框架梁处。

3. 既有结构底板防杂散电流改造技术

地铁杂散电流导致混凝土主体结构中钢筋的腐蚀在本质上是电化学腐蚀，它不仅缩短钢轨及其附件的使用寿命，还降低了地铁钢筋混凝土主体结构的强度和耐久性，并可能酿成灾难性后果。

为满足杂散电流的防护要求，地下结构横向和纵向钢筋需相互焊接，形成一个庞大的等电位法拉第笼。所以，将既有结构底板作为地铁道床基础时除需考虑结构的承载力要求外，尚需解决钢筋未作纵横向焊接处理的问题。为防止电流向港汇广场结构其他部位扩散，改造中凿去既有底板面层后重新浇筑了新钢筋混凝土层（图 12.3-11），其内部钢筋按杂散电流防护要求焊接，收集的杂散电流通过车站端部的排流端子排出（图 12.3-12）。

顶撑托换

拆除旧墙

图 12.3-10 连接段接头施工

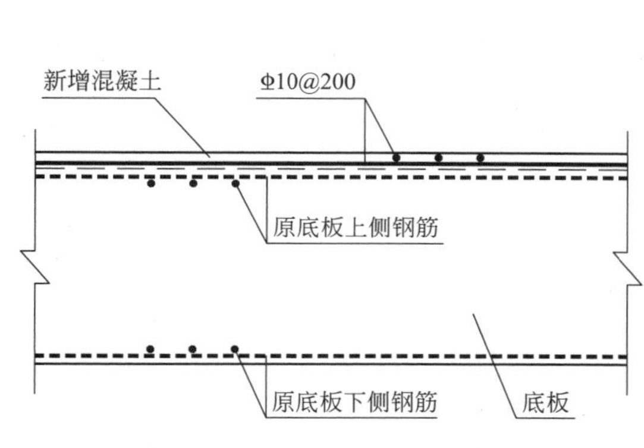

图 12.3-11 改造后底板断面图

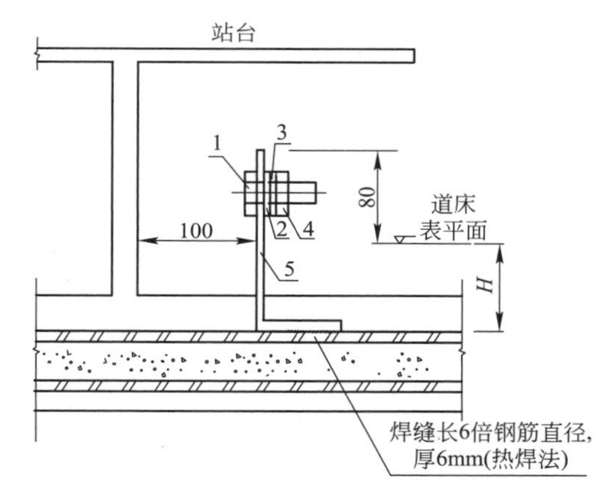

图 12.3-12 排流端子组装图

4. 区间隧道接入既有地下空间结构技术

9号线东安路站—徐家汇站区间盾构由东安路站始发后接入港汇地下室。港汇地下室底板厚1200mm，侧墙厚500mm，侧墙与围护桩间隙1000mm，间隙以素土回填。

区间隧道接入既有地下空间需重点解决回填土的加固和港汇地下室外墙开洞后与盾构隧道的连接，具体施工步骤如下：

(1) 采用双高压旋喷桩加固侧墙与围护桩间隙土体；

(2) 在地下室与围护桩间间隙实施图示范围圈梁并预埋钢环，待结构达到强度后凿除港汇地下室侧墙及下二层板，侧墙开孔尺寸以满足限界要求的最小尺寸为宜（图12.3-13）；

(3) 盾构切削地下室钻孔灌注桩围护结构后进入地下室外侧，保留盾壳，拆除盾构机内部设备及刀头（图12.3-14）；

(4) 以盾壳作为外模，地下室外侧植筋后现浇钢筋混凝土区间结构，将管片与地下

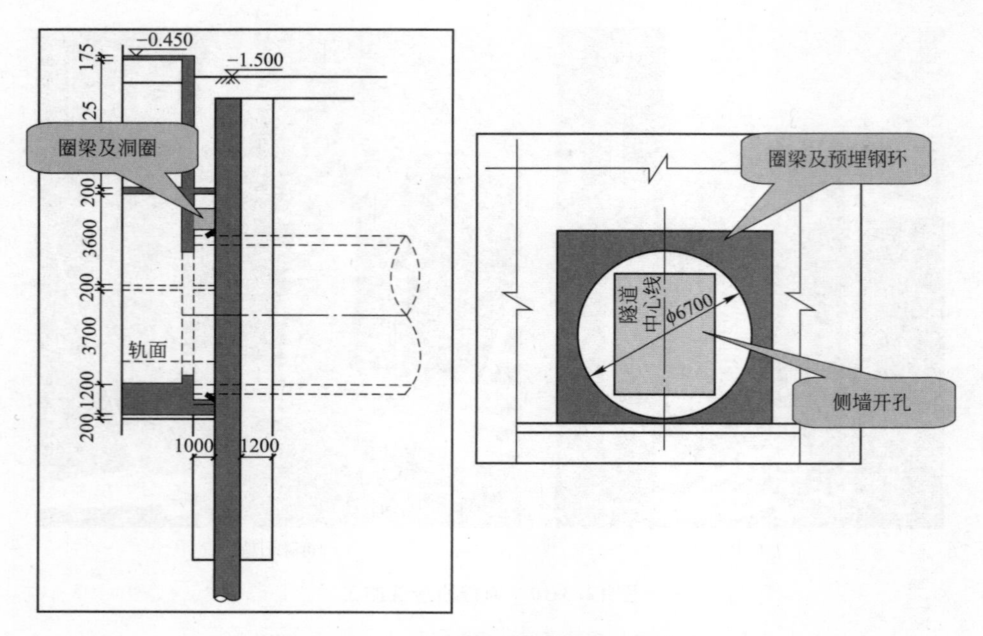

图 12.3-13　现浇圈梁及预埋钢环示意图

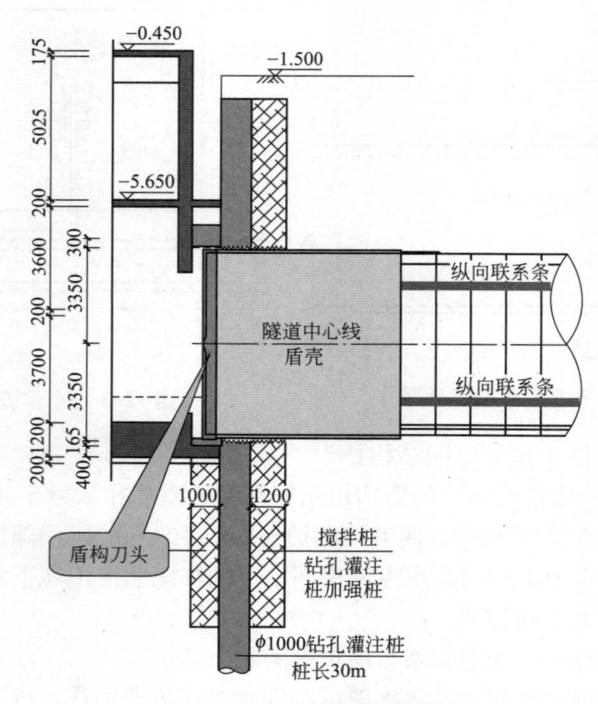

图 12.3-14　盾构进洞示意图

室、圈梁连接成整体。

5. 地铁运营对物业影响评估与环境保护

轨道交通运营后所产生振动和噪声对港汇广场影响是车站设计中必须考虑的问题。为此，轨道结构采用浮置板道床，车站采用屏蔽门系统，墙面和站台下部采用高效吸声材料。按照《城市轨道交通引起建筑物振动与二次辐射噪声限值及其测量方法标准》JGJ/T 170—2009的要求，在车站两侧敏感建筑物内对轨道交通运行所引起的噪声和振动进行测量，均满足规范2类功能区（居住，商业混合，商业中心区）所对应的噪声与振动限值要求（表12.3-1）。

敏感点噪声与振动测量结果　　表12.3-1

测点位置	测量时段	分频最大振级(dB)	振动标准限值(dB)	等效A声级(dB)	噪声标准限值(dB)
港汇花园2号	昼间	42.92	70	38.4	41
	夜间	39.50	67	35.1	38
港汇花园1号	昼间	44.74	70	38.7	41
	夜间	42.52	67	34.9	38
服务式公寓	昼间	47.40	70	37.5	41
	夜间	44.90	67	34.9	38
港汇广场	昼间	51.44	70	39.8	41

6. 施工过程监测

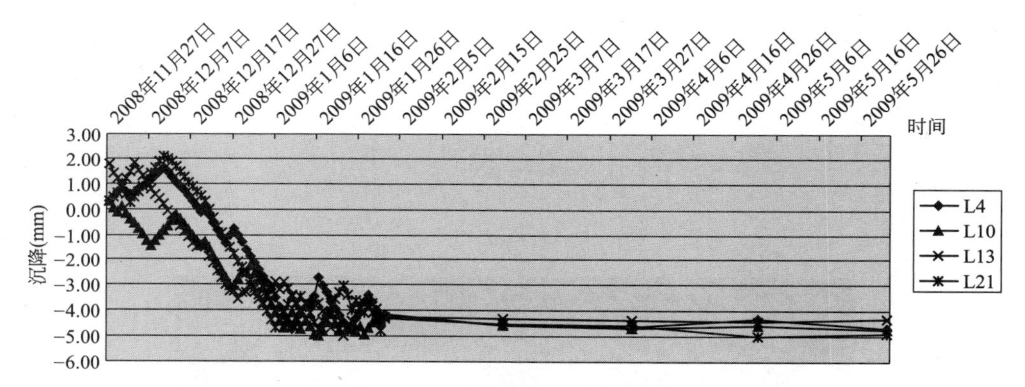

图12.3-15　地下车库沉降曲线图

12.3.2.2　*11号线车站工程超深基坑施工技术*

车站主体结构采用地下连续墙作为基坑的围护结构，明挖顺筑法施工，地下墙与内衬墙一起作为使用阶段的侧墙。

车站站台中心线处基坑深度约为25.8m，端头井处基坑深度约为27.5m，属超深基坑工程，且基坑临近港汇广场高层建筑，环境保护要求高，技术难度大。车站围护结构采用1000mm厚、46m长的地下墙，墙趾插入⑤4层粉质黏土中约0.8m，插入比为0.74。共用端头井为地下五层结构，西风井为地下三层结构，一深一浅基坑采用同步开挖的方式。端头井处基坑深度约为27.5m，围护结构采用1000mm厚、48m长的地下墙，墙趾插入⑦2层粉细砂中约0.2m，插入比为0.7，沿基坑深度方向设置八道钢支撑，如图12.3-16所示。

11号线车站开挖深度为24.71m，为地下五层结构，由于纵向紧靠港汇广场高层建筑，为控制变形，采用3道逆作楼板撑加2道钢支撑形式的半逆作法施工，坑底采用旋喷桩加固和深井降水，并根据“合理降水，按需降水”的原则进行承压水治理。车站深基坑开挖和主体结构施工中，深基坑围护变形小于4.5cm（<0.2%开挖深度）；在与9号线车站共用端头井结构封底施工中，围护变形3.3cm，小于开挖深度1.5‰，地层沉降最大

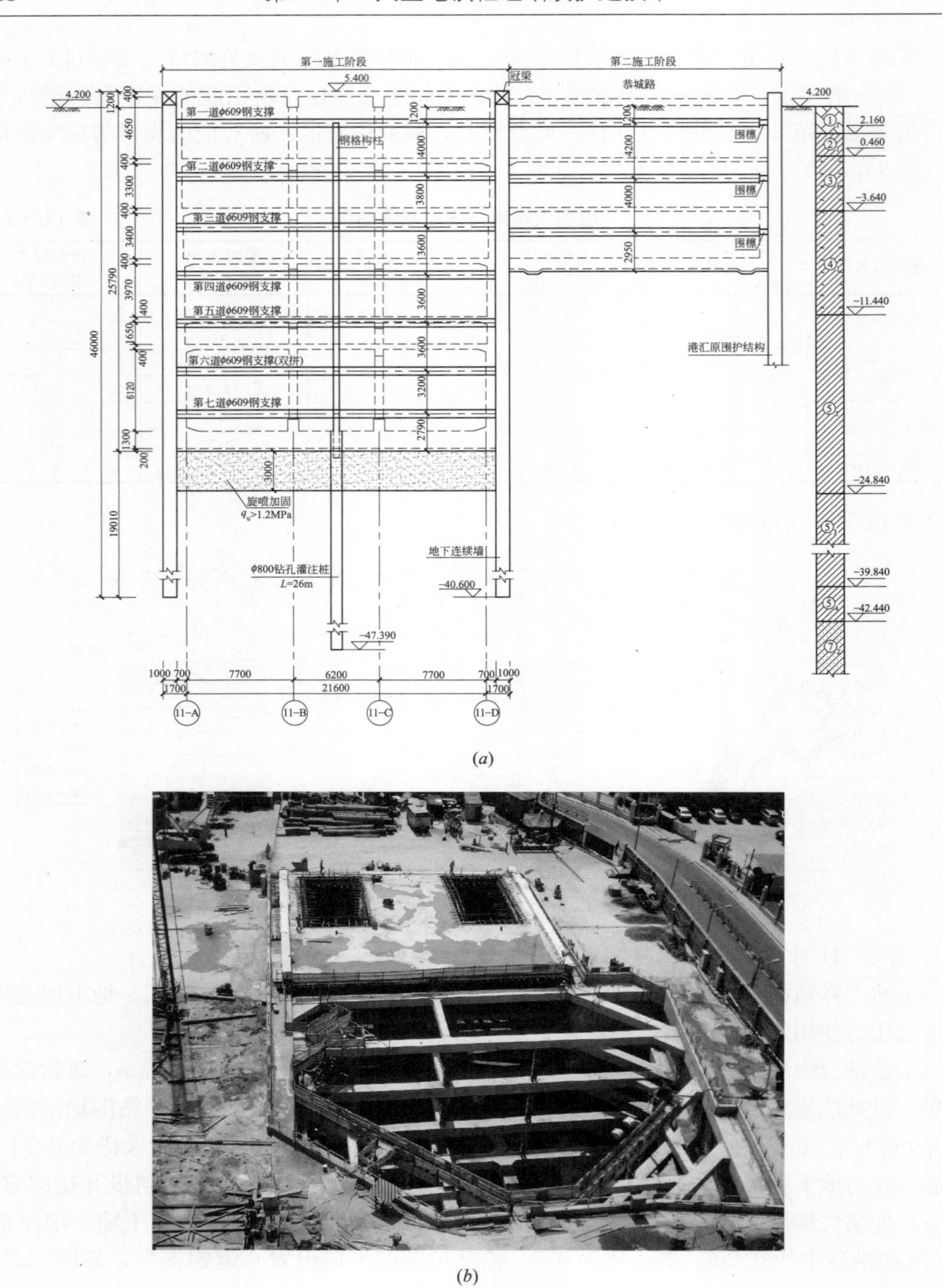

(*a*)

(*b*)

图 12.3-16 超深基坑横剖面图及端头井

1.8cm；西风井基坑工程完成施工后，围护结构位移 15mm，小于开挖深度的 1.5‰，地表沉降最大 12mm，小于开挖深度的 1.0‰ 。

12.3.2.3 换乘大厅和通道施工技术

换乘大厅利用既有地下室结构向下暗挖施工技术。

换乘大厅设在地铁 1 号线西侧，利用原地铁商场向下暗挖而形成，施工流程如图 12.3-17 所示。

原地铁商场南北两侧围护采用 800mm 厚地下墙，地下墙深 20m；东侧为车站主体侧墙，采用 800mm 厚地下墙加 350mm 厚内墙，地下墙深 33m；西侧为预制 350mm 厚混凝土板桩，深 13.5m。

加层后结构底板埋深约 11.9m。因此，可利用原东、南和北三方向已有的围护结构，西侧下一层底板下加作围护墙。

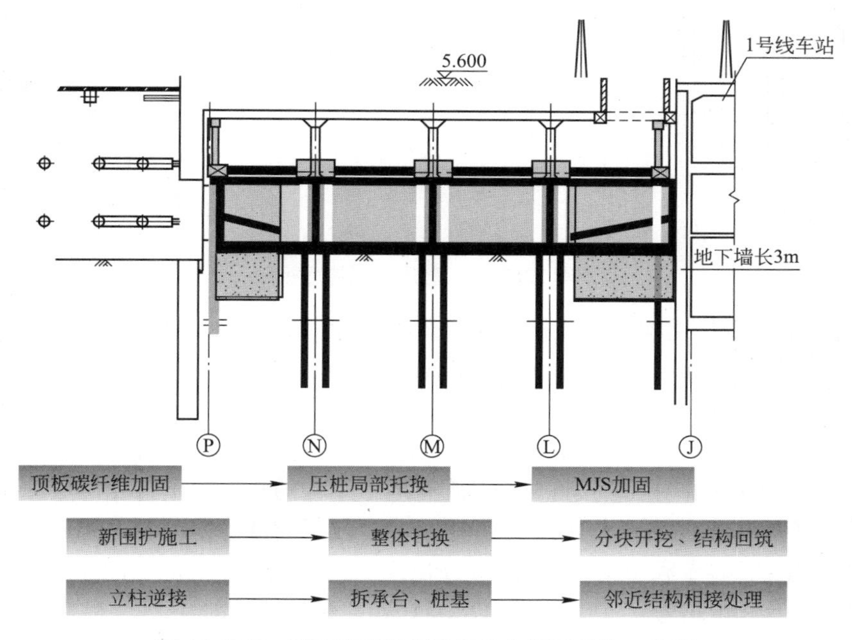

图 12.3-17 利用既有地下室结构向下暗挖施工流程

由于受已有地下室层高的限制，西侧围护采用首创开发的旋喷桩内插型钢的围护形式。型钢（H700×300）长约 15m，分段插入。采用 $1m^3$ 履带挖土机配特制小臂，用振拔榔头打入，H 型钢不作拔出回收。该工艺技术形成了“低净空间下先插后喷型钢旋喷桩围护结构施工工艺”（专利申请号：200910199476.1），并形成了 IBG 工法。

为保证土体在开挖过程中的稳定和 1 号线的安全，加层区地基采用旋喷桩进行加固，沿侧墙周边区域加固深度应适当加大，加固后靠近围护墙土体的无侧限抗压强度不小于 1.5MPa，中间部分不低于 0.8MPa。为减小悬喷加固施工对周边地层的挤压影响，引进了日本 MJS 工法及设备：

（1）全方位：依靠移动旋转机架，可以实现水平、垂直、斜向的 360°旋喷；

（2）压力平衡：依靠专利的排泥系统，可在旋喷施工过程中设定地层内压力，超过设定压力后通过强制排泥来控制地内压力，从而减少地层变形，达到控制对周边环境影响的目的，有效减小旋喷产生穿浆对 1 号线的影响。

（3）机架高度为 3.85m，适合地下加层净空 4.1m 的要求。

在完成地基加固和围护结构后，压入静压桩作为盖挖法的支承桩对原结构受力体系进行转换，如图 12.3-18 所示。该项技术申请了“低净空条件下的环境微扰动静压桩施工技术”专利（申请号：200910199475.7）。

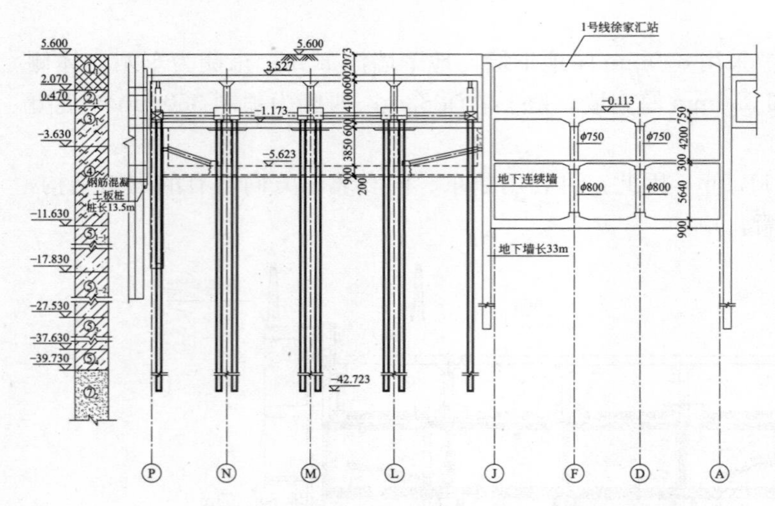

图 12.3-18　静压桩托换底板

在悬喷桩型钢围护结构、静压桩托换及悬喷桩加固完成后，对混凝土底板进行局部开孔、挖土，施作下二层结构。开挖面积 64.5m×31m，挖深 5.23m。开挖采用盆式挖土、三侧留土护壁及设斜抛撑，以控制基坑变形。

施工期间，地下商场底板的变形控制在－1.5～＋7.5mm 内，东侧的地铁 1 号线隧道变形极小。换乘大厅的暗挖施工形成了“既有地下结构的托换向下盖挖加层施工工法”和“全方位压力平衡高压喷射注浆工法”，并申请和授权了“低净空间下先插后喷型钢旋喷桩围护结构施工工艺”（专利申请号：200910199476.1）、“低净空条件下的环境微扰动静压桩施工技术”（专利申请号：200910199475.7）和“利用既有地下室顶板作为天然盖板的暗挖加层施工方法”等专利（发明专利号：ZL 200510026522X）。

12.3.3　利用港汇广场地下空间的补偿方案

地铁徐家汇 3 线换乘枢纽站工程利用港汇广场地下空间建造地铁车站、换乘通道和换乘大厅共计 29510m²，其中商业面积 5700m²，车库面积 23810m²。对港汇广场的补偿，经多次协调，原则上以港汇广场西侧的规划拟建的大宇地块中划出相当面积和费用予以补偿。

1. 车库出入口补偿方案

鉴于 9 号线车站将港汇商场区和公寓区地下室一分为二，需废除原华山路地下车库出入口。故需分别对商场区、公寓区地下车库出入口进行补偿。其中，港汇商场区地下停车库出入口解决方案是：保留原恭城路地面出入口，拟通过 11 号线建设时在车站内设车库夹层，沟通港汇地下停车库与大宇地块内补偿地下停车库，在大宇地块规划二路或虹桥路边补偿一个地面出入口。港汇公寓区地下车库出入口补偿方案是：保留原公寓区内两个地面出入口，西侧出入口转向，增开规划一路小区出入口。地下一层与地下二层间增设坡道予以连通，如图 12.3-19 所示。

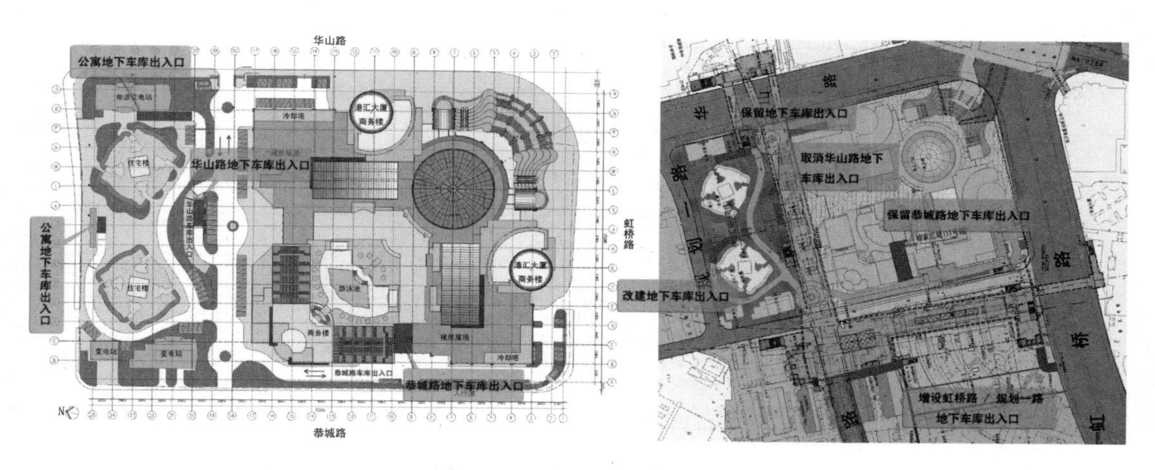

图 12.3-19 车库出入口补偿方案图

2. 卸货区补偿

港汇广场地下一层设有 A、B、C、D 共 4 个卸货区，共计卸货车位 21 个（其中 A 卸货区 5 车位、B 卸货区 6 车位、C 卸货区 6 车位、D 卸货区 4 车位。），分别由 S_1～S_{11} 货梯完成竖向货运要求。

9 号线车站本体占用 A、B、C 卸货区的泊位，同时 11-1 付费区换乘通道局部占用 D 卸货区（损失卸货泊位 2 个）。

补偿方案：拟在恭城路道路下地下一层新建集中式卸货区，共计卸货车位 21 个，可补偿卸货基本功能，但损失部分物流通道便捷性，同时考虑到货运通道不宜与换乘通道交叉，建议 A 区改为地面卸货。

3. 停车库补偿

徐家汇地铁枢纽站建设占用港汇广场停车库按“同功能、等面积”的原则进行补偿，补偿面积共计 23810m²，可布置 330 个车位，具体补偿方案如图 12.3-20、表 12.3-2 所示。

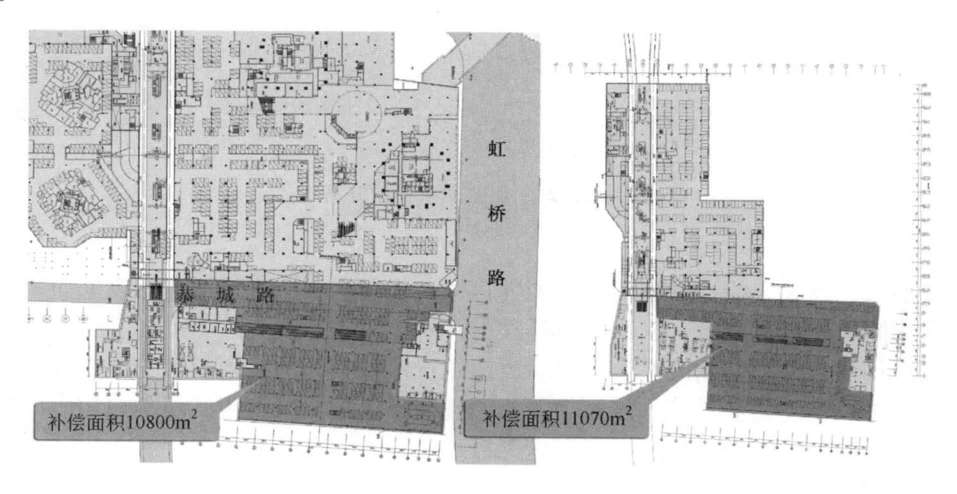

图 12.3-20 停车库补偿方案（B3 层）

停车库和商场补偿方案　　表 12.3-2

层次 \ 补偿港汇面积(m²)	恭城路下	大宇地块内	
	车库用途	车库用途	商业＋通道
B1 层	1700	300	5700
B2 层	3400	7400	0
B3 层	3500	7500	0
地面一层	0	240	0
小计	8610	15400	5700
车库面积合计	23810		
总面积合计	29510		
补偿车位(个)	330		

4. 商业面积补偿

三线付费区、非付费区换乘通道、大厅共需占用港汇广场联华超市、名店运动城等商业面积 5700m²。拟在大宇地块地下一层中予以补偿，毗邻于 11 号线站厅公共区设置，具体补偿方案如图 12.3-21 和表 12.3-2 所示。

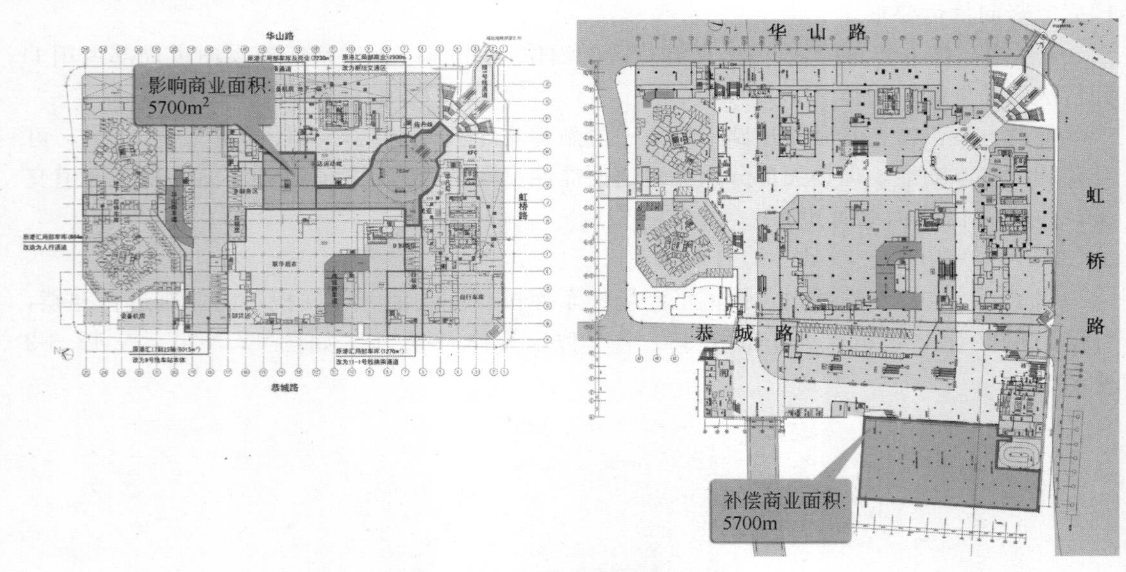

图 12.3-21　商业面积补偿方案

12.3.4　总结

上海地铁徐家汇三线换乘枢纽站是国内首个大规模利用既有地下空间改造而成的地铁车站，在国际上也极为罕见，工程实施过程中开发应用了多项新技术。

开发应用了大面积利用既有地下空间改造建设地铁车站的系列设计与施工技术。研究解决了结构体系的转化和系统、建筑功能的调整与补偿、改造工程的切割与加固、整体建筑的抗震减噪等技术问题，形成了成套施工技术。

开发应用了利用地下空间向下加层扩建的暗挖技术，形成了低净空条件下先插后喷型钢旋喷桩围护结构施工的 IBG 工法、全方位压力平衡高压喷射注浆工法、低净空条件下的环境微扰动静压桩施工技术。

工程实施过程中共申报4项专利技术，其中2项已获发明专利授权。

地铁徐家汇三线换乘枢纽站于2009年12月建成通车运营，取得了显著的经济和环境效益。

12.4 工程应用——上海地铁世纪大道四线换乘枢纽站工程

12.4.1 工程概况

位于浦东世纪大道、张杨路、东方路的地铁世纪大道站有2号线、4号线、6号线和9号线在此换乘。世纪大道2号线地铁站于1999年建成，车站全长269m，标准段宽为19.9m，均为地下二层结构，下一层层高为4.35m，下二层层高为5.94m。2001年开工建设的4号线地铁站位于2号线地铁站北侧，2站平行换乘，为地下3层结构，开挖深度23m，其深度比2号线地铁站低4m。轨道交通4号线张杨路车站全长218.6m，标准段宽为19.1m，均为地下三层结构，下一层层高为4.25m，下二层层高为5.65m，下三层层高为6.07m。

轨道交通6号线世纪大道站骑跨张杨路和福山路之间的世纪大道中部，穿越并占用投入运营的地铁2号线东方路车站、已建4号线张杨路车站地下一层建筑空间，与本次工程同步实施的轨道交通9号线东方路车站共同形成“卅”字形4站大型换乘枢纽。

9号线车站北侧便是平行紧靠于已经投入使用的地铁2号线东方路车站，两车站地下二层平行间距约5m，地下一层共用一道地下连续墙进行基坑开挖，南侧是已建成的张杨路110kV地下变电站。9号线东方路车站全长241.2m，标准段宽为21.8m，均为地下二层结构，下一层层高为4.35m，下二层层高为6.22m。世纪大道站全长120m，南、北两端部为设备段，分别长约20m、宽约55m，为地下两层结构。中间站台段宽35m，为地下一层结构，层高为6.29m。

本工程四线车站换乘节点总建筑面积42627.11m^2，其中四线车站换乘共用部位建筑面积14871.88m^2。

本工程6号线车站、9号线车站施工期间必须尽可能降低对运营车站、已建车站、周边建筑物及地下管线的影响，特别是对已投入运营的地铁2号线东方路车站及区间隧道的影响，确保地铁2号线正常运行，为此，本工程基坑变形控制保护等级定为一级，如图12.4-1所示。

12.4.2 技术应用情况

12.4.2.1 四线换乘枢纽站方案

在原地铁2号线东方路站的基础上先后增加建设轨道交通4、6、9号线换乘站。从客流组织、换乘形式、运营管理、设备共享、防灾模式及工程实施等多方面开展了有针对性的方案研究，并多次组织地下工程资深专家及地铁运营管理和消防等部门的专家进行讨论，经多方案比选，最终确定了“丰”字形的换乘方案（即轨道交通6号线世纪大道站以地下一层的形式横跨世纪大道并与2号线东方路站、4号线张杨路站及9号线车站形成“丰”字形换乘），如图12.4-2所示。

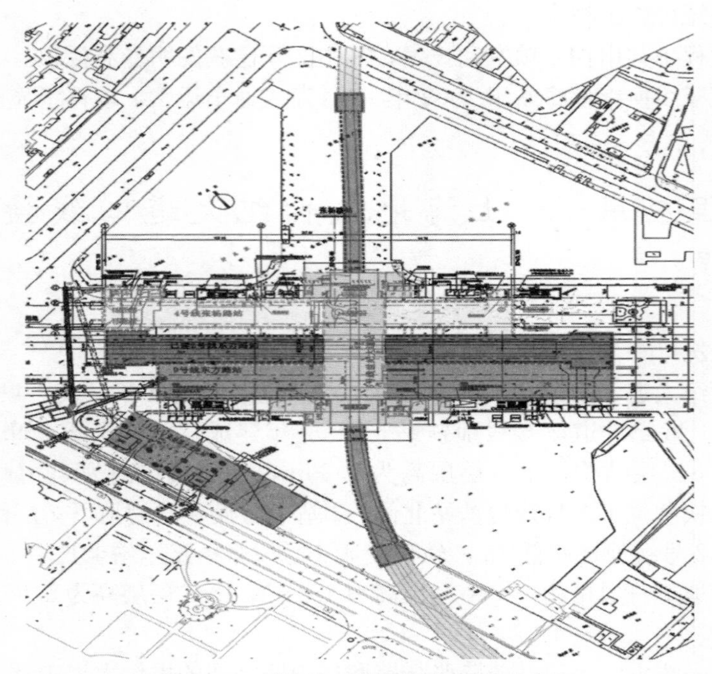

图 12.4-1 世纪大道换乘枢纽平面示意图

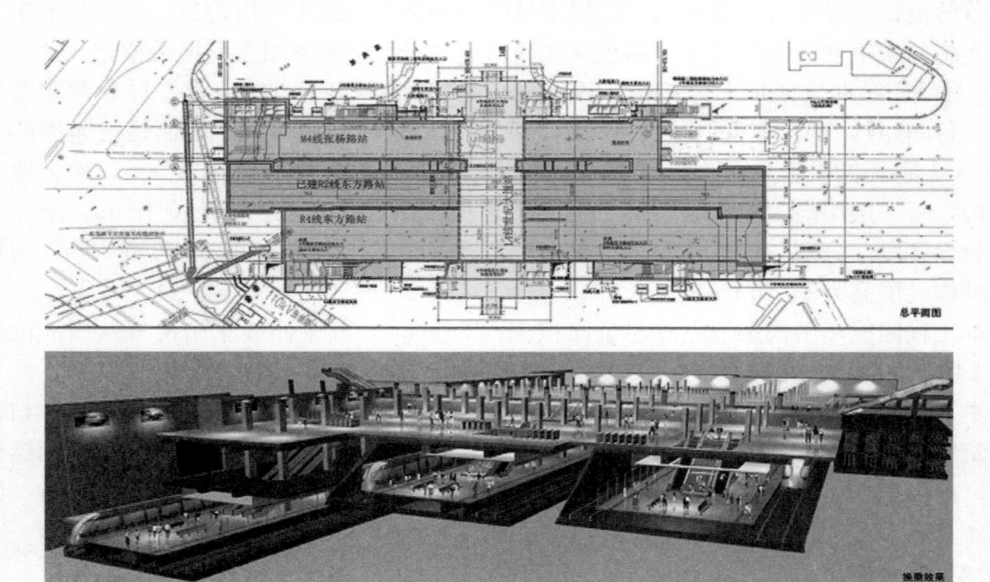

图 12.4-2 “丰”字形四线换乘枢纽站示意图

12.4.2.2 “丰”字形四线换乘枢纽站的结构设计和施工

根据本换乘枢纽站的总体建筑设计的要求，6号线世纪大道站将以地下一层的形式在原东方路2号线站15～19轴范围内穿越，其影响宽度约30m左右，由于站台、站厅的结构净高不同，也就是说，原东方路站的站厅层空间不能满足6号线车站站台层列车通行的要求，需将相交部分的原结构顶板凿除、抬高后重新建设。这样将对东方路站穿越段范围的结构整体稳定产生重大的影响，考虑到在实施过程中需要挖除穿越段范围内的地面覆土及凿除相邻范围的车站顶板和侧墙，如不对东方路站事先采取保护措施，将直接导致其结构的破坏。为此，首先需要解决的问题就是如何保证在东方路站顶板凿除阶段（纵向约30.0m）的结构稳定问题，通过受力分析和计算，考虑采用"门"字形横向压梁来控制东方路站的上浮问题。工程提出的"顶板抗浮"技术有别于常规的"底板抗浮"，具有占地少，施工方便、抗浮效果好等特点，主要从以下几方面设计。

1. 在原东方路站两侧设抗拔桩

由于在整个施工过程中不能影响地铁2号线列车正常穿越东方路站站台层，设计首先考虑在东方路车站两侧的相应范围内各设置一排直径为1.0m的抗拔桩（采用钻孔灌注桩施工），该抗拔桩的有效长度为28.0m、间距2.5m，每边各设20根（图12.4-3）。

2. 在东方路站内、外新增"抗浮横梁"

在东方路车站的站厅层与6号线穿越的相应位置新增7道"抗浮横梁"，该梁均设置在6号线站台层板下的空间范围内，由于梁高受到限制，经整体计算需在车站内部站厅层设置七根横梁、在车站外部顶板上新增两根横梁才能满足稳定要求。见图12.4-4。

3. 连接内、外横梁与抗浮，形成"门"字形抗浮结构

在车站顶板尚未凿除前先局部凿除横梁所对应范围的侧墙，并使其与车站外侧设置的抗浮桩连成一体，形成7+2道"门"字形的抗浮结构，以确保使其在东方路站穿越段顶板、侧墙被凿除阶段的结构受力稳定，从而严格控制东方路站底板结构的上浮（见图12.4-5）。抗浮施工技术申请了"地铁枢纽站改扩建中控制运营车站结构上浮的施工方法"发明专利1项（申请号：200710044045.9）。

12.4.2.3　原东方路站35m范围顶板、侧墙结构改建

对穿越段原2号线车站顶板的凿除、抬高后重新建设，以满足6号线列车通过的要求；另外，为方便换乘车站之间的沟通，需新增原2号线东方路车站侧墙门洞数量，设计通过对原车站结构的整体复核、验算，提出对相应范围内的顶板结构采取不同的加固措施、对侧墙开洞部位进行计算，采取间隔开洞、新增过梁和暗柱等措施来确保侧墙开洞的安全。

12.4.2.4　解决穿越段站厅层承受6号线列车荷载的设计

由于原东方路站的站厅层结构只考虑人群荷载，6号线的站台层在其上面穿越，势必增加原站厅层的荷载承受能力，实际情况是原结构无法承受6号线车站的列车荷载。为此，只能在有限的高度范围内，通过利用6号线站台与东方路站厅之间的高差（约1.3m），分别设置了两根承担6号线列车荷载的单线槽形梁结构，通过槽形梁结构的受力将6号线列车荷载传递到东方路车站外侧新增的桩基础上（图12.4-6）。

12.4.2.5　换乘车站之间的连接通道数量及宽度计算

由于本四线换乘站是在不同时期、不同阶段分别建设投入使用的，在实施6、9号线车站时，在该范围内已有2、4号线车站投入运行。确定上述换乘方案的最大优点就是方便换乘，将4条线路中的4座车站集中在一起，达到真正意义上的"零"换乘。根据对世纪大道四线换乘车站的客流分析，2030年的远期高峰期最大客流达12.4万/小时左右，其中约有4万客流直接换乘，8.4万名的来自站外旅客。所以如何确保换乘客流的安全乘车也是本换乘车站的设计关键之处。经过分析，为使乘客能快速、便捷换乘，拥有足够多

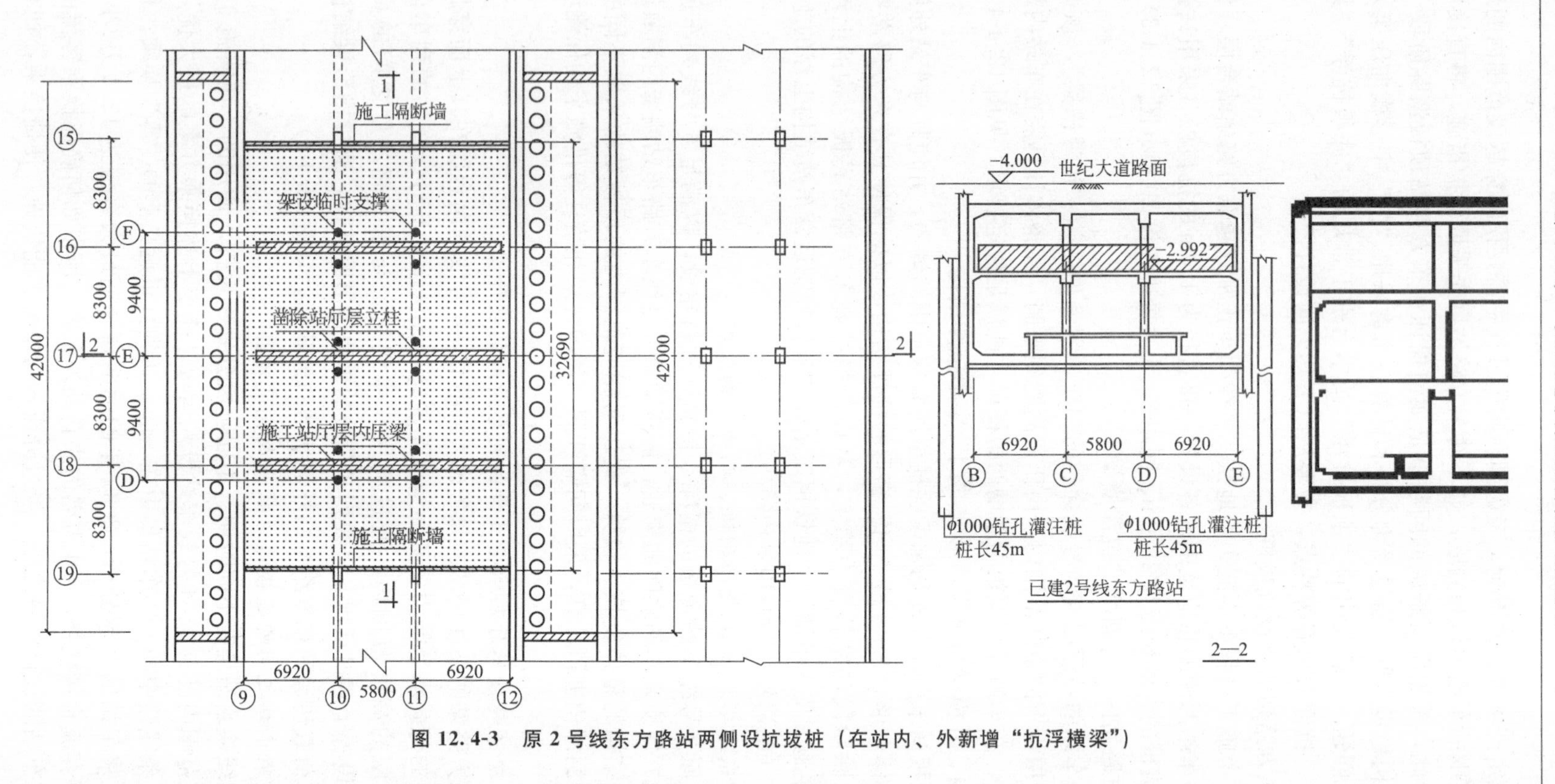

图 12.4-3 原 2 号线东方路站两侧设抗拔桩（在站内、外新增“抗浮横梁”）

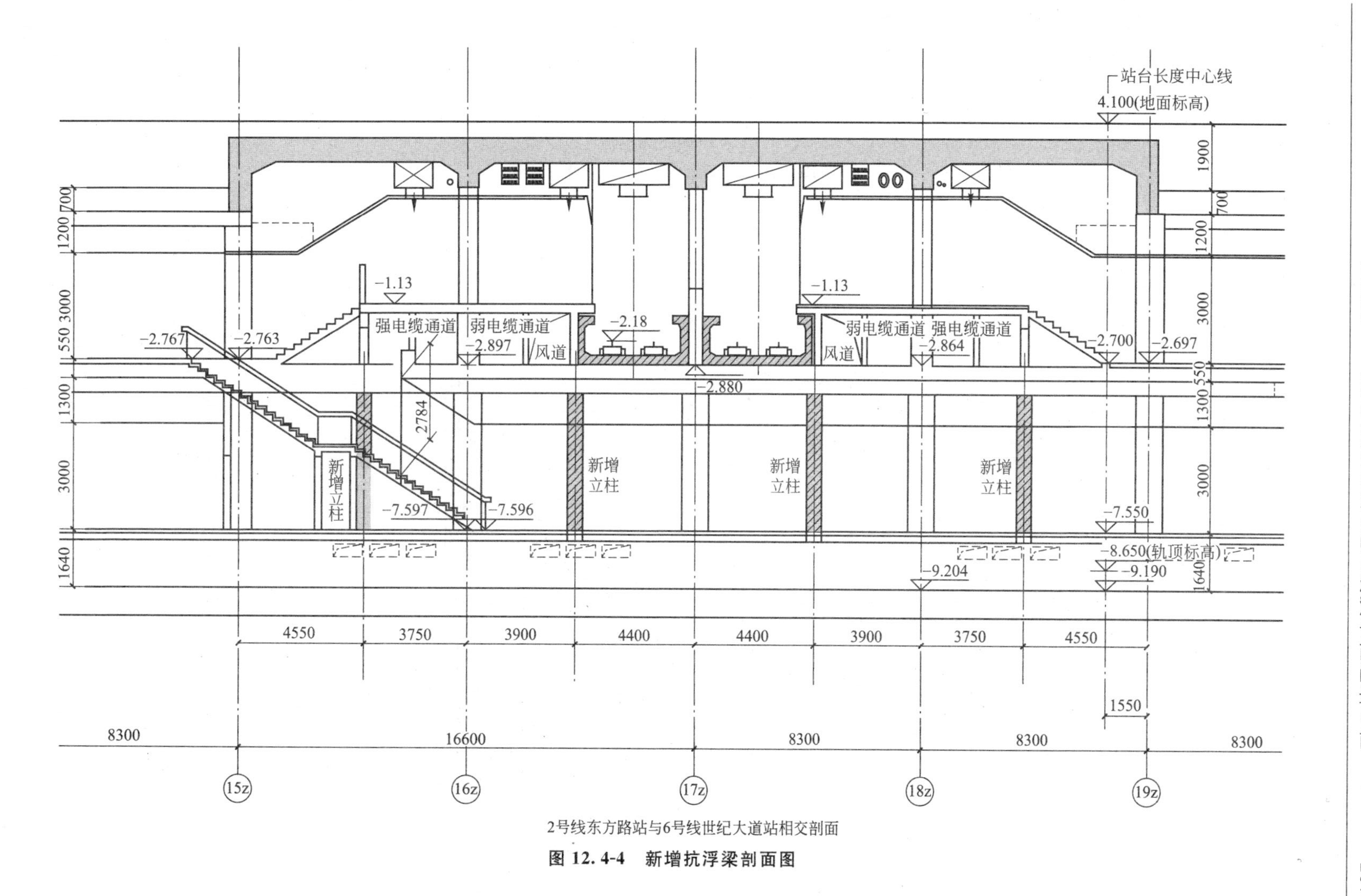

2号线东方路站与6号线世纪大道站相交剖面

图 12.4-4 新增抗浮梁剖面图

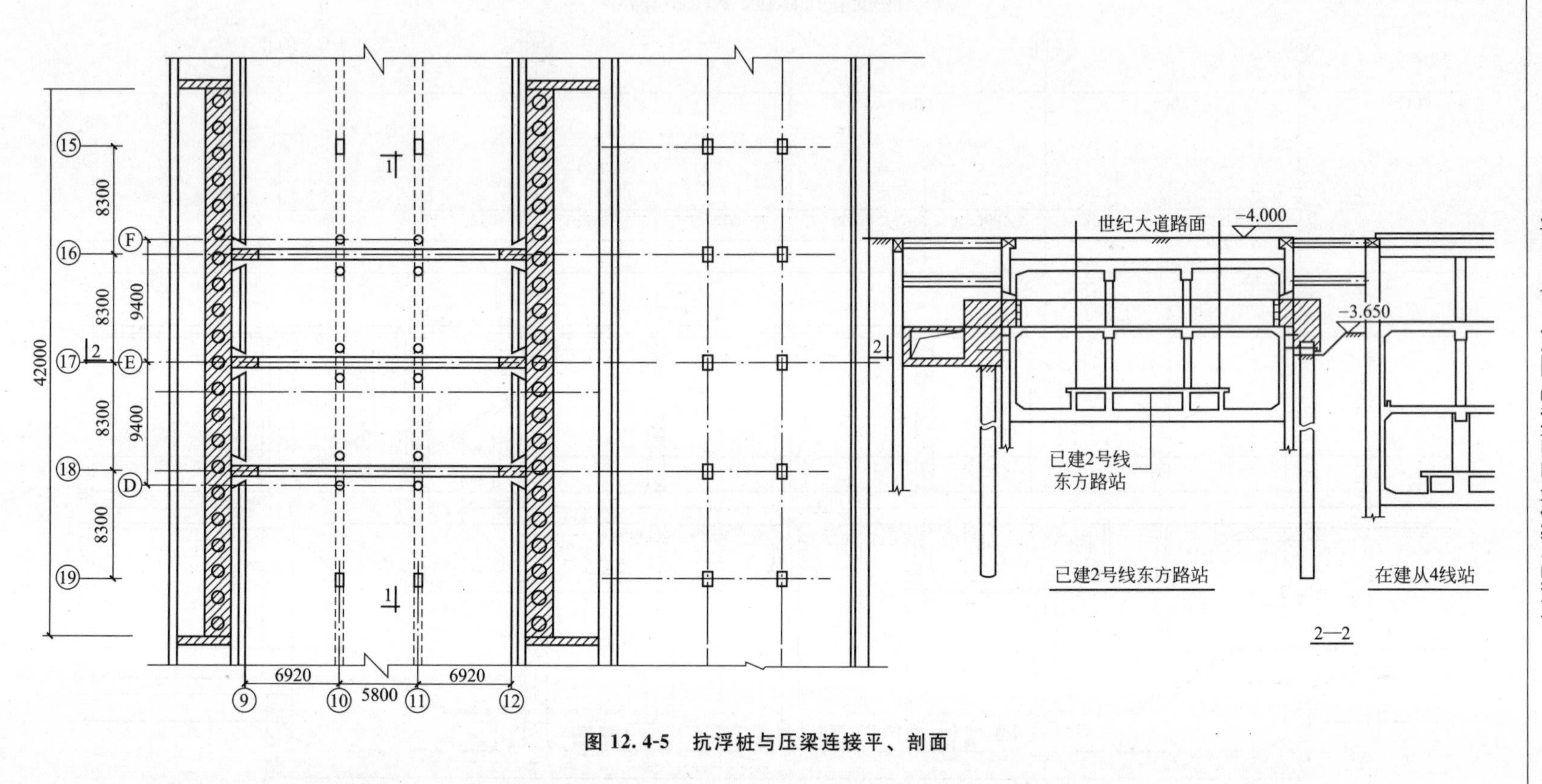

图 12.4-5 抗浮桩与压梁连接平、剖面

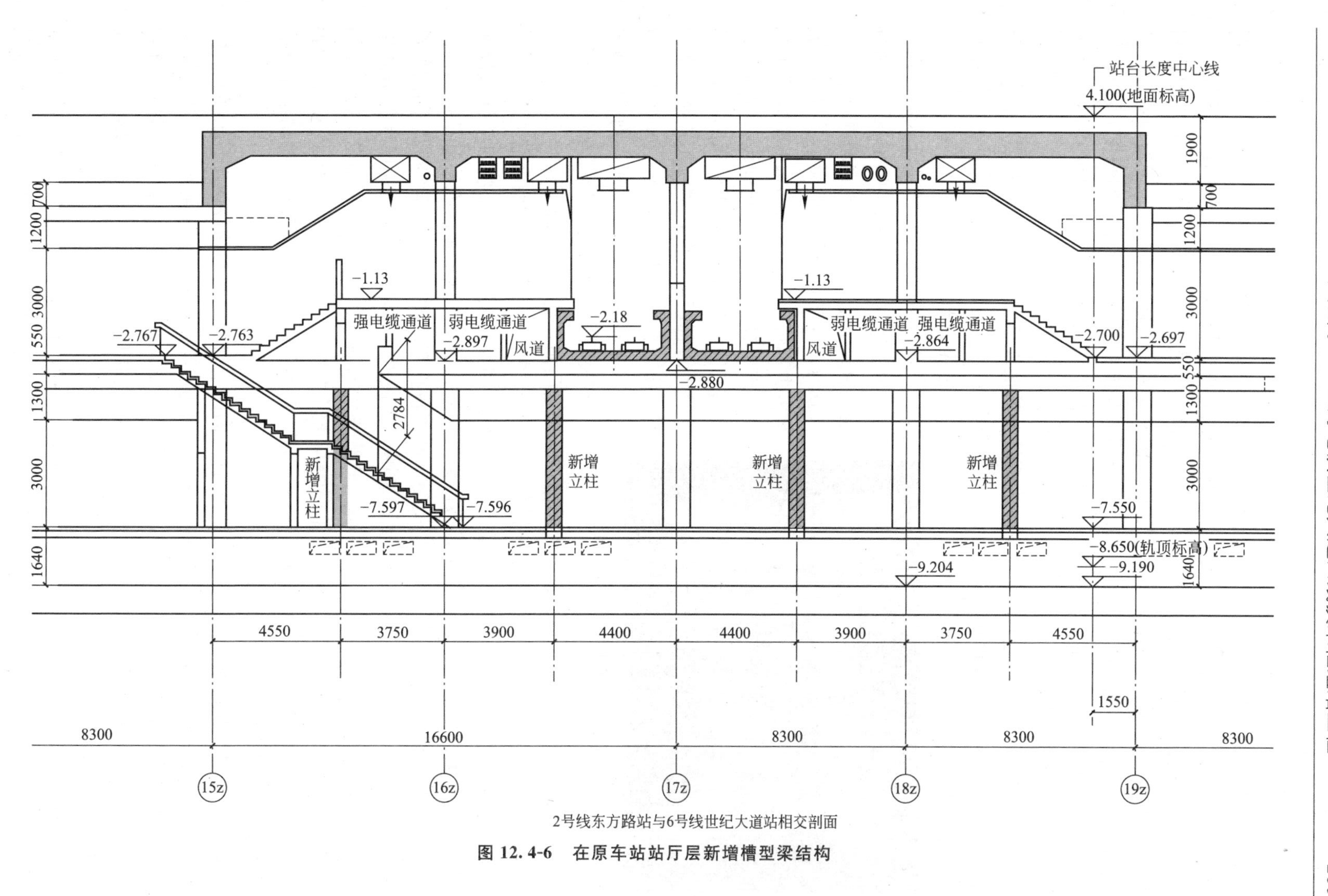

2号线东方路站与6号线世纪大道站相交剖面

图 12.4-6 在原车站站厅层新增槽型梁结构

的连接通道和合理的布局就显得至关重要。然而多增加原东方路站侧墙的开洞又是对该车站结构的一种损伤，所以在何处开洞、开洞的大小也就成了对该站实施改造的一个重点研究对象，为此设计首先在确定基本连接通道位置及大小的基础上，通过采用仿真模拟计算（按最大高峰客流），复核连接通道的设置是否合理？以及计算调整通道位置和闸机进出口方向，减少相互人流对撞现象，从而使客流能流畅换乘；其次，针对每个连通口都进行结构受力分析，包括对相关范围内的顶板内力分析，从严格控制结构变形的角度开展设计，并要求施工单位分块、分条凿除侧墙钢筋混凝土，按"先撑后凿"的方法进行施工，尽量减少对保留结构的损伤。

显然，采用人工计算已不能对这样庞大而复杂的换乘车站作出精确的处理。为此，设计特意采用动态行人模拟软件 LEGION 软件对复杂车站通道、检票口的设置等问题进行全方位详尽的评估分析，得出高峰小时模拟仿真人流密度分布（图 12.4-7）。

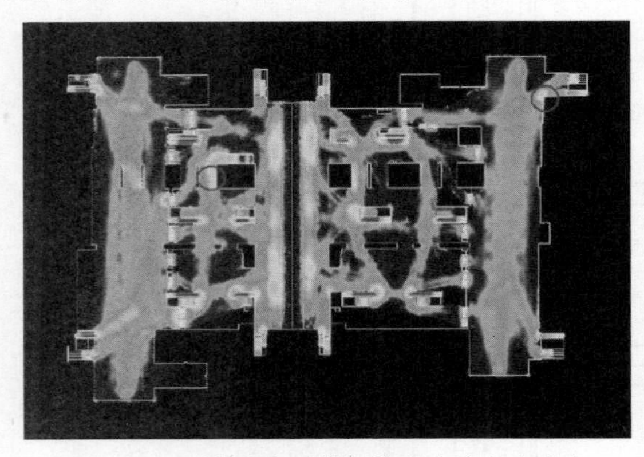

图 12.4-7　高峰小时模拟仿真人流密度分布

12.4.2.6　侧向连通道的设计及加固措施

由于新增的侧墙门洞都是在原车站侧墙上通过凿除相关范围的钢筋混凝土墙体形成的，所以洞门凿除的大小、位置及数量多少都将会对原车站结构的整体稳定和受力产生较大的影响。对此设计针对东方路站两侧的开洞提出如下的原则：第一尽量避免对称新增门洞；第二不连续新增门洞；第三新增门洞宽度应≤5m。当因特殊要求必须加大门洞宽度时，则必须通过重点补强结构的措施来确保车站的安全，如在东方路站厅两端原出入口门洞左右各增加了一个门洞，这样就形成了连续三个门洞宽度的通道，从而满足了该区域人流的疏散要求，但结构则采取了特殊的加固措施。

首先，必须考虑的是一旦车站侧墙大面积凿除（特别是对称开洞），将直接导致原来的框架结构受力体系发生改变，其中顶板内力变化最大，由于侧墙被凿除使其结构断面减小，导致顶板与侧墙间的刚度削弱，从而使车站顶板正弯矩增加。经过验算该范围内的弯矩增加量达 17%，超出了一般简单加固的范畴，为此设计采取了增加顶板厚度的方式来改善其受力增加带来的问题，而在具体施工过程中增加顶板后度又是非常难以实施的，因为增加顶板厚度必须先要挖除顶板上方的土体，挖土意味着对车站卸载，处理不当就会影响车站的稳定，故经过计算，严格控制挖土范围，采用分散、小块局部施工等精细化方法来确保车站结构的整体安全与稳定。

对于一般部位新增的门洞，要求间隔设置，即两个门洞之间必须保留 3～5m 的墙体，通过对该范围框架结构整体计算，顶板正弯矩增量在 10%左右，为此在确保对开洞周边新增暗梁、暗柱补强外，在施工阶段还需增设临时支撑，在新增门洞实施完成后还在其相应范围加贴碳纤维布加固，具体部位主要是顶板底部和门洞过梁范围。车站侧墙大面积门洞凿除施工如图 12.4-8 所示。

为确保新增门洞结构与原车站结构的有机结合，设计特别要求施工单位在凿除相关结合部位的混凝土时，一定要采取人工方式进行，这样一方面能减少对周边保留部位的混凝土损伤，另一方面也能确保该范围内的钢筋不受扭曲，使下一步新施工的门洞框架（即圈梁）钢筋与原结构钢筋能充分的连接，从而使新、老结构融为一体，达到共同承受外力的作用。同时也为整体结构的防水处理提供了可靠的保证。

图 12.4-8　车站侧墙大面积门洞凿除施工

12.4.2.7　9 号线车站深基坑施工实施和相邻车站结构安全保护监测

由于新增加的 9 号线车站与 2 号线车站紧邻，造成 9 号线车站基坑的开挖过程就是对原 2 号线车站的侧向卸载，从而影响到 2 号线车站侧向平衡，为此设计对施工提出了严格的控制要求。

1. 将 9 号线车站基坑分块、间隔施工

通过限制基坑的开挖长度来减小对邻近车站的影响，具体要求是将总长 240m 的 9 号线车站基坑划分为五个小基坑，并要求间隔施工，通过减小基坑开挖长度来减小对 2 号线车站的影响（图 12.4-9）。

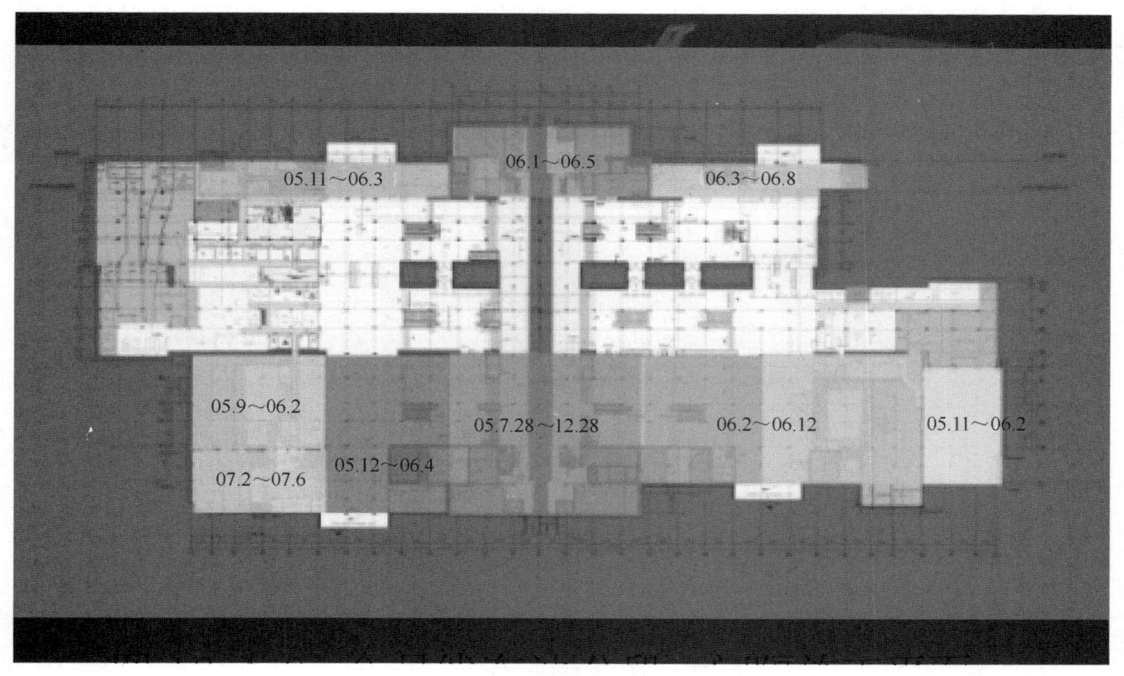

图 12.4-9　9 号线车站分段、间隔施工平面

2. 加强 9 号线车站基坑支撑整体刚度体系，控制基坑变形

在支撑布置上采用了钢筋混凝土支撑与钢支撑相结合的方式，第一道支撑选用了整体性相对较好的钢筋混凝土支撑，通过该支撑的现浇钢筋混凝土围檩将原 2 号线车站的围护结构连接在一起；在接近基坑底部的支撑，则采用了十字钢管支撑，这样既有利于确保基坑的整体稳定，又能加快基坑的施工速度。从最终的实测位移值分析，通过各项措施的综

合选用，远离车站一边的基坑水平位移为21mm（因为该侧受周边后续地下空间开发的需求，预先加大了车站侧的地墙刚度，从而使得该值比一般的基坑开挖位移值要小得多），而与车站相邻一侧的水平位移为5～8mm，在整个车站施工过程中，土体隆起（竖向位移）对2号线车站底板的影响在6～11mm范围内（测点设在轨道中间，利用晚间列车停运时测量），基本未对运营中的车站产生影响。

12.4.3 施工监测

现场监测是动态设计与信息化施工的重要内容，也是对运行中的东方路车站保护及智能预测与控制的重要手段。监测分为施工期间和运营期间的监测，又分地上和地下两个部分。

监测内容包括：相邻车站沉降和倾斜、深层土体侧向位移、沿车站轴线横向一定范围内的地表变形、地下水位、车站结构内力、混凝土裂缝等。

12.4.3.1 原2号线车站墙顶沉降、裂缝的分析

在6号线穿越段施工过程中，对原2号线东方路站的顶板部分（约26.0m）凿除，尽管采取了足够多的技术措施来确保原有结构的安全，但对掌握整个施工过程中的车站结构变化也是十分必要。设计通过明确布点来收集实测数据，以便及时了解结构受力变化的情况。

在9号线车站与2号线车站地下二层平行间距约6.5m，地下一层共用一道地下连续墙进行基坑开挖。因此2、9号线车站共用的地下连续墙受9号线车站基坑施工影响较大，这里仅以施工在最不利的工况：18～28轴基坑（长80m）开挖的情况进行分析。

由于9号线车站基坑开挖期间9号线一侧土体大量卸载，2号线地下墙整体出现了上浮，整体上浮幅度不大，最大上浮为1.5mm，如图12.4-10所示。

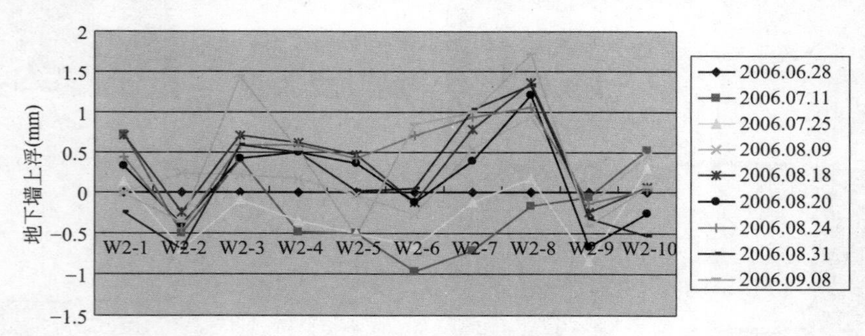

图12.4-10 基坑开挖引起的地下墙上浮变化图

12.4.3.2 9号线车站基坑施工对东方路站道床沉降分析

在8～28轴基坑施工时，对应2号线车站上行线轨道沉降出现一定的上浮（9.5mm），但远远小于运营要求20mm，如图12.4-11所示。

12.4.3.3 原2号线车站结构侧墙的墙体变形分析

在18～28轴基坑施工时，对应2号线车站站厅层南北两侧侧墙间位移变化量监测结果显示：

（1）18～28轴基坑施工期间，2号线南北两侧侧墙之间的距离总体呈增大趋势；

（2）从基坑开挖第一层土到18～23轴基坑开挖至底这段时间内，侧墙之间的距离呈增大趋势，但总体变化量不大，基本稳定在0～4mm之间（最大为3.95mm）。

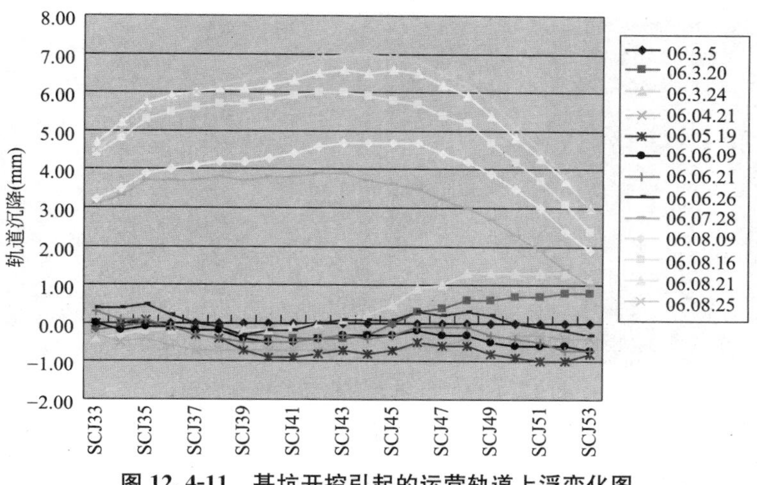

图 12.4-11 基坑开挖引起的运营轨道上浮变化图

12.4.3.4 新增“门”字形抗浮压梁沉降变化

2 号线车站顶板改建施工期间，站厅层压梁沉降数据如图 12.4-12 所示。可以看到，改建期间由于顶板卸载引起压梁上各点均出现了不同程度的上浮，上浮值最大为 2.2mm。

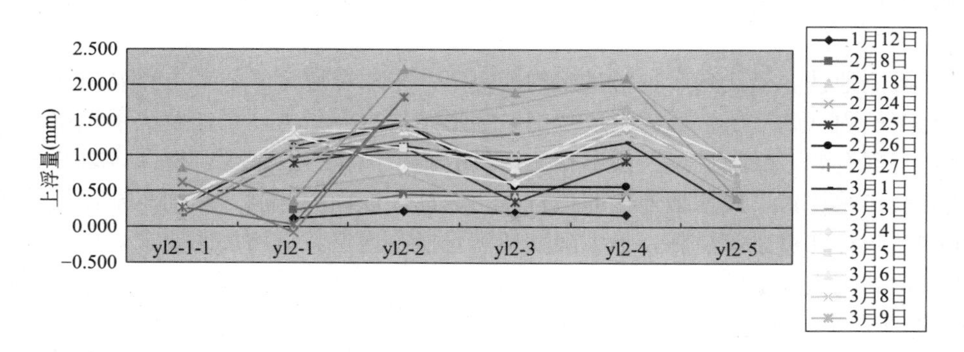

图 12.4-12 顶板上浮变化图

顶板改建施工时结构状态监测值 表 12.4-1

项目		计算值	控制目标值	出现位置
变形		7(0.0015L_0)	<L_0/250	16 轴与 18 轴附近
稳定性	沉降量(mm)	9	≤20	16 轴与 18 轴附近底板
	水平位移(mm)	0	≤1.2	
	局部倾斜率	0	≤0.2%	
	沉降速度(mm/月)	0.3	≤2	

表 12.4-1 结构状态监测数据表明，改建施工对运营车站的保护相当成功。

2008 年底，上海轨道交通世纪大道 4 线换乘枢纽站工程基本建成，2、4、6 号线 3 线运营。2009 年底，9 号线 2 期建成运营，4 线换乘枢纽站全部建成运营，日换乘客流达 30 万人次，成为除市中心人民广场换乘枢纽站外的第二大换乘客流（图 12.4-13）。

图 12.4-13 世纪大道枢纽站换乘客流

12.4.4 总结

世纪大道换乘枢纽站是一个高效集成、资源共享的车站，它既是一个改建项目又是新建项目，在国内轨道交通领域是较为少见的。该工程将4条轨道交通线车站高度集中在一起设计（上、下重叠），创造性地提出了“丰”字形换乘站，以全站台与三座车站的站厅层直接沟通的方式，替代了以往传统的通道换乘模式，实现了真正意义上的“零换乘”，这一创新不仅缩短换乘时间和距离，还大大地改善了乘客的换乘条件，更为国内外同类项目之最。

在不影响地铁2号线列车正常过站的前提下，采取在原2号线东方路站两侧新设抗拔桩，并与车站内（站厅层）压梁组成“门”字形结构抗浮受力体系，解决了车站整体上浮的问题，与现有的“底板抗浮”技术相比，具有施工简单、占地少、抗浮效果好等特点。

按四线换乘要求，须增加连接通道宽度，设计采取间隔开洞、加固车站顶板结构、新增开洞侧墙暗柱和过梁等措施，最大限度地满足换乘通道数量增加的要求，东方路站北侧侧墙因新增门洞需凿除的面积占原面积的63.4%，南侧侧墙因新增门洞需凿除的面积占原面积的54.2%，通过分部与整体内力计算，严格控制了原有的结构受力，整个侧墙改造工程完成后，原2号线东方路站（注：后改称世纪大道站）结构未出现较大的结构裂缝现象。

第13章　城市地下空间防灾减灾技术

13.1　概述

自20世纪80年代后期，国际隧协提出“大力发展地下空间，开始人类新的穴居时代”的倡议以来，地下空间开发利用作为解决人口、环境、资源三大难题的重大举措，在世界各国得到了积极的响应，特别是作为主要利用形式的交通隧道，得到了迅速发展，并在穿越障碍、解决城市交通压力、节约城市用地、加强城市防护等方面发挥了重要的作用。

但是，在交通隧道给人们生产、生活带来便利，越来越多被使用的同时，作为主要灾害的火灾也频繁发生。例如公路隧道火灾方面，典型的案例有1949年美国霍兰公路隧道火灾，1977年上海打浦路越江隧道火灾（5人死亡，23人受伤），1979年日本阪公路隧道火灾，1982年美国加利福尼亚州卡尔德科特公路隧道火灾，1998年中国盘陀岭第二公路隧道火灾，1999年法国-意大利间的勃朗峰公路隧道火灾（大火烧了53小时，造成39人死亡，30余辆车烧毁），1999年奥地利托恩公路隧道火灾，2000年瑞士圣哥达公路隧道火灾（11人死亡，128人失踪），2002年中国甬台温公路猫狸岭隧道火灾，2002年法国巴黎在建的A86双层隧道火灾以及2005年法国-意大利间的弗雷瑞斯公路隧道火灾等。另据统计，自1991～2001年，上海市延安东路隧道共发生了4起火灾事故，上海市打浦路隧道自1977～2002年，共发生火灾18起。地铁火灾方面，典型的案例有1983年日本名古屋市东山地铁线荣车站火灾，1987年英国伦敦国王五十字街地铁车站火灾，1995年阿塞拜疆巴库地铁火灾（558人死亡，269人受伤）以及2003年韩国大邱市中区地铁1号线中央路车站火灾（造成196人死亡、147人受伤）等。此外，我国北京、上海等城市的地铁在运营过程中也发生过多起火灾，造成了严重的人员伤亡和财产损失，以北京地铁为例，自1969年建成通车以来，连续发生了一系列的事故：1969年11月3日，古城站发生列车起火事故，由于扑救及时，未酿成大祸；1969年11月11日，万寿路至五棵松区间再次发生火灾，大火烧了6个小时，地面交通中断一天，中毒窒息200余人，死亡3人，烧毁两辆机车；1989年3月22日和5月7日地铁积水潭变电站先后发生火灾事故，电器短路产生大量有毒气体，数十位职工中毒；1993年6月7日晨，一列客车向西行驶至万寿路与五棵松站因电器烧毁中断运营近40分钟；2003年7月14日，由西直门开往东直门方向的城铁列车在芍药居站突发火情，第一节车厢的顶部腾起了约半米高的火焰，所幸无人员伤亡。

由于交通隧道环境的封闭性，火灾时，排烟与散热条件差，温度高，会很快产生高浓度的有毒烟雾，致使人员疏散困难、救火难度大，损坏程度严重。火灾不但会导致整条线路交通的瘫痪，极大地影响正常的生产和生活的进行，导致社会经济的损失。同时火灾会带来严重的社会负面影响，降低公众对隧道安全性的信任。此外，火灾后的损伤评估、修复加固以及正常使用功能的恢复都会耗费相当数量的人力、物力和财力，特别是对于高水压环境下的水下隧道，还存在由于结构被破坏而导致隧道无法修复的可能。因此，在地下空间开发逐渐深入的背景下，如何保证交通隧道的火灾安全性是一个非常重要的问题。本章针对隧道结构防火及隧道火灾预警救援两个方面重点作了介绍。

13.2 地下结构防火安全技术

13.2.1 大直径装配式衬砌结构体系火灾高温下的力学特性

对于越江跨海的大直径装配式衬砌结构体系而言，由于其埋置于地层中，在服役期将承受水土压力的作用，结构混凝土的含水量较高。在火灾高温的作用下，由于衬砌结构混凝土内水分的蒸发和迁移[7]，使得衬砌结构混凝土的升温曲线呈现出显著的温度平台（图13.2-1）。此外，如图13.2-2所示，由于衬砌结构混凝土热容大、热传导系数小，导致温度在衬砌结构内传导缓慢，使得在衬砌结构厚度方向上产生显著的不均匀非线性温度分布[6]。这种不均匀温度分布不仅导致了衬砌结构混凝土、钢筋、接头等的不均匀性能劣化，同时会在衬砌结构截面上产生显著的不均匀热膨胀和附加应力[13]。由于大直径装

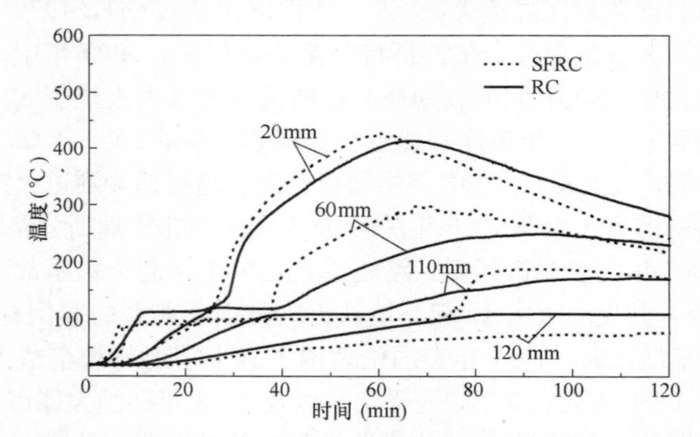

图 13.2-1 衬砌结构内距受火面不同距离处混凝土温度随时间的变化

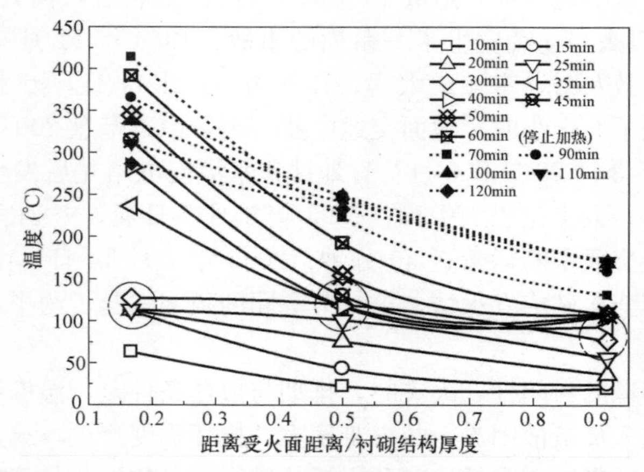

图 13.2-2 火灾高温下沿衬砌结构厚度方向的不均匀温度分布

配式衬砌结构体系是一个超静定体系，不均匀温度分布导致的截面应力和内力重分布引起的附加变形会非常严重，对衬砌结构体系产生不利的影响。

此外，由于衬砌结构体系为超静定体系，在火灾高温作用下，由于下述热力耦合作用，衬砌结构体系发生了显著的变形和内力重分布（图 13.2-3～图 13.2-5）：（1）衬砌结构体系内的不均匀温度场分布导致衬砌结构体系各部分发生不均匀的热变形；（2）火灾高温导致衬砌结构混凝土、钢筋及其之间的粘结性能劣化[9,16]；（3）火灾高温下，衬砌结构接头连接螺栓强度及刚度的降低，导致衬砌结构接头力学性能显著降低；（4）衬砌结构体系内不同成员管片间的相互作用。

如图 13.2-3、图 13.2-4 所示，在试验升温阶段，衬砌结构体系受热区的管片发生了显著的拱起（径向位移为负），同时，位于该区域的接头在外侧张开（接头张角为负）。由于衬砌结构体系内接头刚度、强度一般均低于管片自身，因此，试验中观察到的衬砌结构体系最大径向位移和接头张角均发生在±45°接头位置处。值得注意的是，由于衬砌结构体系整体变形的协调性，尽管位于常温区的管片未直接受到火灾高温的作用，但仍发生了显著的变形。这一现象表明了火灾高温下衬砌结构体系内各构件间的相互作用。当试验停止加热后，由于不均匀热变形的减小以及接头连接螺栓、钢筋等力学性能的恢复，衬砌结构体系的变形在逐渐减小，但未能完全恢复，试验中观察到了显著的残余变形，且衬砌结构体系受火区的残余变形显著大于未受火区的残余变形。总的来看，火灾高温导致的显著变形会对隧道衬砌结构体系产生不良的影响：

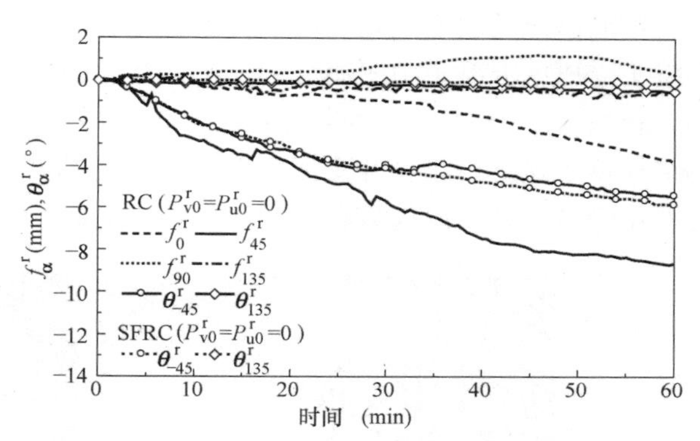

图 13.2-3 火灾高温下衬砌结构体系径向位移 f_α^r 和接头张角 θ_α^r 随时间的变化规律（无初始预加荷载）

（1）衬砌结构体系为高次超静定体系，火灾高温时，管片变形的增加、刚度的降低都会引起衬砌结构体系内力的重分布，使得不同部位的结构的安全度发生变化，甚至会导致非受火部位的衬砌结构由于额外承受了受火部位结构传递的荷载增量而发生破坏。

（2）火灾高温时，衬砌结构体系产生的可观的变形，不仅会导致衬砌结构防水的失效，同时也会影响隧道运营环境的安全（如变形太大侵入限界）。此外，当降温后，衬砌结构体系产生的变形不能完全恢复，较大的残余变形也会对今后隧道的运行环境产生影响。

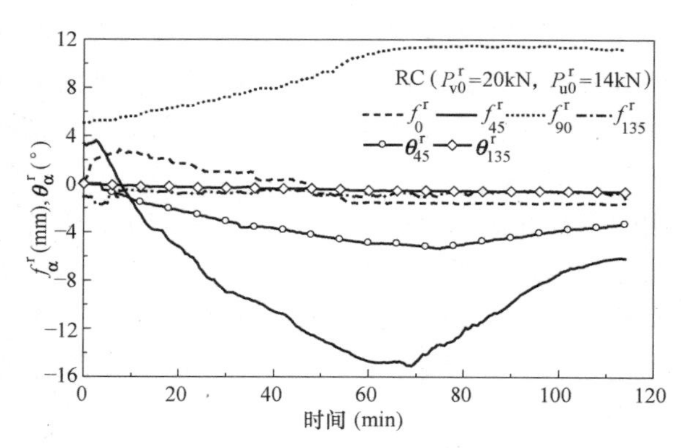

图 13.2-4 火灾高温下衬砌结构体系径向位移 f_α^r 和接头张角 θ_α^r 随时间的变化规律（施加初始预加荷载）

特别值得关注的是，对于装配式

衬砌结构这样一个由多块管片拼装而成，且受周围地层约束的高次超静定体系而言，火灾时，受火处管片的膨胀变形会受到相邻管片的约束，同时也会对后者产生作用；此外，在火灾高温作用过程中，受损管片所承担的荷载会通过内力重分布逐渐转移给结构体系的其他部分，导致未受火部分管片由于火灾中的内力重分布而出现安全性降低的不利情况。

同时，如图 13.2-5 所示，试验结果表明，接头位置对衬砌结构体系火灾高温下单力学特性及破坏模式具有显著的影响。这是装配式衬砌结构体系的一个显著特点。例如，对于图 13.2-5（*a*）所示的接头位置，火灾高温下加载时，由于衬砌结构混凝土（钢筋）强度、弹性模量的急剧降低，衬砌结构体系拱顶承受正弯矩的管片最终由于受火侧混凝土拉裂、钢筋高温屈服而破坏，同时伴随着过大的接头张角（高温时，由于接头承受负弯矩，而接头受压区混凝土由于高温的作用强度、弹性模量已明显降低，此时，接头刚度已非常小，相当于一个单铰）。而对于图 13.2-5（*b*）所示的接头位置而言，高温后再加载时，衬砌结构体系最终由于管片受压区混凝土（经受火灾高温后，受压区混凝土强度、弹性模量已严重降低）被压碎而破坏，同时伴随过大的张角（拱顶部位）。

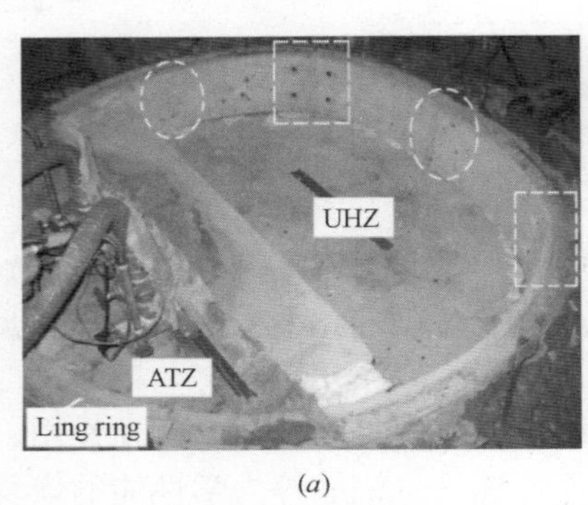

(*a*)

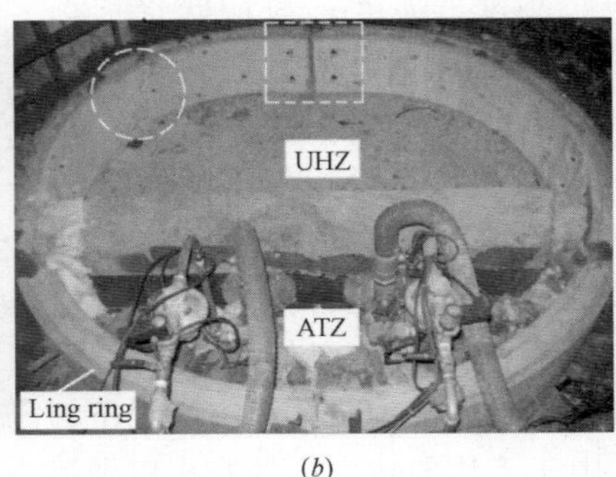

(*b*)

图 13.2-5　接头位置对大直径衬砌结构体破坏模式的影响

13.2.2　大直径装配式衬砌结构体系火灾渐进性破坏模式及机理

作为超静定体系，装配式衬砌结构在火灾过程中（火灾升温阶段、稳定阶段、降温阶段、冷却后阶段）中，由于不均匀火灾高温导致的不均匀热应力及不均匀材料劣化，结构体系内部会产生荷载转移及内力重分布；同时，由于火灾高温随时间变化的特性以及混凝土材料力学特性对温度的依赖性（混凝土材料力学特性在常温、火灾高温时及火灾高温后具有显著的差异），两方面的原因使得衬砌结构体系会在时间及空间上表现出渐进性破坏的特征。借助于大比例尺装配式衬砌结构体系火灾试验，系统探讨了火灾高温下衬砌结构体系的破坏模式及其渐进性破坏的机理（图 13.2-6、图 13.2-7）。

试验管片采用上海地铁工程中实际使用的钢筋混凝土管片。本次 1∶1 火灾试验管片来自上海轨道交通 9 号线桂林路站—宜山路站区间隧道工程。本工程衬砌环外径为 6.2m，内径为 5.5m，衬砌厚 350mm，环宽 1.2m，每环由 6 块管片组成，包括一块封顶块 K，两块邻接块 L1、L2，两块标准块 B1、B2 及一块拱底块 D。管片环与环间由 17 根 M30 纵向螺栓连接，块与块间由 2 根 M30 环向螺栓连接。混凝土等级为 C55，抗渗等级为 P10。

1. 火灾高温导致衬砌结构混凝土的爆裂

火灾高温会导致衬砌管片混凝土发生爆裂，这一现象在各次火灾案例中表现得最为突

图 13.2-6 试验用地铁盾构衬砌管片

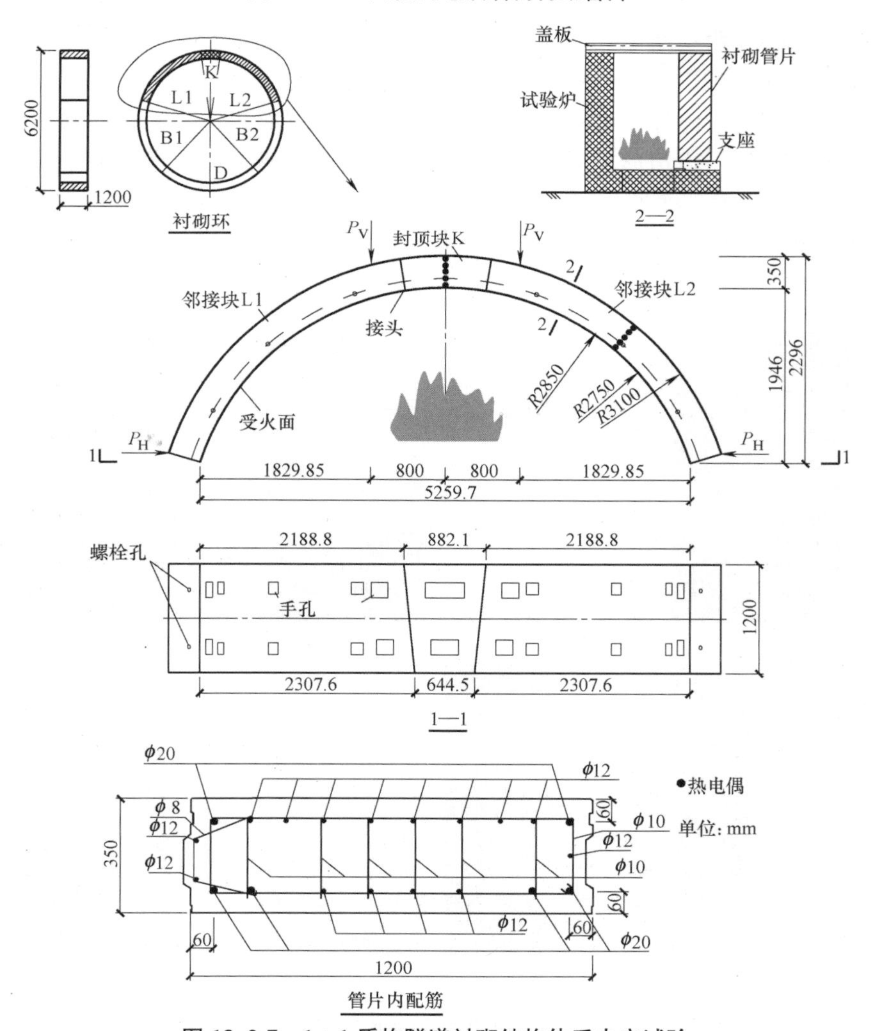

图 13.2-7 1∶1 盾构隧道衬砌结构体系火灾试验

出。爆裂是盾构隧道衬砌管片在火灾高温下面临的主要损害形式，需引起足够的重视。由于混凝土自身的复杂结构，高温爆裂进行理论预测和评估较为困难[3,8]。混凝土爆裂的机理包括蒸汽压理论及热应力理论[8,15]。对于大直径装配式衬砌结构体系而言，由于其所处的周围环境特点，蒸汽压力是控制混凝土高温爆裂的关键因素。根据蒸汽压理论[1,2,7]，混凝土高温爆裂的机理是：混凝土表面受热后，表层混凝土内的水分形成蒸汽，并向温度较低的混凝土内层流动，进入内层孔隙。这种水分和蒸汽的迁移速度决定于内层混凝土孔隙结构和加热升温速率。一旦温度迅速升高，外层的饱和蒸汽不能及时地进入内层孔隙结构，就会使蒸汽压力急速增大，在混凝土内部产生拉应力，如果混凝土的抗拉强度不足以抵抗蒸汽产生的拉压力，混凝土表层的薄层就会突然脱落，形成爆裂，同时新裸露的混凝土又暴露于高温之中，从而引发进一步的爆裂。爆裂是一个普遍现象，不论是普通混凝土还是高强混凝土都可能发生，特别是越密实的混凝土越容易发生爆裂。混凝土高温爆裂的概率及严重程度主要与升温速率、混凝土自身的渗透性及含水量，混凝土内的钢筋配置以及荷载状态相关[3,8,10]。

火灾高温试验表明（图 13.2-8）：火灾高温下，衬砌结构混凝土最大爆裂深度和面积比分别为 26～51mm 和 13.1%～55.7%，与升温持续时间、混凝土含水量及衬砌结构体系的荷载状态等相关。此外，试验观察到衬砌结构的爆裂形式主要为连续的片状爆裂。同时，在手孔边缘发生了边角形式的爆裂。同时，试验中观察到：当衬砌结构混凝土温度达到大约 170℃时，持续且猛烈的爆裂开始发生。而当衬砌结构混凝土温度超过 500℃之后，爆裂开始逐渐减弱。此外，如图 13.2-9 所示，由于混凝土保护层爆裂剥落，局部位置钢筋出露。

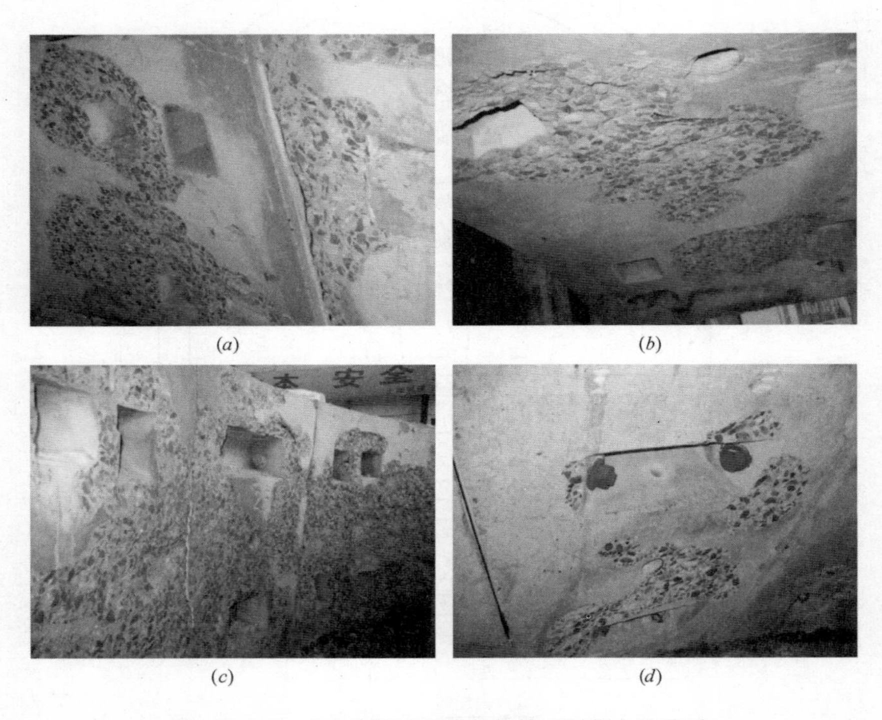

(a)　(b)　(c)　(d)

图 13.2-8　火灾高温下衬砌结构体系混凝土的爆裂

火灾高温除了导致衬砌管片发生爆裂外，还由于高温和不均匀热膨胀导致管片混凝土烧损和产生明显的裂缝（图 13.2-9）。同时，由于非受火侧混凝土对受火侧混凝土热膨胀的约束[3]，导致衬砌结构非受火侧发生显著的开裂，且与无初始预加荷载相比，由于初始预加荷载的作用，升温过程中，衬砌管片外侧裂缝多且明显。

爆裂是火灾高温对地铁管片的主要损害形式，需引起足够的重视。这是由于：(1) 隧道火灾升温速度快，最高温度高，使得管片非常易于爆裂，且管片内的温度梯度非常大；(2) 管片混凝土一般等级较高、密实性好；而混凝土越密实，越容易发生爆裂；(3) 混凝土的含湿量往往较大；(4) 管片主要承受压应力，易于发生爆裂；(5) 衬砌结构体系为超静定结构，火灾时会在衬砌结构内产生巨大的热应力。此外，由于隧道火灾持续时间较长，不断发生的爆裂还会使内侧受力钢筋暴露于火灾高温中，严重降低衬砌结构的承载力和可靠性，甚至导致管片坍塌。

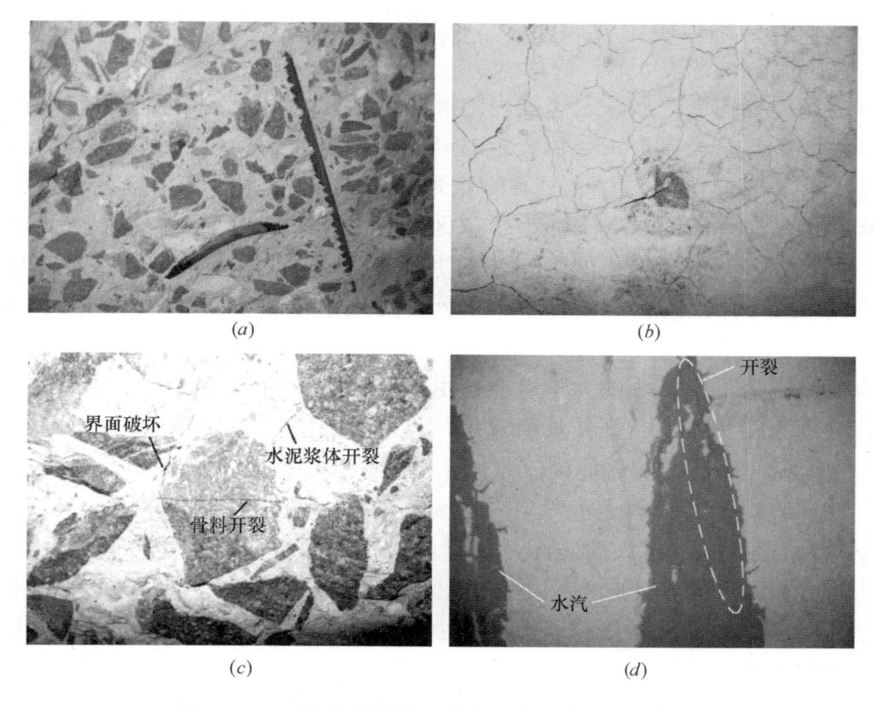

图 13.2-9 衬砌结构体系受火面火灾高温下的破坏

2. 火灾高温导致衬砌结构体系混凝土性能的渐进性劣化

火灾高温除了导致衬砌结构混凝土爆裂外，还会导致混凝土物理力学性能发生显著劣化，表现为强度及弹性模量降低以及渗透性增加等。特别是，由于火灾高温导致混凝土内部裂缝扩展及孔隙结构粗糙化[10,12]，衬砌结构混凝土渗透性在 160℃和 300℃时分别增大到常温时的 2 倍及 15.3 倍。火灾高温导致衬砌结构混凝土渗透性的增加会显著劣化衬砌结构混凝土的耐久性，特别是对于用于衬砌管片的高性能混凝土，降低的程度更为严重。

3. 火灾高温导致衬砌结构体系内力状态变化及承载力降低

火灾高温对衬砌结构体系内力分布的影响表现在：

(1) 火灾时，高温导致衬砌结构体系产生不均匀的热应力；

(2) 火灾时，由于混凝土为热惰性材料，导致衬砌结构内温度分布不均匀，引起各点材料的劣化程度不同，引起内力重分布；

(3) 衬砌结构体系为超静定体系，遭受高温的混凝土的变形会受到周围地层及相邻构件的约束，产生激烈的内力重分布，最终导致出现与常温时不同的破坏形态。

由于火灾高温时，衬砌环各部分间内力的转移和重分布，使得常温区未受火衬砌截面承受的荷载增加，降低了其安全系数，甚至会导致其破坏。同时，对于升温区的衬砌截面而言，在火灾高温的作用下，一方面，由于内力的重分布其承受的荷载在增加，另一方面，其自身承载力、刚度在急剧降低（由于混凝土、钢筋材料力学性能的劣化），两方面因素的共同作用使得升温区衬砌截面安全系数降低的幅度要远大于常温区。在同等条件下，火灾时，升温区衬砌截面是衬砌环发生破坏的薄弱环节。

4. 火灾高温导致衬砌结构体系接头性能劣化

从宏观上来看，试验结果表明，火灾高温对衬砌接头的破坏主要体现在如下几个方面：

(1) 火灾高温使得受火面一定区域内的混凝土强度、刚度等力学性能严重劣化。由于混凝土力学性能下降，当接头承受负弯矩时（此时，受火面一侧为受压区），为了能够抵抗该负弯矩，接头变形增大，背火面一侧张角和张开量急剧增大，使得接头防水措施失效；而当接头承受正弯矩时（受火面为受拉区），由于高温使得螺栓的抗拉、抗剪强度大幅度降低，接头不断张开。接头的张开，又使得高温热流沿着接头缝隙蔓延到更深处，使得更多的混凝土受到高温的作用，同时可能会使止水橡胶受到高温的烧蚀，丧失止水性能。

(2) 火灾高温降低了接头的力学性能。由于火灾高温的作用，接头的抗弯、抗剪性能急剧下降，表现为接头张角、张开量值较大，且接头部位发生错台现象。

(3) 与常温时RC管片的破坏模式不同，高温下RC接头的破坏因受载状态的不同而表现出不同的模式：当接头承受正弯矩时，接头最终因螺栓伸长（螺栓承受高温，强度、刚度明显下降）、接头张开过大而破坏，此时，受压区混凝土由于处于低温区，强度损失有限，尚未达到极限状态；当接头承受负弯矩时，由于螺栓远离受火面，强度损失有限，接头最终由于受压区混凝土的压碎而破坏（由于直接遭受火灾高温的作用，受压区混凝土强度、刚度严重下降）。

(4) 相比RC接头，尽管钢纤维能够控制裂缝的开展同时改善混凝土高温时及高温后的力学性能，但SFRC接头发生整体拉裂破坏的风险较高。这是由于火灾高温使得混凝土的力学性能已严重劣化，由于没有配备U形加强钢筋，使得混凝土发生局部拉裂。这一现象表明，对于SFRC接头而言，提高其高温力学性能的一个关键措施是加强接头部位的局部受力性能。

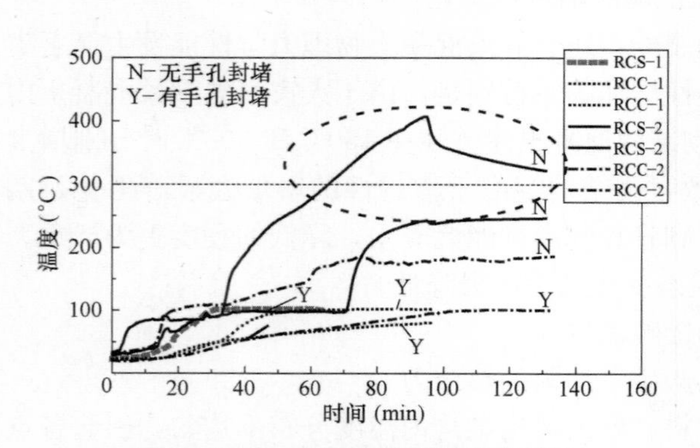

图 13.2-10 火灾高温导致衬砌结构接头连接螺栓温度升高

火灾高温除了导致接头产生显著的变形，同时由于接头螺栓、止水带等高温影响，还会导致衬砌结构接头力学性能和功能性能的劣化。如图 13.2-10 所示，在火灾高温的作用下，接头连接螺栓温度发生显著升高，导致其弹性模量和强度发生劣化，进而导致接头刚度显著降低。

火灾高温下衬砌结构接头连接螺栓温度升高可归结于：①由于热传导，接头连接螺栓处混凝土温度升高；②螺栓端部裸露于火灾高温中；③由于接头变形张开，高温烟气蔓延进接缝导致接头连接螺栓温度升高。

同时，火灾高温还会对接头止水带产生影响（图 13.2-11）：①高温烟气沿接头缝隙蔓延，导致止水带温度升高；②止水带附近混凝土的温度升高。

此外，由于接头的张开，火灾高温对衬砌结构接头的弹性衬垫也造成了显著的损伤（图 13.2-12）。

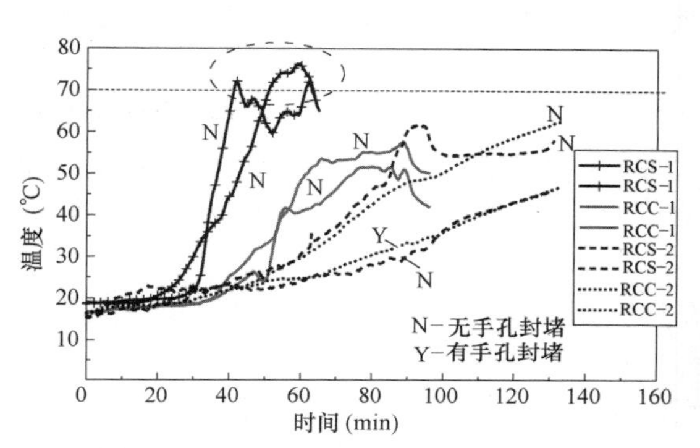

图 13.2-11　火灾高温导致接头止水带温度升高

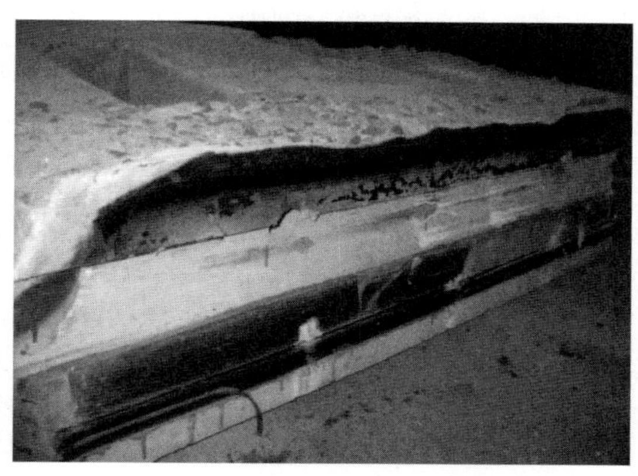

图 13.2-12　火灾高温对接头的损坏

5. 火灾高温导致衬砌结构体系的变形

在火灾高温的作用下，由于不均匀温度分布（既有隧道断面上温度的不均匀温度分布，也有衬砌管片截面上的不均匀温度分布），衬砌环升温区管片发生不均匀热膨胀，导致衬砌结构产生不均匀变形（图 13.2-13，图 13.2-14）。

（1）火灾高温引起的衬砌结构体系的变形，一方面引起内力重分布，另一方面，还会导致管片接头等薄弱部位的性能下降，引起隧道漏水、甚至坍塌。

（2）火灾高温导致的衬砌结构体系的残余变形，会改变隧道原有的内部空间形式，可能影响隧道内部的正常运行环境。

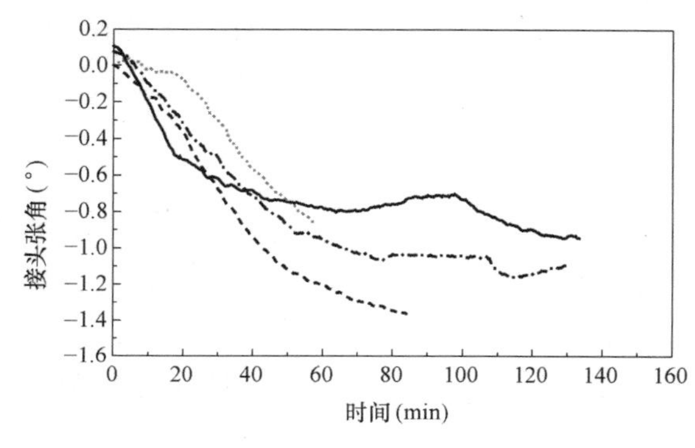

图 13.2-13　火灾高温下衬砌结构体系接头张角的变化

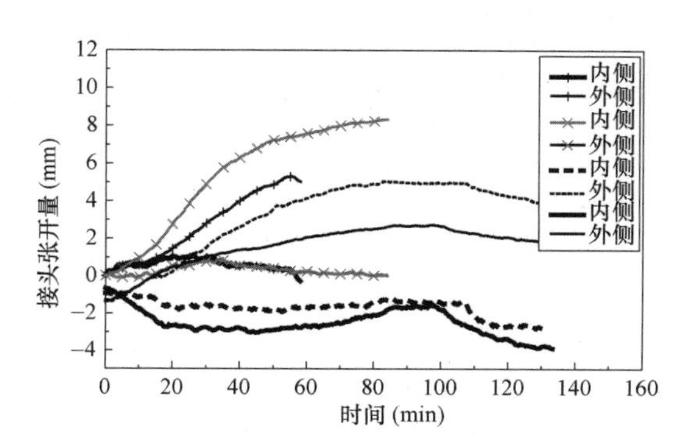

图 13.2-14　火灾高温下衬砌结构体系接头张开量的变化

（3）隧道衬砌结构在火灾高温下的变形会影响到地面建筑物及临近地层中其他建筑物的安全，特别是在城区修建的隧道。典型的案例是2001年美国霍华德城市隧道火灾中，大火造成隧道上部地层中直径1m的铸铁水管破裂。

综上所述，火灾高温下大直径装配式衬砌结构体系渐进性破坏的机理可简要归纳为下述几个方面：

（1）火灾高温作用过程中，温度在衬砌结构内呈现渐进性扩散增加的过程，使得衬砌结构体系的混凝土、钢筋、接头连接螺栓等力学性能也在时间上呈现出渐进性劣化的过程，逐渐从初始值向失效状态过渡。

（2）由于火灾时衬砌内温度场分布的不均匀性不仅表现为沿衬砌结构厚度上的不均匀，同时也表现为衬砌结构体系不同部位温度分布的不均匀，使得衬砌结构体系的破坏表现出空间上的渐进性演变过程。

（3）火灾高温作用过程中，衬砌结构体系各位置初始受力状态不同，衬砌结构体系各位置达到破坏状态的时间也不一致。衬砌结构体系表现为从最先破坏的薄弱环节开始，随着内力重分布和转移，破坏状态逐渐蔓延，在空间上衬砌结构体系呈现出渐进性破坏的现象。

（4）由于衬砌结构体系的变形的延迟，在火灾高温作用过程中，由于荷载的变化及内力重分布，衬砌结构体系的变形、内力状态都处在逐渐调整、演化的过程。

（5）衬砌结构体系与周围地层之间的相互作用及渐进性调整与演化。

目前，国内外关于衬砌结构火灾高温下的力学行为、破坏机理方面的研究开展得尚不多，特别是针对盾构隧道这类装配式衬砌结构体系的研究更为少见。就已有的研究来看，Savov等[14]通过对梁-弹簧模型的扩展，建立了可以考虑衬砌混凝土爆裂的分层梁模型，并利用该模型对不同荷载工况下浅埋公路隧道衬砌结构的变形、安全性进行了数值分析。Pichler等[11]借助数值分析手段，分析了火灾荷载作用下，聚丙烯纤维增强混凝土公路隧道衬砌结构的火灾安全性。Caner等[5]建立了集热传导分析及非线性结构力学行为分析与一体的衬砌结构火灾高温力学行为分析方法，用于评估衬砌结构的火灾性能。此外，在衬砌结构混凝土损伤方面，Yasuda等[17]为研究合适的衬砌管片耐火措施，开展了复合管片火灾试验（RABT曲线）。Caner和Böncü[4]对单块封顶块开展了火灾试验。然而，对于装配式衬砌结构这样一个由多块管片拼装而成，且受周围地层约束的高次超静定体系而言，火灾时其力学行为将更为复杂。上述试验研究成果有助于深刻认识大直径衬砌结构体系火灾高温下的力学特性，为评价大直径衬砌结构体系火灾高温下的安全性提供了依据。

13.2.3　火灾高温下大直径装配式衬砌结构体系力学特性的分析计算方法

1. 火灾场景及升温曲线

火灾场景即指火灾发生时，隧道内可能的温度分布情况，火灾场景在结构防火研究中处于基础作用，火灾场景决定了火灾发生时候对结构破坏的一种能量输入，不同的火灾场景决定了隧道内不同的温度分布形式。

隧道内火灾荷载随时间的变化规律可以通过施加在衬砌结构上的特定升温曲线来描述，即认为火灾在隧道内引起的热烟气流温度是按照一定的温升曲线来变化（图13.2-15）。

在考虑大直径装配式衬砌结构体系的火灾场景时，除了需给出时间上隧道内最高温度随时间的变化规律（采用火灾升温曲线描述）外，尚需给出在空间上施加在衬砌结构上的

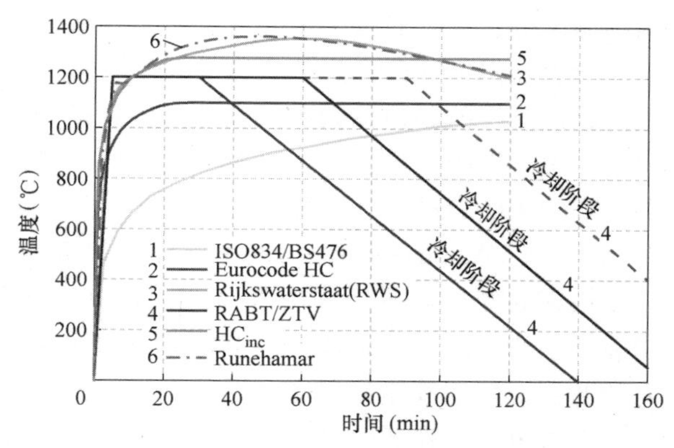

图 13.2-15 几种常用的标准火灾升温曲线

热荷载分布规律，即其横向温度分布规律（图 13.2-16）。隧道内温度的横向分布受隧道断面尺寸与燃烧车辆横断面积的相对大小、火灾规模的大小以及隧道内的通风状况等因素的影响。目前，随着盾构技术的发展，大的跨江工程等都采用大直径盾构形式建造，盾构隧道的直径越来越大，以上海长江隧道为代表的盾构隧道的直径已经达到了 15m，大直径的盾构隧道主要有两种，上下双层两车道的隧道，单层三车道的隧道。针对不同类型的隧道，由于其衬砌的直径不同，衬砌内部的结构形式不同，发生火灾的时候，衬砌表面的形成的温度加载范围也不尽相同。隧道的火情对隧道的安全行为起到关键性的作用，对隧道火情的真实模拟才能更好地得到隧道衬砌高温力学行为。

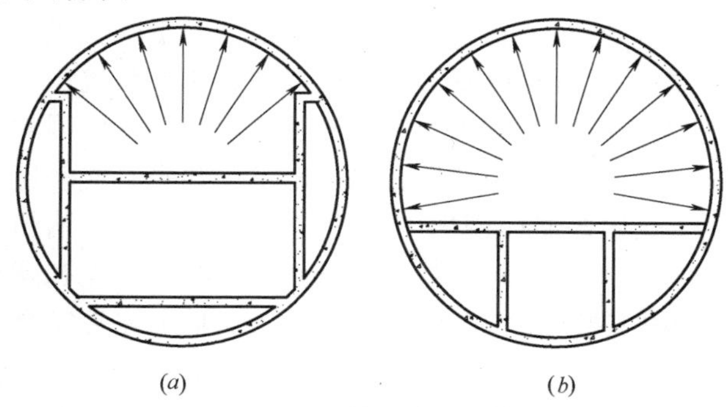

图 13.2-16 不同情况下盾构隧道火灾衬砌温度场施加范围
(a) 双层隧道；(b) 单层大直径隧道

(1) 大直径上下双层隧道

直径较大的盾构隧道有许多分为上下双层双车道，这种较大的隧道的直径在 12～14m 之间，典型的上下双层隧道有上海外滩迎宾三路隧道、军工路隧道和上中路隧道等。针对上下双层双向隧道来说，若隧道火灾发生在盾构隧道下层，由于受周围混凝土结构的阻挡，火灾很难蔓延到盾构衬砌结构本身上面，因此就衬砌结构本身而言，火灾发生在下层对衬砌结构的力学行为和破坏都很小。因此，主要考虑的情况为火灾发生在隧道上层，若火灾发生在隧道上层，火灾形成的热烟气流会直接加载在衬砌结构的顶部位置，两侧由于有墙体等结构的影响，温度不会直接加载在衬砌结构上面。

(2) 单层单向大直径隧道

单层大直径盾构隧道的代表主要有上海长江隧道、日本的东京湾隧道。单层大直径盾构隧道的特点在与盾构隧道尺寸很大，一般为三车道隧道，衬砌结构暴露于火灾高温的范围较大，两侧面和顶部基本都暴露在了火灾高温环境中，上海的长江隧道采用烟道板的纵向排烟和重点排烟形式，日本的东京湾隧道没有烟道板，直接采用纵向通风排烟模式。从热边界的加载条件来看，考虑最不利的情况为后者，即全车道板上部的所有衬砌结构内侧都有相应的温度场加载。

2. 衬砌结构体系材料高温下力学参数的确定

(1) 混凝土材料的热工参数取值

在衬砌结构温度场计算中，许多重要热工参数的值会随着温度和时间而改变，在进行结构的温度分布计算时候，需要首先确定这些热工参数与温度时间的变化关系，这些参数包括混凝土随温度变化的导热系数λ_c、比热容c_c、岩土体和钢筋的导热系数等。

衬砌混凝土的导热系数跟骨料的种类、配合比、含水量、混凝土的强度等级有着密切的关系，由于影响因素较多，且不同的试验所用的试验条件也相差很大，因此导热系数的结果具有较大的离散性。总体来说混凝土的导热系数随着温度的升高而降低，大致变化范围在2.0～0.5W/(m·K)。与混凝土的导热系数相似，混凝土的比热容的影响因素也很多，比热容的变化范围大致在800～1400J/(kg·K)，且随着温度的升高，比热容增大。衬砌混凝土的对流换热系数与热烟气流之间的对流换热系数的影响因素主要有：热烟气流的流动速度，热烟气流的温度，混凝土材料及表面形状等。衬砌结构混凝土表面的对流换热系数的大致范围在20～180W/(m^2·K)。混凝土热膨胀系数是指在不受外界干扰，只受自身属性影响时，单位长度（体积）混凝土在单位温度变化下长度（体积）的变化量。混凝土的热膨胀系数受多种条件影响，如水灰比、骨料和环境等。此外，由于混凝土导热较为缓慢，一般在隧道火灾的持续过程中，火灾高温导致岩土体的温度变化幅度不大，可以近似地认为岩土体的热工参数不随时间变化。

（2）衬砌结构混凝土、钢筋、接头螺栓等材料的高温力学性能

混凝土在高温下的情况相当复杂，其力学特性随着温度呈现出非线性的下降关系。影响混凝土高温力学性能的因素有很多，国内外学者对混凝土火灾性能的影响参数进行了分析，其中包括混凝土的骨料类型、颗粒级配、所用水灰比、混凝土强度等等，这些因素造成混凝土的高温性能相差很大。根据试验结果，一些专家学者也提出了一些具有代表性的混凝土高温情况下的计算方法[14,20]。这些规律普遍体现出的一个规律是混凝土和钢筋的高温承载力和变形模量随着温度的升高开始剧减，不同之处在于开始减小的温度点和减小的幅度不同。混凝土的高温承载力开始劣化的温度点在200℃左右，强度基本丧失完全的温度点在800℃左右，其劣化的趋势可以近似地认为成线性变化。对于混凝土的高温弹性模量，其起始的劣化温度在70℃左右，在750℃左右弹性模量基本为零。钢筋的高温屈服强度和弹性模量的变化与混凝土的劣化情况相似，只是开始的劣化温度不同，同时屈服强度并不是一条斜线，而是按照折线变化的。

3. 衬砌结构混凝土高温爆裂的考虑方法

在分析隧道火灾情况下的力学行为时，爆裂作为一个衬砌结构破坏的主要因素，应该引起足够的重视和进行相应的分析。不同的隧道在不同的火灾下产生的爆裂情况大相径庭，从真实的火灾案例来看，根据火灾的类型和持续的时间不同，爆裂深度从几毫米到几百毫米不等。在爆裂发生时，保护层内的钢筋会对爆裂起一定的抑制作用，在火灾持续时间不长的情况下，可以基本认为爆裂集中在保护层厚度范围内。从以往的火灾情况来看，由于接头处经过特殊加强，因此接头处的爆裂情况并不严重，因此在模拟分析爆裂情况时可以不考虑接头处的爆裂情况（图13.2-17）。

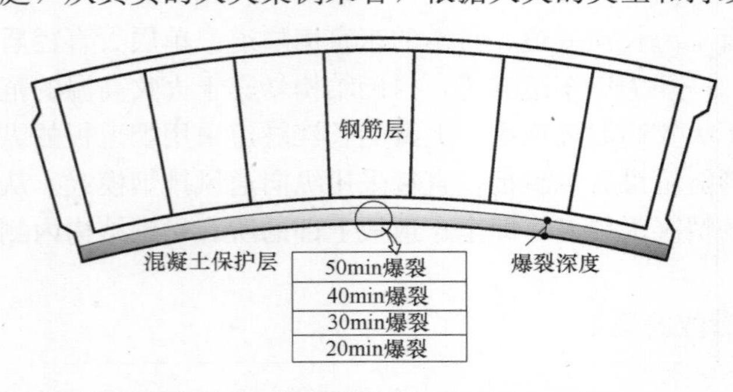

图13.2-17　衬砌结构混凝土爆裂过程的模拟

在分析爆裂的时候，可以设定一定厚度的混凝土总爆裂层，按照时间一层层进行爆裂（图 13.2-18）。

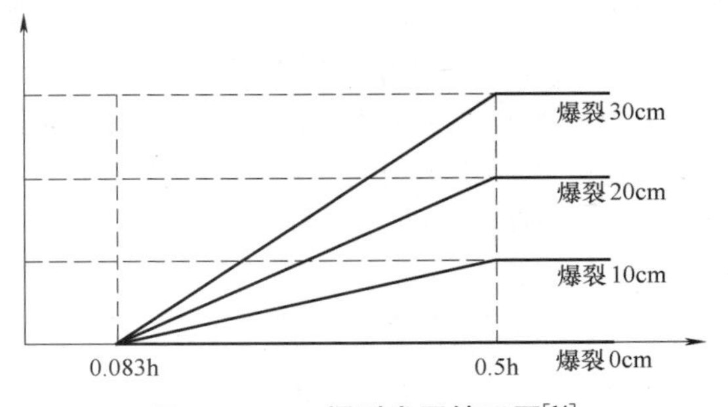

图 13.2-18 爆裂发展情况图[14]

4. 大直径装配式衬砌结构体系接头力学行为的模拟

盾构隧道一般由多个管片拼装而成，而且隧道直径越大，拼接的管片越多，衬砌的接头数量越多。在分析衬砌结构受力特性的时候，应该考虑隧道衬砌结构的接头特性对结构整体的影响。在分析大直径装配式衬砌结构体系整体力学行为时，接头的力学行为可以通过两种途径模拟：（1）考虑接头部位管片间的接触状态，采用实体模型模拟接头受力，如图 13.2-19 和图 13.2-20 所示。（2）基于之前建立的接头理论模型，通过刚

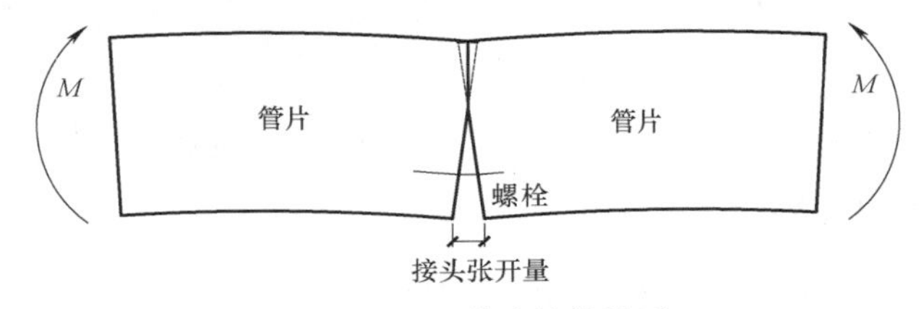

图 13.2-19 接头计算模型

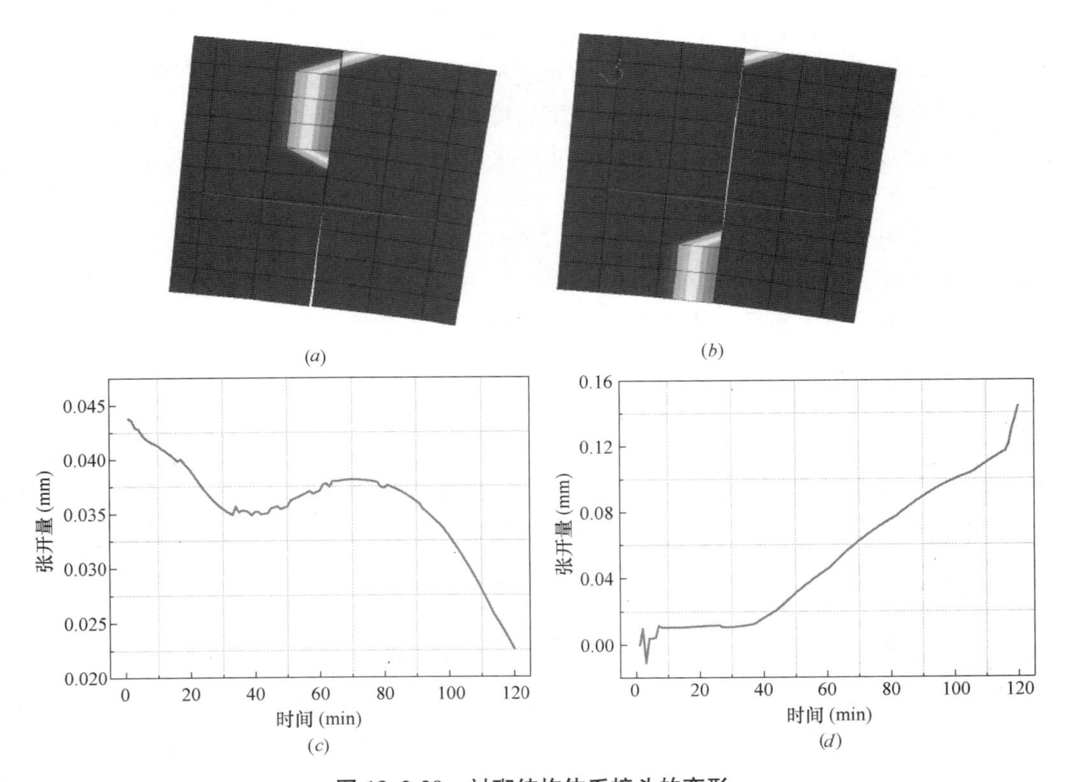

图 13.2-20 衬砌结构体系接头的变形

(*a*) 初始状态接头张开情况；(*b*) 最终状态接头张开情况；(*c*) 接头内侧张开量变化图；(*d*) 接头中部张开量变化图

度等效原理，将衬砌结构体系接头部位等效为具有一定刚度的梁。

5. 大直径装配式衬砌结构体系力学行为的计算模型

大直径装配式衬砌结构体系火灾高温下力学特性的计算模型包含两类模型：(1) 荷载-结构法（图 13.2-21）。将衬砌结构体系视为具有一定刚度的梁，接头采用前述的等效模型；(2) 地层-结构法（图 13.2-22）。

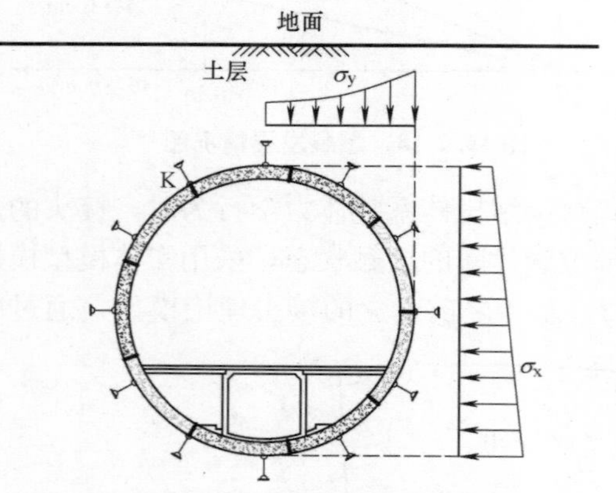

图 13.2-21 荷载-结构法荷载加载示意图

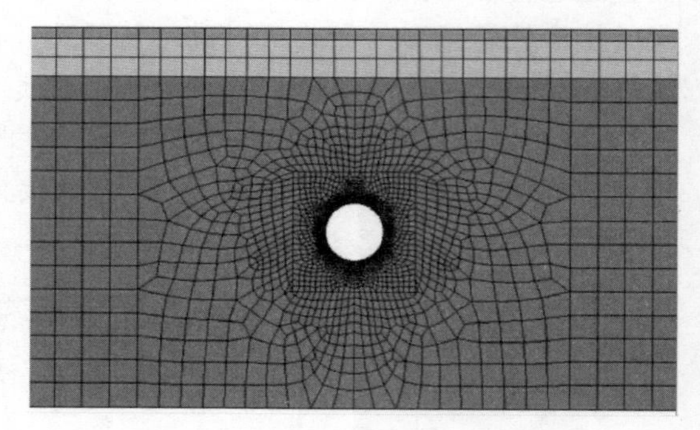

图 13.2-22 地层-结构法示意图

6. 大直径装配式衬砌结构体系耐火极限的判别标准

大直径装配式衬砌结构体系耐火极限的表征量应包括：

(1) 承载力。升温过程中，衬砌结构能够承受荷载，没有发生破坏、失稳或者坍塌；同时，降温阶段及降温后，衬砌结构能够承受荷载，没有发生破坏、失稳或者坍塌。

(2) 变形特性。对于盾构隧道接头、沉管隧道接头等，在试验全过程（包括升温、降温及降温后阶段）中，接头张开量不超过止水材料允许的最大值，接头的止水性保持有效。

(3) 抗渗耐久性。

(4) 隔热性。

13.2.4 火灾高温下大直径装配式衬砌结构体系火灾安全性的评估方法

为从宏观上定性地描述大直径装配式衬砌结构体系的安全性，同时也为后续研究装配式衬砌结构体系渐进性破坏模式及其描述理论与方法提供基础。补充开展了衬砌结构体系火灾安全性评估方法的研究，建立了完整的评价指标体系、安全等级标准，并基于模糊综合评判法给出了相应的安全性评估方法。并在上海长江隧道（大直径盾构隧道）工程中进行了应用。该部分研究内容的补充，一方面为从宏观上定性地描述大直径装配式衬砌结构体系的安全性提供了实用的方法；同时，也为后续研究装配式衬砌结构体系渐进性破坏模式及其描述理论与方法提供了基础。

1. 衬砌结构火灾安全性评估指标体系

影响隧道衬砌结构火灾安全性的因素众多，基于对衬砌结构火灾高温损伤、力学特性等研究认识，选取了其中最重要的若干因素加以分析（图 13.2-23）。其中，第一层评价指标 C_i 共分为 5 类，而每一类又包括数目不等的第二层指标 $C_{i,j}$。具体而言，各层评价指标分别为：

（1）隧道基本参数：隧道衬砌厚度、管片连接方式、管片端面形式、手孔、嵌缝封堵情况、分块情况、直径、长度、交通量和隧道通风状况；

（2）材料参数：混凝土骨料类别、骨料热膨胀性、骨料尺寸、混凝土含水量、混凝土强度和掺入材料（聚丙烯纤维、钢纤维）；

（3）周围地质环境：水土压力、地质条件，以及隧道附近的建（构）筑物情况；

（4）火灾基本参数：火灾（最高）温度、火灾持续时间和火灾发生位置；

（5）隧道衬砌结构耐火措施及救灾措施：被动耐火措施、主动救灾措施。

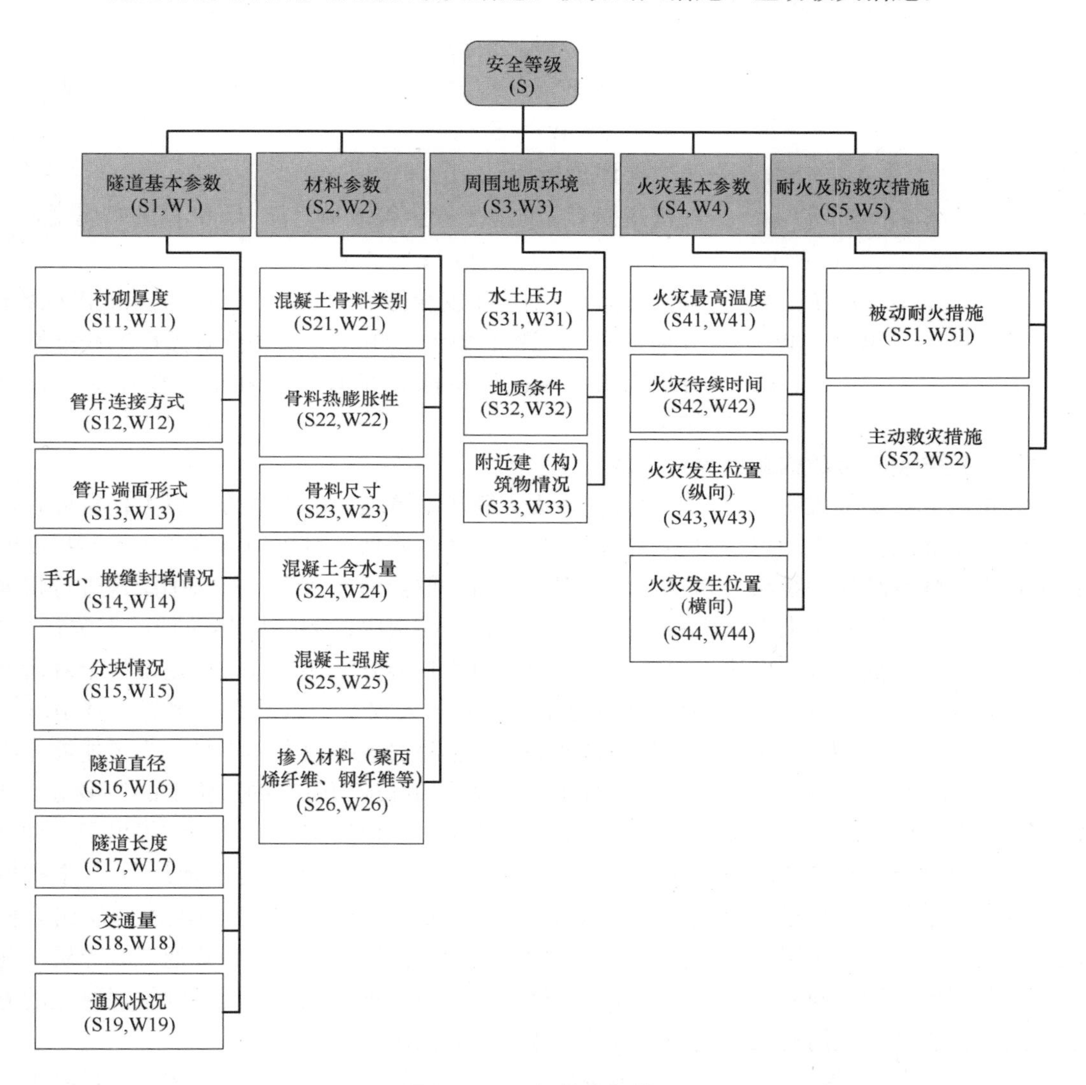

图 13.2-23　评价指标体系

2. 衬砌结构火灾安全等级及评估方法

根据上述建立的评价指标体系，通过式（13.2-1）～式（13.2-4）所示的评估方法即可得到隧道衬砌结构的模糊综合评判分值。借助建立的隧道衬砌结构安全等级标准（表13.2-1）即可得到隧道衬砌结构的火灾安全等级。

隧道衬砌结构安全等级标准 **表 13.2-1**

安全等级	模糊综合评判分值(S)	说 明
A	3.5～4	衬砌结构可以很好地抵御火灾事故,结构是安全的
B	2.5～3.5	衬砌结构可以较好地抵御火灾事故,结构在一定程度上是安全的
C	1.5～2.5	衬砌结构没有足够的能力抵御火灾事故,结构是危险的
D	<1.5	衬砌结构不能抵御火灾事故,结构是非常危险的

$$S_{i,j}=R_{C_{i,j}}\cdot V^{\mathrm{T}}=[r_{C_{i,j}\mathrm{A}},r_{C_{i,j}\mathrm{B}},r_{C_{i,j}\mathrm{C}},r_{C_{i,j}\mathrm{D}}][v_1,v_2,v_3,v_4]^{\mathrm{T}} \tag{13.2-1}$$

$$r_{C_{i,j}m}=\mu_m(C_{i,j}),\quad m=\mathrm{A,B,C,D} \tag{13.2-2}$$

$$S_i=W_{i,j}\cdot S_{i,j}{}^{\mathrm{T}} \tag{13.2-3}$$

$$S=W_i\cdot S_i{}^{\mathrm{T}} \tag{13.2-4}$$

式中 $S_{i,j}$——第二层评价指标 $C_{i,j}$ 的评估值；

$r_{C_{i,j}\mathrm{A}}$、$r_{C_{i,j}\mathrm{B}}$、$r_{C_{i,j}\mathrm{C}}$、$r_{C_{i,j}\mathrm{D}}$——评价指标 $C_{i,j}$ 对应于安全等级 A、B、C 和 D 的隶属度；

v_1、v_2、v_3、v_4——分别等于 4、3、2 和 1；

$\mu_m(C_{i,j})$——评价指标 $C_{i,j}$ 对应于安全等级 A、B、C 和 D 的隶属度函数；

$W_{i,j}$、W_i——分别为第二层评价指标 $C_{i,j}$ 和第一层评价指标 C_i 的权重值；

S_i、S——分别为第一层评价指标 C_i 的评估值和最终模糊综合评判结果。

13.2.5 抗爆裂复合盾构隧道管片技术

大量的火灾实例表明，一旦发生火灾，大火除了对隧道内的人员造成巨大伤害外，还会由于高温导致混凝土爆裂、力学性能的劣化及耐久性降低，对衬砌结构产生不同程度的损坏，大大降低结构的承载力和安全性。因此，需采取合适的方法，对衬砌结构进行耐火保护。目前，实用的耐火方法主要是：（1）防火板、防火喷涂料等隔热防护的方法；（2）掺加聚丙烯纤维抗爆裂的方法。但防火板、防火喷涂料等方法存在难以满足工程全寿命要求（需中途更换）、不能保护隧道衬砌结构在施工时的火灾安全以及在隧道恶劣环境（车辆排出的废气、活塞风、车辆振动及电腐蚀等）下容易失效等缺点和不足。为了能够克服防火板、防火喷涂料的不足，同时避免通体掺加聚丙烯纤维而带来的造价上的较多增加和对抗渗耐久性的明显劣化，根据大量耐火试验的成果，针对盾构隧道，研究提出了一种具有较高耐火性能且经济的隧道管片专利技术，称为抗爆裂复合盾构隧道管片[21]。本抗爆裂复合管片总体上由靠近受火侧的内层聚丙烯纤维混凝土层和外层普通混凝土层组合而成。聚丙烯纤维混凝土层的主要作用是保护管片避免高温爆裂，同时与普通混凝土层一起承受外荷载的作用。同时，对于手孔及管片接头通过填充钢纤维＋聚丙烯纤维混凝土的方法来进行保护，以提高衬砌结构的整体耐火能力。如图 13.2-24 所示。

本抗爆裂复合盾构隧道管片与采用防火板（防火喷涂料）防护、通体掺聚丙烯纤维防护相比，具有如下优点：

（1）常温下，由于聚丙烯纤维的掺加，提高了混凝土的密实性和抗裂能力，使得对内侧钢筋的保护作用增强。

（2）与通体掺加聚丙烯纤维相比，本抗爆裂复合盾构隧道管片不仅可以抑制爆裂的发生，同时，由于是局部掺加纤维，不会明显降低高温后衬砌结构的抗渗耐久性。

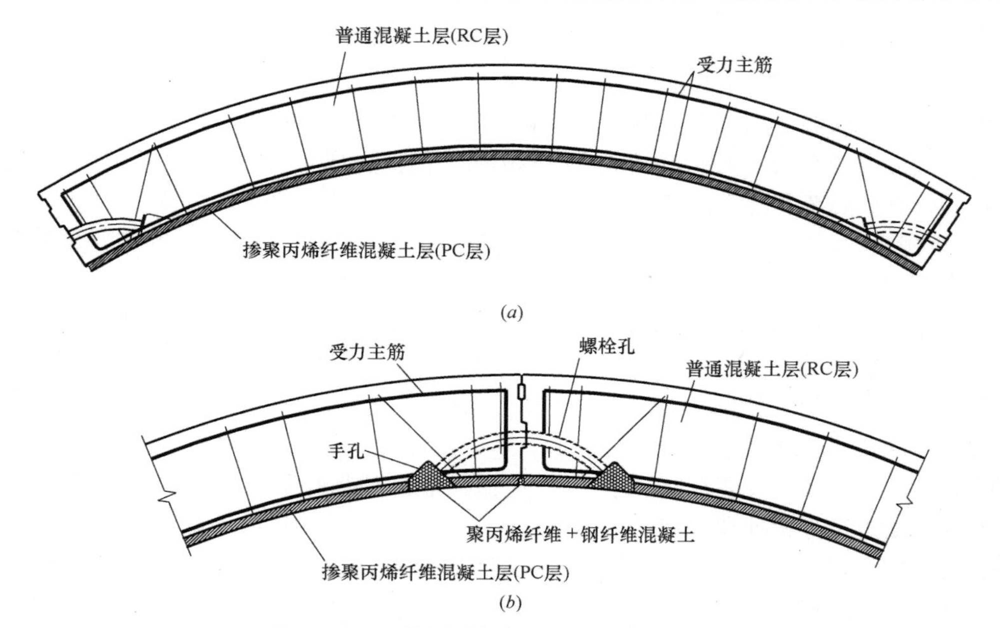

图 13.2-24 抗爆裂复合盾构隧道管片示意图

（3）与安装防火板和防火喷涂料相比，本抗爆裂复合盾构隧道管片聚丙烯纤维混凝土层除了作为耐火层外，同时与普通混凝土层一起承担外荷载，因此无需增厚衬砌，进而无需增加隧道开挖断面。

（4）防火板和防火喷涂料安装（喷涂）增加了工程施工时间，而本抗爆裂复合盾构隧道管片的拼装与普通管片一样，无需增加额外施工时间。

（5）与安装防火板和防火喷涂料相比，本抗爆裂复合盾构隧道管片进行风机、信号设施、交通灯、监控设备等的安装非常方便。

（6）与安装防火板和防火喷涂料相比，本抗爆裂复合盾构隧道管片可以满足工程全寿命的要求，无需中途更新。

（7）本抗爆裂复合盾构隧道管片提供了从施工到运营全程的耐火抗爆裂能力。

（8）与安装防火板和防火喷涂料相比，本抗爆裂复合盾构隧道管片火灾高温时不会产生大量的有毒有害气体，不会影响人员的逃生和消防灭火活动。

（9）与安装防火板和防火喷涂料相比，本抗爆裂复合盾构隧道管片受车辆废气、活塞风、振动、清洗等的影响较小，同时，也不影响对隧道表面状况的检查和修复。

（10）与通体掺加聚丙烯纤维相比，本抗爆裂复合盾构隧道管片由于只在聚丙烯纤维混凝土层内使用聚丙烯纤维，因此用量较少，造价上不会增加太多，性价比高。

13.3 隧道火灾动态火灾预警救援技术

13.3.1 技术内容

隧道由于环境密闭，疏散逃生通道少，一旦发生火灾，往往会造成惨重的人员伤亡和重大的经济损失。为了提高隧道内的火灾安全性，目前国内外在隧道内均设置了火灾自动、手动报警系统、CCTV监视系统、自动喷水灭火系统等消防设备。同时，从管理角度，均针对隧道火灾制定了相应的应急管理措施及预案。

但是，目前的隧道火灾报警救援系统存在如下几方面的不足：

(1) 隧道内的设置的火灾报警系统功能单一，仅仅实现对火灾事故的报警，无法获得火灾随后的发展态势和隧道内实时的火情信息，难以支撑隧道火灾的救援。

(2) 在隧道火灾人员逃生救援工作中建立疏散救援预案已成为隧道建设的一个重要组成部分，但是目前的应急疏散预案多为固定性、文字性的预案。而实际上隧道内火灾的发生地点、火灾的规模等均具有随机性，预先制定的固定预案难以满足千变万化的隧道火灾现场状态。

(3) 发生火灾后，由于隧道内高温烟气弥漫，隧道内的实际状况难以实时直观地显示，严重影响现场消防和救援工作的效率和可靠性。

为了克服上述隧道火灾报警救援技术的不足，研发了一种基于数字化技术的动态隧道火灾智能疏散救援系统发明专利技术[24]，包括火情信息获取子系统，对火灾探测仪器采集的温度数据进行分析处理并获取火情信息；三维温度烟气场重构子系统，根据所述温度数据和火情信息建立三维温度烟气场信息；应急疏散救援决策子系统，根据所述火情信息获取子系统和三维温度烟气场重构子系统提供的实时信息对火灾发展态势进行分析和评估，并动态调整疏散救援预案；数字化虚拟现实显示子系统，基于数字化虚拟现实技术，将隧道内火情信息及温度烟气场进行虚拟动态显示，并支持对火灾隧道的实时漫游。各子系统的组成和功能如图13.3-1所示。该技术有助于隧道火灾救援的科学决策，克服了现有隧道火灾预案固定化、框架化、实时性和适应性差等众多不足。

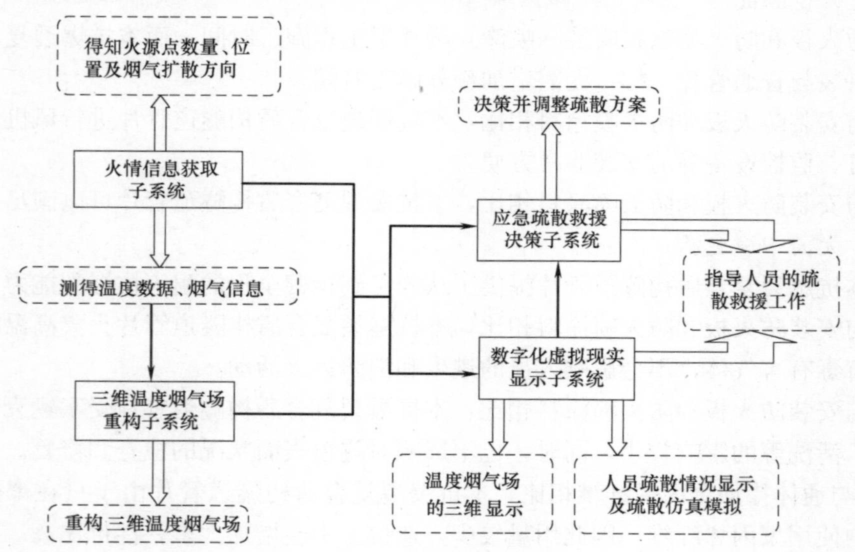

图13.3-1　隧道火灾动态预警疏散救援系统组成及功能图

通过开展1：1隧道火灾试验，充分验证了该隧道火灾动态预警疏散救援系统的有效性（图13.3-2）。

13.3.2　工程应用概况

1. 概述

大连路隧道工程总投资共计16.55亿元，总长度2.5km。隧道连接浦东的东方路和浦

图 13.3-2 隧道火灾试验验证

西的大连路，分东西两条，于 2003 年 2 月全线贯通。大连路隧道为双孔双向四车道盾构式，每条车道宽 3.75m，高 4.5m。设计车速为 40km/h。隧道监控系统作为整个隧道的管理中心，下设中央计算机、设备监控、电视监控、程控交换、消防、广播等。

大连路隧道原有的分布式光纤自动火灾报警系统主要由光纤探测器、光纤主机、手报、烟感、温感、楼显和报警主机组成。目前分布式光纤测温主机 DTS 200 因故障已经失效。拟在不改变大连路隧道整体防灾系统原有构架和功能的基础上用独立光纤光栅感温自动火灾报警系统替换原系统，并在此基础上初步应用了隧道火灾动态预警疏散救援技术，以提高大连路隧道自动火灾报警系统的灵敏度和可靠性，使之适应人们对公路交通隧道火灾安全日益提高的需要。

2. 独立光纤光栅感温火灾探测系统布置

独立光纤光栅感温火灾探测系统，采用独立光纤光栅作为温度传感探头，信息采集与处理使用多通道、高速、集中光电信号处理主机，信号处理器位于控制中心，控制室外现场只布设光纤光栅和光缆，大大提高了系统可靠性，全套系统能够很好满足隧道火灾报警和在线温度监测的要求。图 13.3-3 为独立光纤光栅感温自动火灾报警系统在隧道中应用的总拓扑结构图。

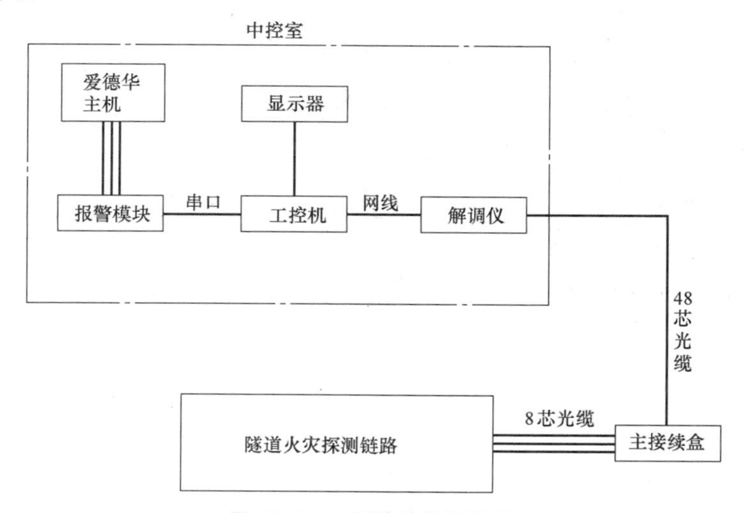

图 13.3-3 系统结构拓扑图

所有设置在隧道里的探测器链路通过传输光缆进入主接续盒后经由主干光缆进入置于中控室的解调仪进行波长数据的解调，解调后的温度数据由网口传给工控机，并由火灾报警软件进行火灾模式识别。当火情发生时，显示报警位置及相关报警信息。报警信息通过串口连接至报警板。由报警板把数字信号转换成开关量输出给爱德华的火灾报警主机。

独立光纤光栅火灾探测系统约 200m 为一条链路，使用 1 个光学通道监测该条链路的火灾和温度信息。一条链路一般布置 20～22 只光纤光栅火灾探测器（火灾探测器间隔 10m)。东西两侧隧道分别布置 8 条链路。每 400m 使用一只光纤熔接包将光信号引至主干光缆。经由沿隧道顶部铺设的 8 芯主干光缆将信号输入光纤光栅解调仪。

大连路隧道的探测链路共分成两大部分：行车道链路和电缆通道链路。根据所覆盖空间大小，光纤光栅探测链路取不同间距。整个大连路隧道项目共使用 30 个探测器链路。采用一台光纤光栅解调仪，配置总数为 33 通道，冗余 3 个通道用于日常检测。

行车道由隧道两端的矩形段及中间部分的盾构段组成。盾构段长 1300m，浦西矩形段长 115m，浦东矩形段长 283m。车行道内的火灾探测分别采用 8 条火灾探测链路，覆盖单幅隧道长度为 1660m。在矩形段隧道出口处各存在约 20m 消防报警空白区段。链路布置在隧道顶部正中或顶部慢车道一侧 0.5m 处（图 13.3-4)。东西侧隧道分别需要 4 个熔接

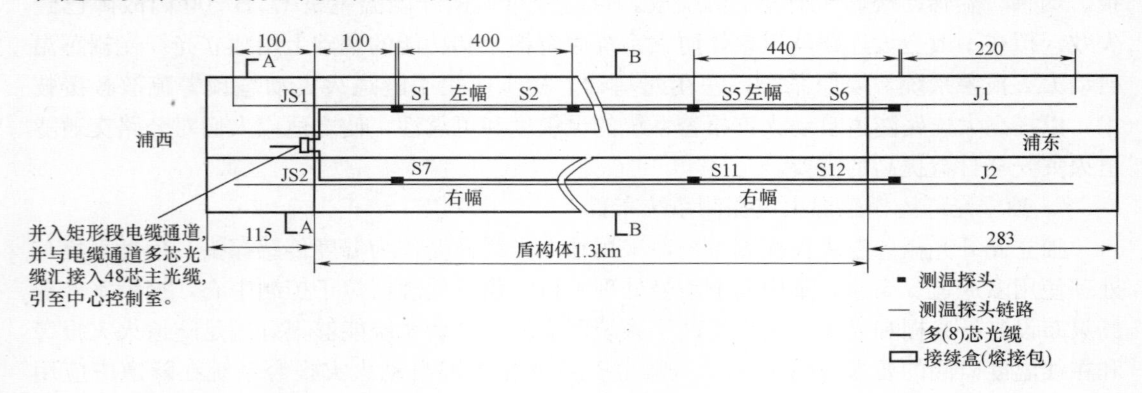

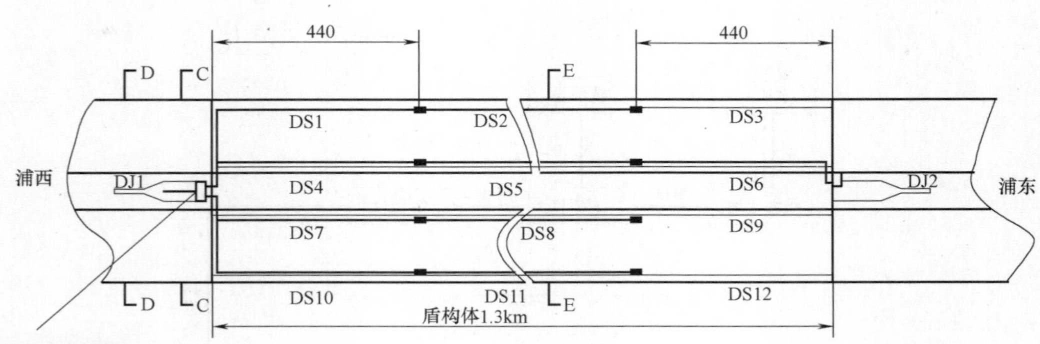

图 13.3-4　独立光纤光栅火灾探测系统布置图

包。探测链路与主干光缆一起悬挂于安装在隧道顶部的钢丝绳上。主干光缆在顶部延伸至浦西矩形段后被引入电缆夹层内，多条主干光缆会合进入主熔接包（图 13.3-4），经由多芯光缆直接接入中控室内的光纤光栅解调仪。

参 考 文 献

[1] Behnood A, Ghandehari M. Comparison of compressive and splitting tensile strength of high-strength concrete with and without polypropylene fibers heated to high temperatures [J]. Fire Safety Journal, 2009, 44: 1015-1022.

[2] Beneš M, Mayer P. Coupled model of hygro-thermal behavior of concrete during fire [J]. Journal of Computational and Applied Mathematics, 2008, 218: 12-20.

[3] Boström L, Larsen CK. Concrete for tunnel linings exposed to severe fire exposure [J]. Fire Technology 2006; 42: 351-362.

[4] Caner A, Böncü A. Structural fire safety of circular concrete railroad tunnel linings [J]. Journal of Structure Engineering -ASCE 2009; 9: 1081-1092.

[5] Caner A, Zlatanic S, Munfah N. Structural fire performance of concrete and shotcrete tunnel liners [J]. Journal of Structure Engineering, 2005, 12: 1920-1925.

[6] Colombo M, Felicetti R. New NDT techniques for the assessment of fire-damaged concrete structures [J]. Fire Safety Journal 2007; 42: 461-472.

[7] Khoury GA, Majorana CE, Pesavento F, Schrefler BA. Modelling of heated concrete [J]. Magazine of Concrete Research 2002; 54 (2): 77-101.

[8] Khoury G A. Effect of fire on concrete and concrete structures [J]. Progress in Structural Engineering and Material, 2000, 2: 429-447.

[9] Lau A, Anson M. Effect of high temperatures on high performance steel fibre reinforced concrete [J]. Cement and Concrete Research 2006; 36: 1698-1707.

[10] Noumowe A N, Siddique R, Debicki G. Permeability of high-performance concrete subjected to elevated temperature (600℃) [J]. Construction and Building Materials, 2009, 23: 1855-1861.

[11] Pichler C, Lackner R, Mang HA. Safety assessment of concrete tunnel linings under fire load [J]. Journal of Structure Engineering-ASCE 2006; 6: 961-969.

[12] Poon CS, Azhar S, Anson M, Wong YL. Performance of metakaolin concrete at elevated temperatures [J]. Cement and Concrete Composite, 2003, 25 (1): 83-89.

[13] Rafi MM, Nadjai A. Fire tests of hybrid and carbon fiber-reinforced polymer bar reinforced concrete beams [J]. ACI Material Journal 2011; 108 (3): 252-260.

[14] Savov K, Lackner R, Mang HA. Stability assessment of shallow tunnels subjected to fire load [J]. Fire Safety Journal 2005; 40: 745-763.

[15] Schrefler BA, Brunello P, Gawin D, Majorana CE, Pesavento F. Concrete at high temperature with application to tunnel fire [J]. Computational Mechanics 2002; 29: 43-51.

[16] Xiao JZ, Künig G. Study on concrete at high temperature in China-an overview [J]. Fire Safety Journal 2004; 39: 89-103.

[17] Yasuda F, Ono K, Otsuka T. Fire protection for TBM shield tunnel lining [J]. Tunnelling and Underground Space Technology 2004; 19: 317.

[18] Zhi-guo Yan, He-hua Zhu, J. Woody Ju, Wen-qi Ding. Full-scale fire tests of RC metro shield TBM tunnel linings [J]. Construction and Building Materials, 2012, 36: 484-494.

[19] Zhi-guo Yan，He-hua Zhu，J. Woody Ju. Behavior of reinforced concrete and steel fiber reinforced concrete shield TBM tunnel linings exposed to high temperatures [J]. Construction and Building Materials，2013，38：610-618.

[20] 吴波. 火灾后钢筋混凝土结构的力学性能 [M]. 北京：科学出版社，2003.

[21] 闫治国，朱合华. 盾构隧道抗爆裂复合耐火管片研究 [C]. 面向低碳经济的隧道及地下工程技术研讨会论文集，2010，105-108.

[22] 闫治国，朱合华. 隧道衬砌结构火灾安全及高温力学行为研究 [J]. 地下空间与工程学报，2010，6 (4)：695-700.

[23] 闫治国，朱合华. 火灾时隧道衬砌结构内温度场分布规律的试验 [J]. 同济大学学报（自然科学版），2012，40 (2)：167-172.

[24] 闫治国，朱合华等. 基于数字化技术的动态反馈式隧道火灾智能疏散救援系统（发明）. 中国：ZL201110007498. 0，2013.

第 14 章　建养一体数字化技术及其在基础设施中的应用

14.1　概述

近年来，我国基础设施的建设呈现出蓬勃的发展趋势，公路、铁路、城市轨道交通和民用机场等基础设施在迅猛地增长着。以公路为例，交通运输部颁布的《交通运输“十二五”发展规划》指出，2015 年公路总里程达到 450 万公里，国家高速公路网基本建成，高速公路总里程达到 10.8 万公里，覆盖 90%以上的 20 万以上城镇人口的城市[1]。快速增长的基础设施建设一方面给我们带来了不可多得的发展机遇，同时也是一项极其艰巨的任务。

然而，基础设施在运营期的养护也面临着巨大的挑战。首先，如若基础设施未进行及时有效的维护养护，将可能造成重大的安全事故。1995 年，俄罗斯圣彼得堡地铁一号线因施工期塌方且养护不周导致隧道报废，重建时间 8 年，耗资达 1.45 亿美元[2]。在中国以及其他国家也发生过类似的基础设施安全事故。安全事故一旦发生，将可能造成人员伤亡、经济损失、环境和社会不利影响等。其次，基础设施的结构是机电设备赖以存在和发挥功能的基础。一旦结构失效失稳或变形不可逆转，机电设备无法发挥其功能，后果将不堪设想。如果将基础设施结构比喻为“皮”，其他设备则只能算作“毛”，正如中国谚语所言“皮之不存，毛将焉附”。最后，现阶段我国的基础设施正经历着从“建设为主”向“建养并重”转变的过渡时期。基础设施的建设周期一般为几年，而其运营维护周期则长达几十年甚至上百年。美国土木工程协会（ASCE）提出五倍定律即若土木结构维护不及时，将导致服役期的维护费用呈建造费用的 5 倍级数增长[3]。由此可见基础设施养护的重要性和紧迫性。

目前，基础设施的建设管理过程中存在着严重的孤岛效应[4]问题，各部门建立了一系列为自身服务的应用系统和数据库等，但由于相互间的技术、行业与基础标准等不一致，导致信息不能共享。在基础设施的养护管理模式上也存在一些问题，如建养分离，“重建轻养”思想严重；养护管理体制不完善、运行机制落后；缺乏养护定额与规范；养护机械配套率不足，养护科技含量低；养护管理人员总体素质偏低等[5]。针对基础设施建设和养护管理中存在的这些问题，国内学者赵仲华[6]较早地提出了高速公路建养一体化的概念，并设计了高速公路建养一体化管理信息系统；尔后，其他学者[5,7]在高速公路建养一体化方面也做了相应的研究工作；张磊[8]也提出了建管养一体数字高速的理念。此外，中国政府部门也在积极地响应农村公路和高速公路的“建管养一体化”或“建管养运一体化”相关措施[9,10]，将建设、管理、养护和运输几项职能有效地整合为一体，提高建设水平、管理养护水平和运输水平。本文在此基础上，创新性地提出了基础设施的

"建养一体化"的理念。

实现"建养一体化"需要相应的数字化技术作为支撑。在数字化方面，1998年美国前副总统 Gore[11]首次提出了数字地球的构想，数字地球勾绘了信息时代人类在地球上生存、工作、学习和生活的时代特征。数字地球的提出引起了各国政府的高度重视，更引起了学术界研究上的一个热潮。国外在工程数字化领域开展了一系列的研究工作。欧盟开展了 TUNCONSTRUCT (Technology in underground construction)[12,13]研究计划，该计划由11个国家成员组成，旨在采用创新的地下基础设施建造技术，以减少地下工程的建设时间和成本，并且降低其风险。该计划的一个重要组成部分是开发集规划、勘察、设计、施工和运营维护于一体的地下工程信息系统（Underground Construction Information System，UCIS），该系统对地下工程全寿命周期数据进行管理，并将数据提供给工程建设和管理的各个参与方。2005年，英国剑桥大学和帝国理工大学联合开展了一项智能基础设施（Smart Infrastructure)[14]研究计划，其目标是为各种城市基础设施开发出无线传感网络，以实现对这些基础设施的长期监测。美国 Autodesk 公司首先研发了 BIM（Building Information Modeling)[15]这一建筑行业的三维智能设计方法，它可以实现对基础设施的三维可视化，涵盖基础设施全寿命周期信息，包括筹划、设计、施工和管理阶段，被建筑师、工程师和承包商广泛采用。

在数字地球概念的启发下，国内也开展了诸多数字化研究工作。朱合华[16]最早于1998年提出了数字地层的概念，指出数字地层即是利用现代的计算机技术，将原始地层信息（由地壳运动和周围环境引起的）和施工扰动地层信息（由人类工程活动引起的），用数字化的方法直观地展现出来。吴立新等[17]基于数字地球和数字中国战略，提出了数字矿山（Digital Mine，DM)。朱合华等[18,19]和白世伟等[20]分别提出了三维地层信息系统的概念，利用3S（GPS、RS和GIS）技术和计算机数字化技术，建立城市三维地层信息管理系统，对庞杂的过程资料进行综合动态管理，提高数据可视化程度，极大地提高工程效率，进一步利用人工智能专家系统，建立知识推理模型，实现工程智能决策，从而充分体现出工程信息的价值。周翠英等[21]介绍了地下空间信息系统，论述了其开发方法和关键技术。朱合华等[22]开发了城市地下空间信息系统以实现地层、地下管线、地下构筑物、地下水资源等地下空间对象的数据库存贮、可视化再现、信息化管理和专业化应用。朱合华等[23]详细分析了城市三维地下空间信息系统。琚娟等[24]建立了数字地下空间基础平台，该平台是一个集信息、三维建模、空间分析、虚拟浏览为一体的综合系统。李晓军等[25]在总结三维 GIS、数字地层、三维地层可视化、地下工程虚拟现实系统等相关概念及研究的基础上，给出了地下工程数字化的明确定义，即地下工程数字化就是以数字地层为依托，以信息化手段对地下工程建设过程中的勘察、设计、施工、监测等数据进行集中高效地管理，为地下工程的建设、管理、运营、维护与防灾提供信息共享和分析平台，最终实现一个地下工程全生命周期的数字化博物馆。朱合华等[26]系统完整地提出了数字地下空间与工程（Digital Underground Space and Engineering，简称 DUSE）的概念，即为地下空间与工程提供开放的信息组织方法和信息发布框架，建立完整的数据标准及数据处理方法，并提供可视化手段及相关软件。李晓军等[27]基于地下空间与工程信息系统框架，以盾构隧道为研究对象，探讨了其数字化的过程和方法。朱合华等[28]在数字化平台上实现了对岩石力学和岩土工程的可视化。

基于笔者在数字地下空间与工程的研究工作，本文提出了基础设施建养一体数字化平台。在这一基础信息支撑平台中，采用建养一体数字化技术，从而改善基础设施的服役性能，提高基础设施的使用寿命。最后，将建养一体数字化技术应用到工程实际中，直观地阐述了建养一体数字化技术在基础设施中的应用。

14.2 建养一体化的理念与实现

工程建设是指有组织、有目的的投资兴建固定资产的经济活动，涉及规划、勘察、施工、监测与检测等内容。工程养护包括对工程结构、机电和附属设施的定期检查、监测评估、维修加固及档案资料建立等内容。前已述及，由于存在信息孤岛、重建轻养和建设周期短而养护周期长等问题，提出了“建养一体化”的理念和相应的技术实现。

14.2.1 建养一体化的理念

事实上，“建养一体化”属于中国式的说法，近年来政府官员关于“建管养一体化”或“建管养运一体化”的口号见诸于各类新闻、报纸等媒体[9,10]，它是将建设、管理、养护和运输等职能有效整合为一体。“建养一体化”的说法在中国易于被理解和接受，但是政府在具体的建养一体化的实施上并没有相关深入的研究。

2006 年，国内学者赵仲华[6]提出了高速公路建养一体化的理念，即在高速公路全寿命周期内，针对高速公路产品的可用性目标，对建设和养护业务数据进行历史的、空间的综合分析，为高速公路的建设、养护过程提供信息共享和决策支持。从而保证高速公路的高可用性，提高高速公路建设和养护水平。高速公路建养一体化系统的总体目标是以统一的数据格式规范分别建立各省高速公路建设和养护数据库，以交竣工验收系统为纽带，将高速公路建设过程中的有效数据规范入库；在养护过程中将养护数据动态实时进入数据库，从而形成高速公路建养一体化的数据仓库，消除建设和养护中的信息孤岛，避免重复录入。利用数据挖掘技术、决策支持模型，为高速公路的建设和养护提供支持，提高建设和养护水平，节约资金。

高速公路建养一体化的概念尽管已经提出，但其主要存在以下两个方面的局限性：(1) 其服务对象仅局限于高速公路方面，并未涉及其他类型的基础设施，而基础设施不仅包括高速公路这一类型的设施，还包括诸如铁路、机场、城市轨道交通、桥梁、隧道和边坡等公共交通设施；(2) 其数据库的建立、建设管理系统、养护管理系统等内容，缺乏数据采集、数据表达等数字化技术支撑建养一体化系统。

另外一个方面，起源于美国的 BIM 技术其实质在计算机中虚拟建造建筑物的三维模型，将设计文档和数据存储在一个整合的数据库中，为整个建筑提供信息。BIM 的使用需要设计人员、业主和承包商等之间的合作，但是很多社会和制度上的障碍阻碍了 BIM 的广泛使用，并且当前 BIM 主要适用于设计阶段，针对施工和养护阶段不知如何应用 BIM[29]。英国的智能基础设施主要是研究如何安装部署无线传感器得到基础设施实时的监测数据，实现基础设施的智能管理[30,31]。而全寿命周期维护则主要侧重状态评估、退化模型、性能预测和养护策略优化问题等研究[32]，对于信息平台、建模等问题没有涉及。

考虑到上述不管是国内的高速公路建养一体化还是国外的 BIM、智能基础设施或者是全寿命周期维护的局限性，笔者提出了基础设施建养一体化的理念。它是指从建设和养

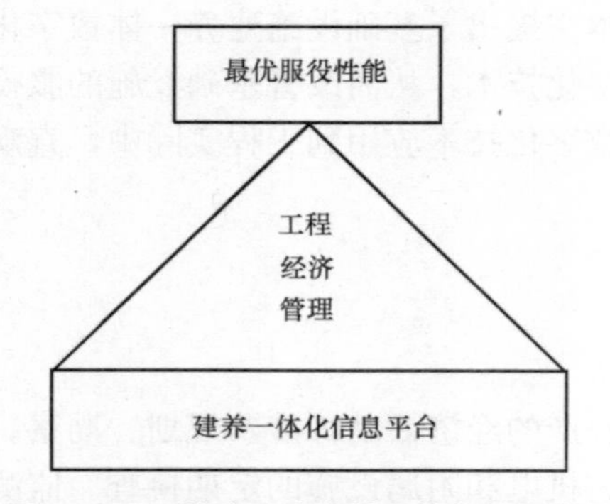

图 14.2-1　基础设施建养一体化的理念图

护一体化角度出发，综合采用工程、经济和管理等手段，以最优化的方式达到工程所需的服役性能。图 14.2-1 所示是基础设施建养一体化的理念图，从图中可直观地看出：建养一体化的基础是建立一个建设与养护一体化信息平台，该信息平台包括基础设施全寿命周期过程即投资决策、策划、设计、施工、验收、养护、拆除、报废处理甚至再生过程的所有信息；实现建养一体化的手段是工程、经济和管理手段，以保证建养一体化过程的安全性、经济性和适用性；建养一体化的最终目标是保证基础设施最优的服役性能。特别说明的是，建设和养护并不是两个相互孤立的阶段，从以下两个角度综合考虑二者的关联性：一是在建设中融入养护需求，即从全寿命期角度考虑设计方案；二是在养护中延续建设历史，即将建设状态作为养护的初始状态。

14.2.2　建养一体数字化技术

如前所述，实现基础设施的建养一体化首先需要搭建一个建设与养护一体化信息平台，然后采用工程、经济和管理的分析手段以达到基础设施的最优服役性能。实现这一过程需要采用相应的建养一体数字化技术，所谓建养一体数字化技术，是指实现建养一体化管理与分析的 IT 信息技术，包括数据采集、数据标准、建模与可视化、空间分析与应用等，最终改善基础设施服役性能、提高基础设施的使用寿命。

其中，数据采集的技术主要有三种，分别是：(1) 整理和录入图纸、文字、图像等基础数据；(2) 人工和自动采集监控数据；(3) 通过激光扫描、数字照相和图像处理等技术采集表面、形状特征信息。前两种采集技术比较常规，而激光扫描和数字照相技术属于新的数据采集技术。通过数字照相技术，可以精细化描述岩体节理[33]，可以检测盾构隧道裂缝宽度和渗漏水面积[34]。数据采集之后进行分类和编码，建立数据库模型[35]，形成建设期和养护期一体的数据库。

建模与可视化方面，采用的数字化技术有：基于钻孔信息的三棱柱模型建立三维数字地层[36]；利用边界表示法（Boundary Representation）建立隧道模型[37]；在计算机辅助设计与绘图系统 CADD（computer aided-design and drafting）基于实体建模，变换运算和布尔运算可以建立动态地下空间模型，利用对象的组织层、主题查看、细节层析和虚拟现实技术等可增强可视化的效果[38]；在 AutoCAD 平台上通过 ObjectARX 二次开发实现地下管线的三维建模和可视化[39]；基于地理信息系统（GIS）的三维动态可视化仿真技术（3DVS），实现基坑工程施工系统三维可视化数字模型与施工过程动态仿真[40]。

空间分析与应用方面有基于地理信息系统（GIS）实现三维地下管线的空间分析，包括碰撞分析、断面分析和管线安全评估[39,41]；对三维地层剖切和切割分析，应用区域切割技术、表面模型重构技术、有限元网格自动生成技术实现数字-数值一体化[42]。

14.3　基础设施建养一体数字化平台

同济大学基础设施数字化平台的研究工作可以追溯到 1998 年，迄今已有十几年的研究历史。早期侧重于数字地下空间与工程的研究，分别提出了三维地层信息管理系统[18,19]、城市地下空间信息系统[22,23]、地下空间基础信息平台[24]、地下空间数字化[25]以及数字地下空间与工程（DUSE）[26]。在这些研究工作的基础上，融合这些研究成果，提出一个新的数字化平台——基础设施建养一体数字化平台。基础设施建养一体数字化平台是指集基础设施的建设期和养护期的数据采集和处理、表达与分析于一体的数字化平台。其中，建设期包括勘察、设计、施工和监测等阶段，养护期包括运营维护、防灾安全等阶段。数据的采集和处理是指对基础设施的数据进行组织与管理，数据的表达是指对基础设施进行建模和可视化，而数据的分析则包括基础设施的空间分析和数字数值一体化。基础设施建养一体数字化平台的目标是为基础设施的建设、运营和管理提供准确的数据以及高效的信息服务。该平台的基础是将基础设施的勘察、设计、施工、监测及维护信息，以及周边地上、地下信息进行有机的集成和动态更新。

14.3.1 基础设施建养一体数字化平台架构

如前所述，构建一个基础设施建养一体数字化平台是实现建养一体化的基础。平台的架构对于平台的搭建起着提纲挈领的作用，具有举足轻重的重要性。随着研究的深入，笔者对于平台的认识和理解不断加深，对于该数字化平台的架构也处在一个不断完善和补充的过程。

起初，提出了地下工程数字化平台的系统体系[25]，它包含五个层次，分别是数据层、建模层、表现层、分析层与应用层，如图 14.3-1 所示。其中，数据层主要利用数据库技术来实现地下工程空间数据与属性数据的无缝整合，它是整个平台的数据提供者，其目标是建立一个标准、规范、开放的数据库及数据访问接口。建模层包含地层建模、地下构筑物建模和地下管线建模，主要包括三维地层模型建立的相关理论基础、构建方法与算法、产生可视化模型图件等几个部分。表现层由可视化与虚拟现实两部分组成，可视化提供图形的显示与操作，为三维建模和分析提供视觉表现，可以对重要局部区域进行放缩和旋转，以及纹理、光照、渲染等后期图像处理功能，以生成现实世界中栩栩如生的地下空间；虚拟现实模块提供第一人称式的地下漫游、漫游路线周边地物状态查询等。应用层是地下工程数字化平台的价值和生命力的重要体现，它将已有的数据模型、可视化、虚拟浏览及空间分析功能运用到实际的专业领域中，以解决实际的问题，例如可以在数字化平台上开展地下工程辅助设计、三维动态施工仿真模拟、地下工程监测与智能控制以及地下工程防灾减灾等实际问题的研究。

尔后，在数字地下空间与工程的基于网络的多层软件架构[26]的基础上，提出了盾构隧道数字化平台架构[27]，如图 14.3-2 所示。考虑到实际工程的参与人员较多且分散，为了能满足实际应用的需要，采用基于 Internet 的客户端-服务器架构，用户通过 Internet 就能够对工程数据进行录入、浏览、查询和分析。其中，客户端分为基于浏览器的客户端以及基于专用程序的客户端。基于浏览器的客户端适用于进行数据录入、浏览、查询和分析，基于专用程序的客户端需借助一定的可视化平台（如 AutoCAD 等），适用于对可视化、计算与分析要求比较高的场合。服务器端首先建立工程全生命周期数据库，实现数据的集中式存储与管理，在此基础上实现基本的数据服务（例如数据存取、删除和检索等），并基于数据生成可视化模型，以便客户端直接从服务器读取可视化模型进行浏览。服务器端还应在数据基本服务的基础上，实现数据处理与数据分析服务，并进一步构建相关专业应用服务。

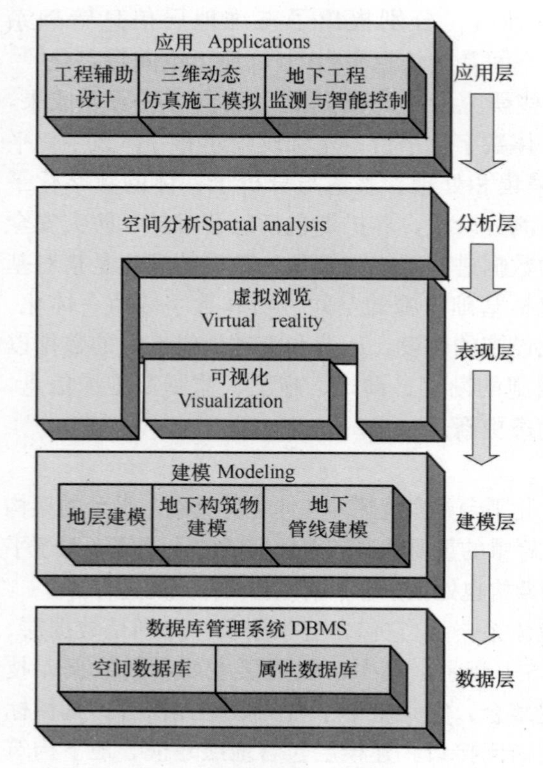

图 14.3-1　地下工程数字化平台的系统体系[25]

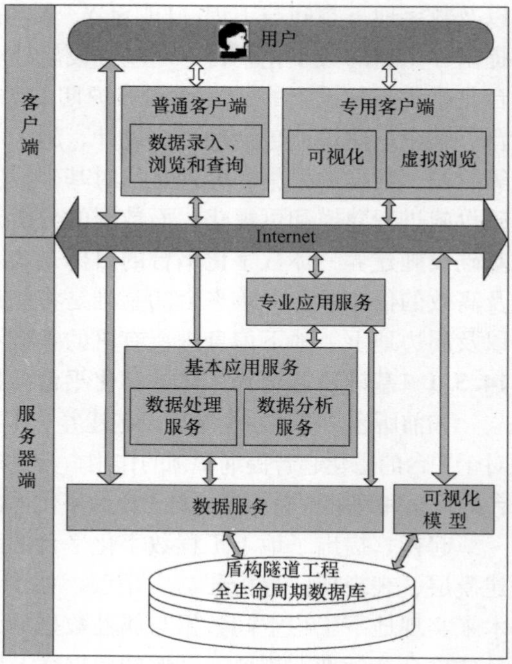

图 14.3-2　盾构隧道数字化平台[27]

不管是地下工程数字化平台架构还是盾构隧道数字化平台架构，其针对的都是地下工程。考虑到基础设施不仅仅包括诸如隧道、基坑等的地下结构，还包括如桥梁、道路等基础设施。因此，精炼上述两个数字化平台架构的核心思想，简明扼要地提出了基础设施建养一体数字化平台架构，如图 14.3-3 所示。该平台架构的核心思想和技术与之前的并不冲突，而是继承了它们的精华。基础设施建养一体数字化平台由三个部分组成，分别是数据采集与处理、表达和分析。

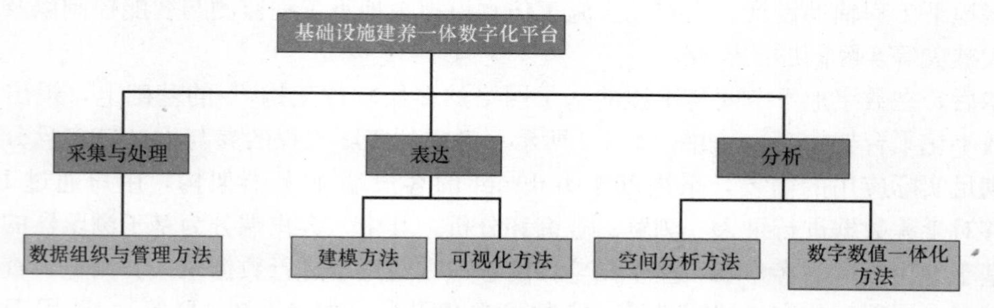

图 14.3-3　基础设施建养一体数字化平台架构

其中，数据的采集与处理通过一定的数据组织和管理方法实现，将数据进行分类与标准化，录入数据库模型中，然后可以进行数据浏览、查询、更新和分析。基础数据库的具体组织，采用两种方案：基于商业数据库软件 Oracle 组织基础数据库；基于 DML（Digitalization Markup Language）文档的数据组织。它是整个平台的数据提供者，之后的表达和分析都是在这些数据的基础上进行操作的。数据的采集与处理建立了基础设施全寿命周期数据库。数据表达的方式有建模和可视化，与盾构隧道数字化类似，针对不同的用户和目的，可视化平台有两个：一是如 AutoCAD 等专业软件，它能够为工程技术人员提供数字化、综合化、规范化的专业服务；二是网页，为政府决策、城市规划、建设与管理及社会公众提供知识化、智能化信息服务。数据分析通过空间分析方法和数字数值一体化方法实现，通过这些分析方法，为工程技术人员和管理者在建设期和养护期作决策。

从工程角度来说，基础设施建养一体数字化平台框架是一个信息加工处理链，实现了从地形、地物、勘察、设计、施工、监测等数据到建模与可视化，再到数据的查询分析和判断，最后到决策这样的一个过程，如图 14.3-4 所示。

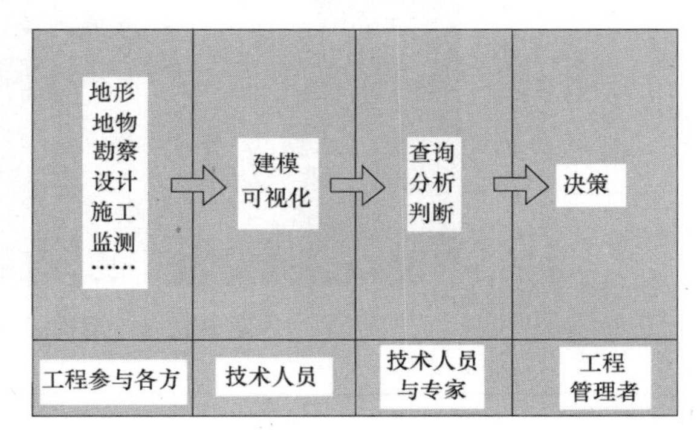

图 14.3-4 信息加工处理链[26]

14.3.2 基础设施建养一体数字化平台的功能

基础设施建养一体数字化平台兼备数据库、网络化、可视化和专业分析的功能。该平

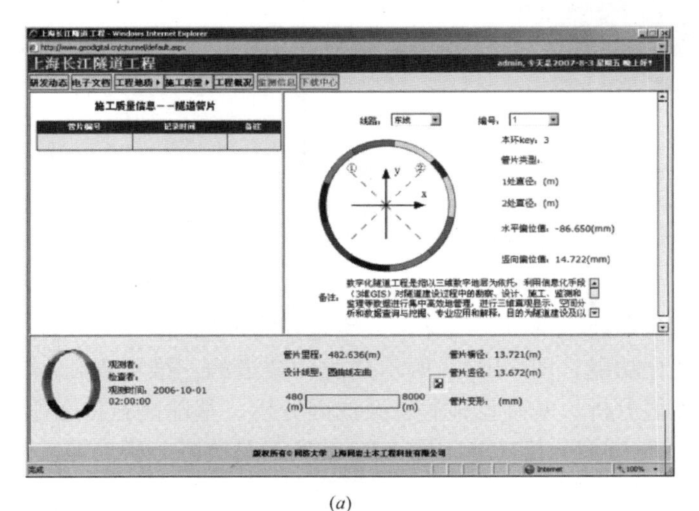

(*a*)

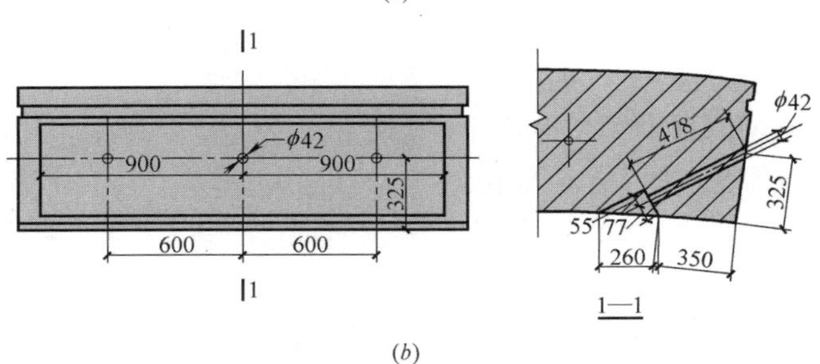

(*b*)

图 14.3-5 基础设施建养一体数字化平台的查询功能

(*a*) 简单查询——管片的基本信息；(*b*) 高级查询——管片截面的详细信息

图 14.3-6　盾构隧道三维可视化

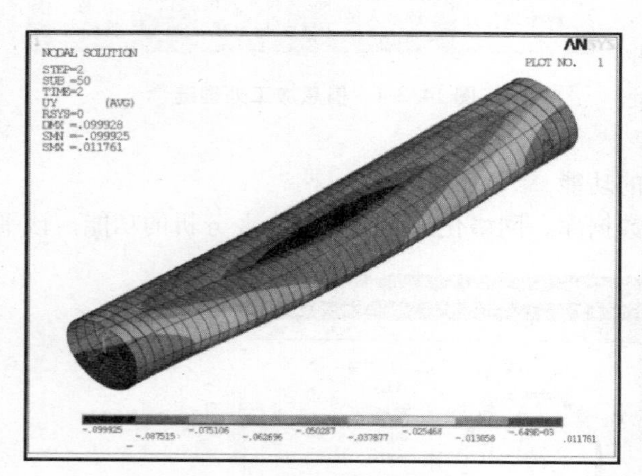

图 14.3-7　盾构隧道数值分析

台建立了基础数据库，具有数据的录入、浏览、查询和更新的功能。图 14.3-5 所示是数据库的查询功能，包括简单查询和高级查询。简单查询如查询盾构隧道管片的基本信息，包括管片里程、管片类型、管片直径、管片变形等等，图 14.3-5（*a*）所示；高级查询如查询盾构隧道管片截面的详细信息，如图 14.3-5（*b*）所示。养护期的数据可以在建设期的基础上积累和继承，形成基础设施全寿命周期数据库。该平台也具有网络化的功能，数据可以通过网络进行传输，位于不同地点的工作人员可以通过网页可视化。三维建模完成之后，可以通过 AutoCAD 等软件或者网页实现可视化功能，图 14.3-6 所示是盾构隧道的三维可视化。专业分析功能包括空间分析、模型数值分析、基础设施病害及成因分析、基础设施状态评估、优化决策等功能，图 14.3-7 所示是数值分析功能，图 14.3-8 所示是沉降分析功能。

基础设施建养一体数字化平台可以实现基础设施的建养一体化的目标，但在建设期和养护期发挥的功能略微有些差别。在建设阶段，该平台可以帮助用户全面了解周边环境，对施工阶段进行力学分析，对施工方案进行优化，实现规范化管理。在运营养护阶段，平台能够帮助用户准确把握设计阶段和建设阶段的数据，及时发现问题并分析原因，提高维护效率和快速处理的能力。

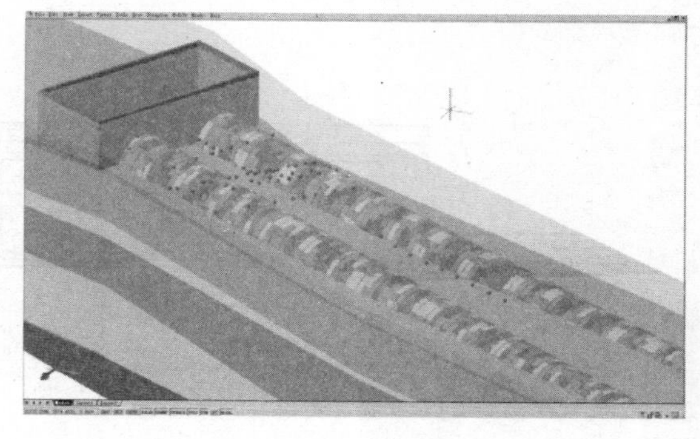

图 14.3-8　沉降分析

14.4 建养一体数字化技术

14.4.1 建设期数字化技术

基础设施的建设期主要包括勘察、设计和施工过程。在建设期应用相应的数字化技术，可以帮助业主、设计人员与施工人员更加了解基础设施所处的地质环境，优化设计方案，优化施工过程。

14.4.1.1 数据采集与处理

基础设施建养一体数字化平台的数据采集主要有三种方式，分别是：(1) 整理和录入图纸、文字、图像等基础数据；(2) 人工和自动采集监控数据；(3) 通过激光扫描和数字照相等技术采集表面、形状特征信息。在建设期采用的采集方式主要是前两种，采集的数据包括勘察的工程地质、水文地质和环境地质资料，如图 14.4-1 所示是所采集的地质资料；基于此，设计人员可以优化设计方案，设计方案以图纸、文字和图像等形式录入数据库中；施工阶段的监测数据有内力、变形和地面沉降等，这些实时监测数据可以保证施工的安全性，一旦有异常情况，可及时采取相应的补救措施。

数据的分类一方面需考虑现行地学与工学数据来源、特征和勘察方法，另一方面要考虑数据库将为数据表现和数据分析提供数据支持，采用的数据分类方法如表 14.4-1 所示。编码是在数据分类的基础上，将各种要素用一种易于被计算机和人识别的符号来表示，可提高数据的适用性和信息共享效率，延长其生命周期。如表 14.4-1 所示，工程地质为第一级分类，编码用 C 表示，工程地质勘探为第二级分类，编码用 CA 表示，地质钻孔为第三级分类，编码用 CAA 表示，其他依次类推[26]。为确保数据的最大共享，需要对数据进行标准化，它是指用统一的数据格式对数据集进行描述，建立一套能够被普遍接受和采纳的元数据标准。以地层和钻孔数据为例，图 14.4-2 给出了一种在关系型数据库中定义其数据信息的组织方式[26]。

数据库采用两种方案，分别是基于商业数据库软件 Oracle 组织基础数据库和基于 DML (Digitalization Markup Language)[43~45] 文档的数据组织。Oracle 商业数据库在数

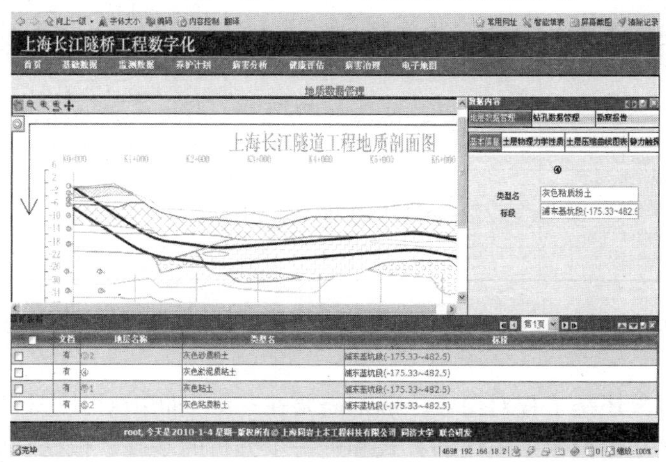

图 14.4-1 地质资料

据存储、数据维护和基础数据索引等方面具有较大的优势。DML在网络数据交换、应用程序开发和时（空）数据索引方面比较灵活。两者之间相辅相成，可以自由转换，取长补短，最大效果发挥基础数据库的功能和作用。建设期基础数据库的建立为基础设施的建设过程及后期的养护和管理、健康状态评估提供准确的地质资料、设计信息、施工数据和监测信息等，后续数据可以在此基础上进行累积和继承。

对空间数据进行合理的组织将提高空间数据的处理效率，空间索引技术是提高空间数据查找性能的关键技术，直接影响着空间数据库的成败。基础设施建养一体数字化平台采用基于DML文档的四叉树（Q-Tree）和矩形树（R-Tree）的结合体QR树空间索引对空间数据进行降维检索[43]，如图14.4-3所示。

数据分类与编码[26]　　**表14.4-1**

一级分类	二级分类	三级分类
基础地理(A)	地形(A)	地貌(A)
		等高线(B)
		高程数据(C)
		植被(D)
		其他(O)
	地理(B)	
基础地质(B)	区域地质(A)	地层(A)
		构造(B)
		岩石(C)
		岩土(D)
		其他(O)
	基岩地质(B)	
	第四系地质(C)	
	基础地质勘探(D)	
工程地质(C)	勘探(A)	钻孔(A)
		物理勘探(B)
		化学勘探(C)
		探井(D)
		探槽(E)
		竖井(F)
		平洞(G)
		其他(O)
	原位测试(B)	
	室内试验(C)	
	成果数据(D)	
水文地质(D)	勘探(A)	
	原位测试(B)	
	室内试验(C)	
	成果数据(D)	
环境地质(E)	区域环境地质(A)	
	水污染(B)	
	环境污染(C)	
	地质灾害(D)	

一级分类	二级分类	三级分类
地下管线(F)	给水(A)	
	排水(B)	
	燃气(C)	
	热力(D)	
	工业(E)	
	电力(F)	
	电信(G)	
	综合(H)	
	其他(O)	
地下构筑物(G)	矿井(A)	
	新奥法隧道(B)	
	城市地铁(C)	
	地下变电站(D)	
	盾构隧道(E)	
	地下车库(F)	
	地下商业街(G)	
	地下综合体(H)	
	地下交通枢纽(I)	
	地下道路(J)	
	共同沟(K)	
	地下厂房(L)	
	地下船坞(M)	
	地下储气设施(N)	
	地下雨水储存设施(O)	
	地下垃圾站房(P)	
	人防工程(Q)	
模型数据(H)	开挖评价模型(A)	
	障碍物分析模型(B)	
	地下空间规划模型(C)	
其他(I)		

14.4.1.2　*数据表达*

1. 三维建模

无论是地质对象还是工程对象，一般都需要在三维空间中对其进行描述，因此建立它们的三维数据模型是进行数据表达的方式和进一步分析的基础。根据对象种类的不同，可将基础设施三维建模进一步分为三维地质建模、基础设施构筑物建模和周边地下管线

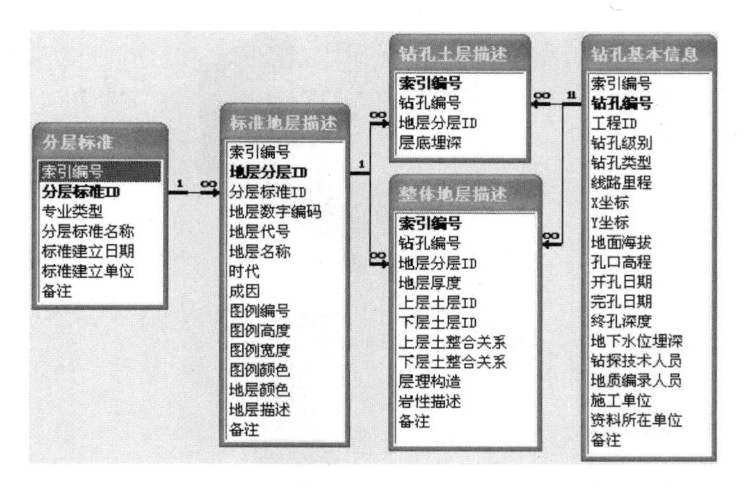

图 14.4-2 地层与钻孔数据组织方式[26]

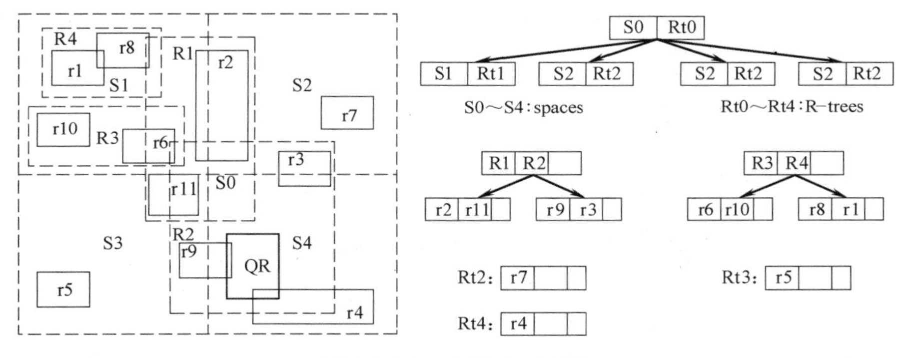

图 14.4-3 二维 QR 树[43]

建模。

针对很多城市工程地质范围内地层无复杂地质构造，钻孔数据是地层数据的主要来源等特点，提出了一种基于钻孔的二分拓扑数据结构以及基于钻孔数据的广义三棱柱（GTP）数据模型及建模算法，这种数据模型和算法的主要优点在于整个地层构建过程不需要人工干预，可以较好地处理地层褶皱、地层尖灭和透晶体等地质现象[36, 46～48]。图 14.4-4 所示是三维地层建模效果图，放大处能够很好地显示夹层地质现象。

基础设施构筑物建模可利用实体建模方法，例如线框模（wireframe model）、边界表示（boundary representation，B-Rep）法、构造几何实体（constructive solid geometry，CSG）法，构建其几何模型。对于地下构筑物，考虑到地质体建模的复杂性，地质体很难用构造几何实体法来描述，因此为了能够很好地将地质体与地下构筑物模型相结合，边界表示法是一种比较好的选择。此外，为了解决过于复杂的构筑物模型对可视化系统造成的负担，结合构筑物的不同类型，在多尺度模型上开展深入的研究。

基础设施具有空间数据、属性数据随时间不断变化的特点。例如矿山开采引起的地层沉陷、工程活动诱发的城市地表下沉，以及基础设施的施工建造过程等，这些问题的实质是需要在建模方法中引入时间因素，建立合适的时间与空间数据模型——时空数据模型。

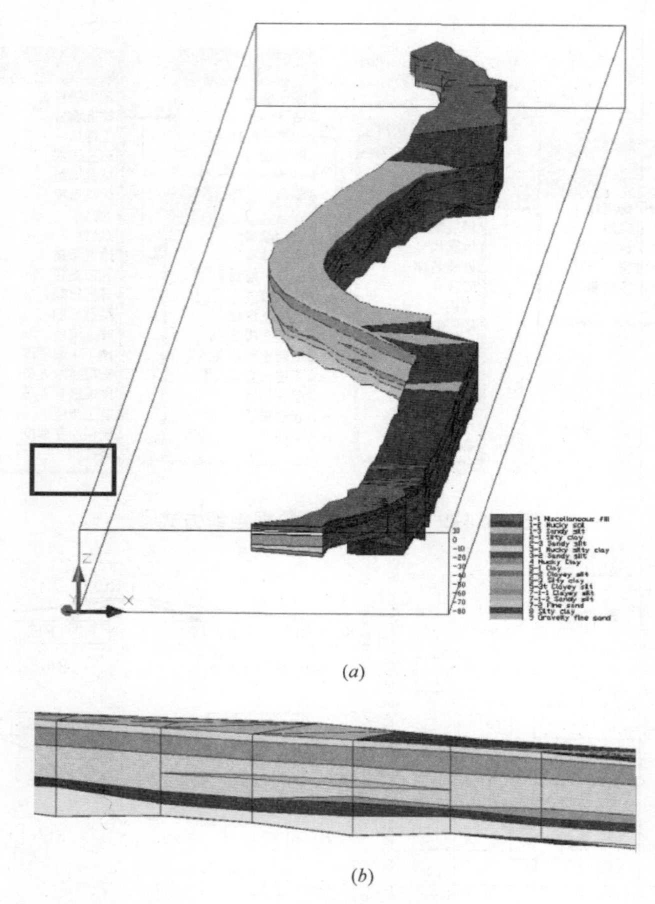

(*a*)

(*b*)

图 14.4-4　三维地层建模效果图[26]

(*a*) 地层三维模型；(*b*) 局部视图

文献[51]以隧道的施工过程和监测数据为主要研究对象，采用 TGIS 中的序列快照模型、基态修正模型对其进行了研究，并在实际工程中进行了应用。文献[38]提出可以通过对模型的布尔运算实现基础设施的动态施工过程。图 14.4-5 所示是盾构隧道的三维建模过程，将盾构隧道模型拆分为若干个子模型，子模型由基本构件拼装而成，引入构件时间以描述施工过程。建模过程有为全量和增量两种表达形式，具有节约建模时间、建模文件小、便于网络传输等优点。开发了盾构隧道轴线解算与通用管片自动拼装算法，用于建立盾构隧道二维、三维模型。

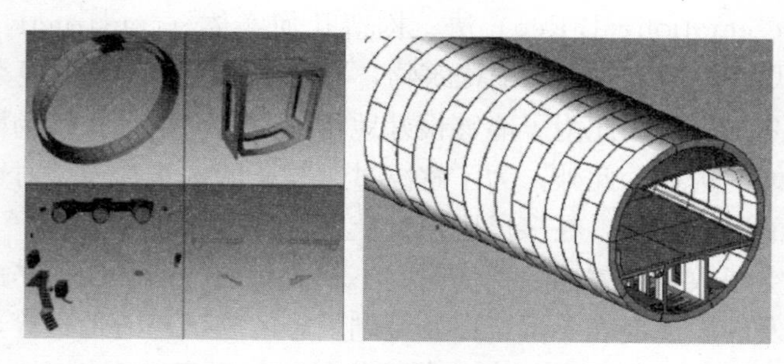

图 14.4-5　盾构隧道三维建模过程

三维地下管线可以用管线段和管点的几何实体来描述。针对地下管线的特点，管线三维建模分为管点建模和管线段建模两个过程，并可事先建立地下管线的管点实体模型库，通过对管线截面沿管轴线拖拉形成管线段，并经过一定的布尔运算，实现管线段和管点的同步生成，并为后续的管网空间分析提供方便[39]。三维地下管线模型如图 14.4.6 所示。

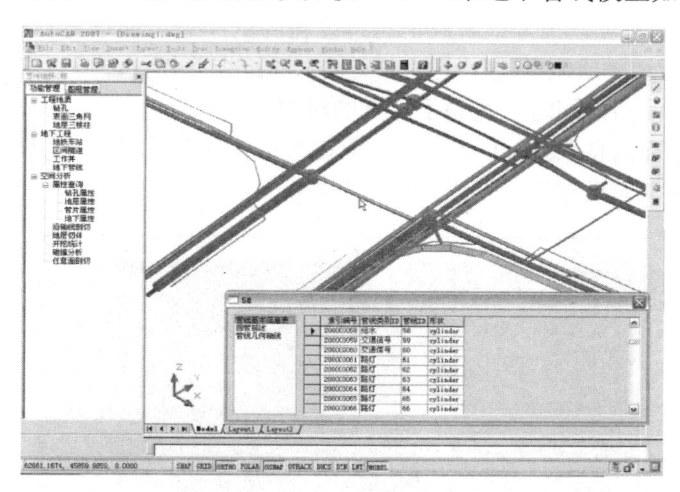

图 14.4-6　三维地下管线模型

2. 可视化

可视化是一个将抽象的数据具体化展现给用户的过程，以更加容易被用户理解的三维图形方式展示数据与信息，增强和提高了对大量信息获取和理解的手段。可视化不仅指地层模型、基础设施模型和地下管线模型的可视化，还包括相关信息的可视化，如设计信息、地层信息和监测信息等。地层模型、基础设施模型和地下管线模型可视化的效果图分别如图 14.4-4～图 14.4-6 所示。在 CADD 软件如 AutoCAD 中可以实现三维可视化，采取了一定的技术解决可视化可能面临的问题，具体是：不同的地层采用不同的颜色表示，以便辨识和选择；运用透明、半透明以及模糊等处理方法，可以有效地增强图形显示效果，并且有助于用户定位感兴趣的对象；提供不同的主题查看（如 2D 查看设计信息）以满足工程人员和决策者的需求；空间暗示（spatial cueing）和查询可以帮助用户得到关于

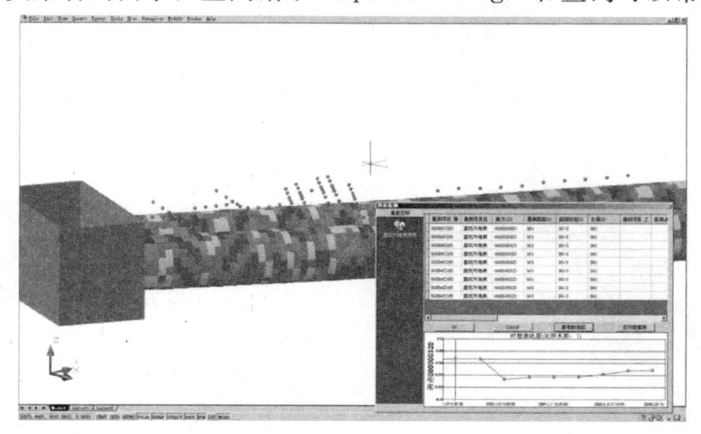

图 14.4-7　空间暗示和查询信息[38]

模型的有用信息，如图 14.4-7 所示。

虚拟现实技术是通过计算机营造一个更加形象、逼真和实时交互的虚拟环境。采用虚拟现实技术，用户犹如身临其境地走在一个 3D 的环境中，可以查看新建结构和施工进度。特别地，除采用 AutoCAD 中类似的可视化技术外，虚拟现实采用了细节层次（Level of Detail，LOD）[38] 可以很好地解决信息过度臃肿的问题，使信息可视化达到较好的效果，如图 14.4-8 所示。研制了基于虚拟现实技术的可视化控件，可以直接嵌入到 IE 浏览器中，在方便用户使用的同时，达到了逼真的可视化效果。

另外，基于地理信息系统（GIS）的三维动态可视化仿真技术（3DVS），可实现基础设施三维可视化数字模型与施工过程动态仿真[40]。

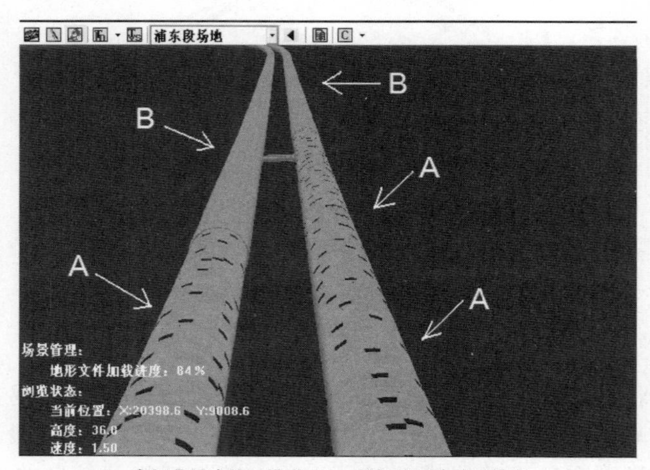

A—高细节层次的子模型；B—低细节层次的子模型

图 14.4-8　不同的细节层次（LOD）表征子模型[38]

14.4.1.3　*数据分析*

1. 空间分析

图 14.4-9　地质剖面图[26]

空间分析是在数据模型的基础上，对现有的数据进行深层次的加工与处理，从中提取出新的有用信息，并找出数据之间的内在规律与联系，从而为专业应用与决策提供工具和手段。二维空间分析技术主要包括：各种查询（简单查询、视图查询与 SQL 查询）；测量（长度、面积、坡度等）；空间变换（缓冲区分析、叠加分析、空间插值等）；网络优化分析等。如图 14.4-7 所示的监测数据的查询功能并形成相应的变化曲线。二维空间分析技术的一些方法在三维空间中依然可以应用，但是有些方法需要进行扩展或修改。例如重心、体积的测量；体与体间的空间最短距离分析；三维拓扑关系查询等。此外，针对三维模型还有一些新的空间分析方法，例如地质切片与分析、施工过程相关分析（例如土方量计算）、空间碰撞分析、三维缓冲区分析以及地下结构物一地层的空间属性分析（例如分析在地下结构物周围的地层性质）等。图14.4-9所示是图14.4-4中的三维地层模型利用实体切片算法得到的地质剖面图。由于地质体数据的不完整、不确定的特点，一般还需要在空间分析方法中研究引入诸如空间插值算法（例如Kriging插值）或可靠度等方法。

2. 数字数值一体化

数字与数值一体化是指对数字化和数值分析的一体化集成，这里指基础设施建养一体数字化平台和数值分析系统的有机集成。提出并采用一种复合式体系结构（嵌入式＋松散式）的集成方式[42]来实现数字数值一体化，如图14.4-10所示。其集成思路是：以基础设施建养一体数字化平台作为研究的基础平台，将数值分析系统中的前处理建模功能采用嵌入式集成模式移植到基础设施建养一体数字化平台，并在此基础上重新开发数值建模模块；数值计算工作是通过数据文件转换的松散式集成方式在有限元分析系统中完成：最后开发基于基础设施建养一体数字化平台的数据转换模块，将计算结果也通过松散式集成方式转入到基础设施建养一体数字化平台数据库。相继研究了三维地质模型的有限元自动建模方法CRM模型转化法[49]和地下工程施工过程有限元建模方法CDIM模型转化法[50]。

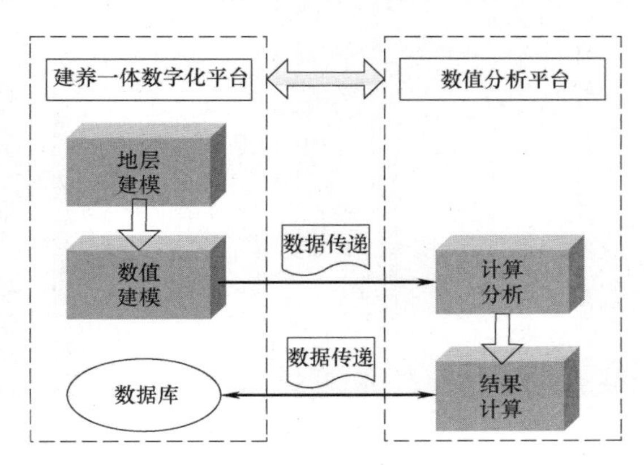

图14.4-10 数字数值一体化的集成模式[42]

在基础设施的建设期，在数字数值一体化的基础上，对基础设施进行设计施工状态分析，结构设计计算；反分析，基于反演参数的设计施工状态分析。例如，针对盾构隧道采用荷载-结构法分析隧道典型断面（覆土最浅横断面、覆土最深横断面和埋设最深横断面）进行分析，以施工结束后的结构内力实测数据为依据，对设计计算的关键参数——“地层荷载与地层弹性抗力”进行反演分析。最后根据反演参数来确定衬砌结构的真实力学状态，得到隧道典型断面的受力变形状况以及安全系数。从而为后面的养护研究工作提供必要的理论基础和数据支持。

14.4.2 养护期数字化技术

在养护期采用数字化技术，采集基础设施的病害数据，如盾构隧道出现的裂缝、渗漏水、不均匀沉降等，道路出现的车辙、裂缝等病害，分析病害的成因，对基础设施进行状态评估，选择恰当的养护方法和监测措施。

14.4.2.1 数据采集与处理

养护期的数据采集方式和建设期类似，主要有三种。养护期主要采集基础设施的病害信息，以上海地铁隧道为例，每隔一段时间会组织工作人员对地铁隧道进行病害检查，检查结果的数据形式有数字、图片、文字描述等。对于不均匀沉降和直径收敛等病害，则采用监测设备自动采集数据。特别地，针对养护期的病害可采用数字照相与图像处理技术进行自动检测。数字照相本质是一个信息获取记录的过程，图像处理是利用计算机对数码相机所获得的图像进行处理并提取所需信息的过程，可进行图像增强、图像重构、图像分割、图像识别、图像理解。图 14.4-11 和图 14.4-12 所示分别是采用数字照相与图像处理技术检测盾构隧道管片的一维裂缝张开宽度和二维渗漏水面积[34]。数据分类、编码以及标准化，数据库技术与建设期的技术一致。建设期和养护期的数据共同组成了基础设施全寿命周期数据库，建成了数据共享的信息管理平台，最终为实现对基础设施全生命周期的数字化提供了基础。

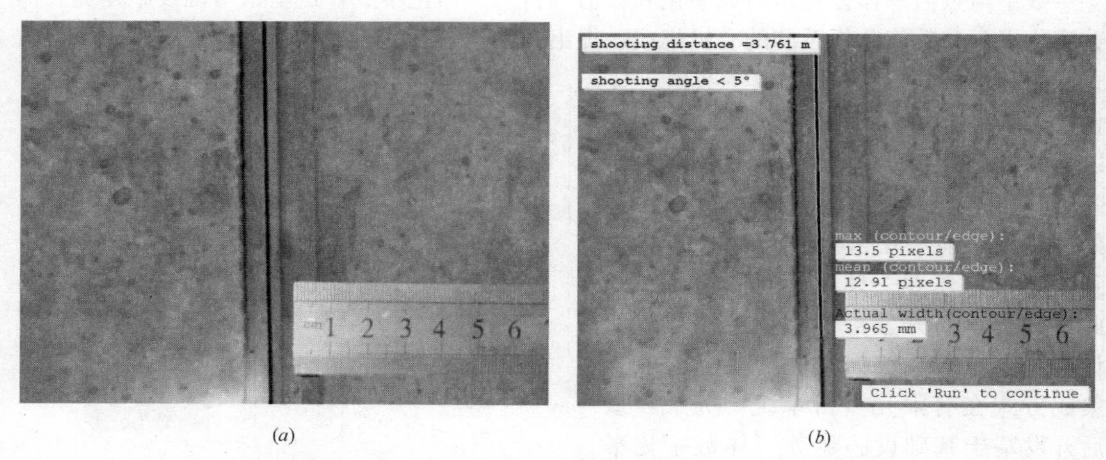

(*a*) (*b*)

图 14.4-11 数字照相与图像处理技术采集裂缝数据[34]

(*a*) 裂缝数字照相；(*b*) 裂缝图像处理的结果

14.4.2.2 数据表达

建设期积累了大量的信息，包括地质勘探数据、施工信息、结构信息等，基于这些数据信息建立了三维模型和实现了可视化。在运营养护期得到的数据是监测数据和检测得到的病害信息。相比建设期，三维建模和可视化的增量较少。根据病害的数据采集结果，可在之前的模型基础上，增加病害模型，如盾构隧道出现的管片错台、裂缝和渗漏水等。养护期间病害出现是一个随时间不断变化的过程，因此在建模过程中需要引入时间因素，建立时空数据模型。可视化的技术手段与建设期相同，略微有差别的是空间暗示和查询需要有病害的数据信息。

14.4.2.3 数据分析

1. 空间分析

针对基础设施养护期出现的各种病害，分析各种病害的成因。提出若干个关键特征指标，对基础设施所处的状态进行健康状态评估。根据出现的病害以及基础设施所处的状态，采用最优化的方法，得到基础设施的最佳养护方法和监测措施，为一体化决策提供帮助。

2. 数字数值一体化

在运营养护期，周边环境的影响如周边基坑开挖、周边堆卸载等会改变基础设施的受力状态，因此应该建立在这些影响因素下的力学模型，然后进行数值分析。病害的出现也会改变结构的力学模型，例如对于盾构隧道的渗漏水病害，渗水部分视为结构与地层局部

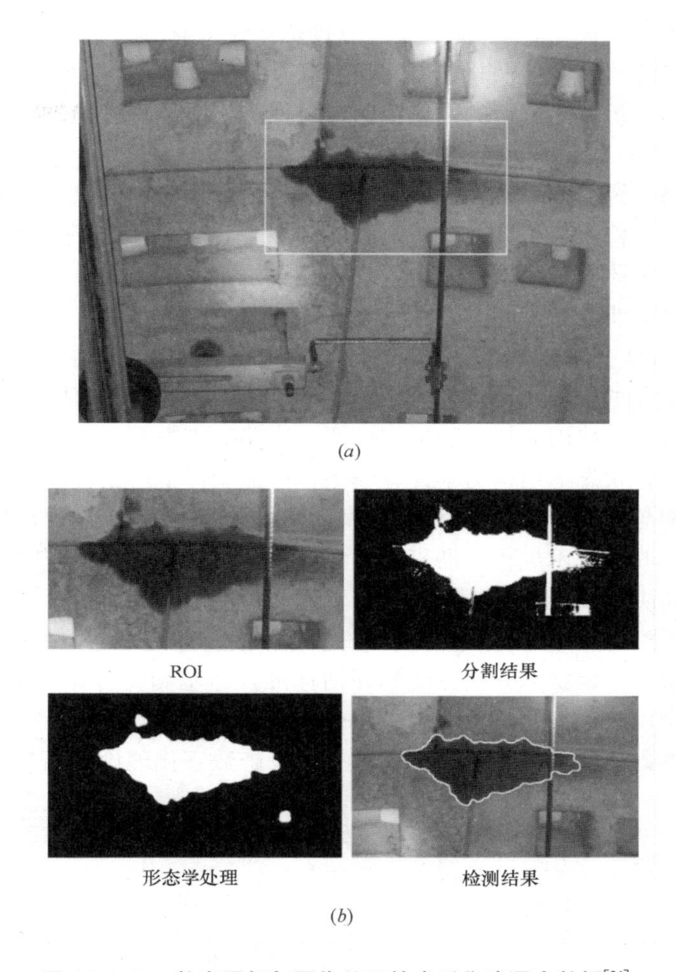

图 14.4-12　数字照相与图像处理技术采集渗漏水数据[34]

(a) 渗漏水数字照相；(b) 裂缝图像处理的结果

脱离，因此在计算模型中将地层弹簧改为均布而非全周，同时还作用一个与原荷载反向的均布荷载，因此需要建立病害条件下结构的力学计算模型。当然，也可以进行参数的反演分析。空间分析和数字数值一体化的具体分析内容和方法将在 14.5.2 节工程应用中分别针对隧道、桥梁和道路详细阐述。

14.5　建养一体数字化在基础设施中的应用

14.5.1　工程简介

上海长江隧桥工程是国家重点公路建设规划中上海至西安公路的重要组成部分。工程采用“南隧北桥”方案，它不仅是中国最大的越江通道，也是目前世界最大的桥隧结合工程。该工程南起浦东五号沟，接上海郊区环线，过长江南港水域，经长兴岛再过长江北港水域，止于崇明岛陈家镇，如图 14.5-1 所示。其中，以盾构隧道方式穿越长江南港水域，长约 8.9 公里；以斜拉桥方式跨越长江北港水域，长约 10.0 公里；长兴岛和崇明岛接线道路长约6.6公里，全长25.5公里，项目总投资约126亿元。上海长江隧桥工程的建设将从根本上改变上海与崇明岛及长江以北交通联系不便的状况，为崇明岛开发的目标创造了重要前提和条件，扩宽上海市的发展空间，对促进崇明经济较快发展起到重要作用。

14.5.2　工程应用

以长江隧桥路、桥、隧勘察、设计施工数字化为依托；以健康监测数据为基础；以养护数据录入、计算、检索、统计、分析为内容；以上述建养一体数字化技术为技术手段；构建长江隧桥建养一体数字化平台，为管理长江隧桥路、桥、隧养护工作提供操作平台和决策环境，全面提高业务处理能力。

图14.5-2所示是上海长江隧桥建养一体数字化框架体系，其中：

（1）建设期数据收集与分析：建立了数据的数字化标准，建养一体数字化平台数据库；

（2）可能病害及其成因分析：隧道、桥梁、道路病害类型及其成因，隧道病害成因故障分析树，隧道病害状态下结构力学计算模型，海洋条件下桥梁性能退化数学模型；

（3）动态监测与养护：隧道与桥梁养护内容、方法、周期以及评价标准，出现病害时的养护调整方案，养护技术规程；沥青路面维修决策树，基于路面现时服务能力PSI与养护费用关联的时间决策模型，基于路况评定和性能预测的动态养护计划；

（4）健康/性能评估：盾构隧道健康评价体系和健康状态评估方法，覆盖桥梁所有构件的健康评价体系和健康状态评估方法和评估标准，路基和沥青路面道路状况评定标准，路况性能预测模型；

（5）建养一体数字化平台：特大型越江交通设施数字化理论体系与方法。

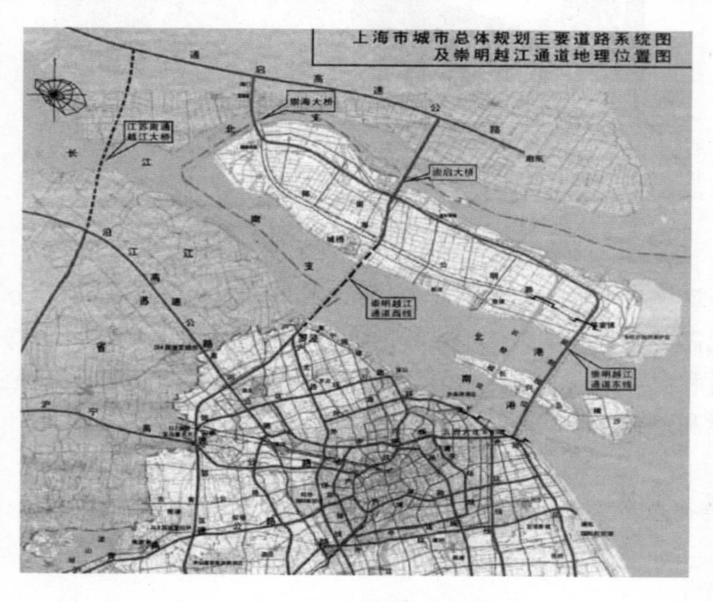

图14.5-1　上海长江隧桥地理位置

数据采集与处理方面，建立了长江隧桥全寿命周期数据库，如图14.5-3所示，包含了设计、施工、监测和养护期间等的数据。数据的类型包括地质数据、设计数据和施工数据等，数据的形式有图表、图纸和数字等，如图14.5-4所示。将这些工程数据采用数字化技术进行集成、加工和分析，最终建成工程的建养一体的数字化系统。部分长江隧桥三

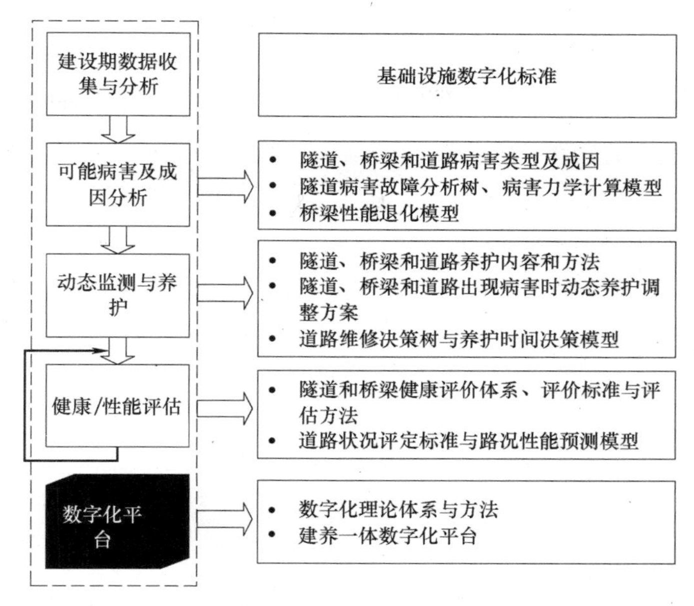

图 14.5-2 上海长江隧桥建养一体数字化框架体系

维可视化如图 14.5-5 所示。接下来将着重阐述养护期的数据分析，即如图 14.5-2 所示包括病害及成因分析、动态监测和养护以及健康/性能评估。

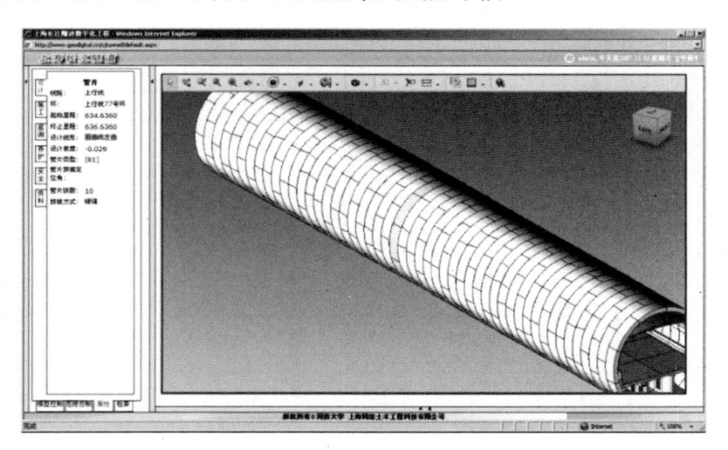

图 14.5-3 全寿命周期数据库

14.5.2.1 盾构隧道

1. 隧道结构病害和成果分析

详细调查与分析了上海地区已建盾构隧道的病害，由于盾构隧道穿越江河时地质条件复杂，土层压力和结构材料受到气候、水文、地质、人工扰动等因素的影响较大，在多种不利因素的共同作用下，衬砌结构表现出与地上建筑物病害不同的独特特征。盾构隧道病害主要可以分为五类：（1）变形相关病害：接缝张开、错台、不均匀沉降、收敛变形；（2）受力相关病害：衬砌内力过大、钢筋应力过大、螺栓内力过大以及管片裂缝；（3）渗漏水相关病害；（4）材料性能退化，如衬砌承载力降低，混凝土劣化，钢筋锈蚀等；（5）特殊病害，如火灾造成的管片爆裂、地震灾害等。

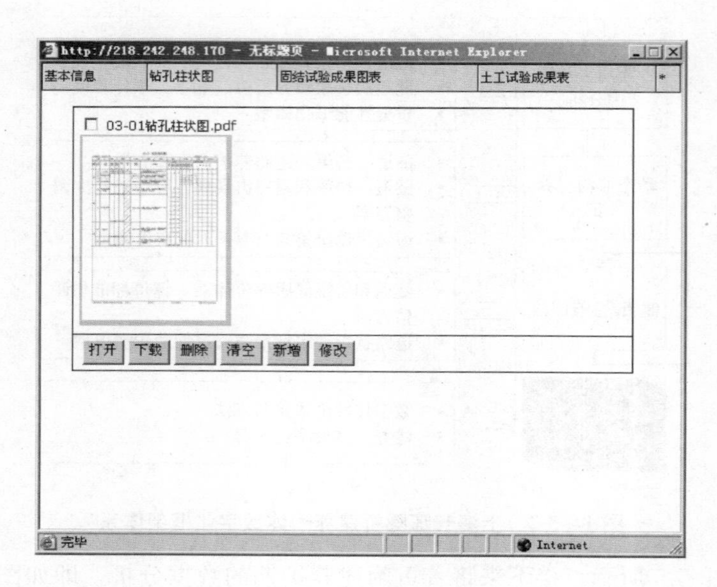

(*a*)

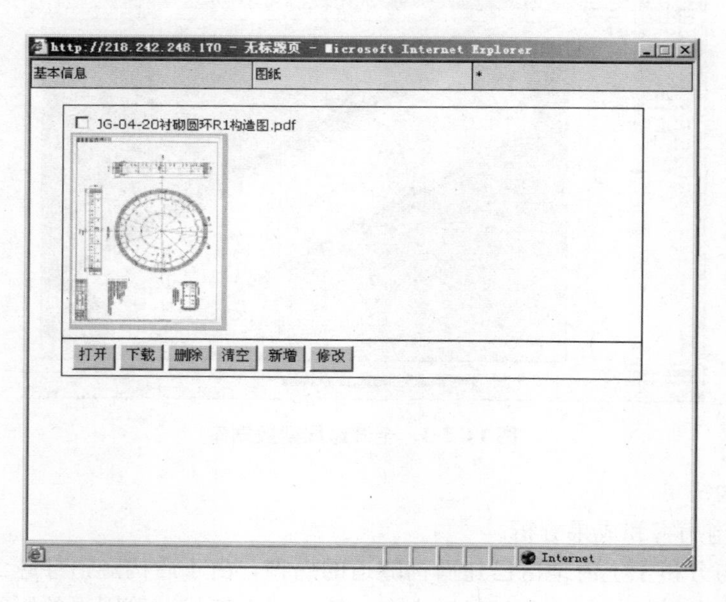

(*b*)

图 14.5-4　全寿命周期数据形式（一）

(*a*) 地质数据——图表；(*b*) 设计数据——图纸

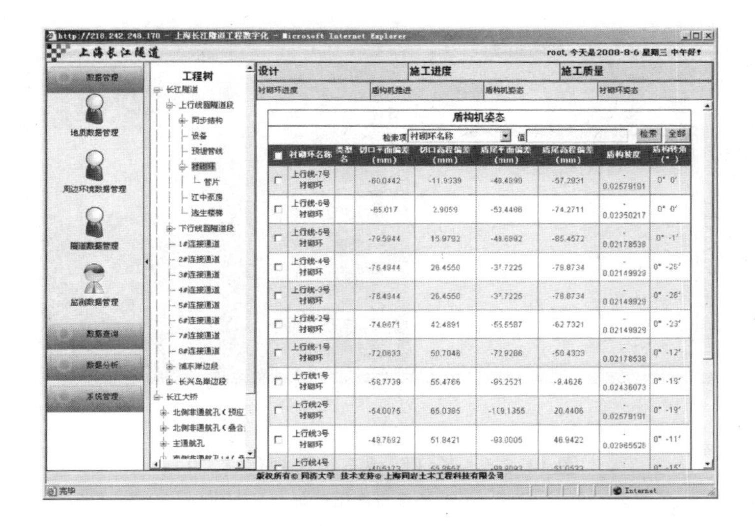

(*c*)

图 14.5-4 全寿命周期数据形式（二）

（*c*）施工数据——数字

(*a*)

(*b*)

图 14.5-5 长江隧桥三维可视化（一）

（*a*）隧道可视化；（*b*）隧道可视化查询

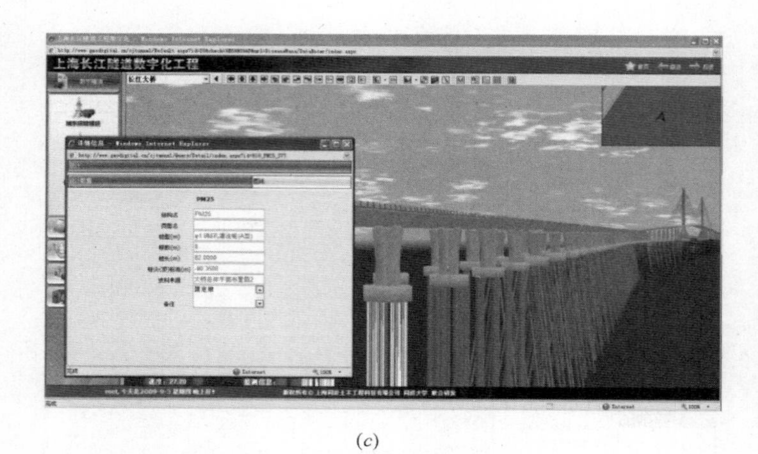

(c)

图 14.5-5　长江隧桥三维可视化（二）

(c) 桥梁可视化查询

以衬砌渗漏水病害为例，把盾构隧道渗漏水的故障与导致该故障的诸因素，包括自然灾害，水文地质，施工因素和运营因素，形象地表现为故障谱；从上往下可得出系统故障与哪些影响因素有关，从下往上可得出各影响因素对系统故障的影响，进一步运用粗集理论对产生渗漏水的原因挖掘分析，如图 14.5-6 所示。

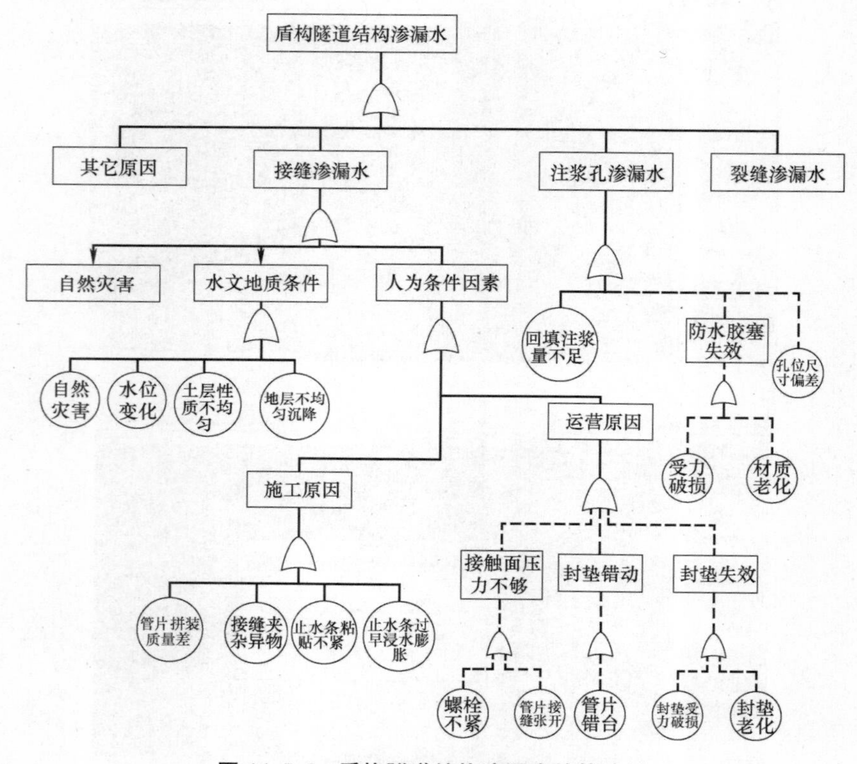

图 14.5-6　盾构隧道结构渗漏水的故障树

建立了带病害条件下的结构力学计算模型。对于渗漏水病害，渗水可以视为结构与地层局部脱离，因此在计算模型中将地层弹簧改为均布而非全周，同时还作用一个与原荷载反向的均布荷载；对于衬砌裂缝病害，将裂缝的位置、角度和深度作为基本表征参数，通过梁单元抗弯模量 I、正压力面积 A、剪力面积 A_s 三个参数来模拟衬砌裂缝病害对结构的影响；对于混凝土材料劣化病害，主要表现为混凝土碳化，因此将结构视为复合材料，发生劣化的混凝土厚度为 d，弹性模量和泊松比分别为 E'、ν'，计算混凝土发生材料劣化时的结构承载力。渗漏水病害计算模型和衬砌裂缝模型分别如图 14.5-7、图 14.5-8 所示。

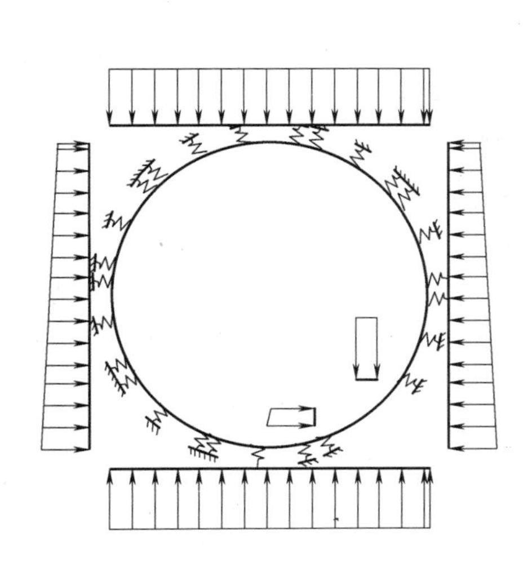

图 14.5-7　盾构隧道渗漏水计算模型

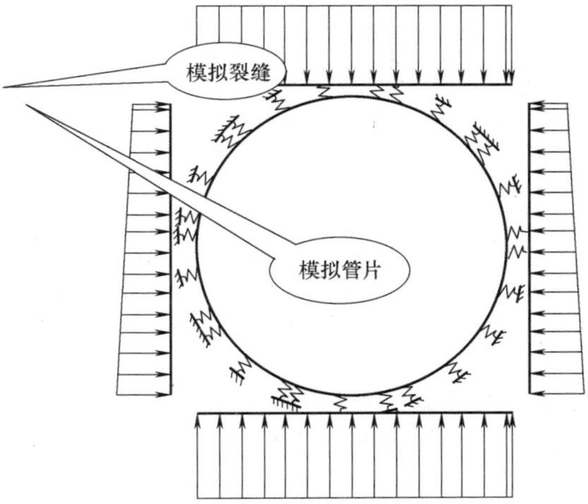

模拟裂缝

模拟管片

图 14.5-8　盾构隧道衬砌裂缝计算模型

2. 隧道结构养护方法与监测措施

基于病害评价和健康状态，提出特大型越江盾构隧道养护的具体内容、方法、周期以及评价标准，以及在出现病害时的养护调整方案，编制了特大型越江盾构隧道养护技术规程。检测周期根据病害检测值动态调整。如表 14.5-1 所示。

3. 隧道健康状态评估

采用层次分析法建立盾构隧道病害量化评判体系，提出了基于模糊综合评判的盾构隧道健康状态评估方法。盾构隧道健康状态评估方法在上海长江隧道中的实际应用情况如图 14.5-9 所示。

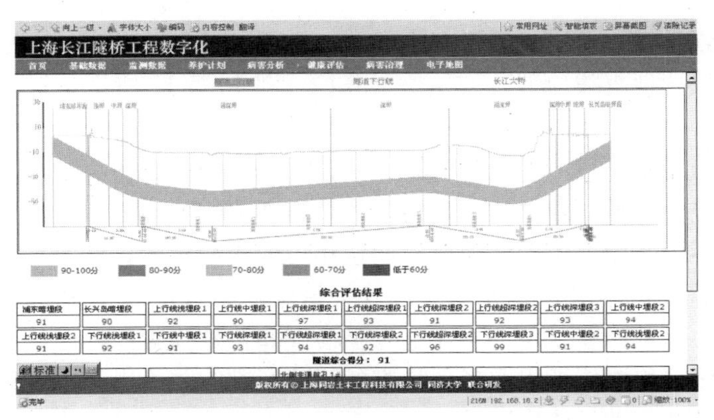

图 14.5-9　针对某一隧道区间的健康评估

特大型越江盾构隧道结构病害检测内容表 表 14.5-1

检测项目		检测内容	检测位置	检测周期
结构变形	沉降	检测点位置、沉降数值	预先设定	每季1次
	断面轮廓	检测点位置、隧道横断面测量、周壁位移测量(与相邻或完好断面比较)	预先设定	每季1次
	接缝张开	接缝张开位置、接缝张开量	全隧道段	每两月1次
	错台错缝	错台位置、错台量	全隧道段	每季1次
渗漏水	简单检查	渗漏点位置、湿润区域形式、湿润区域面积、渗漏状态(喷射、涌流、滴漏渗漏)、是否混浊、pH值(选测)	全隧道段	每月1次
	详细检查	在简单检测基础上取水样进行水质化验		每两月1次
江底地形	河床冲刷	检查河床冲刷情况、隧道顶覆土厚度	河床	每年1次
混凝土	混凝土外观	混凝土外观	全隧道段	每年2次
	混凝土碳化	混凝土碳化深度	全隧道段	运营十年后每两年1次
	管片裂缝	裂缝位置、几何描述	全隧道段	特殊检查,发现裂缝后每月2次
螺栓	螺栓病害	螺栓锈蚀、扭曲、病害等级评价	全隧道段	每年2次
连接通道	沉降、变形、缺损、裂缝、渗漏	沉降、变形、缺损、裂缝、渗漏等病害检测	所有连接通道	每年2次

14.5.2.2 桥梁工程

1. 桥梁病害及成因分析

收集了斜拉桥（如江阴大桥、苏通大桥等）出现的病害资料，并结合上海长江大桥所处的实际环境，从结构安全、适用、耐久、美观的角度，对病害的成因进行分析，大桥的病害主要是由材料性能退化、特殊事件（如台风、地震等）外部荷载变化、墩台沉降等引起，大桥的主要病害为：钢梁腐蚀、拉索腐蚀、索力退化、混凝土强度退化、基础冲刷、不均匀沉降、支座损坏、焊缝损坏、混凝土表面损坏等。系统地分析了上述病害产生的原因，建立了斜拉索系统、桥塔、桥墩、钢箱梁、桥面铺装等的病害成因故障分析树，以在病害发生时，能快速地查找原因，方便桥梁养护。图 14.5-10 所示是斜拉索系统的故障分析树。

2. 桥梁监测与养护方法

将桥梁结构分为主桥（包括拉索、桥塔、基础等）、叠合梁、预应力连续梁等不同区段和部位，针对不同区段、不同病害研究制定相应的养护技术；针对工程的特点，例如公轨结合、22万伏高压电缆等，研究相应的养护措施。结合已有工程经验，确定长江大桥养护检查类型分为日常检查、定期检查、专项检查和特殊检查四种。给出了每项检查的具体内容、检测方法、检测周期以及各项检查的评分标准，并给出了出现病害时的养护监测周期调整方案。针对每种可能出现的病害制定了养护检查的记录表格，记录表格与数字化管养一体化系统相关联，实现大桥养护管理的自动化。

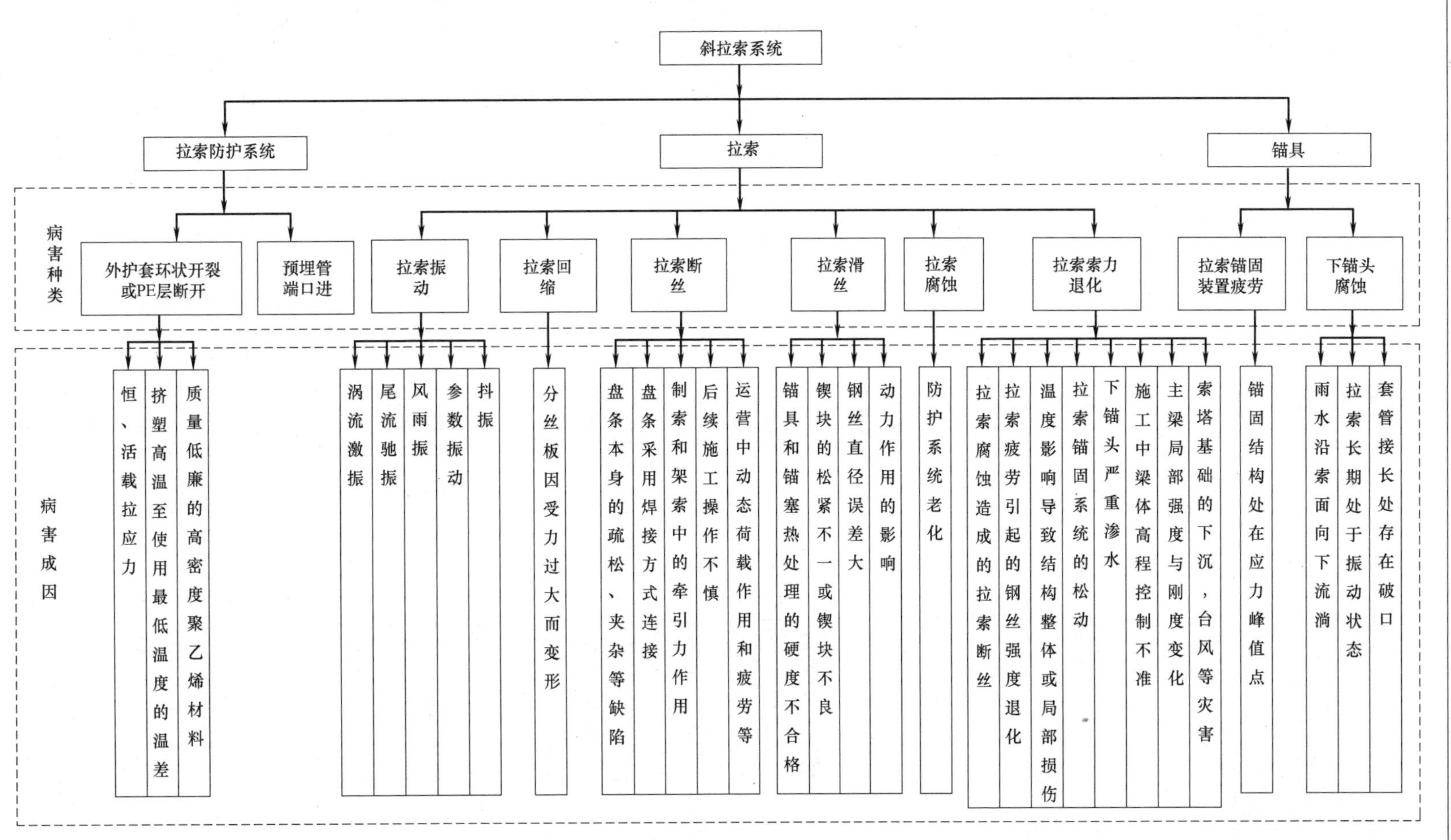

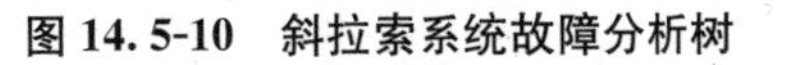
图 14.5-10 斜拉索系统故障分析树

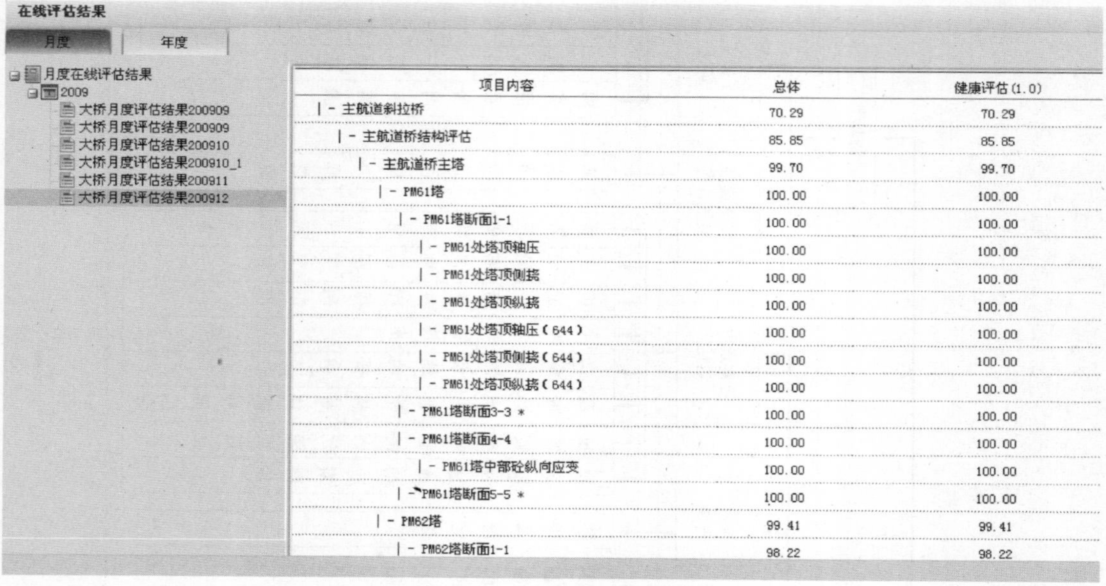

在线评估结果

月度　年度

- 月度在线评估结果
  - 2009
    - 大桥月度评估结果200909
    - 大桥月度评估结果200909
    - 大桥月度评估结果200910
    - 大桥月度评估结果200910_1
    - 大桥月度评估结果200911
    - 大桥月度评估结果200912

项目内容	总体	健康评估(1.0)
|- 主航道斜拉桥	70.29	70.29
|- 主航道桥结构评估	85.85	85.85
|- 主航道桥主塔	99.70	99.70
|- PM61塔	100.00	100.00
|- PM61塔断面1-1	100.00	100.00
|- PM61处塔顶轴压	100.00	100.00
|- PM61处塔顶侧挠	100.00	100.00
|- PM61处塔顶纵挠	100.00	100.00
|- PM61处塔顶轴压(644)	100.00	100.00
|- PM61处塔顶侧挠(644)	100.00	100.00
|- PM61处塔顶纵挠(644)	100.00	100.00
|- PM61塔断面3-3 *	100.00	100.00
|- PM61塔断面4-4	100.00	100.00
|- PM61塔中部砼纵向应变	100.00	100.00
|- PM61塔断面5-5 *	100.00	100.00
|- PM62塔	99.41	99.41
|- PM62塔断面1-1	98.22	98.22

图 14.5-11　桥梁健康状态评估

3. 桥梁健康状态评估

提出了结构健康状态评估方法，以大桥病害类型和成因分析为基础，参考以往大桥的病害资料和影响，按照规范，分别对每个病害建立了量化的评价标准，根据各量化标准对每项指标进行打分，研究从安全性、适用性、耐久性、美观几个方面对大桥的各项指标分别进行评价，对于各项性能中的各项指标，按照其对该项性能的影响程度，给出不同的权重，在对每种性能根据其在整个桥梁使用过程中的重要性分配权重，将各指标得分与权重相结合，再结合性能权重，最终得出以百分制表示的桥梁健康状态评估结果，作为大桥养护的依据。实现了结构健康状态的定量评价，如图 14.5-11 所示。

14.5.2.3　道路工程

1. 道路病害及成因分析

道路病害及状态调查采用了人工与远程自动化监控相结合的手段进行，对既有路况进行了人工调查，对在建路基实施远程自动化监控，监测项目包括：(1) 地下水位；(2) 路基湿度；(3) 砂质路基累积变形。

通过人工调查分析了上海地区已建长江口细砂路基的病害类型，由于长江口细砂路基具有复杂性、隐蔽性以及突发性的特殊特点，长江口细砂路基的性能衰变以及趋势判断比较复杂。其破坏形态受路基压力和结构材料以及气候、水文、地质、人工扰动等因素的影响较大，在多种不利因素的共同作用下，长江口细砂路基表现出与一般路基病害不同的独特特征，对路面的影响也较为复杂。通过对运营一年之久的长江隧桥道路进行调查，道路病害类型主要：(1) 路面病害：车辙、路面破损；(2) 路基病害：路基沉降、排水结构物损坏、边沟积水等。

以占沥青路面损害 80%以上的车辙病害为例，对影响路面车辙的诸因素，包括内因如集料和结合料，外因如自然环境和荷载因素等进行了详细的分析。对于常见路基病害如沉降，从沉降的不同阶段对路基沉降机理进行了剖析。

2. 道路监测与养护方法

制定养护对策库，根据性能评估的结果，系统自动从电子化的养护对策库中提取相应的养护策略，养护计划包括日常养护计划、定期养护计划和专项养护计划。

3. 道路性能评估

长江隧桥接线段的道路性能评估主要包括路面、路基、沿线设施三大部分。道路性能评估方法采用各部分相应分项指标表示，分项指标的值域为 0～100。分项指标按其值域区间分为优、良、中、次、差五个等级（见表 14.5-2）。然后按照评分标准统计路面状况 PQI、路基状况 SCI 和沿线设施状况 TCI 以及分项指标的优、良、中、次、差的长度及比例。对非整公里的路段 SCI 指标的实际扣分应换算成整公里值（扣分×基本评定单元长度/实际路段长度）进行评定。

路况评定标准 **表 14.5-2**

评价等级	优	良	中	次	差
各级分项指标	≥90	≥80，<90	≥70，<80	≥60，<70	<60

14.5.3 进一步工作

基础设施建养一体数字化的理念在上海长江隧道工程上的应用与实践只是一个初步的尝试，其中还有诸多不完善的地方需要进一步开展研究工作。

首先是数字化平台需要进一步以基于网络的架构来重新考虑，制定出完整、开放的规范，允许工程参与各方都可以基于此平台来发布与共享信息；其次在地层建模的研究工作上还需要继续深入，以更加准确地反映地质情况并能适应于更加复杂的地质条件，在构筑物的建模上还需要更好地考虑一些附属设施（如联络通道）的建模及其特点；再次是对工程数据的完整性进行更加深入的研究，例如在对盾构机的一些主要参数、盾构隧道施工质量信息等方面予以考虑。最后在数据的进一步分析与应用上，包括与有限元等数值分析方法的一体化研究上，应当结合工程实际需求开展深入研究，为工程决策提供直接的依据。此外，还需在可视化和虚拟现实浏览功能上予以加强，丰富视觉手段，增强视觉效果。

14.6 结语

本文针对当前基础设施管理存在的信息孤岛效应问题、建养分离和重建轻养等问题，以及养护期远比建设期长、若养护不当其费用将远比建设费用高等事实，提出了基础设施建养一体化的理念。基于笔者多年对于数字化技术的研究，提出了基础设施建养一体数字化平台，主要包括数据采集与处理、数据表达和数据分析三个部分。数据采集与处理建立了基础设施全寿命周期数据库。数据表达建立了基础设施的三维模型并实现其可视化，使用户更加直观方便地掌握数据信息。数据分析包括空间分析和数字数值一体化，为建设和养护管理工作提供了决策平台。该数字化平台涵盖了实现建养一体化这一目标的核心数字化技术，可改善基础设施的服役性能，提高基础设施的使用寿命。

以上海长江隧桥为例，搭建了上海长江隧桥建养一体数字化平台，建立了上海长江隧道、桥梁和道路建养一体化成套技术，为工程持续安全运营提供了保障。上海长江隧桥这一全寿命期建养一体数字化平台全面提升了基础设施的信息化管理水平，具有核心竞争力，对于其他工程有示范作用，期望得到广泛的推广和应用。

基础设施建养一体数字化的研究当前处于一个发展阶段，还需要在数据的标准化、建模方法、空间分析方法、数据处理方法、可视化技术等诸多方面开展深入的研究。此外，近年来智慧感知、大数据和云计算等技术发展迅速，研究其与建养一体数字化技术的结合，并开展实际工程的应用研究是下一步的主要方向。

本文的研究得到了上海隧桥建设发展有限公司的大力支持和资金资助，感谢所有参与上海长江隧桥项目的成员的辛勤劳动。同时，对上海同岩土木工程科技有限公司的技术支持表示感谢，对本课题组所有成员的辛勤劳动表示感谢。

参考文献

[1] 交通运输部. 交通运输"十二五"发展规划 [EB/OL]. http://www.moc.gov.cn/zhuantizhuanlan/jiaotongguihua/shierwujiaotongyunshufazhanguihua/jiaotongyunshushierwufazhanguihua_SRWJTFZGH/201106/t20110613_954154.html，2011-06-13.

[2] 胡向东，白楠，李鸿博. 圣彼得堡1号线区间隧道事故分析 [J]. 隧道建设，2008，28 (4)：418-422.

[3] De Sitter W R. Costs for service life optimization：The Law of Fives [C] //Durability of Concrete Structures，Workshop Report. 1984：131-134.

[4] 胡河宁，陆文冕. 信息孤岛与电子政务 [J]. 价值工程，2004，23 (10)：121-124.

[5] 任新建. 基于建养一体化的高速公路养护管理系统研究 [J]. 城市建设与商业网点，2009 (18)：105-107.

[6] 赵仲华. 高速公路建设与养护一体化管理信息系统研究 [D]. 天津：天津大学，2006.

[7] 李志强. 基于网络化的建养一体化管理信息系统研究 [D]. 西安：长安大学，2007.

[8] 张磊. 建管养一体化数字高速 [J]. 公路交通科技(应用技术版)，2011，1 (3)：146-153.

[9] http://www.chinahighway.com/news/2009/362066.php [EB/OL]. (2009-09-27).

[10] http://www.moc.gov.cn/huihuang60/difangzhuanti/sichuan/xianjinjingyan/200908/t20090817_611243.html [EB/OL]. (2009-08-17).

[11] Gore A. The digital earth：understanding our planet in the 21st century [R]. Los Angeles，California：California Science Center，1998.

[12] Tunconstruct Project. Advancing the European underground construction industry through technology innovation [OL]. http://www.tunconstruct.org，2005.

[13] BEER G. Tunconstruct-a new European initiative [J]. Tunnels and Tunnelling International，2006，2 (1)：21-23.

[14] University of Cambridge. EPSRC award £1.4 million to fund a smart infrastructure' project [OL]. http://www.eng.cam.ac.uk/news/stories/2006/smart_infrastructure，2006.

[15] Autodesk. BIM for infrastructure：A vehicle for business transformation [OL]. http://usa.autodesk.com/building-information-modeling/about-bim/，2012.

[16] 朱合华. 从数字地球到数字地层——岩土工程发展新思维 [J]. 岩土工程界，1998，1 (12)：15-17.

[17] 吴立新，殷作如，邓智毅，等. 论21世纪的矿山——数字矿山 [J]. 煤炭学报，2000，25 (4)：337-342.

[18] 朱合华. 三维地层信息管理系统设计 [J]. 岩土工程界，2000，3 (1)：21-25.

[19] 朱合华，叶为民，张先林. 三维地层信息管理系统设计 [J]. 岩土工程师，2002，14 (3)：25-29.

[20] 白世伟，王笑海，陈健，等. 岩土工程的信息化与可视化 [J]. 岩土工程界，2001，4 (8)：17-18.

[21] 周翠英，陈恒，黄显艺，等. 重大工程地下空间信息系统开发应用及其发展趋势 [J]. 中山大学学报（自然科学版），2004，43 (4)：28-32 .

[22] 朱合华，郑国平，张芳. 城市地下空间信息系统及其关键技术研究 [J]. 地下空间，2004，24 (5)：589-595.

[23] 朱合华，张芳，李晓军，等. 城市数字地下空间基础信息系统及应用 [J]. 地下空间与工程学报，2006，2 (8)：1301-1307.

[24] 琚娟，朱合华，李晓军，等. 数字地下空间基础平台数据组织方式研究及应用 [J]. 计算机工程与应用，2006，42 (26)：192-194.

[25] 李晓军，朱合华，解福奇. 地下工程数字化的概念及其初步应用 [J]. 岩石力学与工程学报，2006，25 (10)：1975-1980.

[26] 朱合华，李晓军. 数字地下空间与工程 [J]. 岩石力学与工程学报，2007，26 (11)：2277-2288.

[27] 李晓军，朱合华，郑路. 盾构隧道数字化研究与应用 [J]. 岩土工程学报，2009，31 (9)：1456-1461.

[28] Zhu Hehua，Li Xiaojun，Zhuang Xiaoying. Recent advances of digitalization in rock mechanics and rock engineering [J]. Journal of Rock Mechanics and Geotechnical Engineering，2011，3 (3)：220-233.

[29] Hannele K，Reijo M，Tarja M，et al. Expanding uses of building information modeling in life-cycle construction projects [J]. Work：A Journal of Prevention，Assessment and Rehabilitation，2012，41：114-119.

[30] Hoult N，Bennett P J，Stoianov I，et al. Wireless sensor networks：creating 'smart infrastructure' [C]. Proceedings of the ICE-Civil Engineering，Thomas Telford，2009，162 (3)：136-143.

[31] Stajano F，Hoult N，Wassell I，et al. Smart bridges，smart tunnels：Transforming wireless sensor networks from research prototypes into robust engineering infrastructure [J]. Ad Hoc Networks，2010，8 (8)：872-888.

[32] Frangopol D M，Kong J S，Gharaibeh E S. Reliability-based life-cycle management of highway bridges [J]. Journal of computing in civil engineering，2001，15 (1)：27-34.

[33] 周春霖. 基于数字图像技术的岩体节理精细描述及应用研究 [D]. 上海：同济大学，2009.

[34] 胡传鹏. 盾构隧道接缝张开和渗漏水数字图像检测技术 [D]. 上海：同济大学，2012.

[35] 朱合华，王长虹，李晓军，等. 数字地下空间与工程数据库模型建设 [J]. 岩土工程学报，2007，29 (7)：1098-1102.

[36] 李晓军，王长虹，朱合华. Kriging 插值方法在地层模型生成中的应用 [J]. 岩土力学，2009，30 (1)：157-162.

[37] Li Xiaojun.，Zhu Hehua. Digital tunnel and its application in an undersea tunnel [J]. Electronic J. Geotechnical Eng.，2007，12 (Bundle B).（http：//www. ejge. com/2007/Ppr0771/Abs0771. htm).

[38] Li Xiaojun，Zhu Hehua. Modeling and Visualization of Underground Structures [J]. Journal of Computing in Civil Engineering，2009，23 (6)：348-354.

[39] 陈加核. 基于 DUSE 的城市地下管线系统设计与实现 [D]. 上海：同济大学，2009.

[40] 董文澎，朱合华，李晓军，等. 大型基坑工程数字化施工仿真方法研究与应用 [J]. 地下空间与工程学报，2009，5 (4)：776-781.

[41] 王长虹，陈加核，朱合华，等. 三维环境下的地下管线实时设计 [J]. 同济大学学报（自然科学

版)，2008，36 (10)：1332-1336.
[42] 李新星. 基于DUSE的数字一数值一体化核心技术研究及其应用 [D]. 上海：同济大学，2007.
[43] 王长虹. 数字地下空间与工程数据管理核心技术研究及其应用 [D]. 上海：同济大学，2008.
[44] 王长虹，朱合华. 数字地下空间与工程XML服务 [J]. 工程地质计算机应用，2010，(4)：34-42.
[45] 王长虹，朱合华. 数字地下空间与工程数据标记语言的研究 [J]. 2011，7 (3)：418-423.
[46] 朱合华，郑国平，吴江斌，等. 基于钻孔信息的地层数据模型研究 [J]. 同济大学学报，2003，31 (5)：535-539.
[47] 朱合华，吴江斌. 基于Delaunay构网的地层2D，2.5D建模 [J]. 岩石力学与工程学报，2005，24 (22)：4073-4079.
[48] 吴江斌，朱合华. 基于Delaunay构网的地层3D TEN模型及建模 [J]. 岩石力学与工程学报，2005，24 (24)：4581-4587.
[49] 李新星，朱合华，蔡永昌，等. 基于三维地质模型的岩土工程有限元自动建模方法 [J]. 岩土工程学报，2008，30 (6)：855-862.
[50] 朱合华，董文澎，李晓军，等. 地下工程施工模型数字与数值一体化自动建模方法 [J]. 岩土工程学报，2011，33 (1)：16-22.
[51] 周维，时态GIS及其在数字化隧道工程中的应用 [D]. 上海：同济大学，2007.